Mechanisms for the Long-term Innovation

イノベーションの長期メカニズム

逆浸透膜の技術開発史

藤原雅俊 Masatoshi Fujiwara ＋青島矢一 Yaichi Aoshima

東洋経済新報社

はしがき

　本書の目的は、高い不確実性の下でイノベーション活動が長期にわたり継続されるメカニズムを、逆浸透膜産業における技術と事業の開発プロセスを歴史的に分析することによって明らかにすることである。

　我々が本研究を開始したのは2010年のことである。この頃の日本では、エレクトロニクス産業を代表とするBtoCビジネスが苦境に立たされ、競争力を維持するためには、素材産業を含む川上のBtoBビジネスへと構造転換を図るべきだという意見が拡がっていた。このような論調の中、日系企業が高い市場シェアを持つ逆浸透膜は、素材ビジネスの雄として注目を集め、閉塞感漂う産業界に活路を示す格好の事例として紹介されていた。

　一方、環境・資源問題が深刻化する中、世界的な水不足を解決する水ビジネスに注目が集まり、それを支える中核的な技術の一つとしても、逆浸透膜には大きな期待が寄せられていた。2008年1月には経済産業省内に水資源政策研究会が立ち上がり、逆浸透膜開発はそこで一つの論点となった。こうした流れを受けて、筆者たちは逆浸透膜に関心を持ち、技術開発の歴史的経緯や市場競争の推移などを中心として研究に着手した。

　研究を始めてすぐに素朴な疑問がわいた。古くから積極的にダムが建設され、比較的水資源が豊富な日本の地で、1960年代からかくも長きにわたって逆浸透膜の開発が続けられたのはなぜなのか、という疑問である。十分な市場機会が見えず、また、技術的にも高い不確実性が伴う中で、企業はなぜ、技術開発と事業開発を継続することができたのか。この理由を明らかにできれば、イノベーションの実現過程に対する我々の理解は深まるに違いない。また、開発活動の短命化が問題視されている近年の日本企業の経営に対しても、重要な示唆が得られるに違いないと考えた。このような問題意識を持って進められた本研究は、振り返ると9年近くもの年月を要することになった。

このように研究が長期化した理由の一つは、逆浸透膜産業におけるイノベーション過程が持つ多面性にあった。本書が明らかにするように、逆浸透膜の開発が始まり、継続し、それが産業発展を導くまでの長い道のりにおいては、技術、政治、市場、社会、組織といった、異なる論理で動く複数のシステムの補完的な作用が鍵となっていた。それら個々のシステムの作用を明らかにし、相互の関係を理解するには、古い文献を大量に掘り起こすとともに、過去を知る多くの人々に対する丹念なインタビューを、海を越えて行う必要があった。さらに、得られた定性的な情報を裏付けるためには、独自の特許データベースを構築する必要もあった。これらの作業には当初の計画を超えた多くの時間を要することになったが、その分、この産業に対する我々の理解も深くなっていった。

　その深い理解に基づいて、我々は最終的に、長期にわたるイノベーションの実現には、技術、顧客、競争、組織、社会についての不確実性を克服する「期待の形成」が鍵となるという結論に至った。つまり、開発活動の将来に新たな希望と見通しを与え、開発継続に必要となる資源動員を可能にする「期待」をもたらす諸要因の働きこそが、イノベーション活動に推進力を与えていたというのが、本研究から導き出された発見である。我々は、特に、政策的相乗り、戦略的初期市場、技術的ブレイクスルー、組織固有の論理という要因に注目して期待形成プロセスを描き出し、高い不確実性に晒されつつも企業による逆浸透膜開発が継続されたメカニズムを明らかにした。読者の方々には、本書を読み進めて、我々がこのような結論に至った過程の是非を判断していただければと思う。

　本書が取り上げた逆浸透膜は、飲料水の確保という切実な社会課題を解決する部材として開発されてきたものである。世界的な人口増加や環境汚染が進む中、水問題に限らず、我々が解決すべき社会課題は数多くある。そうした社会課題の解決につながる新技術の開発を進める際に、本書の分析内容が多少なりとも参考になれば幸いである。

謝辞

　本研究において我々は、開発当事者を含む多くの業界関係者の方々から多大なご協力とご厚意を絶え間なくいただくことができた。それは本当に幸運なことであった。長期にわたる開発の歴史を丹念に辿り、明らかにすることは、関係者の皆様のご協力とご厚意がなければ決してなし得ないことであった。

　本研究を本格的に進めるきっかけとなったのは、大河内賞（生産賞）を受賞した東レの逆浸透膜開発の事例を2010年に執筆したことである。当時、一橋大学では、公益財団法人大河内記念会の協力を受けて、日本企業によるイノベーション創出のメカニズムを解明する「大河内賞ケース研究プロジェクト」を実施していた。東レの事例執筆はこのプロジェクトの一環として行われたものである。大河内記念会の皆様にはあらためて御礼申し上げたい。

　その後、筆者たちは主力企業である東洋紡と日東電工にアプローチした。ありがたいことに両社とも快く取材を受け入れてくださった。開発スタートから現在にいたるイノベーション過程の全貌を、主力企業について網羅的に明らかにできるというのは大変希有なことであり、そのような機会をいただけたことに心より感謝したい。ご協力いただいた皆様から得られた知見を本書の形でまとめたことが少しでも恩返しとなれば、望外の喜びである。

　ただし、我々が描いた歴史的事実については、それぞれの立場によって見方や解釈が異なることもあるかもしれない。丹念な聞き取りと多くの二次資料にあたることによって、可能な限り正確に事実を記述し、その記述に基づいた分析を心がけたが、異なる見方や解釈を十分に包含する記述になっていない部分や誤りがあるとすれば、それは筆者たちの責任に帰するものである。

　筆者たちを支えてくれたのは、業界関係者の皆様だけにとどまらない。東洋経済新報社出版局の中山英貴さんは、筆者たちの会合に何度も参加して数多くの有益な助言と励ましを与えてくれた。構成上の工夫はひとえに中山さんのおかげである。特許情報や資料のデータ整備を手伝ってくれた4名の学生（大橋光希さん、大橋優花さん、尾崎敦洋さん、高田直樹さん）にもお礼を述べたい。特許出願人や発明者の名寄せ、ダブルチェックといった手間のかかる作業を手伝ってもらえたことは大変助かった。

学界関係者の皆様からもご支援をいただいた。三木朋乃先生（中央大学）とは初期の調査を一緒に行った。原拓志先生（神戸大学）は東洋紡に勤めておられた当時を懐かしむように助言を下さった。筆者の一人がかつて所属した京都産業大学と、二人が現在勤める一橋大学の同僚研究者の皆様からも数多くのご助言とご支援をいただいた。一人一人のお名前をここで挙げることはできないが、すべての皆様への謝意をここに明記したい。

　今回の調査プロジェクトでは国内外への出張が必須であった。国内で大きな海水淡水化プラントを抱えるのは沖縄と福岡であった。国内有力企業3社の事業拠点は、いずれも関西である。脱塩研究発祥の地は米国で、大規模海水淡水化プラントを数多く抱えるのはサウジアラビアであった。東京に拠点を置く筆者たちがこれら一連の調査を進める際には資金的支援が必要不可欠であり、JSPS先端研究助成基金助成金（最先端・次世代研究開発支援プログラム）GZ002、JSPS科研費26285081、24243046、21730329、16K03855からの助成を一部使わせていただけたことは、大変ありがたいことであった。

　出張を重ねるということは家を空けることも多かったということである。好奇心の赴くままに飛び回る筆者たちを辛抱強く支え続けてくれている家族に、末筆ながら、心から感謝したい。

　　2019年7月佳日

　　　　　　　　　　　　　　　　　　　　　　　　　　　　　　筆　者

イノベーションの長期メカニズム：逆浸透膜の技術開発史●目次

はしがき　iii

序章　本書の目的と問い…………1

1. 本書の問い　1
2. 社会課題の解決とイノベーション　3
3. 分析の視点　6
   - 3-1. 4つの不確実性　6
   - 3-2. 4つの分析視点：期待形成の影響要因　8
4. 研究方法　15
   - 4-1. 単一事例研究　15
   - 4-2. 逆浸透膜技術への注目　16
   - 4-3. 逆浸透膜に関する分析上の利点　17
   - 4-4. 分析方法　18
5. 本書の構成　21

第1部　概要編　25

第1章　水処理需要の高まりと逆浸透法…………27

1. 拡大する水処理需要　27
2. 逆浸透法の普及　29
   - 2-1. 蒸発法から逆浸透法へ　29

    2-2. 経済性の逆転と普及　33
    2-3. 多様な用途展開　34
  3. 業界の構造と競争　36
    3-1. 膜法による水処理業界の基本構造　36
    3-2. 市場シェアの推移　39
    3-3. 価格競争　41
  4. おわりに　44

第2章　逆浸透膜の技術概要……45

  1. 逆浸透という現象　45
  2. 材料、構造、形状　46
    2-1. 材料　46
    2-2. 構造：非対称構造か複合構造か　48
    2-3. 形状：管状型・中空糸型・平膜型　50
    2-4. 技術ポジションの収斂　52
  3. エレメント形状の違い　53
    3-1. エレメント、モジュール、トレイン　53
    3-2. スイッチング・コスト　54
  4. 開発上の課題と近年の変化　56
    4-1. 基本的な開発課題　56
    4-2. 技術課題の変化　58
    4-3. 海水淡水化システムにおける用法変化　59

第2部　米国史編

第3章　公的機関における研究の始まり……63

  1. はじめに　63

2. 大学における開発　64
　2-1. UCLAにおける研究の始まり　64
　2-2. フロリダ大学における酢酸セルロース膜の開発　66
　2-3. UCLAにおけるL-S膜の開発　67
3. 政府による巨額支援　68
　3-1. 塩水法の制定と塩水局の設置　68
　3-2. 支援の拡大　69
　3-3. 海外プラントの支援と縮小　72
4. ノーススター研究所の貢献　74
　4-1. 複合膜の開発　74
　4-2. 複合膜の非セルロース化　74
5. おわりに　76

第4章　民間企業による事業化開発……77

1. はじめに　77
2. サンディエゴ近郊での発展　78
　2-1. ROGAにおける開発の始まり　78
　2-2. ROGAによる事業化と複合膜開発　82
　2-3. 多様な企業による推進　86
3. ミネアポリス近郊における発展　88
　3-1. フィルムテックの設立と画期的な開発成果　88
　3-2. ダウ・ケミカル　90
4. デュポンによる市場開拓　93
　4-1. 開発の幕開け　93
　4-2. ポリアミド系中空糸型での膜開発　94
　4-3. 中東への展開　99
5. おわりに　100

第3部　国内史編

第5章　日本企業の台頭……105

1. はじめに　105
2. 日本企業の市場参入　106
3. 主要3社による初期の逆浸透膜開発　109
   - 3-1. 東レ　109
   - 3-2. 東洋紡　110
   - 3-3. 日東電工　111
4. 海水淡水化の実用化に向けた国家プロジェクト　112
   - 4-1. 東京工業試験所の取り組み　112
   - 4-2. 造水促進センターにおける実証　114
5. 産業用途での市場拡大：半導体向け超純水製造用途　116
   - 5-1. 半導体向け市場の立ち上がり　116
   - 5-2. 打開策の検討　118
   - 5-3. 東洋紡の対応　119
6. 海水淡水化用途での展開と競争　120
7. おわりに　122

第6章　東レ：海水淡水化を目指した開発……125

1. 開発の始まり　125
   - 1-1. 対デュポン　125
   - 1-2. 酢酸セルロース系での先行事業化　126
   - 1-3. 新規材料の探索：PECグループの発足　129
   - 1-4. 排水処理用途での初期展開　130
2. 新膜の開発と苦戦　132
   - 2-1. PEC-1000の開発　132

2-2. 半導体向け超純水製造用途の急拡大　134
　　　2-3. PEC-2000の開発と断念　135
　3. UTC-70の開発によるブレイクスルー　138
　　　3-1. 新材料の探索　138
　　　3-2. 海水淡水化への展開　140
　　　3-3. 新たな技術課題への取り組み　143
　4. 事業展開　144
　　　4-1. 重点事業化　144
　　　4-2. 競争の中での収益化　146
　5. おわりに　149

第7章 東洋紡：酢酸セルロース系中空糸膜での集中展開…………153

　1. 開発の始まり　153
　　　1-1. 中空糸型での着手　153
　　　1-2. 生産技術の確立　155
　　　1-3. 実証試験での手応え　157
　2. 事業化　159
　　　2-1. 初期の展開　159
　　　2-2. サウジアラビアへの展開　160
　　　2-3. 大型案件の受注と停滞　163
　3. 度重なる苦戦　164
　　　3-1. ジッダでのトラブル対応　164
　　　3-2. 新材料の探索　167
　　　3-3. 半導体向け超純水製造用途における苦戦　168
　4. 事業拡大　170
　　　4-1. 全社構造改革の影響　170
　　　4-2. 2000年代における拡大　172
　　　4-3. 事業成果　175
　5. おわりに　177

第8章　日東電工：収益圧力下での開発 ……… 181

1. 開発の始まり　181
   1-1. 膜事業の育成　181
   1-2. トップ主導の開発　183
   1-3. スパイラル型モジュールの開発　184
2. 用途の模索と超純水市場への展開　187
   2-1. 用途の模索　187
   2-2. 三新活動　189
   2-3. 超純水需要の獲得　191
3. 事業化の進展　194
   3-1. ハイドロノーティクス買収　194
   3-2. NTR-759　195
   3-3. 特許係争　198
4. 海水淡水化への道　200
   4-1. 低圧化という切り口　200
   4-2. 沖縄と福岡での実績　202
   4-3. 海水淡水化の本格展開　204
5. 膜事業の業績推移　206
6. おわりに　208

> **コラム**　逆浸透膜をめぐる特許係争
> フィルムテック対ハイドロノーティクス　211

第4部　分析編

第9章　政策的刺激とスピルオーバー：開発着手の日米比較 ……… 215

1. 2つの問い　215

1-1. なぜ水資源の豊かな日本で開発が始まったのか　215
        1-2. なぜ米国で巨額の政府支援が投じられたのか　216
　2. 政府支援の意義　217
　3. なぜ水資源の豊かな日本で開発が始まったのか　220
        3-1. 日本企業による競争的模倣　220
        3-2. 公的機関における研究蓄積の利用と模倣　222
        3-3. 産学の個別展開　226
        3-4. 学習の場としての造水促進センター　227
　4. 米国政府の支援による開発の推進　230
        4-1. デュポンとダウ　230
        4-2. 軍需企業の民需転換　232
        4-3. 米国研究機関の開発活動　234
        4-4. 日本側への情報伝播　237
　5. なぜ米国の公的支援はこれほど巨額になったのか　238
        5-1. 政策の相乗り　238
        5-2. 原子力の平和利用はどのように相乗りしたのか　240
　6. おわりに　244

第10章　初期市場の探索：性能の束の不均衡発展……247

　1. 新技術開発継続の難しさと応用市場の役割　247
        1-1. 初期市場の重要性　247
        1-2. 性能の束としての技術が示す潜在的応用市場　251
        1-3. 応用市場の探索活動：2層での探索活動　256
　2. 性能の束の不均衡発展と用途拡大　256
        2-1. 食品・飲料濃縮用途：低変質性の評価　256
        2-2. 工業用途：TOC阻止性能の評価　258
        2-3. 半導体向け用途の拡大：低圧透水性能の評価　259
　3. 日系逆浸透膜3社による用途探索　262
        3-1. 原水と生産水の用途推移　262

3-2. 各社による初期の探索活動　266
　　3-3. 1980年代以降の用途探索　268
　　3-4. そして海水淡水化へ　270
　4. 顧客企業による価値探索　272
　　4-1. 顧客が持つ広がり　272
　　4-2. 栗田工業の探索と成長　273
　　4-3. オルガノの探索活動　278
　5. おわりに　279

第11章　技術的ブレイクスルーによる開発焦点化……283

　1. 本章の問いと視点　283
　2. 膜技術の収斂　284
　　2-1. 膜材料の変化と収斂　284
　　2-2. 膜形状の収斂　288
　　2-3. 製膜法の収斂　289
　3. 技術アプローチはいかにして収斂したのか：
　　ブレイクスルーによる焦点化　291
　　3-1. カドッテに対する関心の高まり　291
　　3-2. 344特許の革新性　293
　　3-3. 革新性が及ぼしたインパクト　295
　　3-4. 日系3社の行動変化　297
　4. 技術アプローチの収斂は何をもたらしたのか　300
　　4-1. 価格下落　300
　　4-2. 漸進的イノベーションの活性化　302
　　4-3. 川下領域におけるイノベーションの活性化　304
　5. ドミナントデザインの形成・影響メカニズム　306

　第11章補論　膜エレメントの標準化について　309

第12章 企業特有の開発理由………311

1. 企業特有の要因への注目　311
2. 東レ　313
   - 2-1. 海水淡水化を目指した技術優位の考え方　313
   - 2-2. 技術的完成度へのこだわりとチャレンジの継続　314
   - 2-3. トップと共有された価値観　315
3. 東洋紡　317
   - 3-1. 全社戦略上の位置づけ　317
   - 3-2. 目立たないことによる存続　318
4. 日東電工における事業志向性　321
   - 4-1. 経営ミッションの役割　321
   - 4-2. 徹底的な用途探索　322
5. 事業を支える各社特有の論理　323
   - 5-1. 事業存続の理由：共有ミッションと共有価値の役割　323
   - 5-2. 開発者たちによる正当化努力の重要性　325

第12章補論　東レと日東電工の開発領域の相違：
　　　　　　特許データによる比較　327

第13章 不確実性下における長期開発メカニズム………331

1. 継続的技術開発の統合モデル　331
   - 1-1. 開発継続を可能にした影響要因　331
   - 1-2. 基本モデルの提示　333
   - 1-3. 4つの不確実性　338
   - 1-4. イノベーションの好循環と悪循環　342
   - 1-5. 不確実性下での期待の変化　345
   - 1-6. 不確実性下での開発継続を可能にするメカニズム　347
2. 不確実性下での継続的な逆浸透膜開発の歴史的解釈　353

2-1. 米国における初期の政策的支援の影響　353
　　2-2. 日本企業による初期開発：米国の影響と企業特有の論理　355
　　2-3. 応用市場の開拓　356
　　2-4. 技術アプローチの収斂　357
3. おわりに　359

終章　本書の貢献と今後の展望……361

1. 本書のまとめ　361
　　1-1. 研究の問いと背景　361
　　1-2. 経済システムを超えた論理の作用　362
2. 本書の貢献と分析の含意　369
　　2-1. 深い事例分析によるイノベーション・プロセスの理解　369
　　2-2. 企業のイノベーション推進者に対する示唆　370
　　2-3. 企業戦略上の示唆：産業発展と収益獲得のジレンマ　375
　　2-4. 政策的示唆　377
3. さらなる研究テーマ　381
　　3-1. 実験場としての用途　381
　　3-2. 開発理由が開発活動に与える影響　383
　　3-3. 産業発展と収益獲得のダイナミズム　384
4. さいごに　385

補論　特許データの整理について……387

1. 特許データの構築手順　387
　　1-1. Fタームについて　387
　　1-2. 日系3社に関するデータ構築手順：データベースA　388
　　1-3. 産業全体に関するデータベース構築手順：データベースB　391
2. 第10章に関する補足　392
　　2-1. 原水と生産水のFタームについて　392

  2-2. 日系3社の注力領域（原水）　393
  2-3. 日系3社の注力領域（生産水）　396
 3. 第11章に関する補足　397
  3-1. 開発材料の分布　397
  3-2. 酢酸セルロース系からポリアミド系平膜型へ　399
  3-3. バリューチェーン上の各領域への分類手続きについて　402

参考文献　405

取材協力者一覧および謝辞　429

逆浸透膜の開発・事業展開史（年表）　436

索引　443

図表目次

図表序-1　国の経済力と水アクセス ･････････････････････････････････ 5
図表序-2　4つの不確実性 ･･･ 8
図表序-3　本書の分析視座 ･･･ 14
図表序-4　本書の構成 ･･･ 24

図表1-1　福岡の海水淡水化プラント ･･･････････････････････････････ 28
図表1-2　脱塩設備能力の推移（新設ベース） ･･･････････････････････ 29
図表1-3　方式別の脱塩プラント数および造水量の推移（1980年まで） ･･･ 31
図表1-4　海水淡水化プラントの基本フロー ･････････････････････････ 32
図表1-5　逆浸透法による造水コストの推移（大型海水淡水化プラント） ･･･ 33
図表1-6　技術方式別の契約状況 ･･･････････････････････････････････ 34
図表1-7　需要分野別の市場規模（2016年見込み） ･･･････････････････ 35
図表1-8　逆浸透法に基づく水処理業界の基本構造 ･･･････････････････ 37
図表1-9　逆浸透膜の世界市場規模とシェアの推移 ･･･････････････････ 39

図表2-1　浸透現象と逆浸透現象 ･･･････････････････････････････････ 46
図表2-2　非対称膜から複合膜への変遷と非セルロース化 ･････････････ 49
図表2-3　膜形状の違い ･･･ 50
図表2-4　平膜型と中空糸型の違い ･････････････････････････････････ 51
図表2-5　逆浸透膜の主要な技術領域区分 ･･･････････････････････････ 52
図表2-6a　沖縄海水淡水化センター ････････････････････････････････ 54
図表2-6b　福岡海水淡水化センター ････････････････････････････････ 55
図表2-7　逆浸透膜に求められる代表的な性能 ･･･････････････････････ 57

図表3-1　逆浸透膜開発プレイヤーの地理的関係 ･････････････････････ 64
図表3-2　カリフォルニア州における人口推移（1900～2010年） ･･････ 65
図表3-3　脱塩プログラムに対する政府予算の推移 ･･･････････････････ 70

図表4-1　スパイラル型エレメントに関する初期のアイデア ･･･････････ 80
図表4-2　B-9の断面図イメージと基本性能 ･････････････････････････ 96
図表4-3　海水淡水化用逆浸透膜装置の市場規模およびシェア推移 ･････ 98

図表4-4	サウジアラビア関連の主要な脱塩プラント （逆浸透法：造水量1万 m³/日以上）	100
図表4-5	米国企業の変遷	101
図表5-1	日本企業による逆浸透膜への参入状況	107
図表5-2	逆浸透膜特許数の推移	108
図表5-3	東京工業試験所における初期の特別研究	113
図表5-4	半導体売上高の月別推移（世界市場）	116
図表5-5	半導体の性能向上と要求水質の高度化	117
図表6-1	PEC-1000の位置付け	133
図表6-2	4成分系架橋芳香族ポリアミドの化学構造と 界面重合による複合膜の製膜方法	140
図表6-3	かん水淡水化用逆浸透膜の展開	141
図表6-4	累積造水量の推移	146
図表6-5	東レの逆浸透膜を用いた主なプラント	147
図表6-6	東レの全社および環境・エンジニアリング部門の利益率の推移	148
補表1	環境・エンジニアリング部門の業績推移と水処理事業との関連性	151
補表2	組織の流れ	152
図表7-1	東洋紡の中空糸膜（1980年時点）	156
図表7-2	初期の製品動向	159
図表7-3	サウジアラビア各都市の位置関係	161
図表7-4	東洋紡の逆浸透膜を使用した海水淡水化装置の累積容量の推移	164
図表7-5	東洋紡の連結売上高および営業利益率の推移	171
図表7-6	1999年頃における海水淡水化プラント上位10基	173
図表7-7	東洋紡の逆浸透膜モジュールを採用している 主要な大型海水淡水化プラント	176
図表7-8	東洋紡全社の利益率とセグメント利益率の推移	177
補表	東洋紡の海水淡水化向け逆浸透膜モジュール一覧	179
図表8-1	平膜型逆浸透膜の製造装置（滋賀工場）	193
図表8-2	NTR-759HRと他の逆浸透膜との性能比較	197
図表8-3	ひだ構造の変化	202
図表8-4	1990年代における膜事業の業績推移	207

図表 8-5	全社および関連部門の業績推移	208
図表 8-6	日東電工における逆浸透膜の流れ	210
図表 9-1	本章における分析範囲の全体像	219
図表 9-2	デュポンおよびダウに対する契約件数・金額の推移	231
図表 9-3	軍需企業への支援推移	232
図表 9-4	委託研究件数の機関種別推移	235
図表 9-5	原子力委員会の受託研究件数および金額推移	242
図表 9-6	本章のまとめ	245
図表10-1	1970年代末における日系メーカーによる逆浸透法の販売容量内訳	250
図表10-2	用途別性能次元の相対的重要性	253
図表10-3	半導体製造工程の流れ図	260
図表10-4	集積回路製造業における事業所数と、事業所あたり製品処理・洗浄用淡水使用量の推移	262
図表10-5a	原水の想定用途（東レ）	263
図表10-5b	原水の想定用途（東洋紡）	263
図表10-5c	原水の想定用途（日東電工）	264
図表10-6a	生産水の想定用途（東レ）	265
図表10-6b	生産水の想定用途（東洋紡）	265
図表10-6c	生産水の想定用途（日東電工）	266
図表11-1	代表的な開発材料シェアの推移	285
図表11-2	開発材料の多様性の変化	286
図表11-3	ポリアミド系逆浸透膜における形状別特許出願動向	288
図表11-4	製膜関連特許の出願動向	290
図表11-5	ポリアミド系材料領域における界面重合法への傾斜	291
図表11-6	FT-30とその他の逆浸透膜の性能比較（1985年時点）	294
図表11-7	344特許の米国内被引用件数の推移	296
図表11-8	各社における材料・形状別特許出願数の推移	298
図表11-9	膜モジュール価格指数の推移（1980年＝1）	301
図表11-10	膜系特許の後方引用推移	303
図表11-11	バリューチェーンの領域別に見た特許数シェア推移	305
図表11-12	本章のメカニズム整理	307

図表12-1	逆浸透膜事業の継続を正当化した各社の論理	326
図表12補-1	領域別特許比率の比較	328
図表13-1	技術開発への資源投入と利益期待との関係	334
図表13-2	基本モデル	335
図表13-3	4つの不確実性	339
図表13-4	イノベーションの好循環	343
図表13-5	新技術・事業開発が直面する危機	344
図表13-6	不確実性下における期待の役割	346
図表13-7	技術アプローチの収斂が与える影響	348
図表13-8	初期市場の開拓が与える影響	349
図表13-9	政府の政策的支援が与える影響	350
図表13-10	社会と企業特有の論理が与える影響	351
図表13-11	4つの要因の補完効果	352
図表補-1	観点およびFタームの例	388
図表補-2	日系3社の出願動向	390
図表補-3	対象特許数の推移（出願年別）	392
図表補-4	原水および生産水に関する用途別Fターム	394
図表補-5	想定用途に関する3社比較（原水）	395
図表補-6	想定用途に関する3社比較（生産水）	398
図表補-7	各年代別のFターム群別特許数の推移	400
図表補-8	各技術領域別に見た特許数の推移	401

序章

本書の目的と問い

1．本書の問い

　イノベーションという旗印の下、新産業や新事業の創出を求める声を耳にすることが多くなった。既存の産業や事業が成熟化する中で、国家は、経済成長を牽引する新たな産業の発展を目指し、企業は、新規事業の創出を中長期戦略の中心に据えようとしている。

　しかし、新産業や新事業が一朝一夕に生まれるものではないことは、歴史を遡るまでもなく明らかである。新事業の核となる技術やアイデアが生まれてから、それらが商品やサービスとして結実し、市場に投入され、顧客に広く受け入れられるようになるまでには、通常、長い年月を必要とする。単に技術やアイデアの種が生まれた段階では、それらが将来、商品やサービスとして具現化できるのかは定かではない。たとえ商品やサービスとなったとしても、それらが広く顧客に受け入れられるのかを事前に予測することはさらに難しい。しかし、そのような不確実性に直面する中でも、企業が、技術やアイデアの事業化を進める努力を続けることができなければ、新たな産業を形作るにはいたらない。それゆえ、新事業や新産業の創出を目指し、その創出メカニズムを理解するためには、高い不確実性にもかかわらず、新技術開発や新事業開拓に企業が継続的に資源を投入できる理由を解明しなければならない。

　もちろん、営利企業による新技術・新事業開発の背後には利潤動機がある。企業は、新規事業から得られる収益を期待し、経済合理的な判断の下で、新た

な技術や事業への投資を行おうとするはずである。しかし、技術が未成熟で、市場も見えない初期段階においては、短期的に収益が見込めないだけでなく、投資から得られる将来的な収益を合理的に見積もることも困難である。たとえ首尾良く製品やサービスを市場に投入できたとしても、それが広く顧客に受け入れられることなく事業が苦境に立たされることは珍しくない。それでも、企業がそのような状況を克服すべく、製品やサービスの革新や改善の努力を継続しなければ、それらが最終的に広く顧客を捉え、事業や産業として認知されるレベルに発展することはかなわない。

　産業形成につながる紆余曲折のある長いイノベーションのプロセスを、企業の利潤動機と市場競争の機能だけに還元して説明することは不可能であるように思える。なぜなら、不確実性の高いイノベーション活動へ資源配分を行うことの経済的根拠を、広く人々が納得するように、透明性をもってあらかじめ説明することは難しいと思われるからである。そうであるならば、収益圧力に晒される企業は、将来の収益を計算できないような新技術や新事業の開発活動を、最終的に産業が形成されるまで、どのようにして継続することができるのだろうか。つまり、「高い不確実性の下で新技術や新事業の開発が長期にわたって継続されるのはなぜなのか」。この問いが本書の出発点となる問いである。イノベーションを通じた産業形成を解明するには、この問いに答えなければならない。

　この問いに基づいて本書では逆浸透膜開発の歴史を分析する。逆浸透膜とは様々な原水から真水を造るための半透膜である。その開発は、水不足という明確な社会課題の解決を目的として始まったものである。次節で説明するように、社会課題解決型技術の開発には特に高い不確実性が伴うことが多く、それを長期にわたって継続する過程において企業は、必然的に、様々な困難に直面することになる。それゆえ、社会課題解決型技術の開発に注目することによって、イノベーション活動の前に立ちはだかる数々の困難が克服される過程がより鮮明に描き出されると考えられる。

2. 社会課題の解決とイノベーション

　近年、新興国の経済発展に伴って、工業化による環境汚染や地球温暖化、人口増加による食料不足や水不足、そして貧富の差の拡大など、様々な社会問題が露呈している。世界経済が持続的成長を遂げるためには、自由競争を促進するとともに、各国がこれらの社会的課題の解決に注力する必要があるということは既に共通の認識である。そうした中、企業に対してもその社会的責任（Corporate Social Responsibility：以下、CSR）が強く叫ばれるようになり、市場では、単なる収益性だけでなく、ESG（環境、社会、ガバナンス）やSDGs（Sustainable Development Goals：持続可能な開発目標）の観点から企業を評価する動きもでている。

　この流れに沿って、様々な社会問題の解決のためにイノベーションに期待する声も大きくなっている（例えば、Nidumolu, Prahalad, and Rangaswami, 2009）。例えば、地球環境問題に対応する再生可能エネルギー技術や電気自動車、自然由来の素材、食料問題に対応する遺伝子組み換え技術や植物工場、高齢化に対応するロボット技術、水不足に対応した海水淡水化技術など、様々な新技術が社会の期待を背負って開発されている。

　しかし、これらの新技術開発が進み、広く社会に普及して、懸念となる社会的課題を解決することは決して容易ではない。まず、萌芽的な新技術は、その経済性において旧来技術に遠く及ばないことが多い。例えば日本において、太陽光、風力、地熱など再生可能エネルギーを活用した発電のコストは、いまだ、石炭や天然ガスによる火力発電のコストを上回っている。地球環境問題に強い関心がある人であれば、追加的なコスト負担を負ってでも再生可能エネルギーを受け入れるかもしれないが、高いプレミアムを支払う顧客ばかりではない。電気自動車も、高価な蓄電池を搭載するがゆえ、政府による補助金なしでは購入が進まない状況にある。植物由来の生分解性プラスチックについても、確かに環境負荷は低いけれども、そのコストは通常の石油由来のプラスチックよりはるかに高く、経済的に見合う形で市場に広く受け入れられるまでにはまだ時

間を要するであろう。

　それゆえ、これら新技術の開発や普及は、補助金など何らかの政策的な支援がなくては成り立たないことが多い。しかし、政策の補助に頼っている限りは、その新技術が社会課題を解決したとはいえない。少なくとも旧来技術に匹敵するような経済性を確立しない限り、社会に定着して継続的に使用されることはない。

　もちろん、技術が進歩して価格性能比が向上し、その結果として市場が大きくなれば、規模の効果によって十分な経済性が実現されるようになり、そこで獲得された利潤をもとに次の開発がさらに進むという好循環が期待できる。しかし、技術進歩は自然に起きるわけではない。進歩が実現するには、多様な行為主体による技術開発への積極的かつ継続的な投資と人々のコミットメントが必要となる。それは、いかに可能となるのか。

　政策的支援によるインセンティブ提供は一つの方法であるが、医薬品のような例外を除けば、未来永劫に支援を続けることなどできない。政策的支援への依存は、民間企業による経済性の追求努力を阻害する危険性すらある。そのため、産業の発展を牽引する継続的な技術開発は、いずれは民間によって担われる必要がある。しかしながら、発展の初期段階において新技術は、その経済性で旧来技術に対して圧倒的に劣ることが多い。将来、新技術が旧来技術を凌駕し、代替するというシナリオには多くの不確実性が伴う。そのような不確実性の中で、営利を求める民間企業は新技術の開発投資をいかにして正当化できるのだろうか。

　このような新旧技術の代替問題は、もちろん社会課題解決型の技術に限った話ではない。真空管からトランジスタ、ブラウン管テレビから液晶テレビ、内燃機関から電気モーターなど、歴史を少し振り返れば、新旧技術の代替という現象は広く観察される。これらの事例でも、初期段階における新技術の価格性能比は、旧来技術と比べて圧倒的に劣っていた。価格性能比の改善に向けた技術開発が実際に期待通りの果実を生むかどうかについては高い不確実性が伴うのが通常である。こうした高い不確実性にもかかわらず、新たな開発への投資を継続しなければならないという点は、技術のタイプを問わず共通する課題である。

図表序-1　国の経済力と水アクセス

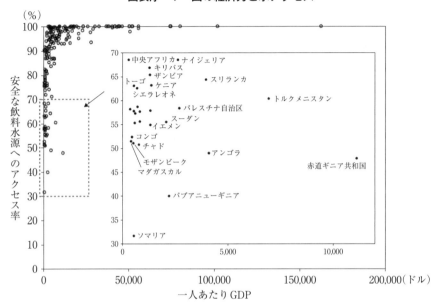

出所：国際連合食糧農業機関 AQUASTAT（2018年4月8日確認）に基づき筆者作成。
注1：データは最新値に基づく。両軸データが得られる国のみ描画（N=190）。
注2：ここでいう「安全な飲料水源」とは、WHOとUNICEFによる共同モニタリングプログラムにおける"improved drinking-water source"のことを指す。

　ただし、社会課題解決型の技術の場合、その課題が、より深刻となると考えられる。なぜなら、そのような新技術を本当に必要とする顧客には、十分な支払い能力や支払い意欲がない場合が多いからである。例えば現在、食料不足や水不足が深刻化している南アジアやアフリカの国々で生きる人々には、残念ながら新技術に対する十分な支払い能力がない。例えば図表序-1に示されている通り、安全な飲料水源にアクセスできない国々は、一人あたりGDPの低い発展途上国がほとんどである。これらの国々では人口増加が予測されており、今後さらに深刻な水不足が起きることが懸念されている。さらに、発展途上国が工業化を加速化させる段階では、産業発展を損なうような環境技術への投資がなかなか進まないこともある。
　このように、社会課題解決型の新技術には、技術開発上の不確実性だけでなく、たとえ技術が首尾良く開発されたとしても、費やした技術開発投資に見合

うだけの支払い能力や意欲が顧客側にあるのかという、別の不確実性もつきまとっている。つまり、「需要があるところに支払い能力・意欲がない」というジレンマが存在している。営利を求めることを目的とする民間企業の立場からすれば、このような商業的に不確実な技術に対して積極的な投資を行うことは簡単なことではないだろう。もちろん、この種の技術に対する投資が、CSRの一環として、収支上の採算を度外視して行われることはありえる。しかし、CSRの観点からだけでは、新技術の事業化に必要となる莫大な経営資源を投入し続けることはできない。営利企業である限り、収益の見込みが立たないまま、資源配分を継続することはできないはずである。

このように考えると、収益獲得がままならない不確実な状況が続く中で、社会課題解決型技術の開発を営利企業が長期にわたって継続するという現象は、一見すると不思議に思えるのである。

3．分析の視点

3-1．4つの不確実性

「高い不確実性を伴う新技術や新事業の開発が長期にわたって継続されるのはなぜなのか」。これが研究上の問いになりうるのは、高い収益圧力の中で利潤期待に基づいて投資意思決定を行うはずの民間企業が、当初見込んだ市場が長年にわたって大きな成長を遂げず、思うように収益が得られなくてもなお技術開発と事業開発を継続してきたという現象が不思議に思えるからである。

この謎を解くには、不確実性下での企業の意思決定に影響を与える要因とメカニズムを解明する必要がある。そのために、まずここで、本書が注目する不確実性の内容を明らかにしておきたい。不確実性とは、一般に、ある現象が生じることを確率的にも予測できないような状況を指す(Knight, 1921)。例えば、企業ファイナンスの教科書は、将来利益の現在価値に照らして投資水準を決めるよう教えるが、不確実性が高い場合には、投資が生み出す将来利益を確率的にも把握できず、期待値さえ計算できない。その結果適切な投資水準を決めることができない意思決定者は、この曖昧な状況を避けるために過小投資に陥り

やすくなることを既存研究は指摘した（例えば、Kellogg, 2014；Leahy and Whited, 1996）。

　技術開発投資の場合、合理的な企業であれば、資源の追加投入によって技術水準が向上し、その結果、新たな市場が開拓され、そこから企業が収益を得るという一連の因果を想起した上で、資源投入レベルを決定するはずである。しかし、イノベーション活動の初期段階では、この因果連鎖がどう生じるのかを確率的にも予測できないことが多く、それゆえ技術開発投資は過少になりがちになる。この状況には、以下で記す4つの異なる不確実性が取り巻いている。

　第一の不確実性は「技術の不確実性」である。これは、技術開発投資もしくは努力が技術レベルの向上をどの程度もたらすのかを予測できない状況を示す。自然法則に対する知識の欠如から生じる不確実性といえるだろう。第二の不確実性は、「市場の不確実性」である。これは、技術レベルの向上によってどれだけの市場が開拓され、その結果、企業にどれだけの収益をもたらすのかを予測できない状況を示している。技術の持つ市場価値に関する知識が欠如していることから生じる不確実性である。イノベーション活動や新事業創造プロセスを扱った既存研究の多くが取り上げてきた不確実性は、これら技術の不確実性と市場の不確実性である（例えば、Jalonen, 2012；McGrath and MacMillan, 2000）。

　市場の不確実性は、顧客による技術の受容に関する不確実性と市場競争による企業利益への影響に関する不確実性に分解して把握することができるだろう。前者は、「顧客の不確実性」と呼べるもので、技術レベルの向上によってどれだけの市場が開けるのかを予測できない状況を指している。一方、後者は、「競争の不確実性」と呼べるものである。たとえ大きな市場が生まれたとしても、競争が激しければ、企業は、投資を正当化できるだけの利益を得ることができないかもしれない。企業が獲得する利益は市場競争に依存しており、その競争状況を事前に把握できない状況が競争の不確実性といえる。

　これら3つの不確実性は、企業で働く開発者たちがイノベーション活動を推進する際に行う経済計算に関わる不確実性として束ねることができる。開発投資によって得られる技術的な成果や、その成果によって実現しうる顧客価値と将来収益のどれもが不確実で開発の経済合理性が見通せないという事態は、開

図表序-2　4つの不確実性

顧客の 不確実性	技術の 不確実性
競争の 不確実性	社会と組織の 不確実性

出所：筆者作成。

発を推進する際に大きな障害になる。

　これら3つの不確実性に加えて、企業のイノベーション活動に影響を与えるもう一つの不確実性が「社会と組織の不確実性」である。企業は様々な利害を持つ人々からなる社会の中に存在しているとともに、企業組織内にも多様な人々からなる社会関係がある。それらは、単純な経済合理性とは異なる論理によって、企業によるイノベーション活動への資源投入に影響を与える。例えば、どんなに高い収益性が期待されたとしても、遺伝子操作技術のように、倫理的な観点から、開発投資を躊躇せざるを得ないような場合がある。逆に、環境関連技術のように、たとえ利益性が低くても、社会的にその開発が推奨されることもある。また、組織内の政治闘争によって、収益性が見込める技術の事業化が頓挫したり、逆に、収益性の見込めない技術が製品化され市場に投入されるということも希なことではない。つまり、見込まれる将来収益に対してどれだけの資源を投入できるのかは、組織内外の社会的要因次第であり、それら要因の作用を事前に把握できない状況が「社会と組織の不確実性」である。図表序-2には新技術・事業開発を左右する上記4種類の不確実性が示されている。

3-2．4つの分析視点：期待形成の影響要因

　イノベーションを実現して新事業を興すプロセスでは、これら4つの不確実性がつきまとう。通常これらの不確実性は、各社の技術開発努力や市場におけ

る顧客とのやりとりが進み、産業が発展するにしたがって、徐々に削減されていくものである。しかし企業にとってはそのスピードが問題となる。不確実性削減のスピードが遅く、将来性が見えない状況が長く続くと、企業は開発リスクを負い続けられなくなり、新規事業創出への資源配分が正当化されなくなる。このような状況であっても、技術開発や事業開発が継続できるためには、高い不確実性下においても将来性を期待させるような力の作用が必要となると考えられる。本書では、そうした期待を形成する力の所在を、上記4つの不確実性に対応して、以下の4つの視点から探索していく。

3-2-1. 画期的なブレイクスルー技術の出現と技術アプローチの収斂

　第一に、高い技術的不確実性の下で、技術開発の成果に対する期待を高める力として、本書が注目するのが、「画期的なブレイクスルー技術の出現」とそれによって引き起こされる「技術アプローチの収斂」である。通常、産業発展の初期段階においては、各社が様々な技術アプローチを模索しており、産業には多様な技術が存在することが多い。その並存状況の中で、業界の主流を目指した技術競争が繰り広げられる (Suarez, 2004)。このように技術の多様化した状況は、産業レベルで見るならば、技術開発の努力や投資の分散を意味するため、技術進歩のスピードを鈍らせることになる。この状況を打開して技術への期待を高めるのが、画期的なブレイクスルー技術によって生み出されるドミナントデザイン (Abernathy, 1978；Utterback and Abernathy, 1975) である。
　画期的なブレイクスルー技術とは、業界内の誰もが合意するような有望な「解の集合」を提示する技術である。それは、業界内で長年認識されてきた課題に対して、新たな解決の糸口を鮮明に示してくれる。その登場時点では、実用性や経済性向上が必ずしも保証されてはいないものの、その画期性と技術成果の飛躍的な向上の大きさに多くのプレイヤーが注目し、産業内の多様な技術アプローチは一気に収斂することになる。そして、各社の技術開発投資は特定の方向に集約され、同じ技術トラジェクトリ (Dosi, 1982) 上での競争が展開されようになる。その結果、技術がもたらす経済性は加速度的に向上し、旧来技術を代替する普及の端緒を開くことになるのである。

3-2-2. 初期市場の出現

　第二に、顧客の不確実性が高い状況で、顧客獲得への期待を直接的に刺激する力として本書では「初期市場の出現」に注目する。技術レベルが低く未成熟な初期段階では、想定市場の拡大と将来利益の存在を、企業の経営層や資本家に対して説得的に説明することは難しい。とはいえ、市場が全く見えない状態で何十年にも渡って開発を継続することは、営利企業では極めて難しいだろう。初期の応用市場は、このような状況を打開し、企業による開発の継続を可能にしてくれる。それは、技術開発過程の副産物、もしくは積極的な応用市場の探索の結果として発見された、当初の想定とは異なる「想定外の」小さなニッチ市場であるかもしれない。しかしたとえ大きな市場でないにしても、そうしたニッチ市場が限定的ながらも確かに存在し、顧客が購入しているという事実は、将来的な市場拡大への期待感を高め、開発継続の十分な理由を形成するだろう。

　とりわけ、社会課題解決型のイノベーションを推進する際には、そうしたニッチ市場の存在が重要な役割を担うと考えられる（Kemp, Schot, and Hoogma, 1998；Weber, Hoogma, Lane, and Schot, 1999）。既述のように、社会課題の解決を目的として開発された技術が十分な経済性を獲得するには、通常の営利目的の技術開発と比べて、より多くの困難を克服しなければならない。そのためには時間的猶予が必要である。こうした状況において、初期のニッチ市場は、それがたとえ社会的課題解決という目的には直接かなわないとしても、技術開発活動の当面の継続を可能にしてくれる。また、初期のニッチ市場を通じた学習は、技術の持つ新たな可能性の発見につながり、当初の想定を超えた市場の広がりをもたらす可能性もある。そうしたニッチを拡大する戦略的ニッチマネジメント（strategic niche management）の重要性は既存研究においても明らかにされている。そこでは、将来に向けた期待やビジョンを明示することの重要性が指摘されてきた（Schot and Geels, 2008）。

3-2-3. 政府の政策的支援

　第三に、競争の不確実性や顧客の不確実性が高い中で将来収益への期待を高める力として、「政府の政策的支援」に注目する。外部性の高い技術開発を市場メカニズムだけにゆだねると、社会にとって必要な技術投資が過少になる危

険性がある。それは、社会課題の解決を目的とした技術開発の場合に特に顕著に生じうるだろう（Jaffe, Newell, and Stavins, 2005）。高い不確実性ゆえ将来利益が読めないだけでなく、高い公共性ゆえに技術のスピルオーバーが予測されるからである。

　そこで重要な役割を果たすのが政府である。そもそも企業は、国内外の政策や規制の不確実性に敏感に反応して行動する存在であり（Marcus, 1981；Engau and Hoffman, 2011；Porter and van der Linde, 1995）、政府がどのような政策的態度で何を支援したり規制したりするのかによって、民間企業の研究開発戦略は大きく左右される[1]。それゆえ、民間企業とは異なる目的関数を持つ主体が社会の資源配分の意思決定に関与することによって、技術的にも市場的にも不確実な新技術の開発を多角的に後押しすることが可能になる。

　政府による政策的支援は、直接的のみならず間接的にも企業の開発活動に影響を与える（Leyden and Link, 1991；Hall and Van Reenen, 2000）。直接的には、萌芽的で将来の見通しが立たない新技術の開発費用を政府が補助することによって、単独では採算の合わない新技術開発に企業は挑むことができるようになる。一方で間接的な効果としては、世の中の注意を喚起することによって民間企業の投資を誘発する一種の呼び水効果（Anderson, 1944）が挙げられる。政策的支援を受けた技術領域に社会の注目が集まり、その技術の発展と市場の拡大に対する期待が高まることによって、その技術開発への企業の参入を刺激することが考えられる。事実、こうした観点から、日本でも半導体産業やエネルギー産業など、様々な産業で政策的支援が行われてきた[2]。

　こうして公的支援の対象として選ばれた企業は、選ばれなかった企業に対して競争上優位に立つことができると考えるかもしれない。他方で、選ばれなかった企業は競争劣位を認識して、市場から撤退するかもしれない。これらはともに、公的支援を受けた企業の収益期待を高める方向に働くであろう。

　このように、産業初期段階での公的支援は、発展途上国における開発プロジェ

---

[1]　公的機関が民間企業のイノベーション活動に与える影響については、1980年代後半以降、ナショナルイノベーションシステムという枠組みで盛んに議論されている（Freeman, 1987；Nelson, 1992, 1993；Mowery, 1998；Lundvall, 1992；Guan and Chen, 2012；Intarakumnerd and Goto, 2018）。

クトを観察したハーシュマンが言うところの不確実性を「隠す手（hiding hand）」として作用し（Hirschman, 1967）、将来に直面する困難から注意を当面そらすことによって、企業が新技術の開発投資に踏み込む機会を与えてくれると考えられる[3]。

3-2-4. 経済合理性を超えた論理：組織と社会

第四に、社会と組織の不確実性が存在する中で、新技術や新事業の長期にわたる開発を可能にする力として注目するのが「経済合理性を超えた論理」の存在である。この論理は、組織の内外から提供される。

まず、組織内部から提供されるそうした論理とは、高い不確実性の下で将来収益を十分に見積もれていないにもかかわらず、技術開発に努力と資源を継続的に投入する判断の背後にある各社特有の論理のことを意味している。一般に企業は、事業活動を営み歴史を重ねるにつれて、組織文化ともいうべき特有の価値観を形成するようになる。そこに属していれば当たり前に感じるような目に見えない基本的前提（basic assumption）（Schein, 1990）として構成員たちに共有されたその組織特有の信念や価値観は、しばしば、単純な経済合理性の基準では認められないような独特な行動様式を許容し、実際に組織として独自の行動パターンを示す。それは、経済合理性のように万人が認める汎用的な理由以外にも、イノベーション活動を支えてくれるような特有の理由が企業組

2）日本において公的支援が民間企業の開発を後押しした例としては、かつて通商産業省が1960年代から進めた大型プロジェクト制度が挙げられるだろう。大型プロジェクト制度は、半導体に関して1976年から行われた超LSI技術研究組合のように特に大きな成功を収めたものもあれば（立本、2008）、サンシャイン計画のように必ずしも当初想定したほどの成果を得なかったものもある（島本、2014）。成果という点では幅があるものの、しかしこの制度が企業に研究開発を始めさせる強い駆動力を持っていたことは明白である。なお、本書が扱う逆浸透膜の開発も大型プロジェクト制度が支援した「海水淡水化と副産物利用研究」の下で進められたという歴史がある。

3）「隠す手」については、それを好意的に捉えるハーシュマンに対し、むしろ好ましくない結果を生み出す原因として否定的に捉えられることもある（Flyvbjerg and Sunstein, 2016）。ただし、どちらの立場でも、「隠す手」が不確実性の高いプロジェクトを始めさせるという点では共通しており、その考え方は、民間企業の開発活動にも適用可能であると考えられる。

織内に存在していることを意味している。

　新技術開発を進めようとする際、その先にある経済合理性を事前に明示しきることは難しい。事前には非合理とも思える新たな企てに資源が配分されて技術開発が継続し、それが、やがて市場に広く受け入れられるようになり、結果として合理性を獲得するのが現実のイノベーション・プロセスであろう。その長期に及ぶ開発プロセスにおいて、組織特有の価値観の存在は、開発者たちにとって決定的に重要な拠り所となる。多様な方策を駆使してそうした組織特有の価値観に訴える創造的正当化プロセス（武石・青島・軽部、2012）を通じることによって、資源動員を漸進的に進め、イノベーションというゴールへと向かうことができるからである。

　次に、組織外から提供される社会の論理とは、営利企業が持つ利潤動機とは異なる社会的な理由のことを意味している。営利企業は確かに利潤動機を中心として行動している。しかし、企業を取り巻くステークホルダーの全てが利潤動機によって方向づけられているわけではない。企業は大きな社会の中で存在しており、社会のルールや社会からの要求を無視しては存在しえない。近年、CSRやCSV（Creating Shared Value）が注目されてきたのは、企業活動が社会生活や自然環境を毀損することに対する懸念からであり、企業は常に、私的利潤だけでなく社会的価値を実現することも求められている（McWilliams and Siegel, 2001；McWilliams, Siegel, and Wright, 2006；Waddock and Graves, 1997；Porter and Kramer, 2011）。

　それゆえ、新規事業につながるイノベーションが社会からの強い要求によるものであれば、たとえ大きな利潤につながらなくても、企業がそれに対して投資を続けることは十分に考えられる。もちろん、社会的要求だからといって営利目的と相反した状況を延々と続けていくことはできないはずである。しかし少なくとも、技術開発を始め、事業をスタートする上での促進要因としては機能するであろう。

　既存技術に比べて明らかに経済性が乏しい新技術の開発に資金や人々のエネルギーを継続的に投入するには、利潤動機に訴えるだけでは足りない。新技術開発が民間の手によって花開くまでに非常に長い時間がかかる場合、その初期段階では投資の現在価値を計算することさえ困難だからである。そうした中、

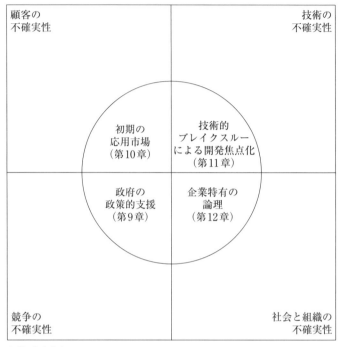

図表序-3 本書の分析視座

出所：筆者作成。

　環境問題や社会課題の存在は、社会的な要請や圧力となって、多様な行為主体に開発行動を始めさせるきっかけになってくれると思われる[4]。

　以上の議論に基づき、4つの不確実性の下で企業の期待形成に影響を与える4つの力を図示したのが、図表序-3である。本書の結論を先取りするなら、これらの力は、下に示す関数の右辺にある4つの要因を変化させるような期待形成に役立つことによって、不確実性下での継続的な新技術・新事業の開発を可能にするのである。

---

[4] こうした、社会から与えられる論理はイノベーション活動を推進する重要な力だが、本書では具体的な分析は行っていない。逆浸透膜の開発が水不足という明確な社会課題の解決を目的としたものであり、その存在が自明だからである。

許容される資源投入量
＝ƒ（技術開発の効率性、技術の限界市場価値、企業の利益獲得能力、非経済的要因への感度）

4．研究方法

4-1．単一事例研究

「高い不確実性の下で新技術や新事業の開発が長期にわたって継続されるのはなぜなのか」という問いを解く上で筆者たちが採用した研究方法は単一事例研究である。

単一の事例を対象とする定性的な研究は、既存理論の代替や改訂につながりうる新たな仮説を探索して構築する上で有効な手段である（Yin, 1984；Gerring, 2006；Levy, 2008）。新たな仮説探索を試みるためには、特に、一般的傾向に反する単一の逸脱事例を抽出することが望ましい。そこで本書では、一見すると営利企業では継続が難しいような技術・事業開発が実際には長期にわたって継続し、最終的にイノベーションとして結実した事例を取り上げることにした。

また、本書は、社会課題解決型の新技術や新事業が創出され、それが産業を形成するまでの因果メカニズムを包括的に描き出すことを目標としている。そのためには、企業の戦略行動や市場競争に加えて、技術進歩の詳細な中身、組織内部の事情、政策的意図、社会的圧力など多岐にわたる影響要因に目を向け、それらの間の関係を紐解く必要がある。技術開発が始まり、それが継続し、技術が事業化され、事業拡大が実現するまでの一連の過程を含む長い因果連鎖を紐解くためには、可能な限り一次資料にアクセスしながら丹念にその歴史を遡り、時間的経過に沿って事象を丁寧に追いかけることによって、分厚い記述を行う必要がある（沼上、1999；2000）。この点からも定性的な単一事例分析が適している。

つまり、一般的傾向に反する事例を、定性的に広く深く分析することによって、新たな理論の構築につながるような説明論理を探索するというのが、本書

の方法論的立場である。この立場に立って分析を進める際には、「なぜ」(why)という問いに対して短絡的に原因を求めるよりも、「いかにして」(how)を深く問うことによって事象に底流するメカニズムを明らかにすることが重要となる(Anteby, Lifshitz, and Tushman, 2014)。そこで本書では、「なぜ」という問いを出発点としつつも、できる限り深く「いかにして」を問い、新技術・事業の長期的な開発を支えたメカニズムの解明を目指している。

4-2．逆浸透膜技術への注目

　単一事例研究の目的が、新たな仮説やメカニズムの探索にあるのであれば、研究上の疑問が顕著に現れる特徴的な事例を選択することが望ましい。本書では、そうした事例として、逆浸透膜の開発史を取り上げる。

　逆浸透膜とは、主として海水から塩分などを分離して飲料水を確保するために開発された特殊な半透膜である。Reverse Osmosis の頭文字をとって RO 膜とも呼ばれる。

　逆浸透膜の開発は、一見すると営利企業による継続開発が難しいような社会課題の解決を目的として始まった。しかも、当初企業が思い描いたようには市場は広がらず、収益獲得がままならない状況が長く続いた。それにもかかわらず、主力企業は、技術・事業開発を継続し、最終的に産業形成が実現した。こうした点から逆浸透膜産業は、本書における研究上の疑問を分析するのに格好の事例である。

　逆浸透膜開発の歴史は、米国西海岸の都市化に伴う水不足に対処すべくカリフォルニア大学ロサンゼルス校（以下、UCLA）が研究に着手した1940年代にさかのぼる。同じ頃、UCLA での開発と並行して、フロリダ大学でも開発が進められた。1952年には米国内務省内に塩水局が設置され政策的後押しも強くなった。米国企業が事業化に向けた開発を進める一方で、1960年代後半以降は、米国企業を追従した日本企業も開発競争に参入した。

　しかし、逆浸透膜が海水から飲料水を製造するという目的を実現し、現在のような規模の市場を獲得するまでには長い年月が必要であった。水供給という社会のインフラ事業にふさわしいコスト性能が求められる中、長い間、旧来の蒸発法のコスト性能比を超えることができず、逆浸透法は期待したようには市

場に受け入れられなかった。その間、企業は、技術的にも市場的にも高い不確実性を抱えながら、開発活動を進めなければならなかった。

その中で、少なくとも、現時点で市場を支配しているダウ・ケミカル（以下、ダウ）、東レ、日東電工、東洋紡の４社は、長きにわたって途切れることなく開発を続けてきた。その結果、逆浸透膜市場は、民間企業による開発着手から数えて四十数年の時を経てようやく当初の目的であった海水淡水化市場において主流技術として定着するようになったのである。現在は新たな海水淡水化プラントの大半が逆浸透法を採用しており、逆浸透膜の世界市場は1000億円を超えるまでに発展している。

この市場で特徴的なことのひとつは、日本企業が高い競争力を維持している点である。世界市場で首位に立つ企業は米国のダウであるが、それを追いかける東レ、日東電工、そして東洋紡の日系３社が５割以上のシェアを握っている。

しかし、そもそも日本は水資源が豊かな国である。年間降水量は1668mmであり、世界平均1065mmの約1.5倍に達している[5]。人口一人あたりの降水量は少ないという見方もあるが、日本では古くからダムが積極的に建設され、全国各地で慢性的な水不足に悩むようなことはなかった。このように、必ずしも高い国内需要が見込めたわけではないにもかかわらず、1960年代から日本企業は逆浸透膜の開発に積極的に関与し、結果として市場で高い地位を築くことに成功している。

なぜ、水資源に相対的に恵まれ、国内には強い社会的ニーズが存在しなかった日本を拠点とする３社が、技術と市場の不確実性に直面しながらも、長期にわたって開発を継続できたのだろうか。これが、本書が追求する、より具体的な分析上の問いである。

4-3．逆浸透膜に関する分析上の利点

不確実性の高い新技術が長期にわたって開発され、社会に普及していくプロセスやメカニズムを解明するという本書の目的に対し、逆浸透膜の技術と事業は、以下の３つの点から格好の題材となってくれる。

5）国土交通省（2018）。

第一に、逆浸透膜は、先述したように水不足という極めて明確な社会課題の解決を第一義的な目的として開発され始めた技術である。新技術の中には、社会課題を解決することが当初の目的ではなかったものの、次第に社会課題を解決する方面に活用されるようになった技術もあるが、逆浸透膜の場合は、当初から明確に社会課題を解決することが掲げられていた。逆浸透法による造水は、現在でも、世界の渇水地域における水不足の解決に貢献する有力な方法として注目されている。

　第二に、業界の技術者コミュニティが比較的安定してきたため、鍵となる開発者へのアクセスが可能であり、開発初期から市場普及までの歴史全体を把握することができる。米国では、この産業の発展過程で、企業買収、合併、事業撤退などの構造的な変化があったけれども、初期の重要な技術開発を行ったキーパーソンは、カリフォルニアを中心にいまだこの産業に残っている。さらに、米国の膜技術学会であるAMTA（American Membrane Technology Association）では、過去に重要な技術・事業開発を行った人々に対するインタビュー動画をシリーズとして記録しており、これを会員に対して公開している。造水ビジネス全体の市場規模は大きいものの、そこから膜ビジネスだけを取り出すと、拡大したとはいえまだ世界全体で1000億円程度であり、それゆえこの産業では、比較的小さく凝集性の高い技術者コミュニティが形成されてきた。このことは、初期の開発から事業化、普及にいたる産業のライフサイクル全体を把握しようとする本研究の目的にかなっている。

　第三に、産業の有力企業のうち3社が日本企業であり、それらの企業がみな技術開発段階から現在に至るまで40年以上も継続して事業を行ってきた。それゆえ、日本を拠点とする筆者たちにとっては、企業の内部に入り込んだ質的調査を行い、技術的・経済的課題の克服プロセスや一連の投資意思決定など、事業の歴史全体にわたる詳細な情報を得ることができる。事実、次に記すように、分析に際して多くの一次資料に恵まれることとなった。

4-4．分析方法

　本書では、以下のような一次資料および二次資料に依拠して分析を行った。一次資料は筆者たちによる取材記録である。国内外で延べ106名の協力者を得

て、取材および現地調査を行った。取材はインタビューが大半を占め、その後、追加的にメール取材を行い、情報を補完した。その一覧は本書の巻末に掲載した。主たる分析対象である日系企業については、東レ関係者、日東電工関係者、そして東洋紡関係者の順で国内外において取材を行い、各社における逆浸透膜の開発史を整理した。この中には、企業を離れて政治家に転身したり、大学教授になったり、引退後に研究機構に勤めた関係者も含まれている。さらに、膜開発そのものが米国から始まったことから、ROGA（Reverse Osmosis General Atomic）関係者、ダウなど米国の民間企業関係者に対する取材調査も現地で行った。

　逆浸透膜の開発では公的支援が重要な役割を果たしていた。それゆえ、公的機関の視点を確認するため、脱塩プラントの実用化を国内で支えた造水促進センターや公的支援による開発の歴史にも詳しい大学関係者への取材を行った。

　加えて、逆浸透膜は、川下におけるプラントのオペレーションを通じて性能を発揮するため、海水淡水化を始めとする各種プラントでの取材も行い、オペレータ側から見た逆浸透膜技術の現状と可能性を調査した。国内では沖縄と福岡の海水淡水化プラントを訪問、取材し、海外ではサウジアラビアとシンガポールの各種プラントで訪問調査を行った。

　二次資料については、豊富な資料に恵まれた。まず、日米ともに海水淡水化を念頭に置いた専門学術誌が発刊されており、それを辿ることによって産業発展初期における当事者の見方を確認することができた。米国では *Desalination* や *Membrane* であり、日本では『日本海水学会誌』（旧『日本塩学会誌』）や『膜』である。

　これらの二次資料は、一次資料で得られた情報と比較対照させることができるため、非常に有益なものであった。インタビュー記録には、当事者の見方や考え方、二次資料化されていない情報が得られるという利点がある一方で、事後的な聞き取りのため思い出しバイアス（recall bias）（Raphael, 1987）の介在が避けられない。一方、研究論文には、そうしたバイアスがなく、また科学的な根拠に基づいた記述が多い。それゆえ、取材情報と照合することによって、一次資料に含まれるバイアスを検証することができた。結果として、筆者たちが得た一次資料には深刻なバイアスは存在しないことが確認され、むしろ、取

材で得られた情報によって論文の内容を裏付けるという補完的な扱いができた。さらに、各種の論文の中から、逆浸透膜の将来性に対する執筆者個人特有の見方が確認できたことは、予期せぬ収穫であった。

　逆浸透膜業界は、初期の開発メンバーの多くが今も業界にとどまって開発を続けているという点で特徴的であった。これは日本に限らず米国でも同様であった。研究者コミュニティが比較的堅牢に保たれているからだと思われるが、先述したように、AMTA は、産業初期に逆浸透膜の開発に貢献した人々に対するインタビュー動画を会員に公開している。これは、米国での取材調査を代替・補完してくれる一次資料のようなものであり、大変貴重な情報源であった。

　歴史を残す取り組みを重視する姿勢は米国の政府機関でも同様である。海水淡水化技術の開発に対する政府支援の実態や支援体制の構築に関する政治的な議論も公式記録として数多く残されていた。それは米国議会の公聴会記録にとどまらなかった。ジョン・F・ケネディ大統領図書館では、ケネディ政権関係者に対するオーラルヒストリー記録を残す取り組みが1964年から実施され、1600本を超えるインタビューが記録されている。本書の中で明らかになるように海水淡水化を積極的に後押しして補助金を大幅に引き上げたのは時のケネディ政権であった。そのため、当時の関係者記録がオーラルヒストリーとして公開されていたことは、大変有益であった。

　公的な研究活動に関する当事者の記録は、日本では十分に蓄積されているとは言い難い。そのような中で、旧工業技術院や産業技術総合研究所等で研究活動を担った当事者たちが当時の記録を書き残すというプロジェクトが、近年、その OB・OG 組織である産工会において進められている。歴史を後世に残すこの貴重な活動のおかげで、工業技術院が行った海水淡水化研究に関する当事者の記録を参照することができた。

　二次資料として筆者が依拠したもう一つ大きな情報源は、ULTRA Patent が提供する特許データベースである。分析に際しては、同データベースから逆浸透膜に関連する特許を最大で9296件抽出し、その全数調査を行った。特に日本側の特許を分析する際に活用したのはFタームである。Fタームは日本独自の分類であるため国際比較ができないという欠点がある一方で、特許の想定用途の分類を行っているという利点がある。用途別の特許分類を可能にして

くれるFタームの存在は、幅広い用途展開を行う材料ビジネスを分析する際に大いに役立つものであった。当初Fタームについてはその付与精度の低さが懸念されたものの、実際には取材で得られた情報とほぼ整合的であり、少なくとも逆浸透膜分析において付与精度が問題になることはなかった。

　このように技術開発史そのものに関する情報には恵まれた一方で、逆浸透膜事業の経営面での分析は極めて困難であった。バリューチェーンの上流に位置する材料ビジネスでは、売上高や利益率など経営成果に関する定量的データが得られないためである。これは企業分析を行う上で大きな制約となった。そのため、各社の有価証券報告書の事業報告情報や、富士経済を始めとする有力な第三者調査機関の情報から、間接的に経営成果や市場情報を分析するにとどまっている。

5．本書の構成

　本書は4部から構成されている。逆浸透膜は、当初目的とされた海水淡水化用途がなかなか花開かない中で、実に長期にわたって開発が続けられた稀有な部材である。それゆえ、まずはこの逆浸透膜開発に関する史実を残すことが、国の科学政策に関わる立案者や企業で技術開発に携わる人々に対して果たせる最初の貢献であると思われる。そこで、本書の第1部から第3部にかけて、歴史的経緯を記述することとした。それらの歴史的記述を受けた上で、第4部において「高い不確実性の下で新技術や新事業の開発が長期にわたって継続されるのはなぜなのか」という本書の問いに答えるメカニズムを探索した。各部の概要は、以下の通りである。

　第1部の概要編では、逆浸透膜技術の概要を説明するとともに、市場の現状と発展の推移を概観する。そこでは、逆浸透法の原理を説明し、材料や形状によって異なる逆浸透膜の種類を整理する。その上で、種類によって異なる開発上の主要な課題を明らかにする。

　第2部の米国史編では、米国における開発と事業化の歴史を概観する。そこでは、逆浸透膜の開発が米国において始まった経緯、政策的支援と意図、大学

を中心に行われた初期の研究成果、民間企業による商用化と事業展開、各社の動きと市場競争について記述する。

　第3部の国内史編では、日本における開発と事業化の歴史を概観する。まず、日本において逆浸透膜開発が始まった経緯と初期のプレイヤーの動きを整理する。その上で、現在の主力企業である東レ、日東電工、東洋紡の3社それぞれについて、開発着手から、商品化、事業展開にいたるまでの歴史を詳細に記述する。

　第4部の分析編では、第1部から第3部における産業の推移と企業行動に関する記述をもとにして本書の問いに答えるための分析を進める。図表序-2および序-3の枠組みに沿って第4部の各章はそれぞれ次のような位置づけとなっている。

　第9章では、「政府の政策的支援」の役割に注目し、米国と日本で開発が立ち上がった経緯と、そこで日米の政府が果たした役割を分析する。米国においては、異なる政策的意図が相乗りすることで巨額の公的支援が生まれ、それが、初期の開発を支えたことを議論する。一方、日本では、デュポンやダウといった米国の先行企業に対する追従行動が開発のきっかけとなった可能性を議論する。そこでは米国政府の政策が、米国の公的機関や民間企業の行動を介して、間接的に日本企業に影響を与えたことが明らかになる。

　第10章では、「初期の応用市場」の役割に注目して、各社による応用市場の開拓とその意義を議論する。応用市場の登場は、将来的な市場拡大の期待を高めることによって、事業継続を支える役割を果たした。特に重要であったのが半導体向け超純水製造用途の出現であった。半導体の微細化が進み、製造工程に高いクリーン度が求められた1970年代後半に、その市場は神風のように現れた。この市場があったからこそ、各社の開発は継続可能となり、当初の目標であった海水淡水化向けに適用できる技術の確立につながったことを指摘する。

　第11章では、「技術的ブレイクスルーによる開発活動の焦点化」の役割に注目する。そこでは特に、フィルムテック（FilmTec）のカドッテ（John E. Cadotte：1925年-2005年）が発明した技術的ブレイクスルーに注目する。1979年にカドッテが出願したポリアミド系複合膜の特許は、特許番号4277344にちなんで344特許と言われる。この344特許は、膜組成の工夫と界面重合に

よる製膜の実現によって、矛盾しがちな多様な性能を高いレベルで両立させる画期的な技術であった。344特許は、係争を経て米国政府に帰属することになったため、一種のドミナントデザインとして広く業界に普及し、多様な技術アプローチが一気に収斂することになった。

　第12章では、「企業特有の論理」の役割に注目し、日本の主要企業3社において開発が正当化されてきた理由を探る。そこでは、3社が、それぞれ社内における固有の理由や独自の価値基準に基づいて開発を支え続けてきたことを明らかにする。東レでは、海水淡水化という難易度の高い用途に高い技術力で応じるという技術優位の考え方に沿って開発が進められた。東洋紡の開発者たちは、脱繊維という全社方針の中に事業を位置づけるとともに、全社の危機に直面したときには、なるべく目立たないように行動する道を進んだ。日東電工では、膜ビジネスを企業成長の一つの柱にするという全社の事業理念をよりどころとして事業が正当化されてきた。

　第13章では、前章までの分析結果に基づいて、4つの不確実性の下で新技術や新事業の開発が長期にわたって継続されたプロセスを概念的に理解するための記述モデルを提示する。そこでは、「政府の政策的支援」「技術的ブレイクスルーによる開発活動の焦点化」「初期の応用市場」「企業特有の論理」の4つの要因が、相互に補完的に作用することによって、単純な利潤動機では実現できないような新技術や新事業の開発継続が可能となったという論理を展開する。

　終章では、本書の貢献と示唆を明らかにした上で、今後の研究につながる発展的な議論を展開する。発展的議論のひとつは、産業発展と企業収益との間の矛盾についてである。画期的なブレイクスルーがドミナントデザインの出現を促し、業界における技術アプローチを収斂させたこと、そして、エレメント形状に事実上の標準が生まれたことは、確かに産業発展に寄与した。しかし、それは一方で、苛烈な同質化競争をもたらし、企業の収益を圧迫することにもつながった。技術アプローチの収斂や標準化と、個別企業の収益のバランスが、どのように産業発展に影響するのかといった点は本書の分析範囲を超えているが、重要なテーマである。この他、実験場としての応用市場の役割や、企業内で開発を正当化する固有の理由が技術開発の方向性に影響を与える可能性も発展的議論として提示する。

序章　本書の目的と問い　　23

図表序 - 4　本書の構成

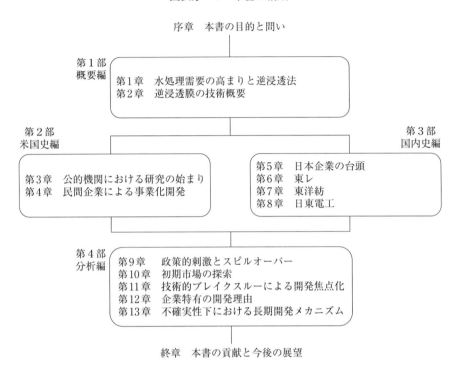

　ここまで記してきた各部の相互関係と各章の位置づけを示しているのが図表序 - 4 である。分析に関心の強い読者は、第1部の概要を経た後、第4部の分析編に飛び、各分析に対応する背景情報を得るために適宜第2部と第3部を参照するという読み方ができる。史実にも関心を抱く読者は、第1部からそのまま第2部へと読み進めていくことが望ましい。

第1部　概要編

第1章
水処理需要の高まりと逆浸透法

1．拡大する水処理需要

　水の需要が世界で拡大し続けている。しかし地球に存在する水のうち人類が簡単に利用できる水はわずか0.01％程度に過ぎない。その地球上で、新興国を中心とした人口増加や工業化、さらに温暖化に伴う渇水地域の拡大が進み、飲料水の確保が世界規模で重大な課題となっている。2015年に韓国で開催された世界水フォーラムでは、安全な飲料水を得ることができない人々が8億人を超えると報告された。2018年には、南アフリカのケープタウンで数年続いていた干ばつの影響により危機的な水不足が生じた。

　このような深刻な状況に対応して、世界で様々な対策が進められている（沖、2016）。海水を脱塩処理して淡水化するプロジェクトはその一つである。中東のサウジアラビア、UAE（アラブ首長国連邦）、クウェート、カタール、北アフリカのアルジェリア、カリブ海のトリニダード・トバゴなどで次々と海水淡水化プラントの建設が進んでいる。河川に乏しく慢性的な水不足に悩まされているシンガポールでは、国全体の水需要の25％が2基の海水淡水化プラントによって賄われ、今も新しいプラントが建設中である。中国では2016年末時点で合計131件の海水淡水化プロジェクトが完遂され、国全体の造水量は118.31万m^3/日に達している（国家海洋局、2016）。中規模ながら日本でも沖縄（1996年稼働、最大造水量4万m^3/日）と福岡（2005年稼働、5万m^3/日）で海水淡水化プラントが稼働している。図表1-1は、福岡の海水淡水化プラントの様

図表 1 - 1　福岡の海水淡水化プラント

出所：筆者撮影（2013年8月28日）。

子である。

　水処理需要は飲料用途以外でも高まっている。例えば、十分な農業用水を得るには、やや塩気の混じったかん水をうまく脱塩する必要がある。工業用途においても、小型電子部品の発展により、不純物を取り除いた純水や超純水を要する機会が増えた。環境汚染対策のために、工場排水から有害物質を取り除く必要性も増している。このように、ひとくちに水処理と言っても、上下水処理、海水淡水化、かん水淡水化、産業用純水製造、工業用排水処理と、その用途は多岐にわたっている。これら多様な水需要を足し合わせると、世界の水関連ビジネスは2025年に100兆円規模にまで拡大するという見立てもある[1]。

　図表1-2は、1950年から2014年までの脱塩設備能力の推移を新設ベースで描いたグラフである。かん水や海水を脱塩して工業用水や飲料水にするといった水需要に応じるように、グラフは一貫して右肩上がりを示している。特に著しいのが、2000年代に入ってからの伸びである。2000年には164万m^3/日の設

---

1) RobecoSAM Study（2015）.

図表1-2　脱塩設備能力の推移（新設ベース）

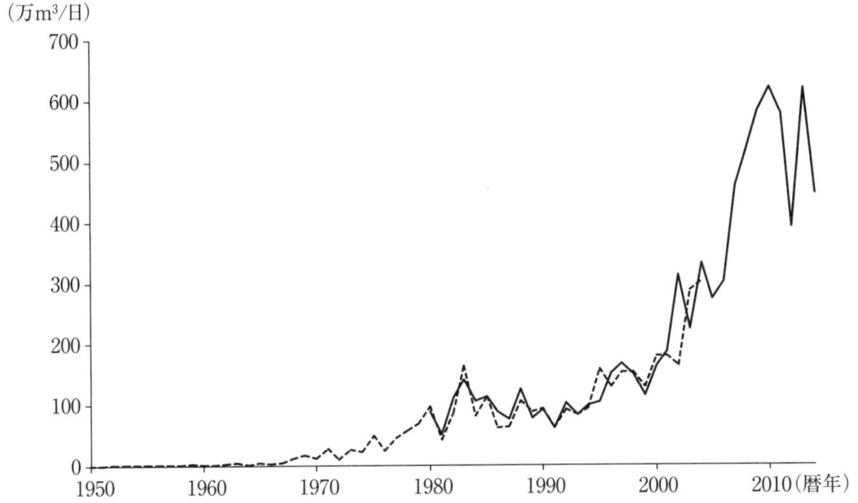

(万m³/日)

出所：1950〜2004年までの破線は、http://worldwater.org/wp-content/uploads/2013/07/Table22.pdf（2015年8月13日確認）に基づく。1980〜2014年までの実線は、IDA Desalination Yearbook 2014-2015に基づく。

備が新設されたのに対し、2010年にはその4倍近い621万m³/日もの設備が新設された。仮に一人あたりの水使用量を約200ℓ/日だとすれば、3000万人以上を賄う規模である。もちろん全てが生活用水に当てられるのではないにせよ、世界の淡水需要を満たすために脱塩設備の重要性が高まってきていることがわかるだろう。

2．逆浸透法の普及

2-1．蒸発法から逆浸透法へ

様々な脱塩法の中で現在主流となっているのが、逆浸透膜（RO膜：Reverse Osmosis Membrane）を用いた逆浸透法である。逆浸透膜は、水と不純物とを分離する半透膜の中で、最もきめ細かいものである。半透膜は孔径の大きさに応じて、精密濾過膜（MF膜：最小孔径10nm強程度）、限外濾過膜（UF膜：同1nm強程度）、ナノ濾過膜（NF膜：同1nm弱程度）、そして

逆浸透膜（RO膜：同0.1nm程度）に呼び名が分かれる[2]。NF膜は、逆浸透膜に似通っているものの塩分などの阻止率が低いことから、ルーズROと呼ばれることもある。こうした多様な孔径を持つ半透膜のうち最も目の細かいのが逆浸透膜である。

かつて脱塩処理といえば、もっぱら蒸発法が主流であった。蒸発法には、主に多段フラッシュ法（MSF：Multi-Stage Flash）と多重効用法（MED：Multi Effect Desalination）がある。いずれの方法においても、原水を蒸発させて真水を得るという基本的な考え方は共通である。長く渇水に悩んできた中東諸国は、安い原油を利用して、古くからこの蒸発法を採用してきた。

蒸発法の問題はエネルギーを多量に消費するところにある。1980年頃の試算によると、例えば海水淡水化処理に必要となる消費エネルギーは、逆浸透法が$3.69kWh/m^3$であるのに対し、蒸発法では$64.2kWh/m^3$にも達している[3]。1973年に起きた石油危機を契機に原油価格が上がり始めると、このエネルギー差は決して見過ごせない問題となった。他方、逆浸透法のコスト性能比が向上したことによって両者の経済性は次第に拮抗するようになった[4]。

図表1-3は、方式別の脱塩プラント数および造水量について1980年までの推移を示したグラフである。プラント数では、まさに石油危機が起きた頃から逆浸透法が急増し、蒸発法を逆転していることが確認できる。ただ、図からわかるように、造水量ではまだ蒸発法の方が上回っていた。数は少ないものの大規模な蒸発法プラントが建設されていたからである。

相対的には蒸発法より消費エネルギーが少なく済むとはいえ、逆浸透法でも

---

2) 浄水膜（第2版）編集委員会編（2008）に基づく。MF膜：Micro Filtration Membrane、UF膜：Ultra Filtration Membrane、NF膜：Nano Filtration Membraneである。

3) 綜合包装出版株式会社（1980）pp. 154-155。

4) 日本海水学会が1977年に報告した「海水淡水化トータルシステムの評価調査報告書」を引いた岡崎・木村（1983）によると、海水を原水とした場合の当時における造水コストは蒸発法で200〜323円/m^3、逆浸透法で324〜375円/m^3である。まだ差があるとはいえ、蒸発法の最高値と逆浸透法の最安値が接近していることがわかる。なお、造水法としては蒸発法や逆浸透法の他に、冷凍法や、イオン交換樹脂を用いた電気透析法を挙げることができる。しかし、海水淡水化用途においてこれらの造水法が蒸発法や逆浸透法と長く競合したわけではないので、ここでの記載からは外している。

図表 1-3　方式別の脱塩プラント数および造水量の推移（1980年まで）

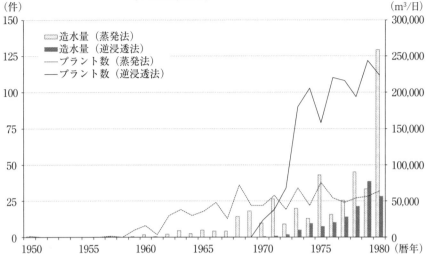

出所：Desalting Plants Inventory Report No. 7 (1981)．
注：1980年6月時点。掲載されていた全2202件には1981年以降に稼働予定のプラントも含まれているため、1980年までを対象にした上で欠損値を除き、2134件を抽出した。このうち蒸発法481件、逆浸透法886件を図示している。横軸はプラント稼働年または契約年である。

エネルギーコストの低減は大きな課題であった。脱塩する際にポンプを用いて高い圧力をかける必要があり、その電気代が不可避の一大コスト要因となるからである。海水淡水化の場合、造水コストに占める電気代の割合は、海水淡水化技術評価委員会（1998）の試算では26.9％、永井（2010）の試算では41.5％にも達している[5]。具体的に沖縄の海水淡水化センターを見ると、その電気代

---

[5] 国内における逆浸透法の造水コスト試算。建設費単価20万円/（m^3/日）、電気代12円/kWh という仮定に基づく。この結果として算出されるトータルの造水コストは144円/m^3 である。電気代に大きく左右されることから、トータルの造水コストは国によってかなり異なる。東レの房岡（2004）によれば、トリニダード・トバゴでは電気代がわずか0.02ドル/kWh であることから、同社が逆浸透膜モジュールを納入した造水プラント（13万6000m^3/日）におけるトータルの造水コストは70.73セント/m^3（約85円）にとどまっている。このうち電気代は7.61セント/m^3 で、造水コストに占める割合はわずか10.7％である。この他のプラントに関する造水コストとしては、キプロス（5万4000m^3/日、2001年稼働）74セント/m^3、タンパ（9万5000m^3/日、2003年稼働）55セント/m^3、アシュケロン（33万 m^3/日、2004年稼働）54セント/m^3、チュアス（13万6000m^3/日、2004年稼働）46セント/m^3 が挙げられる（山村、2010）。

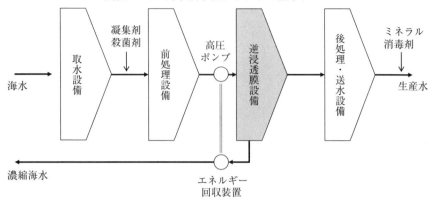

出所:海水淡水化技術評価委員会(1998)に基づき筆者作成。

のコスト構成比(2004年度実績)は25.9%で、フル操業を仮定した場合には45.3%に及ぶと報告されている(國吉、2007)。電気代が変動費として重くのしかかる海水淡水化プラントでは、造水量の増大が必ずしもそのままコスト低下につながる訳ではない。

そうした状況の中で逆浸透法の造水コストが下がってきた背景には、逆浸透膜自体の性能向上、脱塩システムの工夫、高圧ポンプの高効率化、そしてエネルギー回収装置の高性能化が挙げられる。エネルギー回収装置とは、水流の衝撃でタービンを回転させて発電したり(ペルトン水車方式)、脱塩後の濃縮された海水から圧力を回収したりする(圧力変換方式)ことによって、エネルギーを再利用する技術である。例えば福岡の海水淡水化センターにおけるエネルギー回収装置の導入効果について、守田(2011)は高圧ポンプに用いる電力の約20%を削減できたと報告し、環境省は年間で約1510万kWhの使用電力を削減して約8000万円の電気料金を節約できたと記録している[6]。図表1-4は、海水を淡水化するまでの基本的な流れと、その中における逆浸透膜設備(着色

---

6) http://www.env.go.jp/earth/ondanka/gel/ghg-guideline/water/measures/view/012.pdf(2017年12月26日確認)。環境省は、上水道・工業用水道部門向けの温室効果ガス排出抑制等指針の参考情報として日本水道協会編(2009)を引きながら、福岡の海水淡水化プラントにおける省エネ化に言及している。

図表 1-5　逆浸透法による造水コストの推移（大型海水淡水化プラント）

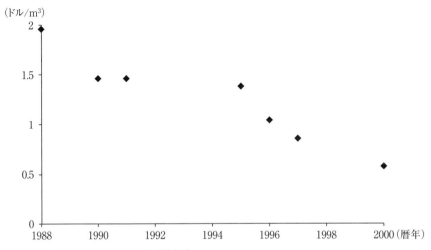

出所：Wilf and Bartels（2005）に基づき筆者推計。

部）とエネルギー回収装置の位置付けを示している。

2-2．経済性の逆転と普及

　逆浸透法が普及するようになったのは、いま述べてきたコスト低減努力も受けて造水コストが下がり、経済性で蒸発法を凌駕するようになったからである。図表1-5は、大型海水淡水化プラントにおける逆浸透法の造水コストの推移を描いた図である。このグラフに基づくと、1988年に約2ドル/m^{3}だった造水コストが10年ほどで半減し、2000年にはさらに半減して約0.5ドル/m^{3}にまで下がっていることがわかる[7]。図表1-6は、蒸発法と膜法の契約状況を造水量ベースで示したグラフである。このグラフに示される通り、1990年代前半

---

[7] 0.5ドル/m^{3}という造水コストは、Wittholz, O'Neill, Colby, and Lewis（2008）が示す試算結果とも整合的である。この論文の試算では、約20万 m^3/日の海水淡水化プラントにおける造水コスト（逆浸透法）が0.5ドル/m^{3}程度と報告されている。ただし、2000年代半ばになってもまだ両者のコスト比較が行われていたという事実は、条件によっては、蒸発法がコスト優位になる場合もあることを示唆している。例えば、サウジアラビアでは、蒸発法による海水淡水化プラントが今でも新設されている。これは火力発電所の副産物である蒸気を利用することによって、低コストで海水を淡水化できるからである。

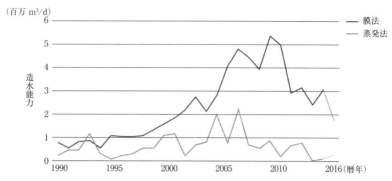

図表1-6　技術方式別の契約状況

出所：IDA Desalination Yearbook 2016-2017.
注：膜法はその大半が逆浸透法によるものとして考えられる。

には両方式の導入が拮抗していたものの、1990年代後半から膜法が拡大していることがわかる。これら２つの図表を見ると、1990年代後半に造水コストが急激に低下した動きに伴い、造水量ベースで膜法が蒸発法を追い抜いていったことがわかる。もちろん、プラントの稼動環境によってコストは大きく異なるため海水淡水化において逆浸透法と蒸発法の造水コストが逆転した時期を厳密に特定することは難しいのだけれども、概ねこの時期に経済性が逆転したことが示唆されている。

両者の経済性については、海水淡水化プラントの規模にかかわらず逆浸透法による造水コストが蒸発法の造水コストより低いという試算結果も2008年に報告されている（Wittholz, O'Neill, Colby, and Lewis, 2008）。この試算を裏付けるかのように、図表1-6では、2000年代半ばに膜法の導入が蒸発法を大きく上回っていることがわかる。逆浸透法が蒸発法を経済性で凌駕したために膜法が盛んに導入されるようになったと考えられる。例えば中国では、先述した131件の海水淡水化プラントのうち112件で逆浸透法が採用されており、2016年末に同国が発表した「全国海水利用第13次５カ年計画」に基づけば、今後も逆浸透法の採用が進む見込みとなっている。

2-3．多様な用途展開

逆浸透法は、当初から海水淡水化用途を念頭に置いて開発されてきた。しか

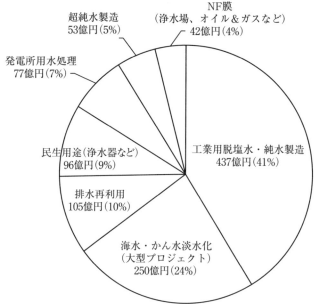

図表1-7　需要分野別の市場規模（2016年見込み）

出所：富士経済（2016a）p. 74。

し、海水淡水化に足る性能を実現して市場に受け入れられるまでには、長い時間が必要であった。その間、果汁の濃縮を含む食品用途、人工腎臓用途、工業用水の製造、排水の処理など、海水淡水化以外に様々な用途開拓が行われてきた[8]。これらの用途があったがゆえに企業は開発を継続することができ、海水淡水化に必要な技術レベルを実現することができたといえる。

図表1-7は、逆浸透膜とNF膜を合わせた世界市場の需要分野別内訳（2016年見込み）を示している。この表に基づくと、最も大きな用途は工業用脱塩水・純水製造であり、437億円で市場全体の41％を占めている。次が海水・かん水淡水化で250億円（24％）である。ただし、海水淡水化用途は大型プロジェクト向けが多く、プラントの発注状況によって上下に振れやすい。主に半導体向

8）このうち人工腎臓用途については、逆浸透膜よりも目の粗いNF膜やUF膜が適用されている場合が多いので、本書では深く触れない。

けを想定した超純水製造用途は53億円で市場全体の５％を占めている。

多岐にわたる需要分野の中で排水再利用について積極的なのがシンガポールである。同国では、下排水を逆浸透法で処理・浄化して飲料水等にするNEWaterプロジェクトが2000年代に入って本格的に進められ、2018年時点では５つのプラントが国内の水需要の40％をまかなっている。本章冒頭で記した海水淡水化プラント２基による供給量と合わせると、国内水需要の65％が逆浸透法によって満たされている計算になる。シンガポールの水政策は逆浸透法が支えていると言っても過言ではない。このように、逆浸透法は、あらゆる水処理需要に応えるべく普及し続けている。

３．業界の構造と競争

3-1．膜法による水処理業界の基本構造

逆浸透膜は、通常、他の部材と一体化されて膜エレメントと呼ばれる製品となる。この膜エレメントを直列に複数本つなげて、圧力容器（ベッセル）に格納したものが膜モジュールと呼ばれる。一般に逆浸透膜メーカーは、逆浸透膜から膜エレメント、膜モジュールまでを設計、製造、販売している。

逆浸透膜を含む膜法による水処理業界のバリューチェーンを示したのが図表１-８である。逆浸透膜部材を扱う逆浸透膜メーカーを川上として、川中には逆浸透膜モジュールを装置に組み込み水処理システムを構築するプラント・エンジニアリング企業、そして川下にはプラントを保有して水処理や水製造といったオペレーションを行う企業が存在している。

最上流の逆浸透膜の有力企業は、ダウ、東レ、日東電工、そして東洋紡である。本書が分析の対象としているのはこれらの企業が属する逆浸透膜業界である。各社の市場シェアとその推移については、次節で詳しく触れることとする。

川中の水処理装置、プラント・エンジニアリング業界における有力企業は、需要分野によって異なっている。海水淡水化市場で見ると、海外企業としては韓国の斗山重工業（Doosan Heavy Industries & Construction）、フランスのヴェオリア（Veolia）やスエズ（Suez Environment）、シンガポールのハイ

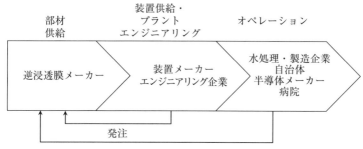

図表 1-8　逆浸透法に基づく水処理業界の基本構造

出所：筆者作成。

フラックス（Hyflux）、スペインのベフェサ（Befesa）、カダグア（Cadagua）が存在感を示している。日系企業としては、三菱重工業（以下、三菱重工）、ササクラ、日立造船、水ingなどが挙げられ、このうち逆浸透法によるプラント建設では三菱重工が目立っている。これら川中領域の事業はEPC（Engineering, Procurement, and Construction）と呼ばれる。

　純水や超純水の製造装置市場における日系の有力企業は、栗田工業、オルガノ、野村マイクロ・サイエンスの3社である。2018年3月期決算における各社の財務情報をみると、栗田工業の売上高は2514億円（うち、水処理装置事業1611億円、水処理薬品事業904億円）、オルガノの売上高は792億円（うち、水処理エンジニアリング事業715億円、機能商品事業170億円）、野村マイクロ・サイエンスの売上高は216億円（うち、水処理装置事業206億円［うち、メンテナンス等79億円］、その他9億円）となっている[9]。日系企業の中では、栗田工業が首位で、オルガノと野村マイクロ・サイエンスがそれに続いている。

　純水製造装置の用途別市場規模は、電力向け21.6％、化学16.9％、食品・飲料関係15.4％、エレクトロニクス14.9％、製薬・医療12.9％とバランス良く分散している。これに対して超純水製造装置はエレクトロニクス向けの販売が93.0％で圧倒的に大きい。続く電力は4.2％、製薬・医療も2.8％に過ぎない。

　逆浸透膜モジュールのユーザーとなる川下領域のプレイヤーも用途によって異なっている。半導体向け超純水製造であれば文字通り半導体企業がユーザーである[10]。海水淡水化では、日本の場合は自治体が主なユーザーである。上下水道が民営化されている国や自治体の場合は、上下水道の管理・運営を担う企

業がユーザーである。その中でも特に競争力の高い企業は水メジャーと呼ばれ、先述したフランスのヴェオリアとスエズが世界の二大水メジャーとして有名である。2017年度における両社の水道事業の売上高は、それぞれ111億ユーロと46億ユーロである[11]。

業界には、バリューチェーンの川上から川下までを広くまたいで事業展開する垂直統合企業も存在する。例えば先述した通り、水道事業を営むヴェオリアやハイフラックスは水処理施設のプラント・エンジニアリングも行っている。また、GE（General Electric）は、逆浸透膜メーカーであるオスモニクス（Osmonics）を買収して膜事業からプラント・エンジニアリング事業までを一気通貫して行ってきた。同社の水処理事業は、油田、食品、電力などのプラントで使われる工業用水向けで強く、2016年度には20億ユーロを売り上げていた。しかし、2017年に GE は水処理事業をスエズに売却した。これによりスエズは、逆浸透膜の製造から水道事業にいたるバリューチェーン全体を垂直的に統合した事業体制を確立した。

9）有価証券報告書の記載によれば、各社事業の位置付けは以下の通り。
【栗田工業】
　水処理装置事業：水処理に関する装置・施設類の製造販売およびメンテナンス・サービスの提供
　水処理薬品事業：水処理に関する薬品類の製造販売およびメンテナンス・サービスの提供
【オルガノ】
　水処理エンジニアリング事業：プラント事業（大型水処理設備の製造販売）、ソリューション事業（設備のメンテナンス・運転管理・改造工事など）
　機能商品事業：標準型水処理機器、水処理薬品、食品添加剤の製造販売
【野村マイクロ・サイエンス】
　水処理装置事業：超純水から排水までの水処理に関する各種施設・装置・薬品類の製造販売、水処理施設・装置のメンテナンスなど
　その他事業：高純度薬品・配管材料等の販売
10）超純水製造装置メーカーは装置を納入するだけでなく、運転後のメンテナンスをも含めたソリューションビジネスを展開しており、一部川下領域にも手を広げているといえる。
11）スエズについては、Water Europe の売上高。

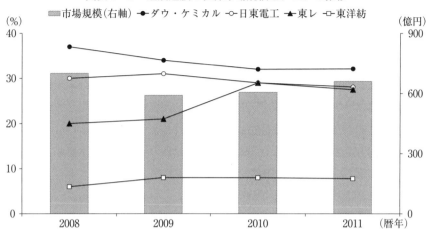

図表1-9 逆浸透膜の世界市場規模とシェアの推移

出所：日経産業新聞編（2010；2011；2012）に基づき筆者作成。

3-2．市場シェアの推移

　図表1-9のグラフは、2008年から2011年までの逆浸透膜の市場規模と市場シェアの推移を示したものである。ダウ、日東電工、東レの上位3社の合計市場シェアが90％近くに達する寡占市場であることが確認できる。東レのシェアが2010年に大きく高まったのは、アルジェリア、スペイン、そしてバーレーンで大型海水淡水化プラントを受注したからである[12]。

　利用可能な市場シェアのデータは2011年までであるが、その後も各社のシェアには大きな変動はないと考えられる[13]。日経各紙や業界関係者との取材に基づく筆者の推計によれば、ダウが概ね30％強で首位に立ち、東レと日東電工が25～30％程度で拮抗していると考えられる[14]。ただし、大型プラント受注の

---

12) 日経産業新聞編（2011）p. 47。
13) 一点挙げるとすれば、2014年2月に東レは韓国のウンジンケミカルを買収しており、それが東レの市場シェア向上に貢献したと考えられる。
14) 例えば新聞記事では、『日経速報ニュースアーカイブ』（2012年5月24日；2015年1月21日；2017年5月2日）、『日経ヴェリタス』（2012年8月12日、p. 49）、『日本経済新聞』（2013年9月27日、p. 9；2014年2月19日、p. 3；2014年7月10日、p. 13；2015年1月21日、p. 12）、『日経産業新聞』（2014年2月20日、p. 15；2014年5月26日、p. 19；2015年8月31日、p. 19）が挙げられる。

有無が市場シェアを大きく上下動させる業界特性を考えるなら、3社の間に明確に序列をつけることは適切でないだろう。これら3社に比べて東洋紡の市場シェアは低く、10％前後と推測される。ただし、後述するように、中東の特定地域では高いシェアを獲得している。

ダウ、東レ、日東電工の3社は、ポリアミド系の材料を用いた平膜を巻いて製品化するポリアミド系平膜型と呼ばれる逆浸透膜で事業を展開している。今日では、このポリアミド系平膜型が市場で主流となっている。

これに対し、市場の主流とは一線を画し、独自のポジションを築いているのが東洋紡である。同社は、三酢酸セルロースを材料として細いストロー状の中空糸を作り、それを製品化する酢酸セルロース系中空糸型逆浸透膜で事業を展開する唯一の企業である。全体としての市場シェアは低いものの、自社の技術的優位性が最大限に発揮できるサウジアラビアの大規模海水淡水化プラント向けでは、高い競争力を発揮している。中東地域に限ると、東洋紡は5割強のシェアを持つと考えられる[15]。

どちらのタイプの逆浸透膜でも膜の寿命は7年程度である。そのため膜の商機は、水処理プラントが建設される際の新設需要時だけでなく、膜の交換需要時にも訪れる。交換膜を発注するのは、水処理事業を行うユーザー企業であることもあれば、水処理装置やシステムを構築するプラント・エンジニアリング企業であることもある。

大規模な海水淡水化プラントの建設は定常的に行われるわけではないので、新規需要は年ごとにかなり上下動する。その一方で、交換需要は、既に建設されたプラントの累積数に応じて生じるため長期的には無視できない規模となる。その上、交換時期の到来をあらかじめ予測できるという手堅さもある。

実際に新規需要と交換需要の金額推移を2009年度、2013年度、2016年（見込み）の3時点で確認すると、新規需要は、250億円、540億円、そして318億円と推移しているのに対して、交換需要は、299億円、310億円、そして742億円と推移している[16]。新規需要が大きく上下動する一方で、交換需要が着実に

---

15) 『日本経済新聞』2017年3月14日、p. 15。
16) 富士経済（2010）p. 110；富士経済（2014）p.70；富士経済（2016a）p. 75。

増加していることが確認できる。2016年の見込みでは、市場の7割が交換需要だという計算になり、その大きさがよくわかる。

3-3. 価格競争

　ひとたび新規需要を獲得すれば、膜メーカーはその後の交換需要を独占できるように見えるかもしれない。しかし実際には、交換が発生するたびに競争があり、必ずしも交換需要の獲得が保証されているわけではない。

　逆浸透膜を納めるエレメントやモジュールの規格は、ポリアミド系平膜型陣営と酢酸セルロース系中空糸型陣営とでそれぞれ異なっている。そのため、交換時に顧客がもう一方の陣営の膜に切り替える際にはスイッチング・コストが発生する。それゆえ陣営間での競争はさほど起きず、顧客は各陣営内に固定される傾向にある。

　しかし陣営内の競争となると話は別である。東洋紡だけが供給する酢酸セルロース系中空糸型では競争が起こりにくい。しかし、複数の膜メーカーが存在するポリアミド系平膜型の膜市場は競争に晒されやすい。エレメントやモジュールに関する事実上の標準（デファクト・スタンダード）が形成されている上に、膜の性能にも企業間で大きな違いがないからである。それゆえ、ポリアミド系平膜型のエレメントであれば、ユーザーは容易に他社製品に乗り換えることができる。

　実際のところユーザーは、他社の膜に替えることによって水処理効率が落ちるリスクを恐れて、大きな問題に直面しない限り現状維持を好む。そのため、これまでのところ膜交換のたびにシェアの逆転が劇的に生じているわけではない。しかし、潜在的な転換リスクがあるというだけで企業間の緊張関係は高まり、陣営内で熾烈な価格競争が繰り広げられる傾向にある。

　交換需要がメーカー選定の仕切り直しを意味するとすれば、先行者の優位性は働きづらく、潜在的な新規参入業者の参入余地を生む。そのため市場では、新規参入や、競争力強化を狙った活発なM&Aが行われてきた。先述したようにGEは、2003年にオスモニクスを買収して垂直統合を遂げたが、2017年にスエズへ事業を売却した。韓国では、ウンジンケミカルがセハンを買収して膜技術を取得した[17]。中国ではモティモとヴォントロンが逆浸透膜市場に参入

した。平膜型では製膜プロセスを担う自動設備が登場したことによって、ある程度の性能の逆浸透膜ならば、設備さえ購入すれば容易に生産できるようになった。それゆえ新興企業は着実に先行企業に追随している。新規企業のシェアは今のところ小さいが、存在自体が市場競争を激しくする要因となっている。

このような既存企業間での競争や新規参入の影響を受け、様々な用途市場で激しい価格競争が起こっている。富士経済が発刊するレポートの2010年版と2016年版を見比べると、2010年版では8000円〜2万円/m^3・日であった海水淡水化用途の逆浸透膜モジュールの価格（日産水量ベース）が、2016年版では平膜型中高圧タイプで3000〜4000円/m^3・日、中空糸型で1000〜8000円/m^3・日へと下落している[18]。最高値で比較すると、7年で平膜型の価格は5分の1に、中空糸型の価格も半値以下となっている。

純水製造やかん水脱塩用についても、7年間で3000円〜1万円/m^3・日（一般純水製造用）から約2000円/m^3・日（平膜型低圧タイプ、純水・かん水脱塩）へと下落している。主としてエレクトロニクス産業向けとなる超純水製造用途についても、7000円〜2万5000円/m^3・日から約5000円/m^3・日（平膜型低圧タイプ）へと値下がりしている。

全体的な価格下落傾向の一方で、価格低下圧力は用途市場ごとにやや異なっている。価格低下圧力は、創出される商業的価値の大きさと顧客への納入容量の大きさの2点によって変わってくると考えられる。例えば食品濃縮用途では、生み出される商業的価値が大きく、個別の納入容量は小さい。それゆえ顧客は買い叩きにくく価格低下は相対的に緩やかになりやすい。対照的に海水淡水化用途では、単位量あたりの商業的価値が乏しい一方で、脱塩プラントの大規模化によって納入容量が増大しているため、顧客に買い叩かれやすい傾向にある[19]。

---

17) 先述したように、ウンジンケミカルは、東レの子会社を通じて2014年2月に買収された。
18) 富士経済（2010）p. 111；富士経済（2016a）p. 77。

19) 逆浸透膜エレメント一本あたりの価格は各社とも公開していない。そこで、あくまで参考程度ながら、2018年4月18日時点でForeverPureに掲載されていたダウ、東レ、日東電工の市販製品の価格をみると、下図に示すように、4インチ膜エレメントは273ドルから459ドルの間に分布し、平均は337ドルであった。一方、8インチ膜エレメントは759ドルから975ドルの間に位置し、平均価格は848ドルとなっている。

2015年11月29日に筆者が行った別の調査では、東レ製の海水淡水化用8インチ逆浸透膜エレメントの価格が、標準タイプのTM820C-400で619.99ドル（最安値557.99ドル）、高造水量タイプTM820E-400で619.99ドル（同557.99ドル）、低圧タイプTM820V-400で679.99ドル（同611.99ドル）、同じく低圧タイプTM820V-440で649.99ドル（同584.99ドル）となっていた。なお、2015年の調査に際して筆者が依拠したウェブサイトは、http://www.thepurchaseadvantage.com である。調査の後、このウェブサイトは閉鎖されている。

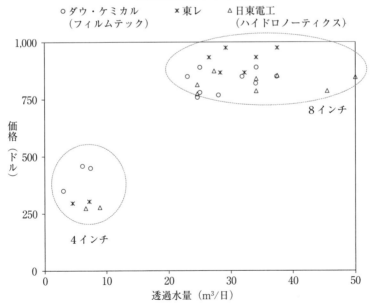

逆浸透膜エレメント価格

出所：https://www.foreverpureplace.com/（2018年4月18日確認）に基づき筆者作成。
注：各社の希望価格ではなく、同社による実売価格を採用した。特別セール価格は採用していない。

4．おわりに

　本章では、水処理需要の高まりに対応して発展してきた逆浸透膜市場の概要を明らかにした。工業化の進展、人口増加、自然環境の変化によって世界中で渇水地域が広がる中、社会課題を解決する鍵技術として効率的な脱塩技術の開発が期待されてきた。乾燥地域が多く水の需給が逼迫しがちな中東諸国では、古くから水の調達が社会の中心的な課題であり、安価で手に入る原油を活かした蒸発法による真水調達が行われていた。しかし原油価格が上がり、戦略物資である原油を節約する必要性も高まる中で、逆浸透法による造水コストが低下してきたことから、1990年代後半以降、逆浸透法を用いた海水淡水化プラントの建設が進むようになったのである。

　本書ではこの逆浸透法に注目し、どのようにして逆浸透膜が開発されてきたのかを明らかにしていく。その準備として次章では、逆浸透法の技術的な概要を整理する。

第2章

逆浸透膜の技術概要

1．逆浸透という現象

　本章では、今後の議論の基礎として、逆浸透膜の基本的な作動原理と定義を明らかにした上で、その種類を整理する。続いて、開発における技術的課題の変遷を示す。

　逆浸透膜の作動原理を理解するには浸透圧という言葉を思い出す必要がある。一般に、塩分濃度の高い水と低い水とを半透膜によって仕切ると、濃度の低い側から高い方に水が透過して、濃度の高い側の液面が上昇し、やがて平衡に達する。このとき、移動した水の分の水頭差による圧力が生じる。これが浸透圧である。一方で、濃度の高い側に浸透圧よりも高い圧力をかければ、逆に濃度の高い方から低い方へと水が浸透する。濃度の低い方から高い方へと流れようとする力を押さえ込み、むしろ逆に濃度の高い方から低い方へと水を力強く「押し出す」というイメージである。これが、逆浸透と呼ばれる現象である。この原理を使うことで不純物を取り除くのが、逆浸透法である（図表2－1参照）。通常、逆浸透法では浸透圧の約2倍の圧力をかけてこの処理が行われる。

　逆浸透膜（RO膜）とは、膜の最小孔径が0.1nm程度と非常にきめ細かく、逆浸透法を用いて塩類やイオン成分をも除去できる半透膜のことを指す。本書で逆浸透膜という場合は、この分類に沿っている。逆浸透膜は、次に記す通り、膜に使用する材料、膜の構造、膜の形状という3つの点から、さらにいくつかの種類に分類できる。

図表2-1 浸透現象と逆浸透現象

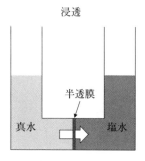
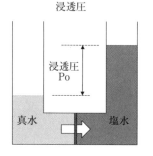
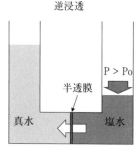

浸透　　　　　　　　浸透圧　　　　　　　　逆浸透

左側から右側へ真水が移動する。

<u>浸透圧</u>
両液が同じ濃度になろうとするときに生じる圧力差。

浸透圧よりも高い圧力をかけることによって、逆に右側から左側へ真水が移動する。

出所：膜分離技術振興協会・膜浄水委員会監修、浄水膜（第2版）編集委員会編（2008）に基づき筆者作成。

2．材料、構造、形状

2-1．材料

　逆浸透膜を分類する第一の軸が、膜に用いる材料の種類である。様々な材料が試された末、現在では、酢酸セルロース系とポリアミド系に二分されている。逆浸透膜開発の初期段階で主流であったのは酢酸セルロース系の材料である。1960年にUCLAのスリラージャン（Srinivasa Sourirajan）とローブ（Sidney Loeb）が、従来の膜と比べ10倍も高い透水性能を示す酢酸セルロース非対称膜の開発に成功した[1]。この膜は二人の名前をとってLoeb-Sourirajan膜（以下、L-S膜）と呼ばれた。この目覚ましい開発成果を機に、多くの研究者や企業が酢酸セルロース非対称膜の事業化に挑んだ。

　L-S膜は当時としては画期的だったものの、広く実用に耐えるほどの高い透

---

[1] ここで透水性能とは主に、透過水量（一定時間内に膜を通過する水の量。単位時間、単位断面積あたりの造水量）もしくはフラックス（flux）を示している。個別に分けて言及すべき場合を除き、本書では透水性能という用語で統一することとする。

水性能を備えていたわけではなかった。そのため、脱塩性能と透水性能を同時に高いレベルで実現する膜材料の探索が続けられ、やがて、ポリアミド系の材料が注目されるようになった。ポリアミド系の材料は、後述する複合構造の平膜の製造と相性が良かったこともあり、普及が進んだ。一方で、酢酸セルロース系の膜を開発する企業は次第に減少し、今日製品化しているのは東洋紡一社となっている。

　初期に開発が進んだ酢酸セルロース系材料の利点は、耐塩素性に優れていることである。通常、海水淡水化などの水処理を続けていると、次第に汚れが膜に付着するようになる。特に問題となるのは、膜に微生物が繁茂して、菌体に由来する物質が膜を目詰まりさせてしまうことである。これをバイオファウリング（Biofouling）という。この問題に対しては塩素系の薬剤を用いて殺菌するのが効果的なのであるが、膜の耐塩素性が低いと、薬剤に含まれる塩素が膜を傷めて性能劣化を引き起こしてしまう。特殊な薬剤を用いれば劣化を防ぐことは可能であるものの、コスト増につながる。これは、耐塩素性の低いポリアミド系材料にとって深刻な悩みである。1980年代におけるポリアミド系逆浸透膜の塩素許容値は0.1ppmであり、運転に際しては、膜を傷めないように脱塩素を十分に行う必要があると指摘されていた（大矢、1985）。

　これに対し、酢酸セルロース系のように耐塩素性の高い膜であれば、度重なる殺菌処理にも耐えられる。加えて、汎用的な薬剤を使えるためコストを低く抑えることもできる。汚れのひどい海域では殺菌処理の頻度が高まるため、耐塩素性は特に重要な訴求ポイントとなる。

　一方、ポリアミド系材料の優位性は、耐熱性の高さ、適用pH範囲の広さ、そして低圧運転下における透水性能の高さにあるといわれる。

　まず、ポリアミド系材料は耐熱性が高い。大矢（1985）は、当時の酢酸セルロース系膜の耐熱性が35℃（一部メーカー値で55℃）であったのに対して、ポリアミド系膜の耐熱性が40℃（一部メーカー値で100℃）であったと報告している。また、ポリアミド系材料の適用pH範囲は4〜11と広い。アルカリ性下で加水分解してしまう酢酸セルロース系の材料の場合には適用pH範囲が4〜7付近に限定されてしまう。さらに、ポリアミド系膜は、低圧運転下での透水性能が高く、酢酸セルロース系ほど高い圧力をかけなくても多くの水を通す

ことができる。低圧運転で高い透水性能が得られれば、造水にかかる電気代を安く抑えることができる。第1章で述べたように、造水コストに占める電気代の比率は高いため、低圧運転下で高い性能を示すポリアミド系の膜開発に各企業は盛んに取り組んできた。

ただし、海水淡水化の場合は、原水である海水の塩分濃度が高いため、高い浸透圧に対応した運転圧力が求められる。かん水脱塩では概ね28kg/cm^{2}前後の加圧処理で済むのに対し、海水淡水化では50kg/cm^{2}程度の加圧が最低限必要となるといわれている（和田、2004）。それゆえ、海水淡水化用途に限れば、酢酸セルロース系材料が著しく不利になるとはいえない。一方、海水よりも浸透圧が低いかん水や河川水の場合には、低圧化がもたらす経済効果が大きくなり、ポリアミド系材料の優位性が顕在化しやすい。

2-2．構造：非対称構造か複合構造か

逆浸透膜を分類する第二の軸が膜の構造である。膜構造には大きく非対称膜（asymmetric membrane）と複合膜（composite membrane）の2つがある。図表2-2は、2つの膜構造を比較したイメージ図である。

この図表の上にある非対称膜とは、膜の厚み方向に緻密度が非対称的な構造を持つ単一材料の逆浸透膜である。非対称膜の有用性はUCLAにおいて明らかにされ、酢酸セルロース系の非対称膜がL-S膜として広く知られることになった。逆浸透膜開発の黎明期においては、この非対称膜がもっぱら主流であった。

しかし非対称膜には、スポンジのように柔らかい支持層部分が運転時の高い圧力に負けて押しつぶされてしまう「圧密化」という原理的な課題があり、高い透水性能を長期的に保つことが難しかった。これは特に高圧運転を要する海水淡水化を想定すると厄介な問題であった。

非対称膜が抱えるこの課題を解決するために考案されたのが複合膜である。単一材料を用いる非対称膜に対して、複合膜では分離層と支持層がそれぞれ異なる材料で作られる。分離機能を持つ分離層はできる限り薄くして脱塩性能と透水性能を高める一方で、運転時の圧力で膜が押しつぶされないように別の材料で支持層を作って分離層に重ねるわけである。ごく薄い分離層に支持層を重

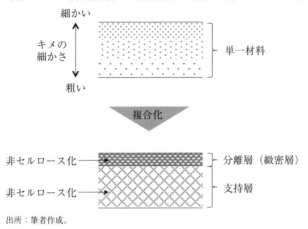

図表2-2　非対称膜から複合膜への変遷と非セルロース化

出所：筆者作成。

ね合わせることで強度を保ちつつ透水性能を高める複合膜のアイデアは1960年代に考案され、その実用化に向けた開発が進められた。逆浸透膜業界の黎明期を米国で支えたROGAの開発者たちが1970年代半ばに創り出した複合膜（PA-300、RC-100）の分離層の厚さは、概ね10～30nmであった（造水技術編集企画委員会編、1983）。

1970年代に入ると逆浸透膜材料の開発は多様化し、酢酸セルロース系以外の材料探索が進められた。まずは支持層の非セルロース化が進み、ポリスルホンを材料とする支持層が主流となった。次いで、分離層の非セルロース化が進んだ。分離層についても様々な材料が模索された末に架橋芳香族ポリアミドが有力材料として考えられるようになり、今日、市場の主流となっている。ちなみに、同材料を用いた東レの逆浸透膜の分離層の厚みは約200nm、ポリスルホンを用いた支持層の厚みは約45μmである[2]。ROGAの開発者たちが開発したPA-300やRC-100の分離層よりも今日の膜の分離層の方が厚いのは、膜がひだ構造を持つようになったからである。ひだ構造は、膜の表面積を広げるため、透水性能を高めてくれる効能を持つ[3]。こうしたことから、膜そのもの

2）荒っぽい計算ながら、分離層は支持層のわずか225分の1という薄さということになる。
3）この重要性については、第3部を参照されたい。

図表2-3　膜形状の違い

管状型　　　　　　　　中空糸型　　　　　　　　　　平膜型

出所：筆者作成。平膜型は複合タイプで描画している。

の材料特性で見ると、ポリアミド系材料の方が酢酸セルロース系材料より透水性能に優れていると考えられている。

2-3．形状：管状型・中空糸型・平膜型

第三の分類軸が膜の形状である。主な形状としては、管状型（tubular）、中空糸型（hollow fiber）、平膜型という3つがある。それぞれのイメージは図表2-3に示される通りである。

管状型と中空糸型はともに、中が空洞になった細いストロー状の逆浸透膜である。逆浸透膜開発はこのうち管状型から始まった。上述したL-S膜も管状型の逆浸透膜として製造され、実証に用いられた。その後に登場した中空糸型は、管状型よりも内径が小さい。その外径は概ね40〜200μm、肉厚10〜50μmである（造水技術編集企画委員会編、1983）。

こうしたストロー状の逆浸透膜を何重にも束ねて配置することによって逆浸透膜エレメントが作られる[4]。このエレメントを直列に数本つなげて圧力容器に格納することで逆浸透膜モジュールが出来上がる。このモジュール内に圧力をかけて原水を中空糸膜に通し、生産水を得る仕組みとなっている。管状型よりも中空糸型の方が細いため、エレメント内への膜の充填効率が高い。細いストローの方が数多くコップに詰め込めるようなイメージである。その代わり、一般論として、充填密度が高い分だけエレメント内の汚れ除去は難しくなる。

平膜型とは、平たいシート状の逆浸透膜のことを指している。そのエレメント化には複数の方法があるが、今日ではシート状の逆浸透膜をパイプに巻き付

4）例えば、東洋紡の膜エレメントが納められている福岡海水淡水化センターによれば、1本の膜エレメントに約150万本の中空糸が織り込まれているという（http://www.f-suiki.or.jp/facility/kaitan-center/kaitan-facility/about-maku/：2018年5月27日確認）。

図表2-4 平膜型と中空糸型の違い

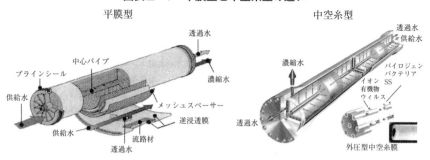

出所:膜分離技術振興協会・膜浄水委員会監修、浄水膜(第2版)編集委員会編 (2008) p.86、p.88。

けてエレメント化する方法が主流となっており、スパイラル型と呼ばれている。今日、平膜といえば、ほぼスパイラル型を指しているため、本書では平膜型をスパイラル型と同じ意味で用いることとする。平膜型の場合は、原水の流れを促すために流路材(スペーサー)を膜の間に挟み込む必要があるため、膜の充填効率はその分だけ下がらざるを得ない。

平膜型の場合も中空糸型と同様に、エレメント化されたものを直列に数本つなげて圧力容器に格納することで逆浸透膜モジュールを作り上げている。逆浸透膜エレメント内における中空糸型と平膜型の違いは図表2-4に示される通りである。

材料についても形状についてもそれぞれ一長一短があるため、膜エレメント単位で見たときの透水性能は、ポリアミド系平膜型と酢酸セルロース系中空糸型でほとんど変わらないといわれている。膜自体の透水性能は、ポリアミド系材料の方が酢酸セルロース系より高い。しかし、ポリアミド系膜の形状は平膜型であるため流路材が必要となり、その分だけエレメントへの膜の充填効率が落ちる。これに対し、酢酸セルロース系膜の形状は中空糸型であり流路材が必要ない分だけ多くの膜をエレメントに充填できる。このように透水性能は高いものの充填効率の低いポリアミド系平膜型と、透水性能は劣るものの充填効率に優れる酢酸セルロース系中空糸型とを比べると、エレメント単位での透水量に関してはほぼ同等となる。

図表2-5　逆浸透膜の主要な技術領域区分

		膜の構造	
		非対称膜	複合膜
膜の材料	酢酸セルロース系	管状型	管状型
		中空糸型	中空糸型
		平膜型	平膜型
	ポリアミド系	管状型	管状型
		中空糸型	中空糸型
		平膜型	平膜型

出所：筆者作成。

2-4．技術ポジションの収斂

　上で述べてきた材料、構造、形状の3つの軸に沿って逆浸透膜の技術領域をまとめると、図表2-5のように整理できる。

　歴史を振り返ると、今日の業界大手であるダウ、東レ、日東電工のいずれも、元々は酢酸セルロース系材料を採用して初期の開発を進めていた。形状は企業により異なり、日東電工は管状型、東レは平膜型、そしてダウと東洋紡は中空糸型を採用していた。つまり、図表2-5の左上3つのセルのいずれかに位置していた。これに対し、デュポンだけは図表左下に位置するポリアミド系中空糸型を採用した。デュポンは独自規格の逆浸透膜モジュールを展開し、初期の市場を力強く先導する立場にあった。しかし技術的、商業的な事情から2000年に撤退した。

　当初は多くの企業が図表左上の酢酸セルロース系材料を用いた非対称膜での開発を活発に進めていたものの、次第に右下のポリアミド系材料を用いた複合膜開発へと移り変わったというのが逆浸透膜材料の歴史である。膜形状に関しては、初期の頃は管状型、中空糸型、平膜型というように多様な形状で開発されていたが、やがて平膜型に収斂していった。こうして、多くの企業が図表右下のポリアミド系平膜型に移行し、収斂したのが今日における業界の姿である。

　この流れの中で、東洋紡は極めて特異な位置取りをしてきた企業である。同社は酢酸セルロース系の中でも特に三酢酸セルロースという材料を用いた中空

糸型非対称膜を今日にいたるまで一貫して供給してきた[5]。

3．エレメント形状の違い

3-1．エレメント、モジュール、トレイン

　ポリアミド系平膜型と酢酸セルロース系中空糸型の違いは、膜だけではなく、エレメントとモジュールの形状にもあらわれている。

　ポリアミド系平膜型については、外径が4インチまたは8インチで長さ40インチというように、膜エレメントの形状に事実上の標準（デファクト・スタンダード）がある[6]。近年登場した16インチの製品も企業間で同じ形状となっている。この膜エレメントを直列に数本つないで圧力容器に入れて膜モジュールを作り、それをトレインと呼ばれる金属製の枠に格納して1つのユニットを構成する。そして、海水淡水化プラントが希望する造水量に応じた数のユニットを設置し、プラントの脱塩工程部分を作り上げるのである。

　ポリアミド系平膜型の膜モジュールを採用する沖縄海水淡水化センターのプラントの写真が図表2-6aである。この写真の中できれいに並べられている筒状のものが圧力容器であり、膜モジュールである。それらを整列して格納している金属製の枠組みがトレインである。このプラントの場合、1つのトレインに搭載されている膜モジュールは63本である。膜モジュール1本には膜エレメントが直列に6本入っているため、1トレインあたりの膜エレメント数は

5）かつて産業黎明期においては多くの企業が、セルロースのエーテル化の程度を示す置換度が2.5程度の酢酸セルロースを材料として製膜していた。これは、材料としては扱いやすいものの、分離性能が悪いなど海水淡水化を想定した際には大きな欠点があった。置換度が3の三酢酸セルロースは、溶けにくく扱いにくいけれども、海水淡水化に耐える分離性能を実現できる材料だった。

6）本書では、業界の主流となっている逆浸透膜そのものの材料、形状、構造に対してドミナントデザインという概念を用いる一方で、業界の主流となっている膜エレメントやモジュールに対しては事実上の標準（デファクト・スタンダード）という概念を用いている。これは、前者が主に製品そのものの設計思想に関わるのに対し、後者については他部材との接合性に関する規格がかなり重要な意味を持つからである。

図表2-6a　沖縄海水淡水化センター

出所：筆者撮影（2012年6月22日）。

378本となる。

　一方、東洋紡が供給する酢酸セルロース系中空糸膜エレメントは、外径が10インチであり、ポリアミド系平膜型エレメントよりも大型である。東洋紡は、この膜エレメントを直列に2本つないで圧力容器に格納し、逆浸透膜モジュールを作っている。膜エレメントの大きさに連動して膜モジュールも大きくなることから、それを最終的に格納するトレインもポリアミド系平膜型のトレインとは異なる。図表2-6bは、東洋紡の逆浸透膜を導入した福岡の海水淡水化センターの脱塩工程部分を写した写真である。

3-2．スイッチング・コスト

　膜エレメントとモジュール形状の相違は、膜の交換時期を迎えた顧客が異なる陣営へと移り変わることを難しくしている。他陣営の膜に切り替えようとすると、膜エレメントを交換するだけでは済まず、圧力容器やトレインまでも換えなければならないからである。相当な重量に耐える必要があるトレインは、どちらの陣営にせよ非常に堅牢にできており、簡単に換えられるようなものではない。

　沖縄の海水淡水化プラントを例にとると、1トレインに搭載されている膜エ

図表2-6b　福岡海水淡水化センター

出所：東洋紡提供。

レメントは378本で、膜エレメント1本の重量はおよそ16kgであるため、1トレインあたりの荷重は膜エレメント分だけで6tを超える。ここに圧力容器63本分の重さが加わる上に、運転時には膜モジュール全てが水を含んで満水になることを考えると、相当な重量がトレインにかかることがわかるだろう。

　福岡の海水淡水化センターでは、膜エレメントを2本入れた膜モジュール200本がトレイン1基に格納されており、合計で5基配備されている[7]。この膜モジュールの重さは満水時に約470kgに達するため、単純計算ながら、運転時には各トレインがそれぞれ少なくとも94tの重さに耐えることになる。他陣営の膜に切り替えるということは、このトレインごと取り替えるということを意味する。よほど深刻な水質問題や造水問題が生じない限り、切り替える動機は生じないであろう。

　しかし、同じポリアミド系平膜型の陣営内であればモジュール形状が標準化されているためトレインを取り替える必要がなく、膜メーカーを切り替えることは容易い。それゆえ、膜メーカーは、膜交換時の切り替えリスクを常に抱えている。

7）膜モジュール製品名はHB10255FIである。東洋紡の事業展開については第7章を参照されたい。

第2章　逆浸透膜の技術概要　　55

4. 開発上の課題と近年の変化

4-1. 基本的な開発課題

　逆浸透膜の基本性能は脱塩性能と透水性能の2つである。開発者たちが長年にわたって取り組んできた開発課題は、これら2つの性能を高い水準で両立させることであった。

　海水淡水化で飲料水を供給するには、まず、海水中の塩分を除去する必要がある。通常、海水の塩分濃度は3.5％程度であるが、生活水にするにはそれを0.05％以下に下げなければならない。一方、低コストで飲料水を供給するためには、高い透水性能を確保して、生産性を上げなければならない。つまり、無機質イオンは遮断するけれど、水分子はどんどん通すような膜が必要になるわけである。

　しかし、脱塩性能と透水性能は互いに矛盾することが多く、両者を同時に追求することは難しい。例えば、脱塩性能を高めるには膜の目を細かくすればよいが、そうすると水まで通りにくくなってしまう。逆に透水性能を高めようと膜の目を粗くすると脱塩率が低下する。この基本的なトレードオフを克服して、実用的な膜を開発することが、常に、開発者たちにとっての目標であった[8]。

　脱塩性能と透水性能以外にも、逆浸透膜の実用化には多様な性能が求められた。そしてそこでも解決すべき多くのトレードオフ問題が存在した。例えば、逆浸透法では高圧ポンプで圧力をかけて脱塩を行うため、膜には相応の耐圧性が求められる。塩分濃度の高い海水の場合は、浸透圧が高く、かける圧力も高くなるため、特に耐圧性が重要となる。耐圧性を上げる方法の一つは膜を厚くすることであるが、そうすると透水性能が落ちてしまうという問題が生じる。そこで、透水性能を下げずに、耐圧性を高める工夫が開発者には求められたのである。

---

[8] 新谷 (2011) は、40年以上にわたる逆浸透膜の技術進歩を描く際に透水量と脱塩率を軸にとっている。このことからも、脱塩性能と透水性能という2つが長期間にわたって重要な開発対象になっていたことが確認できる。

図表2-7　逆浸透膜に求められる代表的な性能

分離性能	分離関連性能	オペレーション関連性能
脱塩	透水性	汚れにくさ
TOC除去	耐圧性	耐塩素性
ホウ素除去	耐熱性	耐薬品性

出所：筆者作成。
注：分離性能としては、他に細菌由来のエンドトキシン除去も挙げられる。

　さらに、膜の汚れへの対策も常に重要な課題であった。海水には多様な微生物や物質が溶け込んでいる。それが膜を汚し、目詰まりを引き起こすという問題が、開発者たちを悩ませてきた。特に厄介な問題は、バイオファウリングと呼ばれる、微生物の繁茂による目詰まりである。バイオファウリングに対応する一つの方法は塩素殺菌である。塩素殺菌できないとなると、プラントを止めて膜を洗浄しなければならず、そうなると大幅なダウンタイムが生じ、造水コストの増大を招いてしまう。

　塩素殺菌のためには、塩素でダメージを受けないように、高い耐塩素性が膜に求められる。耐塩素性が低いポリアミド系複合膜はここに弱点があった。それが、耐塩素性の高い酢酸セルロース系中空糸膜を供給する東洋紡が一定の競争力を維持することができた理由の一つである。

　膜の汚れへの対応という点では、この他に、汚れにくい膜の設計や洗浄における耐薬品性（広いpH領域への対応）などが重要となる。これらも他の性能と両立させることが難しい。

　逆浸透膜に求められる代表的な性能を整理したのが図表2-7である。性能を「分離性能」、「分離関連性能」、「オペレーション関連性能」の3つに分類している。分離性能としては、脱塩性能以外にも、TOC（全有機体炭素）除去、ホウ素除去などが挙げられる。分離関連性能には、透水性と耐圧性の他、食品用途や海水淡水化で重要となる耐熱性も含まれる。オペレーション関連性能としては、汚れにくさ、耐塩素性、耐薬品性を挙げた。これら性能間に存在するトレードオフを克服して、それらの性能をより高次元で両立させるような膜を探索することが逆浸透膜開発の歴史であったといえる。

4-2．技術課題の変化

上述のように、逆浸透膜開発の中心課題は、脱塩性能と透水性能を高次に両立させることであったが、時とともに重視されるようになった性能もある。その一つがホウ素除去である。

1990年代に入り、人体に対するホウ素の悪影響を懸念したWHO（世界保健機関）が飲料水に含まれるホウ素の暫定ガイドラインを厳しく設定すると、優れたホウ素除去機能を持つ膜の開発が求められた。この要求に応えることができたのはポリアミド系の膜であった。酢酸セルロース系膜ではこの要求に十分に応えられなかった。そのため、福岡のように酢酸セルロース系の逆浸透膜を脱塩工程に導入している海水淡水化プラントでは、ホウ素除去を担うポリアミド系の逆浸透膜が後工程に組み込まれている。

実際には、その後、WHOがホウ素除去に対する規制を緩めたことから、この点での性能競争はおさまった。しかし、ポリアミド系陣営はホウ素除去率を一つの性能指標として今も記載している。

造水コストの多くを占める電気代の削減に向けて低圧膜の開発も続けられている。近年では、逆浸透現象ではなく正浸透現象によって造水を行う開発も成果を上げつつあり、正浸透膜（Forward Osmosis膜）も少しずつ活用されてきている。日本国内を見ると、研究機関としては神戸大学の膜工学グループが研究活動を進めており、民間企業では東洋紡がサウジアラビアの海水淡水化公団（Saline Water Conversion Corporation：以下、SWCC）との共同開発を積極的に進めている[9]。

海水淡水化市場の本格的立ち上がりとともに特に重要な課題として認識されるようになったのが、先述した膜の汚れ対策であった。一般にファウリングと呼ばれるこの汚れ問題は、大規模な海水淡水化プラントが世界各地で設置されるにつれて、深刻な問題としてかつて以上に強く注目されるようになった。ファウリング対策としては塩素殺菌が効率的であるが、ポリアミド系の逆浸透膜は塩素に対して脆弱である。そこで、ポリアミド系陣営では、耐塩素性の高い膜

---

[9] 神戸大学の膜工学グループについては、例えばChung, Zhang, Wang, Su, and Ling（2011）や高橋・松山（2016）参照。東洋紡とSWCCとの共同開発については『日本経済新聞』（2017年3月14日、p. 15）で報じられている。

や、汚れにくい膜の開発が熱心に進められてきた。ファウリング対策は今日でも膜開発の主要テーマとなっている[10]。

　膜の開発だけでなく、膜エレメントに関する開発も行われている。このうちポリアミド系陣営では、流路材を薄くしてエレメントへの膜充填効率を高める試みが進められている。その結果、かつては膜エレメントの仕様表に記載されなかった流路材の厚みが近年では記載されるようになっている。

4-3．海水淡水化システムにおける用法変化

　以上のように、逆浸透膜業界では、脱塩性能と透水性能の両立から始まり、ホウ素除去や低圧膜の開発、そしてファウリング対策へと開発課題が変遷してきた。これら種々の開発を経て膜性能が高まるにつれて、海水淡水化システムにも変化が生じてきた。

　脱塩性能が低かった頃は、脱塩工程を2度設ける2段システムが主流であった。2度行わないと十分に脱塩できず、高い水質が得られなかったからである。しかし、脱塩性能と透水性能が向上することによって、1段でも十分な造水が可能となり、2段脱塩で必要となる追加的なエネルギー消費を節約できるようになった。

　その一方で、従来とは違った意味での2段脱塩システムも現れた。例えば、原水環境が不安定な海域では、無理に1段脱塩を行うとかえって消費エネルギーが増える場合がある。そこであえて2段脱塩を維持して、2段目に低圧膜を入れることでエネルギー消費を抑えながら淡水を得るという方法が実施されてきた。また、1段目から出る濃縮水を耐圧性の高い膜で再び脱塩することによって淡水回収率を高める2段脱塩が実施されたこともある。さらに、逆浸透法による脱塩処理後のホウ素除去工程に別の逆浸透膜が利用される場合もあるし、2段にとどまらず、逆浸透膜を3段構えでシステム化した海水淡水化プラントも設計されている。このように、同じ海水淡水化の中でも逆浸透膜は多様な使われ方をしている。

---

[10] 事実、2013年に筆者が参加した化学工学会（2013年9月16～18日）で開かれた逆浸透膜セッションにおいても、発表の多くがファウリング対策に関するものであった。

第2部　米国史編

第3章

公的機関における研究の始まり

1. はじめに

　第2部を構成する第3章と第4章の目的は、米国における逆浸透膜の開発と事業化の歴史を明らかにすることである。米国における開発の歴史は、大学や政府といった公的機関が活躍した時期と民間企業が活躍した時期とに大きく二分される。このうち第3章では前半部分を、第4章では後半部分を主に扱う。

　図表3-1に示す通り、逆浸透膜の開発は米国各地で広く行われた。このうち開発初期を支えた重要なプレイヤーは、大学機関のUCLAとフロリダ大学、政府機関の内務省塩水局、そして非営利委託研究機関のノーススター研究所（North Star Research and Development Institute）であった。2大学の他にも、全米各地の様々な大学機関で膜の研究開発が行われた。このように各地で膜研究が進んだ背景には、米国政府による巨額の公的支援があった。将来的な水不足を懸念した米国政府は、1952年に塩水法を制定して公的支援に着手した。その支援先は大学機関だけでなく、非営利の研究機関にもおよんだ。

　本章ではまず、一連の逆浸透膜研究と産業発展の黎明期にあたる1950年代から60年代にかけて主に公的機関が推進した開発過程を明らかにする。

図表3-1　逆浸透膜開発プレイヤーの地理的関係

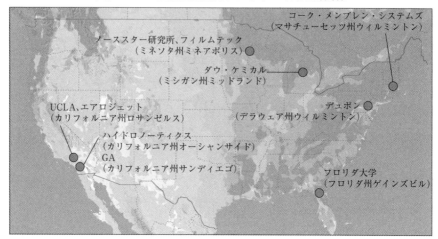

出所：Googleマップより筆者作成。
注：各社の立地は開発初期の情報に基づく。

2．大学における開発

2-1．UCLAにおける研究の始まり

　米国西海岸に位置するカリフォルニア州は、古くから水不足に悩まされてきたことで有名な州である。特に州南部のロサンゼルス郡は半乾燥地域であり、年間降水量はわずか300mm程度と東京のおよそ5分の1に過ぎない。夏場になると快晴が続き、雨は1カ月に1日降るか降らないかである。
　そのカリフォルニア州で最多の人口を抱えるのが、ロサンゼルス郡である。カリフォルニア州における人口推移を1900年から10年おきに示した図表3-2を見ると、州を構成する三大郡のうち、ロサンゼルス郡における人口の伸びが飛び抜けていることがわかる。1900年にはわずか17万人だった同郡の人口は、20世紀初頭から急増し、1940年には278万人を数えた[1]。
　渇水の地に人口が集中するのであるから、当然のことながら、水資源の確保

1）今日のロサンゼルス郡は約1000万人を抱え、全米で最多の人口を数える郡である。

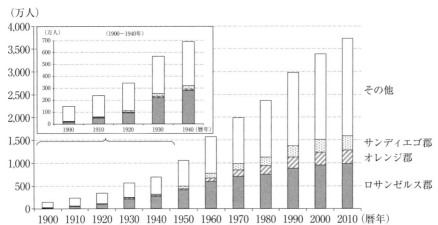

図表3-2 カリフォルニア州における人口推移（1900〜2010年）

出所：Department of Finance, State of California に基づき筆者作成。

という難題が政策担当者たちの頭を悩ませることになった。彼らは、北カリフォルニアや、東に数百キロ離れたコロラド川から取水することでなんとか切り盛りしてきたものの、それは周辺地域との軋轢を生む原因にもなっていた。代替的な取水源を近場で探索することが政策担当者たちにとって重要な課題であった[2]。

UCLAにおいて海水淡水化研究がいち早く行われたのも、水不足に悩まされる同地域の都市環境を考えれば自然なことであった。UCLAにおける海水淡水化研究は、工学部で講師を務めていたハスラー（Gerald Hassler）が1949年に「淡水源としての海（The Sea as a Source of Fresh Water）」というレポートを執筆したことに始まる。ハスラーは翌1950年に膜処理法による脱塩というアイデアに言及し、1954年までには同法に基づく実験装置を完成させて、自らのアイデアの検証を進めた（Glater, 1998）[3]。

---

2) 1934年に *The Water Problem of Southern California* という本が遠く離れたイリノイ大学から出版されるほど、カリフォルニアの水問題は深刻であった（Bogart, 1934）。
3) 逆浸透（Reverse Osmosis）という言葉について Glater（1998）は、1956年8月にハスラーが UCLA Engineering Report の中で用いたのが最初ではないかと記している。

2-2. フロリダ大学における酢酸セルロース膜の開発

　米国南東部に位置するフロリダ大学でも膜開発が始まっていた。ここで画期的な研究成果をあげたのが、化学部教授のリード（Charles Reid）であった。リードは、1953年に逆浸透法による脱塩を提案し、その提案に注目した米国内務省は1955年に塩水局を立ち上げた。この塩水局から支援を受けて、同年、リードは大学院生のブレトン（Ernest Breton）とともに「かん水の脱ミネラル用浸透膜」（Osmotic Membranes for Demineralization of Saline Water）というテーマで膜の研究を始めた。

　塩分濃度の高い水と低い水を半透膜で仕切り、高濃度の水の方に浸透圧以上の圧力をかけることによって塩分を取り除く逆浸透法の可能性は、当時から既に認められていた。しかし、こうした機能を十分に発揮できる半透膜はまだ見つかっておらず、実在するかどうか自体不明であった。リードらは、高分子膜に期待をかけ、市販されている様々な半透膜を用いて脱塩実験を繰り返した（Reid and Breton, 1959）。

　何度も実験を重ねた末に彼らが突き止めたのが、酢酸セルロース系の半透膜に脱塩性能が備わっているということであった。数多く試した膜の中で、デュポンの酢酸セルロース膜が当時としては画期的な97.4％という高い脱塩率を達成した。その実験結果は1959年に論文として発表され[4]、これによって、逆浸透膜の実用化研究が大きな一歩を踏み出すことになった。産業発展の初期段階で実用化された逆浸透膜の多くは、酢酸セルロース系材料を用いていた。現在でも、東洋紡は酢酸セルロース系膜で一定の市場地位を確保している。酢酸セルロース系材料が逆浸透膜に適しているというリードらの発見は、逆浸透膜開発の歴史の基礎を築く大きな貢献であった。

　しかし、リードらが発見した酢酸セルロース膜は、約10Mpaの圧力下でわずか$0.3cm^3/(m^2 \cdot s)$の透水性能（flux）[5]しかなく、耐久性も乏しく、実用レベルにはほど遠いものであった[6]。その後もフロリダ大学からこれを上回る画期的な成果が出ることはなく、研究は終息することとなった。

4） Reid and Breton（1959）.
5） 第2章注1参照。
6） 造水技術編集企画委員会編（1983）p. 79。

2-3. UCLA における L-S 膜の開発

　実用化に苦しんでいたのはフロリダ大学だけではなかった。UCLA でもハスラー率いるグループが実用化に四苦八苦していた。初期アイデアの検証を行った1955年頃から、ハスラーのグループは、わずかな隙間を挟んだ二枚の膜を使って脱塩する方法（narrow gap membrane）を模索していた。しかし、この方法では満足できる性能を実現できず、彼のプロジェクトは1960年に解散した（Glater, 1998）。

　UCLA で画期的な成果を上げたのは、工学部でハスラーのグループとは別に研究を行っていたユスター教授（Samuel Yuster）のグループであった。カリフォルニア州から支援を受けたユスターの研究室では、大学院生のスリラージャンが、1958年に酢酸セルロース膜の半透性を発見していた。しかしその性能は不安定であった。同じ年、長い実務経験を経て41歳で UCLA の大学院に入学したローブが、スリラージャンとともに逆浸透膜の研究を始めた。同年、不幸にもユスターが病死すると、同僚のマカッチャン（Joseph McCutchan）がプロジェクトを引き継いだ。スリラージャンとローブは、様々な膜を試したけれども思うような成果が得られず、改めて酢酸セルロースに研究対象を絞ることとした。

　彼らは、酢酸セルロース膜の脱塩性能が熱処理の仕方によって左右されることを突き止めていた。彼らを悩ませていたのは、その実験結果が揺らぐことであった。実験を繰り返していくうちに、彼らはそれが無作為に起きているのではないことに気づき始めた。前章の図表 2-2 で示したように、酢酸セルロースの半透膜は厚み方向に非対称であり、きめ細かい面と粗い面がある。安定した性能を得るには、その向きを考慮して脱塩をしなければならなかったのである[7]。彼らは、その後も製膜を繰り返し、1959年、脱塩性能と透水性能を高い次元で両立した酢酸セルロース系非対称膜の生成に成功した。翌1960年にはその成果を発表するとともに関連する特許を出願した[8]。そして1962年にはその成果が論文発表された[9]。

　二人の名前の頭文字を取って L-S 膜と呼ばれたこの非対称膜は当時として

---

7) Loeb (1981) p. 5.

は画期的な膜であった。それは、フロリダ大学のリードらの膜と同等の脱塩率を示しながら、透水性能は50倍近く高く、約10Mpaの圧力下で14cm^3/m^2・sを示した[10]。この成果を受けて、1965年にサンフランシスコとロサンゼルスの中間に位置するコアリンガ（Coalinga）で逆浸透法による世界初の脱塩プラント（造水能力：約19m^3/日）が稼働すると、ローブはここで管状型L-S膜を用いたかん水脱塩の実証に携わった[11]。

L-S膜の登場によって逆浸透膜の実用化がいよいよ現実性を帯びることとなり、多くの企業が商用化に向けた開発を活発化させた。特にサンディエゴでは一種の産業クラスターが形成されていった。

3．政府による巨額支援

3-1．塩水法の制定と塩水局の設置

米国における水不足への対応は、西海岸に限らず、国を挙げた取り組みであった。将来的な水不足を懸念したトルーマン（Harry S. Truman）政権は、

---

8) US Patent 3133132: High flow porous membranes for separating water from saline solutions（出願日：1960年11月29日）。L-S膜の登場は1962年と記されることが多い（例えばBaker, 2004）。これは、論文誌上での発表年を指しているのだと考えられる。スリラージャン自身は、当時の発表資料の情報を脚注で引きながら、L-S膜を1960年に発表したと記している（Sourirajan, 1981）。このことから本書では、成果発表時点である1960年を開発年としている。

9) Loeb and Sourirajan (1962) "Sea water demineralization by means of an osmotic membrane," *Advances in Chemistry Series*, Vol. 38, pp. 117-132.

10) 造水技術編集企画委員会編（1983）p. 79；Lonsdale（1982）p. 104。塩水法に関わる法制史資料は、L-S膜が1日・1平方フィートの原水に対して5～11ガロンを得ることができ、その透水性能はリードたちの膜に比べ50倍から100倍も高いと記している（*Legislative History: Saline Water Conversion Act*, Vol. 6, part1, p. 190）。

11) Stevens and Loeb (1967)；Loeb and Selover (1967)。なお、スリラージャンとローブは、後にそれぞれ米国を離れて膜開発に関わることになった。スリラージャンは、L-S膜を発表した直後に米国を離れてカナダ国立研究機関（National Research Council of Canada）に職を移した。ローブは、コアリンガの脱塩プラントでL-S膜の実証試験に携わった後、1967年にイスラエルに招かれて米国を離れた。

1952年7月3日に塩水法（Saline Water Conversion Act、公法82-448）を制定し、内務省下の脱塩プログラムに5年間で200万ドルの研究開発資金を投じることを決めた（MacGowan, 1963；U.S. Congress, Office of Technology Assessment, 1988）。

当初、政府は楽観的な見通しを立てており、脱塩技術を速やかに実用化に導いて公的支援を終える計画であったが、期待したようには進まなかった。そこで、トルーマンに代わって政権の座についたアイゼンハワー（Dwight D. Eisenhower）は、1955年6月29日に公法84-111を制定し、支援期間を1963年まで延長するとともに研究資金を1000万ドルに増額した（MacGowan, 1963）。

この法制化を受けて内務省内に塩水局（The Office of Saline Water）が新設され、脱塩研究を組織的に支援する体制が整えられた[12]。塩水局は、各地の研究機関に助成金を与え、脱塩研究に対する政府支援を本格化させた。脱塩プログラムはまさに国家の一大プロジェクトであった。UCLAのハスラーやフロリダ大学のリードたちの研究も、この公的支援を受けていた。

1950年代後半には実用化に向けた支援も始まった。1958年には公法85-883（Demonstration Plant Act）が制定され、1000万ドルの研究開発費に加えて、全米5地域で実証プラントを建設すべく、さらに1000万ドルが充当された。これに伴い、テキサス州フリーポート、サウスダコタ州ウェブスター、ニューメキシコ州ロズウェル、カリフォルニア州サンディエゴ、ノースカロライナ州ライツビル・ビーチの5地域で脱塩実証プラントが建設された。これらの実証プラントで採用された方式は、蒸発法、電気透析法、冷凍法であり、逆浸透法ではなかった。まだL-S膜も登場しておらず、逆浸透膜技術は萌芽期ともいえない段階にあった。

3-2. 支援の拡大

1960年代に入ると、政府支援はさらに拡大した。特に、1961年9月に制定

[12) 塩水局の設置については塩水法が制定された1952年あるいは1953年とする書物も散見されるけれども、塩水局に関する米国国立公文書館の記述（https://www.archives.gov/research/guide-fed-records/groups/380.html）に従い、本書では1955年としている。ただし、塩水法が制定された1952年から調査活動は始まっていたものと思われる。

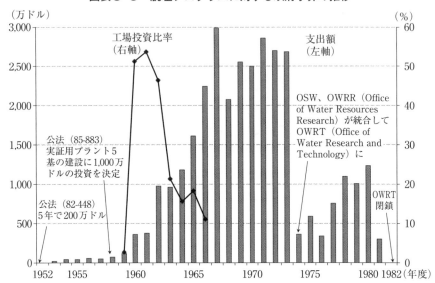

図表3-3　脱塩プログラムに対する政府予算の推移

出所：*Legislative History* Vol. 6-1, p. 67；MacGowan (1963) p. 26；General Accounting Office (1979) p. 3；*Using Desalination Technologies for Water Treatment* に基づき筆者作成。

された公法87-295（Anderson-Aspinall Act）は、公法85-883を1970年まで延長させるだけでなく、1962年から1967年の6年間で7500万ドルもの金額を脱塩研究に投じることを決める影響力の大きな法律であった。図表3-3は、塩水局による脱塩研究への支援金額の推移を示したグラフである。塩水法が制定された1952年から徐々に増額されていた支援額は、公法87-295を受けた1962年度に跳ね上がり、その後さらに大きな伸びを示した。1965年には、脱塩関連の科学的な知見を発表する媒体として学術雑誌 *Desalination* も創刊された。1960年代は、米国政府による潤沢な脱塩研究支援が行われた時代であった[13]。

この巨額支援を推進していたのは、1961年1月に大統領に就任したケネディ（John F. Kennedy）であった。ケネディは人類の月面着陸を目指したことで有名であるが、同時に海水淡水化を強く推進した大統領でもあった。それは、「こ

---

13) 塩水局は逆浸透法のみならず広く脱塩に関する研究開発を支援していたので、図に示される金額が全て逆浸透法に充当されたわけではない。

の政権において、われわれは、月に人を送り、砂漠に花を咲かせる」(Cohen and Glater, 2009) という演説に端的に表れている。ケネディ率いる民主党政権は、脱塩による海水淡水化を人類の月面着陸と並ぶ重要課題として位置付け、公法87-295を制定することにより、脱塩研究プログラムに対する巨額の支援を行った。

　塩水法の制定以降、新たな法律が制定されるたびに脱塩研究への予算額が引き上げられ、研究機関や企業で盛んに開発が行われた。1963年11月に不幸にも暗殺されたケネディの後を受けたジョンソン (Lyndon B. Johnson) 政権も、脱塩研究に対する手厚い公的支援を引き継いだ。ケネディ政権とジョンソン政権の双方の下で内務省長官を務めていたユーダル (Stewart Udall) は、一連の手厚い支援を振り返って次のように語る。

　　ケネディ大統領とジョンソン大統領は同じ考え方をしていました。このプログラムを気に入っていましたし、彼らにとって魅力的なものでした。世界のためになりうるものだったのです。そのため、私はとても充実した支援を受けましたし、予算は右肩上がりで非常に大きく増えました。アイゼンハワー政権下の1960年時点に比べ、プログラムは6〜8倍も大きくなったはずです[14]。

　ジョンソン政権に移行した直後の1964年時点で、塩水局による委託研究先は合計124件を数えた[15]。このうち大学や公的研究機関に対する委託と考えられるものが57件（総額376万1081ドル）、民間企業への委託と考えられるものが67件（総額659万2576ドル）であった。研究テーマ名を見ると、公的研究機関への委託研究は、脱塩機能を担う中核部材や製膜プロセスの研究など川上領

---

14) Udall (1970) p. 153. ジョン・F・ケネディ図書館によって行われたオーラルヒストリー取材記録からの抜粋である。なお、原文は以下の通り。"Both President Kennedy and President Johnson had the same attitude. They like the program. This was a glamour program to them. This was a way we could do something for the world. And therefore, I got very good support. We got very big budget increases, right along. We got the program up six, eight times, I believe, to what they had in 1960 in the Eisenhower administration."

域に位置するものが多いのに対し、民間企業に対する委託は、脱塩プラントの建設やオペレーション技術の開発など、大きな資金を要する川下領域が多かった。

　公的機関が川上の基礎研究を担い、川下の実用化研究を民間企業に任せるという緩やかな分業の中で、民間企業ながら川上領域で大型案件を担っていたのが、ゼネラル・ダイナミクス (General Dynamics) の GA (General Atomics) 部門であった。同部門は塩水局から約10万ドルの支援を受け、逆浸透膜モジュールの研究開発を行っていた。開発に携わっていた組織は ROGA と呼ばれ、逆浸透膜開発の歴史の中で重要な役割を果たした。ROGA については次章で記述する。

3-3．海外プラントの支援と縮小

　塩水局は、米国国内における脱塩研究活動を資金面で支援しただけでなく、脱塩プラントの実証プロジェクトにも協力することによって、研究成果の出口を確保する取り組みを進めた[16]。その取り組みは、国内にとどまらず、海外における脱塩プラント建設計画にもおよんだ。

　海外では、渇水に悩むサウジアラビア政府を支援し、紅海沿いの都市ジッダ (Jeddah) において、発電能力と脱塩能力を備えた二重目的プラントの実用性に関する予備調査を1963年に行った。ここでいう二重目的プラントとは、火力発電所に脱塩プラントを併設し、火力発電プロセスで生じる蒸気を脱塩プロセスに活用する施設のことである[17]。脱塩技術の普及と浸透には造水コストの低減が何より必要であり、発電と脱塩の併用はその目的にかなうものであった。予備調査を終えた2年後の1965年、塩水局が間に入る形となって米国政府と

---

15) *Legislative History* (Vol. 5-2)。同一機関に対して複数案件を委託しているケースもあるため、異なる124機関に対しての委託という意味ではない。同一組織の別部門に対する委託は別件として見つつ、完全な機関重複を除くと、委託先機関数は正味で93機関となる。なお、それ以前の委託研究については個別案件ごとの金額を入手できなかったため、このデータが筆者たちが入手できた最も古いものとなる。この時系列的な動きについては、第9章で詳述する。

16) Office of Saline Water (1972).

17) こうした発電と脱塩を兼ね備えた二重目的のプラントは、今日でも建設されている。

サウジアラビア政府との間で二重目的プラントの建設が合意され、1971年に完成した。

　同じ頃、米国政府はイスラエルとの間でも脱塩に関する予備調査を進めた。1964年に行われたジョンソン大統領とエシュコル（Levi Eshkol）首相との協議に基づき、翌1965年、発電と脱塩の二重目的プラント建設の実現可能性に関する予備調査を行う合意が交わされた。イスラエルでは、火力発電所ではなく原子力発電所と脱塩プラントの併用が念頭に置かれていたが、結局、これは予備調査で終わった。1965年にはメキシコとも協定を結び、原子力発電と脱塩の二重目的プラントの検討が進められた。

　脱塩に関する世界的な関心を集めるべく、米国政府は脱塩研究の国際シンポジウムを積極的に開催した。1965年10月には「脱塩に関する第1回国際シンポジウム」を、続く1967年5月には「平和のための水」国際会議（International Conference on Water for Peace）をどちらもワシントンで開催した。「平和のための水」国際会議には94カ国が参加し、米国政府からの要請を受けた日本からも水資源開発公団など公的機関関係者12名が参加した（長、1967）。

　しかし、国内政策という性格から、塩水局負担による海外支援は次第に推奨されなくなった。さらに1971年に米国が貿易赤字に転落すると、時の共和党ニクソン（Richard M. Nixon）政権が歳出削減に乗り出し、脱塩プログラムへの公的支援も縮小に向かった。1974年になると、塩水局は水資源研究事務所（Office of Water Resources Research）と統合して水研究技術所（Office of Water Research and Technology）へと改組され、その予算は一気に縮小した。その後、予算はやや増額されるものの、1982年に水研究技術所は閉鎖された[18]。

---

18) その後に展開されたユマにおける脱塩プロジェクトなどについては、Hightower, Price, and Henthorne（1994）に詳しい。

4．ノーススター研究所の貢献

4-1．複合膜の開発

　公的支援を受けた研究機関では、L-S膜の改良に加えて、L-S膜を代替する新膜の開発も進められた。L-S膜が投げかけた次なる開発課題は透水性能の向上であった。L-S膜の透水性能も以前の膜に比べれば格段に高かったけれども、実用に足る水量を得るまでには至っていなかった。

　L-S膜は、分離層と支持層が同じ材料で形成されている非対称膜である。その欠点は、運転時にかける高い圧力によってスポンジ状の支持層が潰れて圧密化してしまい、透水性能が長持ちしない点であった。非対称構造を採る限り、高い性能を長期的に維持することには限界があると考えられた。脱塩性能を高めるには分離機能を担う膜部分はできるだけ薄い方が望ましいけれども、それでは膜の耐圧性が損なわれて稼働時の圧力に負けてしまう。この課題を解決するため、互いに異なる材料で作った分離層と支持層を重ね合わせる複合膜のアイデアが考案された。

　複合膜の実現につながる成果を先駆けて発表したのは、1963年にミネソタ州ミネアポリスに設立された非営利委託研究機関ノーススター研究所のフランシス（Peter Francis）だった。同研究所の第1期採用メンバーであり、所内で化学部門を立ち上げる任務を負っていたフランシスは、L-S膜の成膜手順を改良しながら酢酸セルロース系複合膜の開発を進めた。そして1年後の1964年に透水性能を高めた複合膜の開発に成功した。同僚の研究員だったカドッテ（John E. Cadotte）は、「複合膜の開発に成功した」という事実が塩水局との最初の委託研究契約に結びついたと記している（Cadotte and Petersen, 1981）[19]。

4-2．複合膜の非セルロース化

　ノーススター研究所では、カドッテも、支持層に用いる材料を模索しながら複合膜の開発を進めていた。そして1967年、カドッテらは、酢酸セルロース

系材料ではなくポリスルホンを用いた支持層の製膜を発表した[20]。これにより、膜の透水性能は酢酸セルロース系非対称膜に比べて約5倍に高まった。彼らの開発成果は極めて画期的で、50年以上が経った今日でも複合膜の支持層にはポリスルホンが用いられている。

次の課題は分離層の非セルロース化であった。酢酸セルロース系材料では、低い透水性能やバクテリアによる膜の分解が問題となっていた。そこでカドッテは、新たな材料の探索と開発を進め、分離層の非セルロース化にも成功した。その成果は、1970年に複合膜NS-100として発表された。NSはノーススター（North Star）の頭文字をとったものである。さらにカドッテは、1972年にNS-200、1977年にはNS-300を開発した[21]。

こうして複合膜全体の非セルロース化が実現したものの、まだ問題が残っていた。一つは、スケールアップすると性能がばらつくなど量産化段階での問題であった。もう一つは、耐塩素性の低下によって、プラント操業時に塩素殺菌処理を行うことが難しくなるという問題であった。またNS-200は長期的な性能の安定性にも欠けていた（Cadotte, 1985a）。

これらの課題に挑んだカドッテは、1979年、界面重合によって生成される画期的な架橋芳香族ポリアミド系複合膜の開発に成功した。その基本組成は、40年以上経った現在でも業界の主流となっており、文字通りブレイクスルーであったといえる（Baker、2004）。この新たな複合膜は、カドッテが仲間とともに設立したフィルムテック（FilmTec）からFT-30として発売された。それは、脱塩性能と透水性能を高いレベルで両立するとともに、耐塩素性や耐久性

---

19) Cadotte and Petersen（1981）p. 306. なお、設立間もないノーススターが逆浸透膜研究に目をつけた理由を明記した記録はなかった。ただ、図表3-3に示されるように、この時期には政府が脱塩研究を強力に支援していたことから、逆浸透膜研究によって委託研究の機会に恵まれると彼らが考えたのかもしれない。あるいは、塩水局側に逆浸透膜研究を同機関に委託したいという意向があったのかもしれない。

20) Cadotte, Petersen, Larson, and Erickson（1980）; Rozelle, Cadotte, Corneliussen, and Erickson（1968）.

21) Tomaschke（2000）はNS-300の開発年を1975年と記している。確かに、Cadotte（1985a）でも、1975年にNS-300の基礎となる技術成果を報告したとある。しかしそれは基礎的方向性の提示であったことから、ここではCadotte et al.（1980）の記述に従い、1977年をNS-300の開発年とした。

にも優れた画期的な膜であった。

5．おわりに

　本章では、米国で産声をあげた逆浸透膜の研究開発の初期の歴史を記した。逆浸透膜の開発は歴史的に渇水に悩まされてきたロサンゼルスで始まった。米国政府は1952年に塩水法を制定し、資金的な支援を充実させた。逆浸透膜の開発は、UCLAのローブとスリラージャンによるL-S膜の登場によって実用化に向けた道が開かれた。そしてノーススター研究所の研究者であったフランシスやカドッテによって複合膜のアイデアが具体化され、支持層と分離層の非セルロース化が進められた。その結果として生まれた架橋芳香族ポリアミド系複合膜FT-30は、その後の逆浸透膜開発の流れを決定づける画期的なイノベーションとなった。

　公的支援は、民間企業による研究活動も刺激し、初期の逆浸透膜技術を進展させる大きな原動力となった。西部のサンディエゴでは軍需系企業ゼネラル・ダイナミクスの一部門であるGAの開発部隊が実用化に向けた開発を先導し、中西部のミネアポリス近郊ではノーススター研究所を退職した研究員たちが設立したフィルムテックから革新的な成果が次々と生み出された。北部ではミシガン州に本社を構えるダウが、東部ではデラウェア州のデュポンがそれぞれ開発を進めた。米国における大学や公的機関で開発された逆浸透膜技術と民間企業が開発した技術の時系列推移については、本書巻末の年表に示す通りである。

　次章では、公的機関で進められた開発の成果が上記のように米国内の民間企業に引き継がれ、実用化と事業化が進んでいく過程を明らかにする。

第4章
民間企業による事業化開発

1. はじめに

　ロサンゼルス、フロリダ、そしてミネアポリスにおいて、政府の支援の下、大学や研究機関で進められた初期の逆浸透膜開発は、その後、民間企業による事業化開発へと受け継がれた。巨額の政府支援があったこともあり、UCLAによるL-S膜の発表を契機として、数多くの民間企業が脱塩プロジェクトに乗り出した。その対象は、材料開発からプラント開発まで多岐にわたった。本章は、それら民間企業が進めた一連の事業化開発プロセスを明らかにする。

　逆浸透膜の事業化開発は全米各地で行われた。西海岸のサンディエゴでは、一時期30社を超える企業が脱塩関係の事業を展開し、一帯に産業クラスターが形成された[1]。中でも開発に熱心だったのが、伝統ある軍需企業のゼネラル・ダイナミクスの一部門として設立されたGAであった。この背景には、原子力の平和利用という国家方針があった。東西冷戦による急速な核開発競争に危機感を抱いたアイゼンハワー大統領は、1953年にニューヨークで開かれた国連総会において「平和のための原子力」と題した演説を行い、国として原子力の平和利用を進めるという明確な方針を掲げた。この方針に従い原子力エネルギーの利用先を模索していたGAにとって、大量にエネルギーを消費する脱

---

1) https://www.sandiego.gov/sites/default/files/legacy/water/pdf/purewater/060501.pdf（2017年2月10日確認）。

塩プロセスは有望かつ好都合な領域であった。

ミネソタ州ミネアポリスでは、ノーススター研究所で複合膜が開発された後、同研究所からスピンアウトして設立されたベンチャー企業であるフィルムテックが開発を前進させた。近隣のミシガン州では、ミッドランドに本社を構える大手化学メーカーのダウが開発に乗り出した。ダウは、その後、フィルムテックが保有する重要特許を求めて同社を買収することとなった。

逆浸透膜が実用化されたのは、コアリンガの実証プラントに導入された L–S 膜が最初である。初期の技術開発は西海岸を中心に進められたが、事業化を先導したのは、東海岸のデラウェア州に本社を構えるデュポンだった。デュポンは、自社の材料技術を活かして独自に膜の開発と事業化を進めた。デュポンが上市した逆浸透膜パーマセップ（Permasep）は、L–S 膜の有力な代替製品として産業発展の原動力となった。東海岸では他にもエネルギー関連企業のコーク（Koch）グループが逆浸透膜事業に進出した。

以下では、このような、米国の民間企業による初期の開発と事業化の流れを明らかにする。

2．サンディエゴ近郊での発展

2-1．ROGA における開発の始まり

西海岸で逆浸透膜の実用化を進めた中心的企業は、サンディエゴを拠点とする GA であった。GA は、原子力の平和利用に関する研究開発を行う部門として、ゼネラル・ダイナミクスが1955年に設置した組織である。ゼネラル・ダイナミクスは、1899年に設立されたエレクトリック・ボート（Electric Boat）が1952年に名称変更してできた企業で、長い歴史を持っている。

GA が部門内のホプキンス（John Jay Hopkins）研究室で逆浸透膜の研究を始めたのは1961年のことである[2]。カリフォルニア州水委員会のメンバーであった GA の副社長が、UCLA のローブたちが画期的な膜を開発したこと

---

2) *Legislative History* Vol. 5, p. 304.

を耳にしたのがきっかけであった[3]。副社長の命を受けて GA で膜開発を調査し始めたのは、ライリー（Robert Riley）とロンスデイル（Harold Lonsdale）の2名だった。彼らはローブのもとを訪れ、L-S 膜の性能や開発状況を把握した後、その詳細な脱塩メカニズムの解明とさらなる改良開発を進めることとした[4]。その開発に対する支援を受けるため、塩水局に L-S 膜を用いた膜開発プロジェクトを申請した。

翌1962年4月、この申請は認められて塩水局との間で委託開発契約が結ばれた。これにより、逆浸透膜の開発に約17万ドル、逆浸透膜モジュールの開発に約10万ドルを獲得できた。当時の GA ではもっぱら原子力の開発プロジェクトが中心であり、逆浸透膜の開発に十分な資源が割かれていたわけではなかった。それゆえこの公的援助は大きな支えとなった。逆浸透膜に関して GA が初期に行った委託開発は全て、塩水局と交わされた契約に基づくものであった[5]。

逆浸透膜の開発部隊は、正式には GA の基礎開発部（Basic Development Department）に所属し、マーテン（Ulrich Merten）がチームを率いた。やがて彼らは Reverse Osmosis General Atomic の頭文字をとって ROGA と呼ばれるようになった。

開発を進めた彼らは、非対称膜では透水性能に限界があることを感じるようになった。そこで、高い脱塩性能と透水性能を実現する新たな複合膜の開発と、逆浸透膜を効率的にエレメント化する技術の開発を目標とした。このうち先に開発されたのはエレメント化の技術であった。

第2章で記述したように、逆浸透膜には中空糸型と平膜型がある。このうち当時の平膜型は膜を幾層にも重ねてエレメント化していたのだが、この方法では製造効率が著しく悪かった。これに対して ROGA の開発者ウェストモーランド

---

3) 逆浸透膜による脱塩には多量のエネルギーを要することから、原子力を平和利用しうる格好のテーマであったといえる。ただし、筆者によるライリーへの取材によれば、副社長はこの点を念頭に置いていたというよりもカリフォルニア州における水不足の方を強く懸念していたという。それゆえ、L-S 膜の貢献可能性を感じ取って開発を指示したということである。

4) 当時 UCLA では L-S 膜の脱塩メカニズムがまだ解明されていなかった。

5) 筆者による Robert（Bob）Riley 氏へのインタビューより。2015年3月5日、San Diego、Separation Systems Technology, Inc. にて。

図表4-1　スパイラル型エレメントに関する初期のアイデア

Michaels（1962）　　　Westmoreland（1964）　　　Bray（1965）
US3173867　　　　　　US3367504　　　　　　　　US3417870

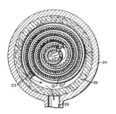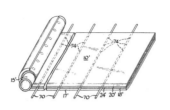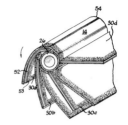

出所：US3173867、US3367504、US3417870からそれぞれ抜粋して筆者作成。括弧内は出願年を指す。

（Julius Westmoreland）は、膜を平らに重ねるのではなく、パイプに平膜を巻きつけてエレメント化するスパイラル型といわれる方式を考案し、1964年に特許を出願した。スパイラル型に関する萌芽的なアイデアは、当時MITで准教授を務めていたマイケルズ（Alan Michaels）によって考案され、1962年に特許が出願されていた[6]。しかしそれはウェストモーランドのものとは形状が異なる上、逆浸透膜での使用を想定したものではなかった。逆浸透膜のスパイラル型エレメントを発明したのはウェストモーランドであったといえる[7]。

その後、同じくROGAの開発者だったブレイ（Donald Bray）が、このアイデアに基づき、複数の平膜をパイプに巻き付けてエレメント化する特許を1965年に出願した[8]。このエレメント形状は、その基本思想を保ったまま改良が重ねられ、今日でも広く用いられている。図表4-1は、エレメント形状に

6）US3173867A（Membrane separation device：出願日1962年9月28日）。厳密に記せば、古い意味での平膜型とここで新たに開発されたスパイラル型には、平膜を重ねるか巻きつけるかという違いがあるのだが、現在ではスパイラル型が主流であって両者を特に区別する必要はないことから、本書ではスパイラル型も平膜型として統一的に呼称する。なお、https://www.nap.edu/read/12473/chapter/36#208（2018年6月7日確認）も参照。

7）ウェストモーランドによって出願された特許は、US3367504（Spirally wrapped reverse osmosis membrane cell：出願日1964年12月21日）である。

8）US3417870（Reverse osmosis purification apparatus：出願日1965年3月22日）。ブレイはシニア・スタッフ・エンジニアとして1958年にGAに途中入社し、軍事向け小型原子炉の設計を担当していた技術者であった（Capone, 2008）。

関する初期のアイデアを示したものである。こうした膜エレメントの形状開発に関する一連の経緯について、ライリーは次のように振り返る。

　膜の商業的な可能性はすぐに感じられました。そのためには、40インチ幅の膜を大量生産すべく、平膜の製造工程をスケールアップする必要がありました。加えて、商業的に成り立つくらい膜の充填密度を高められるような膜（エレメントの）形状が求められていました。つまり、小容量ながらも広い膜面積を確保できるような形状です。（そのような中、）GAの開発グループに所属していた化学エンジニアのジュリアス・ウェストモーランドが、スパイラル型の膜エレメントというコンセプトを考案して発明、特許化したのです。ウェストモーランドの特許はシングルリーフでした。そのすぐ後、この特許に基づいて、彼の同僚であるドナルド・ブレイがマルチリーフの特許を取得しました。
　当時、ROGAで実施されていた研究開発活動は、米国内務省の塩水局の支援を受けて行われていました。その結果、この特許は内務省に譲渡され、所有されることとなったのです。（その上で）GAは、自らの実用化に向けて、特許の無償使用を許諾されたわけです[9]。

9）前掲注5、筆者によるRobert（Bob）Riley氏へのインタビューより。括弧内、筆者追記。なお原文は以下の通り。"The commercial potential of the membrane was quickly recognized. Thus, we had to scale-up the flat sheet membrane manufacturing process to large scale production to produce forty-inch wide membrane. In addition, a membrane packaging configuration was required to make the process commercially economical that exhibited a high membrane packing density. That is, a configuration that incorporated a large membrane area in a small volume. Julius Westmoreland, a chemical engineer in the group at General Atomic, conceived, invented and patented the concept of the spiral-wound membrane element. The original patent by Westmoreland incorporated a single membrane leaf. Shortly thereafter, a second patent by his colleague, Donald Bray, expanded the patent to include multiple membrane leaves. At that time the research and development conducted by the General Atomic reverse osmosis membrane group（ROGA）was funded by the U.S. Department of Interior, Office of Saline Water（OSW）. As a result, the patents were granted to and owned by the U.S. Department of Interior. General Atomic was granted free-use of the patents for their own commercialization."

ROGAの開発者たちが中空糸型ではなく平膜型を選択した理由の一つは、中空糸型では汚れを落としにくく、ファウリング問題を克服できないといわれていたからである。もう一つの理由は、彼らが並行して複合膜の開発を進めていたからであった。分離層と支持層を重ね合わせる複合膜を中空糸で実現するのは難しい。製造性の点からは平膜型の方が複合膜とははるかに相性が良かった。

2-2. ROGAによる事業化と複合膜開発

この頃の膜性能は海水淡水化用途にはまだ十分ではなかったので、ROGAの開発者たちは他の用途を模索した。その中で得た最初の大きな商業的成果が、1969年に半導体大手のTI（Texas Instruments）に納入した逆浸透システムだった[10]。1969年に研究補佐員としてGAに入社し、逆浸透膜エレメントの開発に携わり、TIへの納入にも関わっていたトゥルービー（Randy Truby）は、次のように振り返る。

> （入社した頃はまだ）海水淡水化は主たる展開先ではありませんでした。大部分がかん水（脱塩）でした。その後すぐ、我々が行っていたパイロットスタディの結果、半導体向け超純水が大きな市場になることが明らかになりました。これが商業的に見て最初の大きな市場でした。1969年に、我々は10万ガロン/日（約378.5m^3/日）のシステムをTIのダラス工場に納入しました。これは、当時、世界最大の逆浸透システムでした。
>
> その約1年後には、（ROGAの販売代理店だった）AJAXと（日本側ライセンシーだった）栗田工業を通じて、北浦における発電施設向けに80万ガロン/日（約3000m^3/日）のシステムを納入しました。これはAJAXがプラントを作って栗田工業側に送ったものです。これは当時、世界最大のプラントでした[11]。

半導体向け超純水製造用途やかん水脱塩用途におけるこうした商業的成果に

---

10) AMTA動画（Chats with the Pioneers #1: ROGA）に基づく。

支えられながら、ライリーたちは膜性能のさらなる向上に努めた。彼らは、ディップコーティング法など多様な製膜方法を試しながら複合膜の開発を進めつつ、膜材料の非セルロース化も模索した。前章で記したように、ノーススター研究所ではカドッテが分離層と支持層の非セルロース化に成功して NS-100 を開発し、複合膜の世界を切り開いていた。こうした流れを汲みつつ開発を進めたライリーたちは、1975年、製造効率の高い界面重合によってポリエーテルアミドを形成する複合膜 PA-300 の開発に成功した（Mattson, 1979 ; Riley, Fox, Lyons, Milstead, Seroy, and Tagami, 1976）[12]。PA-300 は、海水淡水化

---

11) 筆者による Randy Truby 氏（RL TRUBY & Associates）へのインタビューより。2015年3月4日、Carlsbad にて。括弧内、筆者追記。なお、原文は以下の通り。"Seawater was not our primary focus. Mostly it was brackish water. And very quickly, as a result of the pilot studies we did, it became obvious that ultra-pure water for Semiconductors is going to be a big market. That was the first big commercial market. We sold 100,000-gallon per day system to Texas Instruments at Dallas in 1969. That was the biggest RO system in the world at that time. About a year later, we sold, through Ajax and Kurita, 800,000-gallon per day system for North Power Station in Japan. That plant was built by Ajax and shipped to Kurita. It was the biggest plant in the world at that time." ライリーは、TI 向けの原水はきれいで扱いやすかったのに対し、北浦の原水は非常に難しい水だったと述懐している（前掲注5、筆者による Robert [Bob] Riley 氏へのインタビューより）。なお、北浦における発電施設向けプラントについては、第10章でも触れられている。

12) ライリーによれば、ROGA における材料の非セルロース化や複合膜開発過程では、ノーススター研究所に勤めていたカドッテとも多様な情報交換が行われたという。ともに塩水局からの支援を受けていたことから、定期的に提出するレポートを通じた情報交換も容易であったという。なお、RC-100 と PA-300 の分子構造は以下の通りである。

RC-100   PA-300

用途で市販された最初の複合膜であり(和田、2004)、ニューメキシコ州ロズウェルの実証プラントでかん水、ノースカロライナ州ライツビルの実証プラントで海水の脱塩にそれぞれ用いられ、ともに良好な性能を示した。この頃、ライリーたちはポリエーテルウレアを材料とする RC-100 の開発にも成功した。

PA-300 と RC-100 は、サウジアラビアの海水淡水化プラントに導入された。1970年代、渇水に悩むサウジアラビアは国家的な脱塩プログラムを推進し、1974年には SWCC (Saline Water Conversion Corporation) を設立した。折しも石油危機が発生して省エネルギー化の気運が高まっていたこともあり、同国では逆浸透法による海水淡水化プラントの建設計画が進められ、1978年には当時として世界最大の海水淡水化プラント(1万2000m^3/日)がジッダに建設された。PA-300 と RC-100 は、このプラントに採用され、1979年1月から稼働を始めた[13]。

ROGA で膜の開発と事業化が進む一方で、GA は他社に買収され頻繁に名前を変えていた。1967年にはガルフオイル (Gulf Oil) に吸収され Gulf General Atomic となり、1970年には Gulf Environmental Systems へと社名を変更した。1974年には UOP (Universal Oil Products：1914年設立) に買収され、UOP がサンディエゴに置いていた Fluid Sciences 部門と統合してフルイド・システムズ (Fluid Systems：以下、フルイド) となった[14]。ライリーたちが開発した PA-300 などの新たな逆浸透膜エレメントは、UOP 傘下のフ

---

13) このプラントは2段脱塩システムを採用している。導入された逆浸透膜エレメント (TFC-1501PA) のサイズは、直径4インチ×長さ40インチである。谷口 (1981) によれば、同プラントにおける逆浸透膜装置1基あたりの膜エレメント搭載本数は336本である。プラントには予備1基を含めて12基の逆浸透膜装置があるため、単純計算では4032本が使用されたことになる。ジッダのプラントをはじめ、当時における主要な海水淡水化プラントの仕様については、妹尾・木村 (1983) を参照されたい。

14) AMTA による動画 (Chats with the Pioneers #1: ROGA) に基づく。GA が統合や組織変化を繰り返した末に UOP に買収されてフルイドに行き着く過程は非常に複雑で、詳細に把握することは困難であった。Principles of Desalination を編纂した Spiegler and Laird 編 (1980) も「脱塩に関する業務を行っていた政府や民間機関の名前や所属は、困惑してしまうほど頻繁に変わっているので、我々はそれを辿っていない」"Names and affiliations of both government and industrial organizations engaged in desalination work change with bewildering frequency, and we have not tried to keep up" と書いている。

ルイドから発売されることとなった。ROGA を得てフルイドを設立した UOP は、翌1975年にはシグナル（Signal）の手に渡り、その後1985年にはシグナルを吸収したアライド（Allied）の新会社アライド・シグナル（Allied Signal）の傘下となった[15]。フルイドはさらにイギリスのアングリアン・ウォーター（Anglian Water）の手にも渡った後、1998年に、エネルギー関連企業コーク・インダストリーズ（Koch Industries）の下で膜事業を行っていた子会社コーク・メンブレン・システムズ（Koch Membrane Systems：以下、コーク）へと売却され、今日にいたっている[16]。ROGA の活動拠点そのものは変わらなかったのだけれども、その所有者は次々と移り変わったのである。

　このように ROGA は、逆浸透膜開発の歴史を牽引する役割を果たす一方で、企業買収に翻弄され続けた。そして、買収話が浮上したり、実際に買収されるたびに優秀な初期メンバーの流出を許した。例えばマルチリーフのスパイラル型エレメントを考案したブレイは、ガルフオイルに買収される直前に退社し、1967年に DSI（Desalination Systems Incorporated）を、1968年にはニンバス・ウォーター・システムズ（Nimbus Water Systems）を創業して起業家となった。ロンスデイルは、アルザ（Alza Corporation）へ転職した後、米国政府からの委託研究を担うことを目的とする受託研究企業ベンドリサーチ（Bend Research）を、ベイカー（Richard Baker）とともに設立した[17]。ベイカーは、

---

15) 前掲注11、筆者による Randy Truby 氏へのインタビューおよび、https://www.uop.com/about-us/uop-history/a-friendly-acquisition/（2018年6月6日確認）に基づく。

16) コーク・インダストリーズが膜事業に関心を寄せたのは、創業者フレッド・コーク（Fred Koch）の息子たちが師事した MIT 教授のバドゥール（Ray Baddour）が分離技術の研究者だったことに起因する。自らが開発してきた技術の実用化を目指していたバドゥールは、1963年にコーク・インダストリーズから一部出資を受けてアブコア（Abcor）を設立した。アブコアは日本市場にも進出し、1973年に日本アブコーを設立した。その後1977年、アブコアの全株式をコーク・エンジニアリング・カンパニーが取得し、統合した。この時フレッド・コークの息子デイビッド（David）（1970年にコーク・インダストリーズ入社）がアブコアの社長に就任し、その後1981年にアブコアはコークとなった。UF 膜や MBR 関係企業を次々と買収して膜事業を拡張した同社は、やがて逆浸透膜事業にも関心を示すようになり、1998年にフルイドを買収した。

17) 筆者による Richard Baker 氏へのインタビューより（2015年3月3日、Newark, Membrane Technology and Research, Inc. にて）。なお、ロンスデイルは、その後、政治家に転身した。

第8章で記述するように、日東電工の開発史にも登場する人物である。ライリーも1985年に独立し、政府からの支援を受けて研究開発活動を進めた。トゥルービーは2002年にコークからハイドロノーティクス（日東電工）に移り、その後、東レにも在籍した。

2-3．多様な企業による推進

サンディエゴとロサンゼルス近郊では、ROGA以外にも数多くの企業が逆浸透膜関連の事業を興した。

1963年にカリフォルニア州サンタバーバラで設立されたBardex Hydranauticsは、掘削用途などで使われる重荷重設備事業と逆浸透膜事業を展開していた。このうち逆浸透膜事業を担う部門がHydranautics Water Systemsとして独立し、サンディエゴに拠点を構えて開発活動を進めた。1970年には逆浸透法による水処理事業にも参入し、後に社名をハイドロノーティクス（Hydranautics）とした。

同社が一躍脚光を浴びたのは1977年のことであった。同年9月、コロラド州ユマで脱塩プロジェクトを進めていた水利再生利用局が、脱塩プラントの膜メーカーとしてフルイド（造水規模28万 m^3/日、契約金額2061万924ドル：約50億円）とハイドロノーティクス（造水規模8.3万 m^3/日、契約金額727万6630ドル：約18億円）の2社を選定した[18]。ユマ・プロジェクトにはダウやデュポンも入札していたことから、これら巨大企業を打ち負かした新興企業のハイドロノーティクスに大きな注目が集まったのである。ダウやデュポンはこの決定を不服として異議を唱えたけれども、結果は覆らなかった[19]。こうして事業を拡大させたハイドロノーティクスは、その後ローム・アンド・ハース（Rohm

---

18) 契約金額についてはMattson (1979) p. 216および神沢 (1980) に基づく。実証試験を通じて、中空糸型を選択していたダウやデュポンが良好な結果を得られなかった一方で、フルイド（ROGA）とハイドロノーティクスが選択していた平膜型だけが良好な結果を得られた。筆者による取材の中で、ライリーは、この実証試験で中空糸型につきまとうファウリング問題が顕在化したと振り返っており、トゥルービーは、ここで中空糸型に対する平膜型の優位性が非常に明確に表れたと述懐している。

19) Bickell (1999) pp. 11-12. 前掲注17、筆者によるRichard Baker氏へのインタビューより。

& Haas）の手に渡った後、1987年には日東電工に買収されることになる。ハイドロノーティクスが膜事業だけでなく川下領域まで手がけていたことは、後に日東電工にとって大きな意味を持つこととなる[20]。

　サンディエゴでは、脱塩システムに関わる事業も生まれた。ヘイブンス・インダストリーズ（Havens Industries）を設立したヘイブンス（Glen Havens）は、非対称膜を備えた多孔性ガラス繊維を1961年に開発して管状型で実用化を目指した。ヘイブンスは2段処理の脱塩プロセスによって海水から飲料水が得られることを1964年に実証し（Merten, 1970）、この成果に注目した現地の大手電力企業サンディエゴ・ガス・アンド・エレクトリック（SDG&E）が、パイロットプラントの建設に協力することを発表した[21]。その後、ヘイブンス・インダストリーズはUOPに吸収された[22]。その他にも、1977年には、逆浸透膜の化学洗浄剤を扱う企業としてキング・リー（King Lee）がサンディエゴで設立された。

　ロサンゼルスでは、軍需企業のエアロジェット（Aerojet General）が非軍需事業への多角化を模索する中で脱塩事業に目をつけた。エアロジェットは、膜からプラントにいたる幅広い事業を手がけることを計画し、1962年7月に塩水局からの委託研究を始めた。逆浸透膜の基礎研究に約16万ドル、さらなる基礎研究に約16万ドル、逆浸透膜向けの新たなポリマー開発に約6万ドル、逆浸透法によるパイロットプラントの設計、建設、オペレーションに約18万ドルといった具合に、多額の公的支援を受けた。GAやエアロジェットといった軍需企業が脱塩プログラムで政府支援を受けたのは、原子力の平和利用先の探索という別の政策意図を反映したものでもあった。この点については第9章で詳述する。

　エアロジェットが受けた委託研究の総額は、GAが受けた支援額を上回っ

---

20) 2002年にコークを退社したトゥルービーは、ハイドロノーティクスに転職し、2006年までオペレーション担当の副社長を務めた。ハイドロノーティクスには、フルイドやコークから多くの人材が移ったという。この例に限らず、米国の逆浸透膜業界における人材の企業間流動性はかなり高かったという。
21) *Legislative History*（1966）Vol. 6, p. 205（638）.
22) 妹尾・木村（1983）p. 79。

ていた[23]。しかし、ROGA が逆浸透膜開発の歴史に大きな痕跡を残したのに比べて、エアロジェットとその子会社であったエンバイロジェニクス（Envirogenics）は目立つ成果を残しておらず、歴史の中で語られることはほとんどない。

3．ミネアポリス近郊における発展

3-1．フィルムテックの設立と画期的な開発成果

ROGA のライリーが複合膜開発を進めていた頃、遠く離れたミネアポリスのノーススター研究所でもカドッテが複合膜の開発を行っていた。ライリーと同様に、カドッテが抱えていた課題は、効率的な量産技術の確立であった[24]。

1975年、ノーススター研究所はミズーリ州カンザスに拠点を置くミッドウェスト研究所（Midwest Research Institute）に統合され、その一部門として活動を続けることとなった[25]。その翌年、ノーススター部門は塩水局と研究契約を結び、カドッテはその契約に沿って逆浸透膜の研究を進めた。NS-100に続いて1972年に開発した NS-200は高い脱塩性能を示してはいたものの、性能のばらつきが大きく、耐塩素性にも欠けていた[26]。これらの問題に対処すべく1977年に開発した NS-300も、研究室レベルでは高い性能を実現していたが、スケールアップに難を抱えていた[27]。

やがてカドッテは、同僚研究者のエリクソン（Eugene Erickson）、ラーソン（Roy Larson）、ピーターセン（Robert Petersen）とともに、独立して起

---

23) *Legislative History*, Vol. 5, pp. 740–741.
24) Lonsdale（1982）p. 110.
25) http://id.loc.gov/authorities/names/n50057680（2015年2月23日確認）。ただし、活動の地理的な場は変わっていないものと思われる。また、統合の事情については判然としないけれども、この頃、ノーススターが税金の支払いを巡って訴訟を起こされていたことが関係しているのかもしれない。
26) NS-200の開発年について本書では Cadotte and Petersen（1981）p. 309に基づいて1972年を採用したが、Cadotte et al.（1980）は1973年と記している。
27) Petersen（1986）p. 130；Cadotte（1985a）；Cadotte et al.（1980）．

業することを考え始めた。ノーススター研究所を統合したミッドウェスト研究所が、ミネアポリスから600km以上も離れたカンザスへの転勤を研究員達に求めたことがその理由であったという[28]。1977年夏頃から仲間内で話し合いを重ねた彼らは、同年にフィルムテックを設立した。社長はエリクソンが務めた。ただ、フィルムテック設立時、カドッテはまだノーススターに在籍しており、新膜の開発に向けた実験を重ねていた。カドッテがミッドウェスト研究所を退職したのは1977年12月31日で、1978年早々にフィルムテックへ転職してエリクソンらに合流した。

研究所からスピンアウト企業が誕生することそのものは、米国では決して珍しいことではない。しかし、カドッテが起業を考え始めた夏頃から実際に退職する年末までの半年間は、後に起こる特許係争において決定的な意味を持つこととなる。この点については第8章で記述する。

この頃にカドッテが取り組んでいたことは、ポリスルホンを材料とする支持層の上に、界面重合によって架橋芳香族ポリアミドの分離層を形成し、複合膜を製膜することであった。カドッテは、フィルムテック転職後も界面重合による複合膜開発を続けた。

新たな複合膜の開発に成功したカドッテは、1979年2月22日、その後の逆浸透膜業界の方向を決定づける極めて重要な特許を出願した[29]。4277344特許である。社名に由来してこの新たなポリアミド系逆浸透膜をFT-30と名付けた彼は、同年10月にフランスで開催された「脱塩と水再利用のための国際会議」(International Congress on Desalination and Water Reuse)でこれを発表し、多くの注目を集めた[30]。出願した特許は1981年7月7日に公開され、その特許番号4277344の下三桁をとって344特許と一般に呼ばれるようになった。

この特許が注目されたのは、その逆浸透膜が高い脱塩性能と透水性能とを両

---

[28] 筆者によるPeter Eriksson氏へのインタビューより。2015年3月6日、Vista、GE Power & Water, GE Water & Process Technologiesにて。同氏は1982年にフィルムテックに入社したエンジニアであり、設立メンバーから起業理由を聞いていた。
[29] US Patent 4277344 (Interfacially synthesized reverse osmosis membrane:出願日1979年2月22日)。なお、Cadotte (1985a ; b) によれば、FT-30自体は1978年に開発されていた。
[30] 本文に記した通りFTはFilmTecからとったのであり、膜の性質を示すものではない。

立しただけでなく、高い耐塩素性を備え、幅広いpH域を許容し、さらには先に記した界面重合と呼ばれる方法で容易に製膜できる膜だったからである。文字通り、あらゆる次元で高い性能を発揮する画期的な逆浸透膜であった。FT-30を入手して評価を行った東京大学生産技術研究所の岡崎素弘と木村尚史は、「酢酸セルロース膜、従来のポリアミド膜に比べて、耐pH性、耐塩素性が大きく、pHは3～11まで使用可能である。この膜の特徴は低圧での脱塩に優れていること」だと指摘している（岡崎・木村、1983）。FT-30は、ライツビルにおける実証プラントの1段脱塩プロセスに活用された。

界面重合は中空糸型よりも平膜型の製造に適した方法であったため、344特許によって、主流は中空糸型から平膜型へと移行することになった。カドッテの開発成果に基づき、デンマークのDDS向けに逆浸透膜を納入するなど、フィルムテックの事業はまずまずの滑り出しを見せていた[31]。しかし、後述するように、フィルムテックは1985年にダウによって買収された。ダウの目的は344特許を獲得することだったといわれている[32]。カドッテの開発成果は、それほどインパクトのあるものであった。

ミネアポリス近郊では、フィルムテックの他に1969年にオスモニクスが設立された。逆浸透膜だけでなく川下のプラントにまで手を広げて垂直統合型の事業を展開した同社は、1996年にDSIを買収して事業を拡大したものの、2003年にGEに買収された[33]。

3-2．ダウ・ケミカル

ダウが膜開発を正式に始めた年は定かではない。ただ、フロリダ大学のリードがダウの半透膜を実験に用いていたことから、L-S膜が登場する以前から何らかの開発を始めていたと考えられる。ダウの研究者であったマホーン（Henry

---

31) 前掲注28、筆者によるPeter Eriksson氏へのインタビューより。
32) 逆浸透膜の歴史に偉大な功績を残したカドッテは1994年にダウを退職し、2005年に逝去した。ダウは、フィルムテックの名を製品ブランド名として今も残しており、2013年に筆者たちが取材でミネアポリスを訪れた時、フィルムテックの看板も当時のまま残されていた。
33) http://www.fivecitieswater.com/Well_Water_Treatment/0803Executive_Insight.pdf
（2018年6月3日確認）。なお、GEの水処理事業もまた2017年にスエズに売却された。

Mahon)による逆浸透膜の特許出願日が1960年9月19日であり、L-S膜が発表された8月23日の直後であることからしても、早くからダウが開発を進めていたことは明らかである。

同社の特許情報を見る限り、初期の研究を支えたのはマホーンとマクレイン（Earl Mclain）の二人である。1960年代にダウが米国で出願した逆浸透膜関連の特許は14件あるが、5件にマクレイン、4件にマホーンの名があり[34]、そのうち2件はマクレインとマホーンの共同発明特許となっている。

当初ダウは、酢酸セルロース系の材料を用いて中空糸型の逆浸透膜開発を進めた。1960年にマホーンが出願した特許は、酢酸セルロース系の中空糸型逆浸透膜に関する特許であった[35]。マホーンやマクレインたちは、酢酸セルロース系の中でも三酢酸セルロースを材料として用い、外径100μm、厚さ2〜10μmの中空糸型逆浸透膜を開発した[36]。その後、マクレインは人工腎臓開発の方に関わるようになった。

先述したユマ・プロジェクトでハイドロノーティクスやフルイドの後塵を拝していたダウは、挽回を期して膜の低圧化を進めた。そして従来のおよそ半分の圧力で脱塩できる低圧タイプの逆浸透膜DOWEXを開発することに成功し、1981年、フロリダ州ベニスのかん水脱塩プラントに納めた。しかし、同年にカドッテの344特許が公開されるとポリアミド系平膜型陣営で膜の低圧化が一気に進展し、酢酸セルロース系中空糸型で低圧化を進めていたダウは苦境に立たされることになった。

フィルムテックの344特許が立ちはだかる中、ポリアミド系平膜型を自社開発するには既に機を逸していた。そこでダウは、1985年、フィルムテックを7500万ドルで買収することによって344特許を入手し、ポリアミド系平膜型の逆浸透膜に進出することにした。ダウにとってポリアミド系平膜型は新規参入

---

34) Google Patentsを用いて、検索タームをReverse Osmosis、譲受人（Assignee）をDow Chemicalとして検索（検索日2017年2月12日）。

35) US3228876A（Permeability separatory apparatus, permeability separatory membrane element, method of making the same and process utilizing the same：出願日1960年9月19日）。

36) Lonsdale（1982）p. 107；永澤・滝澤（1975）p. 18。

領域であったことから、フィルムテックのこれまでの研究開発活動を尊重して温存した[37]。そのため、買収のたびに人材流出が生じたROGAとは異なり、フィルムテックからスピンオフ企業が続出するようなことはなかった。

　買収によって344特許を入手したダウは、他社に対して特許侵害を主張し、競合相手の排除に乗り出した。1987年にハイドロノーティクスを買収した日東電工に対しても、1990年に特許係争を仕掛けた。ダウの主張が通ると、各社は同様のポリアミド系複合膜を製造、販売できなくなることから、日東電工のみならず各社の事業が存亡の危機に立たされたといっても過言ではなかった。

　ダウと日東電工の特許係争については第8章で詳しく述べるが、結論を記せば、ダウはこの係争に勝てなかった。344特許は米国政府に所有権があるものと認定されたため、競合他社の利用を禁じることができなくなったのである。その結果として各社が344特許の利用を進めて同質的な競争を繰り広げることとなり、ポリアミド系複合膜の陣営内では今日にいたるまで激しい競争が繰り広げられることになった。

　1994年、ダウ傘下のフィルムテックは、工場における生産関係の開発支援を除き、研究開発活動を大幅に縮小する決断を下した。この決定を受けて同年6月にカドッテは退職し、同社のパートタイム契約コンサルタントとなった[38]。その後、激しい競争の中でダウが逆浸透膜の世界市場で首位に立ち続けているのは、耐久性と信頼性を基本的な武器として、海水淡水化市場だけでなく、住宅向けなどの都市用水や発電所などの産業用水にも幅広く展開して競争優位を築いているからであると考えられる。

---

37) 前掲注28、筆者によるPeter Eriksson氏へのインタビューより。
38) *Water Desalination Report*（1994）Vol. 30, Issue 19. 買収によってフィルムテックからダウに移っていたエリクソンは、ROGAを退職したブレイが創業したDSIへ1995年に転職した。

4．デュポンによる市場開拓

4-1．開発の幕開け

初期の逆浸透膜市場を牽引したのは、サンディエゴやミネアポリスからは遠く離れた東海岸のデラウェア州ウィルミントンに本社を構えるデュポンであった。

デュポンが膜の研究開発を始めた正確な年月は定かではないが、同社で研究開発を担っていたホーエン（Herbert Hoehn）は、1962年に開発が始まったと記している（Hoehn, 1985）。ただし、1950年代後半にフロリダ大学のリードとブレトンが行った脱塩実験でデュポン製の酢酸セルロース膜が使用されており、博士論文を書き上げたブレトンの就職先はデュポンであった[39]。これら一連の事実は、それが公式的なものだったかどうかはともかく、デュポンが以前から半透膜の開発を行っていたこと、さらに逆浸透膜に関心を寄せていたことを示唆している。つまり、ダウと同様にデュポンも L-S 膜が登場する以前から何らかの膜開発を行っており、L-S 膜の影響も受けて1962年に正式に開発が始まったと考えるのが妥当である。

開発初期にデュポンが想定していた逆浸透膜の主な用途市場はガス分離であった。ホーエンは、ガス分離膜（B-1）の研究開発と事業化が1964年に社内で承認されたと記述している。ただし、この時すでに同社には、多様なポリマーを調達し、それらを溶融紡糸によって外径100μm以下、膜厚25μm以下の中空糸膜として製膜する力があった。そのため、長期的には、幅広い用途を想定することができた。ホーエンは当時のデュポンにおける膜開発について「かなりやる気に満ち溢れており、脱塩向け中空糸膜もまた事業構想に含められてい

---

[39] Breton（1957b）p. 10. ブレトンは1957年に博士論文を書き上げている。その後、Reid and Breton（1959）が発表された時点でのブレトンの勤務先はデュポンと表記されている。このことから、1957年から1959年の間にデュポンで職を得たのだと考えられる。ただしその後の特許出願状況から判断するに、ブレトンはデュポンで膜開発を続けなかったと思われる。

た（Enthusiasm was sufficiently high that hollow fiber membranes for water desalination were also included in the venture）」と記しており[40]、少なくとも将来的な挑戦課題として脱塩を想定していたことがわかる。

デュポンは、1935年に世界ではじめてナイロンの合成に成功し、幅広く合成繊維事業を展開してきた企業である。そのため、膜の形状についていえば紡糸技術を活かせる中空糸型で逆浸透膜の開発を進めることはごく自然の流れだった。1954年に入社してデュポンの膜開発を担っていたモック（Irving Moch）は、次のように記している。

> 1960年代にデュポンは、自社のナイロン化学の知識を活かし、ポリアミドには水から無機塩類を分離する特性があることを見出していた。その一方で、当社は繊維技術にも造詣が深かった。それゆえ、社内の先端研究がこれらの技術イノベーションの双方を活用する方向に向かったことは自然なことであった[41]。

当初、デュポンの開発陣はナイロン6（脂肪族ポリアミド）を素材として膜開発を進めた。しかし、ナイロン6を用いてコードネームB-1、B-2、B-3、B-4と開発を進めていくうちに、寿命が短いという克服し難い欠点に直面し、使用材料の切り替えを模索した。その結果、開発陣は新材料としてアラミド（芳香族ポリアミド）に注目し、コードネームB-5を開発した。

4-2. ポリアミド系中空糸型での膜開発

1967年5月、米国政府が主催した「平和のための水」国際会議（International Conference on Water for Peace）において、デュポンはB-5を用いた逆浸透膜パーマセップ（Permasep）を発表した[42]。パーマセップは一大ニュースとなり、日本から訪れていた会議の参加者たちを驚かせた。会議から2カ月後の7月に日本の科学技術庁資源調査会（当時）が発表した「海水淡水化の技術開

---

40) Hoehn (1985) p. 83.
41) Moch (1989) p. 172.

発に関する報告」の中でもこの国際会議のことが取り上げられており、以下のように記されている。

　最も注目すべきはDu Pont社のもので、これは全然他社製品と異なり、まったく独力で開発した計画的な装置であった。……Du Pont社の方式は半透材に完全な合成材料を用いている故に、改善の余地はきわめて大きく、その発展が最も注目されるものの一つである。

　デュポンの発表が業界に与えた影響は非常に大きく、第6章で記述するように、東レが逆浸透膜開発を始めるきっかけとなった。この発表を行った時、既にデュポンはポリアミド系の材料を用いてさらに新しい逆浸透膜B-9の開発を進めていた。B-9に用いられた芳香族ポリアミドは、もともとガス分離用途での展開を狙って開発されていた材料であった[43]。ところが、ホーエンの同僚であったリヒター（William Richter）がかん水脱塩や海水淡水化にもそれが有効であることを発見したことで状況が一変し、芳香族ポリアミドを用いた開発が重点的に進められ[44]、1967年10月11日に特許が出願された[45]。中空糸型を採るB-9の断面図イメージと基本性能は、図表4-2に示される通りである。
　1969年、デュポンは芳香族ポリアミドによる中空糸型逆浸透膜（B-9）をかん水用パーマセップとして発売した（Moch, 1989）。同社製造部長を務めたグ

---

42) Glover（1972）p. 363. なお、東レ繊維研究所産業資材研究室の青木・武山（1970）は、デュポンの発表資料である A Research Development in the Field Test Stage（Du Pont），No. A-54545（1967）および A-54557（1967）を引用してパーマセップに触れている。第6章で述べるように、1967年にパーマセップがニュースとして東レに飛び込んできたことがここからもわかる。高分子学会がウェブ上で公開している高分子科学技術史年表の中でも、1967年にデュポンが中空糸型の逆浸透膜を開発したことが掲載されている（http://main.spsj.or.jp/nenpyo/1966-1967.htm：2015年2月18日確認）。なお、デュポンがB-5を発表した会議では、GA、エアロジェット、ウェスティングハウス、そしてヘイブンス・インダストリーズといった企業も造水装置の展示を行っていた。

43) Petersen（1986）pp. 131-132.

44) HoehnとRichterによる成果については、1969年に出願された次の特許も参照されたい。US3567632A: Permselective, aromatic, nitrogen-containing polymeric membranes.

45) この特許については1969年に継続出願され、1970年に US3551331A として特許化された。発明者はチェスコン（Lawrence Anthony Cescon）とホーエンの2名である。

図表4-2　B-9の断面図イメージと基本性能

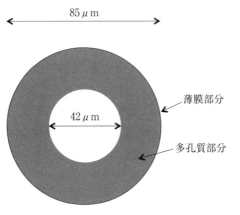

	4"	8"
長さ (ft)	4	4
外径 (in)	5.25	9.5
内径 (in)	4.5	8.5
重量 (lb)	64	165
生成水量 (GPD)	2,000	7,000
塩透過率 (％)	<10	<10
pH	4 to 10	4 to 10
運転圧力 (psi)	400	400
塩素 (ppm)	<0.1	<0.1

出所：Applegate（1981）およびGlover（1972）に基づき一部筆者作成。

　ローバー（Robert Glover）によれば、テキサス州プレインズで行った実地テストにおいて、B-9はB-5を超える良好な性能を示しただけでなく、かん水1000ガロン（約3.78m³）あたりの造水コストもB-5使用時の1.1ドルから0.65ドルにまで低下したという（Glover, 1972)[46]。

　B-9の手応えを得たデュポンは、工業用途の脱塩システムにも積極的に事業展開した。1973年12月には、ドイツのレーゲンスブルク近郊にあるシーメンスの半導体工場に超純水製造用途として B-9を納入した。同年12月には、ポーランドのテワ・ワークス（Tewa works）に、翌1974年9月には、IBMのドイツ・マインツ工場で小型電子部品の洗浄用途向けに、いずれも8インチの逆浸透膜エレメントを納入した[47]。

　このようにB-9を多様な用途に展開する一方で、1973年9月、デュポンはB-9に改良を加えて新開発した海水淡水化用逆浸透膜B-10を国際海水淡水化シンポジウムの席で発表した。その性能は、B-9が最大操作圧力400psiで脱塩率90〜95％だったのに対し、B-10は最大圧力800psiで脱塩率98％と高いものであった。中空糸膜の外径も98μmで膜エレメントへの高い充填効率を実現でき

---

46) Glover（1972）p. 364. なお、造水コストには運転費用（電力、薬品、労働、維持）に加え資本償却費も含まれている。

47) 一連の導入実績については、Shields（1979）の記述に基づく。

たことから、1500 GPD（5.68m^3/日）という造水能力を実現した[48]。これは、当時ROGAが販売していた酢酸セルロース系逆浸透膜HR4160シリーズよりも優れた性能であった[49]。

　高い脱塩性能と透水性能とを両立したB-10は、それまで二段構えだった脱塩工程を1段に縮約しうるほど優れた膜であった。B-10の登場によって1段脱塩に向けた目処が立ち、海水淡水化の省エネ化と低コスト化が見込めるようになり、海水淡水化用途における逆浸透法の実用可能性が著しく高まった[50]。これらB-9およびB-10の登場により、酢酸セルロース系材料で占められていた市場にポリアミド系材料が有力な代替素材として加わることになった。

　折しも、B-10発表直後の1973年10月に第4次中東戦争が勃発して石油危機が起きると、原油を大量に消費する蒸発法に代わり逆浸透法への注目が集まるようになった。これを機に、海水淡水化向け逆浸透膜市場はようやく導入期を迎え、デュポンにとって絶好の事業機会が到来した。同社は、1974年に4インチ、1977年には8インチの海水淡水化用パーマセップを発売し、いち早く市場を開拓することに成功した[51]。

　図表4-3は、市場導入期の1970年代中頃から1980年代における海水淡水化装置の累積設備容量と企業別シェアの推移を示している。早くから市場に参入したデュポンは、拡大する市場の中で50％近くのシェアを堅持した。同社が海

---

48) 内径は46μmである。
49) Environmental Protection Agency, Office of Research and Development, Industrial Environmental Research Laboratory（1978）p.84に実地テスト結果が示されている。
50) B-10の登場によって海水淡水化における逆浸透膜活用が進んだことは確かであるが、海水淡水化用途で1段脱塩システムが本格的に普及するまでには、まだしばらくの時間を要した。なお、1970年代に日本の造水促進センターが行った第1期実証試験では、UOP、デュポン、ダウの膜を用いた1段脱塩システムの検証が行われた。その結果、UOPとデュポンの膜性能については比較的良好な運転結果が得られたものの、ダウについては良好でなかったことから、「現状の技術レベルでは一段法はまだまだ信頼して使えない不安が残されているといえるかも知れない」（国定・平井、1978）と報告されている。この実証試験に関わった妹尾・木村（1983）は、第1期においては「外国産の海水一段脱塩可能と称するモジュールを用いて実験せざるを得なかった」と記し、第2期において「目立ったのは東洋紡の中空糸の性能が急激に良くなってきたことである。昭和53年に至り、一段脱塩が可能な膜ができ上がった」と記している。
51) Moch（1989）p.171；Hoehn（1985）p.82.

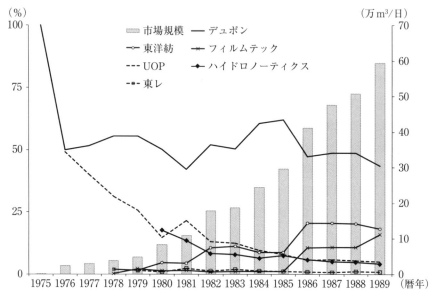

図表4-3　海水淡水化用逆浸透膜装置の市場規模およびシェア推移

出所：熊野（1992）に基づき筆者算出。
注：累積設備容量データに基づく。市場規模については右軸、各社シェアについては左軸に基づく。

水淡水化市場の拡大を牽引したことがわかる。一方、フルイドを有する UOP は、次第にその市場シェアを落としていった。

　B-10の開発に深く関わり事業拡大に貢献したモックは、1978年、逆浸透膜の技術開発トップに就任した。その後、1996年にその座を降りて退職するまでの18年間にわたってモックはデュポンの逆浸透膜事業を技術面で支える人物となった[52]。

　以上のように、デュポンの逆浸透膜開発は、ガス分離から脱塩用途へと展開した。脱塩に関しては、浄水用途、かん水脱塩用途、工業用途、そして海水淡水化用途というように多様な用途に向けた漸進的な商品展開をデュポンは行ってきた。必ずしも海水淡水化を目的としていなかったデュポンが、漸進的な技術革新を通じて、他社に先んじて海水淡水化用の逆浸透膜市場を切り開いた点

52）同氏は、デュポンを退職した後、モック・アンド・アソシエイツ（Moch and Associates）を設立して水処理に関するコンサルティング業を始めた。

は興味深い。

4-3. 中東への展開

　デュポンがいち早く進出したのは中東市場だった。中でも特に脱塩プロジェクトに熱心だったのが、サウジアラビアであった。サウジアラビアは1974年にSWCCを設立して海水淡水化プラントの建設計画を進め始め、翌1975年には同国農林水産省が地下1400mの帯水層にある地下水を逆浸透法によって脱塩するというプロジェクトを始動させた（Rovel and Daniel, 1987）。石油危機の影響もあり、サウジアラビアにおいても新たな方式として逆浸透法への関心が高まりつつあった。この流れにうまく乗ったのがデュポンだった。

　デュポンは、かん水淡水化と海水淡水化の双方においてサウジアラビア市場に深く入り込んだ。モックによると、1989年までの時点でB-9の導入先はサウジアラビアが最も多く17プラントを数えた。それに続く国が北アフリカのアルジェリア（5プラント）、米国（4プラント）、そして中東のイラク（3プラント）である[53]。モックのリストには、この他に国名不明ながら「湾岸地域」として15万1400m^3/日分のプラントが掲載されている。デュポンのターゲットは米国よりも中東地域にあったといえる。図表4-4に示されるように、1970年代から1980年代にかけてサウジアラビアで建設された大規模かん水脱塩プラント8基のうち5基でデュポンのパーマセップが採用された。

　しかし、デュポンの逆浸透膜事業は拡大ではなく縮小に向かった。1991年、デュポンは小規模ながら手がけていた平膜型逆浸透膜の事業をロサンゼルス郊外に本社を構えるトライセップ（TriSep）に売却し、自社は中空糸型に特化した。その翌年にB10-Twinを発売したデュポンは、中空糸型での事業拡大に一層注力するかに見えた。しかしダウがフィルムテックを買収してポリアミド系平膜型に転換するなど、市場の主流は平膜型へと移っていた。ポリアミド系平膜型の陣営で熾烈な価格競争が始まると、中空糸型の高価格帯で勝負してきたデュポンの事業環境も悪化した。さらに同社は、海水淡水化プラントに納入した逆浸透膜モジュールが漏水を起こすなど品質上の問題にも直面した。

---

53) Moch（1989）p. 178.

図表4-4　サウジアラビア関連の主要な脱塩プラント
（逆浸透法：造水量1万 m³/日以上）

供給水	プラント名	m³/日	完了年	膜タイプ	膜メーカー
かん水	Manfouha	27,300	1980	中空糸型	デュポン
	Manfouha II	36,400	1980	中空糸型	デュポン
	Malez	18,200	1980	中空糸型	デュポン
	Shemessy	27,300	1980	中空糸型	デュポン
	Salbukh	38,400	1979	中空糸型	デュポン
	Buwayb	45,000	1980	平膜型	UOP
	Jubail	15,000	1980	平膜型	CD&T、ハイドロノーティクス
	Makkah	15,000	1983	中空糸型	不明

出所：Al-Mutaz（1996）に基づき筆者作成。

　そしてついに1997年、デュポンは市場からの撤退を決断し、1999年にパーマセップグループを解散した。その後、同社は、2004年までにウェインズボロとグラスゴーの製造拠点を閉鎖することになった。

5．おわりに

　本章では、L-S膜登場後に様々な米国企業が逆浸透膜開発を本格化させ、事業化を遂げていく過程を明らかにした。初期の市場拡大を牽引したのは大手化学メーカーのデュポンであった。同社は自社技術を元にポリアミド系中空糸型の逆浸透膜を開発し、主に中東におけるかん水淡水化と海水淡水化市場に展開した。

　市場の黎明期においては中空糸型の逆浸透膜が主流だったが、カドッテの画期的な発明によって状況は一変した。彼の開発成果に各社が追随した結果、市場の主流は中空糸型から平膜型へと移行した。酢酸セルロース系中空糸型で事業展開していたダウは、フィルムテックを買収して344特許を手に入れ、平膜

図表4-5　米国企業の変遷

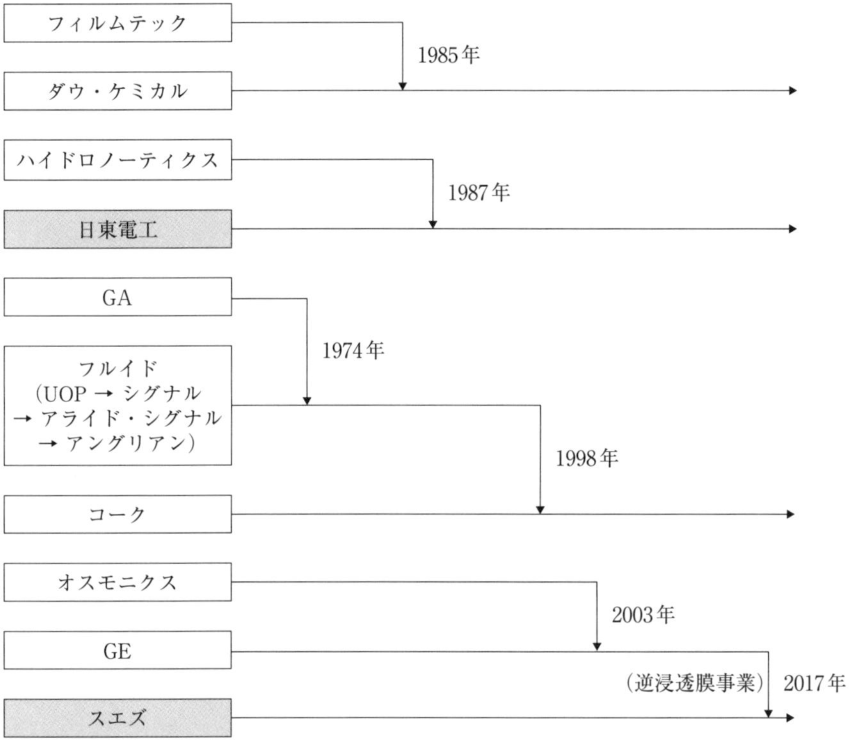

フィルムテック		
ダウ・ケミカル	1985年	
ハイドロノーティクス		
日東電工	1987年	
GA		
フルイド（UOP → シグナル → アライド・シグナル → アングリアン）	1974年	
コーク	1998年	
オスモニクス		
GE	2003年	
スエズ	（逆浸透膜事業）2017年	

出所：筆者作成。
注：日東電工とスエズは米国企業ではないため着色している。

型複合膜への転換を果たした。

　サンディエゴで開発を進めていたROGAは、複合膜やスパイラルエレメントなど実用化の鍵となる技術開発に大きく貢献したものの、度重なる買収の煽りを受けて優秀な人材が流出し、逆浸透膜市場での主要プレイヤーとはならなかった。このように米国では、多くのM&Aを通じて、逆浸透膜産業を構成するプレイヤーが変化してきた。その様子をまとめたのが、図表4-5である。

　ここまで第2部で記してきたように、逆浸透膜の開発と事業化で先行したのは、米国の大学、研究機関、民間企業であった。しかし米国企業の中で今も高い市場シェアを持つのはダウだけである。多くの米国企業に代わって市場で台頭したのは、東レ、日東電工、東洋紡といった日本企業であった。そしてこれ

らの企業は米国企業とは異なり、長期に渡って安定的に事業を継続してきた。
　次の第3部では、これら日本企業による逆浸透膜の開発活動と事業展開プロセスを明らかにする。

第3部　国内史編

第5章

日本企業の台頭

1. はじめに

　西海岸での水不足に端を発して始まった米国の逆浸透膜開発は、1955年に塩水局が設立されると国家的な後押しを受けて進み、L-S膜が登場した1960年代にはその実用化に向けた開発が加速した。その動向は日本側にも伝わり、民間レベルでは三菱重工の長崎研究所が1965年から逆浸透法の調査を始め、1969年にはL-S膜を用いた逆浸透法による海水淡水化プラントの建設を計画した（鈴木、1972）。

　全国的に見れば雨水が豊富な日本には、必ずしも海水淡水化の大きな需要は見込めなかった。しかし、世界的な水需要の増大への対応、米国企業への追随、そして自社事業の多角化といったことを目指して、逆浸透法を担う膜の開発に多くの日本企業が参入した。そして、1970年代、80年代を通じて技術力を蓄積し、産業用途を中心に実用化を進めた東レ、日東電工、東洋紡の3社は、1990年代後半以降の海水淡水化市場の拡大に合わせて膜事業を成長させた。

　逆浸透膜市場の拡大と日本企業の市場シェアの推移を示した図表1-9で見たように、世界の逆浸透膜市場では、ダウ、東レ、日東電工の3社が高いシェアを獲得している。東洋紡は全体で見ると10％程度ながら、中東の特にサウジアラビアでは高いシェアを獲得している。後発であった日本企業は、どのようにして、先発の米国企業に追いつき、追い越すまでに至ったのか。海水淡水化市場が実質的な成長を始める90年代後半までの間、逆浸透膜事業は売上面でも

利益面でも企業全体に全く貢献できるレベルの存在ではなかった。そのような事業が社内で認められ、育成され、花開いた過程とはどういったものであったのだろうか。

次章以降では、東レ、日東電工、東洋紡の各社の開発と事業化の歴史をそれぞれ詳細に記述する。その準備段階として、本章では日本企業による開発と事業化の歴史を概観する。

2．日本企業の市場参入

1970年代に入ると、米国での逆浸透膜開発は、研究段階から実用化段階へと移行した。デュポンのポリアミド系中空糸膜は1969年に発売され、ROGAが開発した酢酸セルロース系の平膜も、同時期にガルフオイル傘下で本格的な販売が開始された。日本では当初これら海外製の膜を輸入してシステム化して販売していたが、70年代中盤以降に入ると、日本製の膜モジュールの性能が向上し、徐々に国産化されていった。

初期における開発努力の結果、図表5-1に示されるように、1970年代中盤以降、ダイセル化学工業（以下、ダイセル）、日東電気工業（現・日東電工）、東レ、東洋紡績（現・東洋紡）、帝人の化学・繊維企業5社がそれぞれ自社製の逆浸透膜を販売し始めた。これらの企業以外にも、旭化成や三菱レイヨン、倉敷紡績など、逆浸透膜よりも目の粗いMF膜やUF膜で新規に参入した化学・繊維企業も存在する。後に拡大する半導体向け超純水製造用のUF膜としては、旭化成が高いシェアを維持してきた[1]。

国内で最初に逆浸透膜を事業化したのはダイセルである。ダイセルは1974年、酢酸セルロース系の管状型逆浸透膜の自社開発に成功し、三井造船などと提携を行い[2]、1975年に国内で初めて「モルセップ」というブランドでUF膜とともに逆浸透膜の販売を始めた。1980年代初頭には、海水淡水化市場を念

1）『日本経済新聞』1984年6月23日、p. 6。
2）『日本経済新聞』1974年9月4日、p. 7。

図表5-1　日本企業による逆浸透膜への参入状況

企業名	形状	材料	販売開始年
ダイセル化学工業	管状型	酢酸セルロース系	1975
日東電気工業	管状型	酢酸セルロース系	1979
東レ	平膜型	酢酸セルロース系	1976
帝人	管状型	ポリベンツイミダゾロン系重合体（PBIL）	1979
東洋紡績	中空糸型	酢酸セルロース系	1976

出所：綜合包装出版株式会社（1980）p. 36に基づき筆者作成。
注：社名は当時のもの。

頭に中空糸膜の開発も進めたが[3]、その後は、逆浸透膜の応用市場として食品用途を開拓した。例えば1984年にはカゴメと共同で逆浸透膜を使ったトマトジュースの濃縮化技術を確立している[4]。1985年には逆浸透膜によるワイン製造装置を実用化し、国内と韓国のワインメーカーに納入した[5]。その後ダイセルは、1994年、セントラルフィルター工業、セントラルメンテナンスと3社合弁でダイセン・メンブレン・システムズを設立し、膜材料開発からシステム、メンテナンスまでを一貫して提供する体制を構築した[6]。ただし同社は、逆浸透膜の海水淡水化市場を主戦場とするのではなく、純水・超純水製造、有価物回収、排水処理などの用途市場でUF膜を中心とした製品展開を行い、現在に至っている。

帝人は、1977年にポリベンツイミダゾロン系重合体（PBIL）を用いた独自の逆浸透膜を開発して、金属表面処理、小型船舶用造水装置、果汁の濃縮装置などに応用して初期の事業展開を進めた[7]。しかし、PBILは高い分離性能を示したものの、主として量産コスト上の問題から逆浸透膜の主流市場となる半

---

[3]　『日経産業新聞』1982年7月10日、p. 1。
[4]　『日経産業新聞』1984年3月10日、p. 9。
[5]　『日経産業新聞』1986年8月26日、p. 18；『日経産業新聞』1985年8月10日、p. 9。
[6]　『化学工業日報』1995年8月18日、p. 1。
[7]　『日経産業新聞』1980年4月5日、p. 8；『日本経済新聞』1978年5月9日、p. 8；『日経産業新聞』1977年11月25日、p. 8。

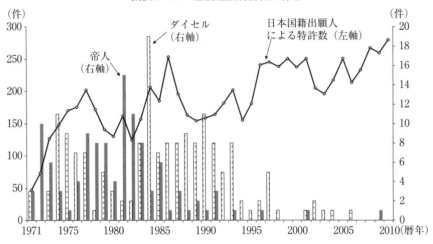

図表5-2 逆浸透膜特許数の推移

出所：ULTRA Patentに基づき筆者作成。

導体製造用途や海水淡水化での普及には至らなかった。

図表5-2は、日本国籍の出願人によって取得された逆浸透膜に関する国内特許数および、ダイセルと帝人の特許数の推移を示している[8]。全体の出願数が1970年代に入って増加し、1977年に最初のピークがあることがわかる。海外技術の国産化に向けた技術開発がこの時期に加速化した様子がうかがえる。しかし、ダイセルと帝人は逆浸透膜開発の黎明期を支えたものの、徐々にそのプレゼンスは弱まっていった。

これらの企業に対して、長期にわたって開発を続け、脱塩率や透水量を始めとする多くの点で最も厳しい性能が求められる海水淡水化用途で海外勢と肩を並べて競争してきたのは、東レ、日東電工、東洋紡の3社である。

---

[8] 日本国籍の出願人によるFタームのテーマコード4D006G/A03（半透膜を用いた分離／逆浸透）の特許出願数。Fタームとは、特許庁が各特許の諸特徴に対して与えている分類記号のことである。

3．主要3社による初期の逆浸透膜開発

3-1．東レ

　日本企業が逆浸透膜の事業化に向けた開発を本格的に始めたのは、東レが1968年に開発を着手した時である。

　1967年5月に米国政府が主催した「平和のための水」国際会議においてデュポンが逆浸透膜パーマセップを発表したことが、東レによる開発開始のきっかけとなった。デュポンが発表した膜は中空糸型の合成膜であり、合成を中核技術とする繊維系企業に事業化の可能性を示した。さらにその膜がすでに実用化レベルにあるということで、日本からの出席者を含めて、会場の参加者たちに大きな衝撃を与えた。同年、デュポンは、その後同社の主力技術となる芳香族ポリアミド系逆浸透膜の特許を出願した。1969年には、かん水用パーマセップB-9を発売して成功をおさめた。

　デュポンをお手本としてベンチマークしていた東レはこうした動きにすぐに反応した。特に当時は、繊維産業が構造不況にあることが明らかになりつつあった時期であり、東レを含む繊維企業各社は、脱繊維を目指した構造改革を進めるために、新規事業の開拓を積極的に行っていた。東レにとって逆浸透膜開発は、デュポンというお手本を習うという意味とともに、構造改革に必要な新規事業開拓としての意味合いがあった。

　東レの逆浸透膜開発が公式に開始されたのは1968年である。当初開発者たちは、複数の部門に分かれて、酢酸セルロース系の非対称膜からポリアミド系の複合膜まで多様な技術の可能性を模索した。膜形状は、デュポンと差別化するために中空糸型ではなく平膜型を選択した。デュポンと同じ方式では勝てないと考えたことが一つの理由であった。デュポンの逆浸透膜が、かん水から海水の淡水化を目指して開発されていたことから、東レも当初から海水淡水化の実現を目指した開発を進めた。しかし、海水淡水化用途は技術的ハードルが高かった。そのため東レは、比較的開発のしやすい酢酸セルロース系材料での事業化を先行させ、そこで様々な周辺技術を蓄積することによって、難しい複合

膜の開発成果を待つという戦略を採用した。こうした戦略に沿って1976年末、東レは、IBM野洲工場の排水処理向けに酢酸セルロース系の逆浸透膜モジュールを受注することに成功した。その後、半導体向け超純水製造用市場が大きく開くこととなった。

　一方で、本命技術として複合膜の可能性を模索していたグループは、脱塩性能と透水性能を高い次元で両立したポリエーテル系のPEC-1000を開発した。しかしPEC-1000は、耐塩素性と溶存酸素への耐久性の低さから、研究段階にとどまり市場化には至らなかった。

3-2．東洋紡

　東洋紡が逆浸透膜開発を開始したのは、東レから3年ほど遅れた1971年である。東洋紡が全社的に新規事業開拓に本腰を入れ始めたことに呼応している。主力の繊維事業が構造的な不況状態にあることが明らかとなる中、東洋紡もまた、長期にわたって企業を存続させるために、繊維事業を代替できる新規事業を早急に育てる必要があった。逆浸透膜開発はこうした全社的な流れの中で始まった。技術レベルが低かった当初は、羊毛の洗毛過程で生じるウールグリースを化粧品向けに回収するなど、有価物の濃縮回収をターゲットとしていたが、開発者たちの目標は、あくまでも海水淡水化の実現にあった。

　事業開発を進めるにあたって東洋紡は、繊維事業で蓄積した技術の有効活用を重視し、開発当初から、酢酸セルロース系の材料を使った中空糸型の逆浸透膜に焦点を絞った。ただし、高い脱塩性能と透水性能の両立を中空糸型で実現するには、直径0.2mm、内径0.1mmという極細の中空構造を均質に作りこむ必要があった。このための高度な生産技術を確立する上で貢献したのが、繊維事業の現場の熟練技術者によって継承されてきた暗黙知ともいうべきノウハウであった。

　東洋紡は、酢酸セルロース系の汎用材料を採用する一方で、中空糸の束ね方については独自の方法を考案した。中空糸を平行に配置して束ねるダウやデュポンの方式に対して東洋紡は、中空糸を交差するように編み込むクロスワインドと呼ばれる方法をとった。中空糸膜同士が互いに擦れて汚れを落とす効果もあり、膜エレメントが汚れにくくなり、洗浄も容易になった。こうして開発さ

れた中空糸型の逆浸透膜モジュールは、ホロセップ（HOLLOSEP）と名付けられた。

　1977年、ホロセップは、通産省主導で進められた茅ヶ崎の造水促進センターにおける海水淡水化実証試験に採用された。さらに1978年に始まった第2期の実証試験では、基礎研究段階にあった三酢酸セルロースを用いた試験を行った。三酢酸セルロースには、海水淡水化の高圧運転に耐えられるという利点があったからであり、また、紡糸工程の制御に独特のノウハウを必要としており市場での差別化が可能だと判断されたことも理由であった。東洋紡は、現在に至るまでこの三酢酸セルロースを基本材料とした膜事業を継続している。

　こうした実験と並行して、1978年11月、東洋紡はRO事業開発部を設置し、逆浸透膜の事業化に向けた動きを強めた。1979年10月には約3億円を投じて岩国に逆浸透膜工場を新設することを発表し、1980年5月から生産が始まった。当初は、船舶に搭載する小型海水淡水化装置での事業展開が進められ、1983年には機能膜事業部が設置された。ただし、船舶の用途では好評を博していたものの、事業という観点から見ると未だ小規模にとどまっていた。

3-3．日東電工

　日東電工において正式に逆浸透膜の研究が始まったのは1973年のことである。元々は、逆浸透膜を格納する圧力容器の部品を神戸製鋼に納入していたが、神戸製鋼が水処理から撤退するのに伴い、逆浸透膜の生産を引き受けることになったことが始まりである。

　1974年に社長となった土方三郎は、電子、医療、膜（メンブレン）の3つを新事業の柱とするという全社方針を打ちだし、新たな成長事業の確立を狙っていた。逆浸透膜事業は、このような全社方針の下、経営トップのビジョンに支えられて始まった事業であった。

　日東電工は、当初、神戸製鋼にライセンス料を支払い、酢酸セルロース系管状型逆浸透膜モジュールの生産を行った。最初の製品は、1976年に、北海道において馬鈴薯のデンプン廃液の処理用途として納入されたものである。同じ1976年には、通産省の海水淡水化実証試験に参加したが、日東電工の管状型逆浸透膜は他社品と比べて明確に容積効率が劣っていたため、1年も経つと実

験対象から外れた。この経験から日東電工は、管状型に代わる新たな膜モジュールの開発に乗り出すことにした。同社にはフィルム技術が蓄積されていたため平膜での開発が進められた。自社の枠にとらわれず、海外企業からの技術導入も含めて、様々な材料が検討された。

東レや東洋紡とは異なり、日東電工の開発陣は、海水淡水化を念頭に逆浸透膜の開発を進めていたわけではなかった。「膜のデパート」を標榜していた日東電工にとって、海水淡水化用の逆浸透膜は数ある膜の一つに過ぎなかった。それゆえ、ビジネスのタネを見つけるため、多様な技術で多様な用途を見渡しながら探索活動を広範囲に進めた。

1979年には社内で分散していた研究開発組織を一カ所に統合して、全社膜開発プロジェクトを開始した。そして1980年には、研究所内に膜モジュール開発部を設置し、同年ポリウレア系の材料を用いた複合膜NTR-7197とNTR-7199の開発に成功した。

これらの膜の海水淡水化用途への展開も検討されたけれども、耐塩素性が低かったため、ワイン製造工程におけるブドウ果汁の濃縮など食品用途に投入された。1981年、膜モジュール開発部は膜モジュール事業推進部として独立し、開発者たちは、引き続き多様な用途を模索した。

4．海水淡水化の実用化に向けた国家プロジェクト

4-1．東京工業試験所の取り組み

将来予測された水不足に対応するという目的の下、米国同様に日本でも海水淡水化の技術開発に古くから公的資金が投入されてきた。特に通産省工業技術院の東京工業試験所（1900年設立）では、工業化の進展に合わせて用水を確保すべく、1961年4月から海水を淡水化する研究が始まった（東京工業試験所、1971）。

図表5-3は、東京工業試験所の初期における特別研究テーマと充当予算額の推移を示した表である。「塩水より工業用水の製造に関する研究」に対し、1961年度から予算が付けられたことがわかる。1963年度には同テーマに対し

図表5-3　東京工業試験所における初期の特別研究

年度	研究項目	充当予算額(千円)
1961年4月～1966年3月	塩水より工業用水の製造に関する研究	5,000
1963	塩水より工業用水の製造に関する研究	13,000
1964	塩水の淡水化に関する研究	4,500
1965	塩水の淡水化に関する研究	4,700
1966	塩水の淡水化に関する研究	4,700

出所：工業技術院「試験研究所研究計画」各年版。

て1300万円が投じられており、期待の大きさがうかがえる。東京工業試験所では、これらの特別研究とは別に、通常の研究テーマとしての海水淡水化関連研究に予算が付けられた。

　東京工業試験所で脱塩研究が進められていた1964年、「天然資源の開発利用に関する日米会議」（UJNR：The United States–Japan Cooperative Program in Natural Resources）が設置されると、そのパネル・テーマの一つとして脱塩が取り上げられた。このパネルには、東京工業試験所からも人材が派遣され、毎年1度、脱塩研究に関する日米間の情報交換が行われた。こうした情報交換の中で逆浸透法に関する知見を吸収した東京工業試験所は、1967年から化学プロセス工学の一つとして同法の研究調査に着手した（東京工業試験所、1975）。

　ちょうどこの頃、工業技術院が、国家的な産業政策として大型工業技術研究開発制度（以下、大型プロジェクト）を開始した。この制度の対象として「海水淡水化と副産物利用」の研究プロジェクトが選ばれ、1969年から7年、総額約50億円の予算で研究がスタートした。プロジェクトの目的は将来の都市用水不足に対処することであった。このプロジェクトを担ったのも東京工業試験所であり、開始初年度には、笹倉機械製作所（現・ササクラ）、石川島播磨重工（現・IHI）、日立製作所、日本揮発油（現・日揮）、三菱重工といった民間企業にプラントテストを委託した[9]。1970年には、工業技術院の研究所とし

9）工業技術院（1969）pp. 68-70。

て海水淡水化臨海研究所が茅ヶ崎に設立され、蒸発法（多段フラッシュ）による大規模な海水淡水化プラントが建設された（遣沢、1970b）。「海水淡水化と副産物利用」の大型プロジェクトは、海水淡水化をわずか約30円/m^3で実現しようという野心的な目標を掲げたものであった。プロジェクト期間は1年延長されて1976年度まで継続し、合わせて約67億円が投じられた[10]。

4-2．造水促進センターにおける実証

1973年に石油危機が起きると、石油を大量に消費する蒸発法ではなく、省エネルギー型の海水淡水化技術が必要となるという認識が強まった。この流れを受けて1974年に財団法人造水促進センターが設置され、すでに茅ヶ崎にあった上述の臨海研究所を引き継ぐ形で、逆浸透法による海水淡水化技術の開発と実証試験が開始された。つまり造水促進センターが推進した茅ヶ崎での実証試験は、実質的には大型プロジェクトの後継案件であった。その基礎実験期間としての第1期は1975年6月から1977年3月までであり、実証試験期間の第2期は1978年度から始まった。

第1期の初期段階では、造水能力10m^3/日程度の小規模装置を用いてUOPのPA-300（複合膜・平膜型）、デュポンのパーマセップB-10（中空糸型）、そしてダウのXFS-4167.08（中空糸型）といった海外製の逆浸透膜の性能評価が行われた[11]。UOPとダウが酢酸セルロース系膜で、デュポンはポリアミド系膜であった。膜モジュールの外径は、UOPが2インチ、デュポンが4インチ、ダウが8インチであった。この実証試験では、1段脱塩システムが試され、前処理技術やエネルギー回収システムの開発も併せて行われた。1段脱塩による運転結果は、UOPとデュポンの膜については比較的良好だったものの、ダウについては良好な結果が得られなかった（国定・平井、1978）。

第1期の最終年度には日系の逆浸透膜を用いた試験も始まった。東レのSC-5000A／SC-5000B（平膜型）および日東電工のNRO98-A／NRO98-B（管状型）が最初に使用され、1年後からは東洋紡のHR5350／HR5350S（中空糸型）が

---

[10] 後藤（1979）に従い1977年度に行われた「海水淡水化トータルシステムの研究」を含めれば、実施期間はもう1年長くなる。

[11] 第1期の実証結果については、国定・平井（1978）に詳しい。

加わった。膜材料は、3社とも酢酸セルロース系であった。モジュールはいずれも小型で、東レと日東電工のモジュールが4インチ、東洋紡が5.5インチないし6インチであった。日系の膜を用いたこの試験では、東レと東洋紡の膜の性能優位が確認された。

　1978年度から始まった第2期には、造水能力800m^3/日という大規模な実証プラントを新設し、実用時の経済性の検証が行われた。1979年8月に完成したこのプラントでは、第1期末の結果を踏まえて、東レ（SC-5200）と東洋紡（HR8350／HR8650）の膜が採用された。膜モジュールはともに8インチに大型化され、月1回程度の頻度で交互に切り替えながらのテストが行われた。東レの膜は2段脱塩システム、東洋紡の膜は1段脱塩システムでの実証運転が始まった。しばらくして東レの新膜であるPEC-1000を1段脱塩システムで実証する試みも行われた。1975年に入所して実証試験に携わった平井光芳は、第2期の実証試験を次のように振り返る。

　　昭和54年から大型プラント、800t（/日）の実証プラントを作るということでやりまして。これを10年間動かして実証試験をやったと。最初は酢酸セルロースの中空糸とスパイラルをそれぞれ800tずつ交互に動かすような形でやりまして、途中から、（東レの）スパイラルの方はポリアミドに移行して。最終的には、（運転）時間が稼げないので、400t・400tにして同時並行的に動かしました[12]。

　第2期に新設された実証プラントの造水能力は、当時、世界第3位の規模を誇るものであった[13]。産業発展の初期段階でこれほど大規模な実証設備を1社で保有することは簡単ではない。それを考えれば、この時期に国家主導で大規模実証試験を行ったことは、逆浸透膜産業の発展に一定の寄与があったものと思われる。この実証試験を通じて東洋紡は、基礎研究段階にあった三酢酸セルロース膜の実用化への目処をつけることができた。日東電工は、実証試験を通

---

12) 筆者による平井光芳氏へのインタビューより。2015年3月16日、東京、造水促進センターにて。
13) 国定（1981）。

図表5-4　半導体売上高の月別推移（世界市場）

出所：Semiconductor Industry Associationに基づき筆者作成。
注：3ヵ月中央移動平均値。

じて管状型では競争力を持ち得ないことを認識し、新たな膜開発へと舵を切った。東レはPEC-1000の運転性能を試験することができた。

5．産業用途での市場拡大：半導体向け超純水製造用途

5-1．半導体向け市場の立ち上がり

　1970年代に各社は、排水処理、食品、小型船舶向けなど、いくつかの用途開拓を行ったものの、どの市場も小規模であり、また将来的に大きな発展が望めるものではなかった。水不足の解消という壮大で社会的意義に満ちた開発目標とは裏腹に、事業としての採算性を確保することは容易ではなかった。
　このような厳しい状況を一変させたのが半導体産業の発展であった。図表5-4に示されるように、世界の半導体市場は1970年代中盤に立ち上がり、80年代中盤以降、半導体の微細化の進展とともに急速な成長を遂げた。日系半導体企業の生産量もこの成長の波に乗って大幅に拡大した。
　半導体の微細化が急速に進むにつれて、その製造過程の洗浄工程で用いられる洗浄水に対する純度要求も高まった。図表5-5に示されるように、例えば16Kbの時代は1mℓあたりに0.2μmの微粒子が100個から200個、TOC（全有

図表5-5　半導体の性能向上と要求水質の高度化

項目 集積度	比抵抗 (MΩcm)	微粒子（個/mℓ）						生菌数 (個/ℓ)	TOC (ppb)	シリカ (ppb)	溶存酸素 (ppb)
		0.2μm	0.2~0.1μm	0.1μm	0.05μm	0.03μm	0.02μm				
16Kb	15~16	100~200						5,000	1,000	20~30	—
64Kb	15~16		50~150					500~1,000	500~1,000	20~30	100~500
256Kb	17~18			30~50				20~200	50~200	10	100
1Mb	17.5~18			10~20				10~50	30~50	5	100その後、<50
4~16Mb	>18				<5	<10		<10	<10	<1	<50
16~64Mb	>18.1				<5			<1	<5	<1	<10
64~256Mb	>18.2				<1	<10		<0.5	<2	<0.5	<50
256~1Gb	>18.2					<5	<10	<0.1	<1	<0.1	<1

出所：和田（2004）p. 275およびp. 341に基づき筆者作成。

機体炭素）は1000ppbまで許容されていたのだが、1Mbとなると1mℓあたり0.1μmの微粒子が10個から20個、TOCは30~50ppb程度しか許されなくなった。このように高い純度の洗浄水が求められるようになるにつれて、逆浸透膜法による超純水製造が一躍脚光をあびるようになった。

　東レと日東電工はこの半導体向け超純水製造用途を捉えることに成功した。いち早く対応したのは東レであった。本命として開発していた複合膜をすぐに市場化することはできなかったが、先行的に開発していた酢酸セルロース系の膜で半導体業界の需要に対応した。半導体向け市場で安定した事業基盤を確立することができた東レは、PEC-1000に続く新たな複合膜の開発を存続させることができた。

　PEC-1000に続くPEC-2000の開発に目処をつけた1984年に東レは、メンブレン事業部を発足させ、3年後に売上100億円という野心的な目標を打ち出した。当時、愛媛工場の工場長で、後に社長となる前田勝之助は、逆浸透膜の将来性を買って愛媛工場で量産ラインを立ち上げるよう働きかけた。

　一方の日東電工は、多様な用途開拓の取り組みを進める過程で、半導体向け超純水製造用途を捉えた。開発者たちは、様々な実験を繰り返す中で、脱塩性能は劣るが他の物質を除去する能力と透水性能に優れた膜を偶然に作り出した。これを、顧客であるエンジニアリング企業の栗田工業に紹介したところ、半導体製造用途での潜在性が評価され、1983年に市場導入するに至った。1984年になると、日東電工は、逆浸透膜を含む膜事業の売上高を1987年度ま

でに60億円に引き上げる目標を掲げた。1986年には、メンブレン事業部を設置し、滋賀工場を新設した。

しかしすぐに雲行きは怪しくなった。最新鋭設備を揃えた日東電工の滋賀工場が操業を始めようとした矢先に半導体不況が訪れ、その稼働は遅れに遅れた。東レでは、サンプル出荷まで進んでいたPEC-2000に脆弱性が見つかり、その販売は急遽中止となった。両社とも、半導体需要の波に乗って沸き立ったものの、継続的に事業を拡大できたわけではなかった。

5-2．打開策の検討

両社ともに打開策が必要であった。東レは、PEC-2000と並行して進めていた新たな膜の開発を急ピッチで進め、1987年にポリアミド系を材料とするUTC-70の開発に成功した。この新膜は、当時最先端技術の粋を集めた東芝の1Mb・DRAM工場に納入された。これ以降、東レの半導体製造向け逆浸透膜は、旧来の酢酸セルロース系からポリアミド系へと切り替わっていった。

半導体向け超純水製造用途では、低コスト化が一つの重要な課題である。そのためには、低圧作動下での性能を高め、高圧ポンプの電気代を節約することが望ましい。そこで東レは、主に工業用途向けに低圧膜の開発を進めた。1996年には超低圧のSLU-G20、1999年には極超低圧のSLU-H20の開発に成功した。

UTC-70の成功は、東レに海水淡水化用途への道を再び開くこととなった。開発者たちは、UTC-70を基にしてUTC-80を開発し、それを1991年にSU-800として製品化して沖縄の北大東島と南大東島に納入した。1996年には、沖縄本島の北谷における海水淡水化センター（図表2-6a参照）にこの膜を納入した。

他方、日東電工はM&Aによる世界展開を狙った。国内にとどまる限り事業拡大は見込めないと考えた事業責任者が、海外企業を買収して世界市場に打って出るシナリオを描いた。膜事業を企業成長の柱に据えるという全社ビジョンを掲げている以上、経営トップもその買収案を無下に却下するわけにいかなかった。1987年、日東電工は米国のハイドロノーティクスを買収し、世界展開への足がかりを築いた。これは同社にとって史上初となる買収案件であった。

ハイドロノーティクスの買収は日東電工の逆浸透膜事業を大きく飛躍させた。ハイドロノーティクスが持つ顧客ルートを手にいれることによって一気に世界市場への道が開けた。さらにハイドロノーティクスには、買収時には期待していなかった新しい複合膜の技術があることがわかった。その技術を基にして日東電工の開発者は、1988年1月、新複合膜NTR-759を製品化した。NTR-759は、旧来品と同じ透水性能を維持しつつ、圧倒的に高い脱塩性能を実現した膜であった。NTR-759は、同年5月に別の膜が引き起こしたトラブルの解決に寄与するともに、工業用途における競争優位を日東電工にもたらした。

5-3．東洋紡の対応

　東洋紡も、半導体向け超純水製造用途の拡大を、ただ指をくわえて見ていたわけではなかった。東洋紡は、ポリアミド系材料を使った膜開発を行い、この市場での事業展開を模索した。1991年にはポリアミド系中空糸型非対称膜の発売を発表したものの、開発は予定通り進まず、発売は1993年までずれ込んだ。続いて透水性能を高めるべく複合構造を持った中空糸型逆浸透膜の開発も進められたが、それでも他社品を凌駕する水準まで性能を引き上げることはできなかった。半導体向け需要の拡大の恩恵を東洋紡は受けることができなかった。

　1990年代は東洋紡にとって苦難の時期であった。繊維事業が苦境に陥る一方、非繊維事業も期待したほどには拡大しなかった。企業全体の利益率は低落を続け、抜本的な構造改革の必要性が迫っていた。1999年に社長に就任した津村準二は、「赤字は悪、黒字は善」と公言し、赤字事業からの撤退やその改革に着手した。

　こうした中、逆浸透膜事業にとって幸いだったのは、収益性の高い人工腎臓用膜事業と同じ「膜」事業として括られていたことだった。人工腎臓用膜事業が好調を続ける限り、低迷する逆浸透膜事業が槍玉に挙げられることはなかった。しかし拡大投資が許されるわけではなく、人員をギリギリまで縮小して生きながらえる策がとられた。

　少ない資源で競争を有利に展開するには絞り込みが必要であった。そこで東洋紡は、半導体向け超純水製造用途への展開をやめて、対象市場を海水淡水化用途に絞り込んだ。同時にポリアミド系での開発を中止し、材料は酢酸セルロー

ス系一本とした。海水淡水化用途でも、分散する小型プラントまで手を広げるとメンテナンス体制の整備に多くの資源が必要となるため、大規模プラントだけに絞り込むこととした。その上で、酢酸セルロース系材料の強みである耐塩素性が活きる領域で徹底的に競争優位を発揮する道を選択した。

　耐塩素性が活きる大型海水淡水化プラント向け市場として有望だと考えられたのがサウジアラビアであった。サウジアラビアは、古くから渇水に悩む地域であり、各社が注目していた。特に、サウジアラビアを挟む東のアラビア湾（ペルシャ湾）、西の紅海は、どちらも汚れの目立つ海域であったことから、塩素殺菌しやすい東洋紡の膜の強みが活きると判断された。そこに戦略展開の可能性を見出した東洋紡は、サウジアラビアの大型海水淡水化プラントに照準を定め、資源を集中した。

6．海水淡水化用途での展開と競争

　半導体向け超純水製造用途で逆浸透膜の市場がようやく立ち上がることとなった。しかし、当初からの本命である海水淡水化用途を日本企業が手中に収めるには、各社ともさらなる技術開発が必要であった。

　東レでは、1990年代初頭に社長であった前田勝之助が、海水淡水化用途が思うように伸びないことに気を揉んでいた。前田の号令のもと開発者たちは、1994年、一度淡水化プロセスを経て排出される濃縮水をもう一度淡水化プロセスにかけることによって、淡水の回収率を高める2段システムを考案した。2段目では濃縮水に一層高い圧力をかけて淡水を得る必要があることから、膜の耐圧性を高めることが重要な課題となった。2段階での海水を淡水化するこのシステムの特許には前田の名前も連なっていたことからも、この事業に対するトップの強い意気込みが感じられる。

　この新システムは高効率2段法海水淡水化システムと呼ばれた。1997年には愛媛でパイロットプラントの運転に成功し、1999年にはそのシステムを、スペインのマスパロマスやカリブ海キュラソーに納入した。

　一方の日東電工では、1992年、NTR-759と比べて1/3の圧力で同じ透過水

量と脱塩性能を実現することを目標とした取り組みがスタートした。その開発は、1995年に超低圧膜ES10として結実した。1/3の圧力で同じ性能が出るということは、同じ圧力であれば3倍の性能が出ることを意味する。ES10の成果は、日東電工に海水淡水化用途への道を開いた。国内では沖縄の海水淡水化センターに東レと並んで採用され、海水淡水化が実質的に事業として認められるようになった。

1987年に行ったハイドロノーティクスの買収は、2000年代に本格的な拡大を見せた世界の海水淡水化市場の開拓に大きく貢献した。日東電工は、スペインのカルボネラス（12万 m^3/日）、アラブ首長国連邦のフジャイラ（17万 m^3/日）、米国のタンパ（10万 m^3/日）といった大型案件を受注した。

海水淡水化用途に絞った事業展開を選択した東洋紡は、1990年代後半にはサウジアラビア市場で一定の地位を築いていた。東洋紡は1980年代からキャラバン隊を結成して現地で造水実演するといった取り組みを進めていた。さらに、1980年代終盤に納入した逆浸透膜エレメントが性能トラブルを起こした際に、極めて迅速に問題を解決したことから、現地プラント運営サイドからかえって高い信頼を得ていた。

2000年代に入ると、原油価格が高騰し始め、サウジアラビア政府の財政が潤い始めた。輸出向けの原油を節約するという目的もあり、同国政府は、逆浸透法の採用を積極的に進め、巨大な海水淡水化プラントの建設を推進した。それらのプラントに、東洋紡の逆浸透膜エレメントが次々と採用された。東洋紡の逆浸透膜は高価ながら、耐塩素性の高さというこの一点において、他社製品の追随を許さなかった。耐塩素性が高く塩素殺菌を容易に行うことができれば、洗浄回数を減らすことができるため、プラントを止める頻度が下がる。その分、プラントの稼働率は上がり、造水コストは低下する。汚れのひどいサウジアラビア海域では、この耐塩素性の高さが強い武器となった。世界で唯一中空糸逆浸透膜を展開する東洋紡は、デファクト・スタンダード化された平膜型エレメントを展開するダウや東レ、日東電工と異なり、交換膜を自社で独占できるという恩恵も受けられるようになった。

7．おわりに

　日系企業が逆浸透膜の開発に乗り出したのは1960年代終盤であり、70年代中盤から市場導入が始まった。参入を果たした５社のうち、逆浸透膜の本命である海水淡水化市場で一定の地位を築いた日本企業は、東レ、日東電工、東洋紡の３社であった。ただし３社は必ずしも同じような発展の道のりを来たわけではなかった。
　東レは酢酸セルロース系膜を先行して事業化することによって周辺ノウハウの蓄積を目指した。しかし1970年代の事業は、今後生じる世界規模での水不足を解決するという壮大な目標に比べると規模が小さく、十分な収益を見込むことができなかった。この点では東洋紡も同じであった。強い収益圧力の下で多様な用途開拓を試みていた日東電工も、事業拡大に向けた突破口をなかなか開けずにいた。
　こうした状況を一変させたのが、1970年代終盤から湧き上がった半導体向け超純水製造用途であった。東レと日東電工はこの恩恵を享受した。東レは、酢酸セルロース系膜でこの需要を捉え、そこから収益を得て、次世代のポリアミド系膜の開発につなげた。日東電工は、多様な開発の中で偶然生まれた特徴的な膜の価値を顧客が認めたことによって、半導体向け超純水製造用途に食い込むことに成功した。
　しかしこれらの事業の規模はまだ満足のいくものではなかった。膜事業を企業成長の次なる柱とするビジョンを掲げていた日東電工では、1987年に同社初のM&A案件としてハイドロノーティクスの買収に乗り出し、世界展開に本腰を入れた。東レは、何度も失敗しながらも、ポリアミド系複合膜の開発に邁進し、やがてUTC-70の開発に成功して高い透水性能と脱塩性能とを両立させた。UTC-70によって、再び海水淡水化用途での展開に光明を見出した東レは、その後２段構えの海水淡水化システムを構築するなど、積極的な事業拡大を進めた。
　東洋紡は、半導体向け超純水用途を捉えることができなかった。さらに、全

社的な経営状態が悪化する中で、収益性の低い逆浸透膜事業にも圧力がかかった。人工腎臓向け膜事業の好調に助けられたとはいえ、事業部の人員を絞るなどの対応が必須であった。

　資源制約の中で、東洋紡は戦略の絞り込みを進めた。耐塩素性という技術的特性が最も活きる海域に特化し、サウジアラビアでの事業展開に邁進した。幸いなことに、原油価格の高騰によりサウジアラビアの財政が潤ったことが追い風となり、同社の逆浸透膜事業は徐々に規模を拡大した。

　次章以降では、これら各社の開発と事業化プロセスをより詳細に明らかにする。

第6章 東レ

海水淡水化を目指した開発

1. 開発の始まり

1-1. 対デュポン

　東レが逆浸透膜の探索研究を始めたことを示す最初の記録は1968年5月23日に残っている。この前年、デュポンはポリアミド系中空糸型の逆浸透膜の開発に成功した。この知らせが、米国を駆け巡っただけでなく、東レ社内にも飛び込んでいた。

　東レにとって、デュポンはお手本であり目標であった。古くは1951年、当時の自社資本金を上回る金額でデュポンからナイロン技術を導入して国産化に成功した。常にデュポンの技術開発動向を注視していた東レに逆浸透膜の開発成功という知らせが速やかに届いたのも頷ける。

　「Reverse Osmosisとは何か」。デュポンの情報を得た東レはすぐに逆浸透膜の探索調査を始め、1968年、逆浸透膜の研究を公式に始めた。開発陣は、あらゆる技術的可能性を模索した。膜形状については平膜型と中空糸型の双方を念頭に検討を進め、平膜型では多様なポリマーを、中空糸型ではナイロンやアセテートを材料として検討した。出口となる市場については、海水やかん水の淡水化を主たる用途として想定しつつ、溶液の濃縮や排水処理なども視野に入れた。当時の東レでは、開発プロジェクトに動物の名前が充てられることが多く、逆浸透膜の開発プロジェクトはCATと呼ばれた[1]。

　逆浸透膜の開発は、繊維研究所の産業資材研究室、エンジニアリング研究所、

中央研究所の応用研究室という3つの研究組織において進められた。

繊維研究所の産業資材研究室では、研究員であった梅林寺良一が、ナイロン系や酢酸セルロース系の材料を用いて逆浸透膜の開発に取り組んだ。梅林寺は、主に、逆浸透膜として機能する膜組成の開発を進めた。梅林寺が開発した膜はエンジニアリング研究所に送られ、そこではエレメント化に向けた開発が行われた。

エンジニアリング研究所には、逆浸透膜に関わる2つのチームがあった。一つは金丸直勝が率いるチームであり、膜のエレメント化を担う機械設備の開発を進めていた。もう一つのチームは、製膜技術や評価技術の開発と膜モジュールの設計を担った。後に酢酸セルロース系逆浸透膜の開発と事業化で重要な役割を果たす川端達夫は、1970年に東レに入社して炭素繊維の焼成に関わる基礎研究を一年間行った後、このチームに加わった。

一方、中央研究所の応用研究室では、研究員の池田幸重郎が中心となり、ポリエーテル系やポリアミド系の材料に基づく全く新しい膜の開発を1970年から始めていた。

このように、デュポンの情報を得て始まった東レの逆浸透膜開発は、異なる部門に所属する3つの研究グループによって別々に進められていた。しかし1971年、全社的な研究開発機能の統合に伴って、それらの研究グループはエンジニアリング研究所の環境技術研究室に集約された。集約されたといっても研究員10人程度の小さな所帯であった。

1-2．酢酸セルロース系での先行事業化

東レの開発者たちは、ポリアミド系の合成膜を本命視しながらも、まずは汎用的な酢酸セルロース系材料での事業化を先行させるという方針を採った。先行する米国で実績のある酢酸セルロース系の方が実用化の目処を立てやすいからであった。

合成繊維で成長してきた東レにとっては、独自の合成膜で事業展開する方が

1）同時期に進められていた炭素繊維開発のプロジェクトは、カラスの濡れ羽色にちなんでCROWと呼ばれていた。

自社の戦略との親和性や適合性が高いと考えられた。ただし、逆浸透膜を事業化するには、膜そのものの開発に加えて、エレメントやモジュールを含む様々な補完技術の開発も重要であった。加えて、日々のオペレーションやメンテナンスに関わる技術などの確立も必要となる。事業を拡大するには、プラントメーカーや水道事業者といった顧客との関係構築も重要である。これらの技術や顧客関係は、決して一朝一夕に構築されるものではない。それらの蓄積を先に進めておくことが重要であると考えられた。

　そこで開発者たちは、比較的開発の容易な酢酸セルロース系の逆浸透膜でまず事業化を進め、そこで補完技術を蓄積しつつ、次世代の全く新しい材料による逆浸透膜の登場を待つことにした。酢酸セルロース系逆浸透膜開発の狙いは、一足早い事業化によって、先行して補完技術を蓄積することだった。補完技術や顧客関係を先行して確立しておき、しかるべき後に、膜材料だけを新たな合成材料に取り替えるという道筋を彼らは想定していたのである。川端は、自身が担っていた酢酸セルロース系逆浸透膜開発の中継的な位置づけについて、次のように振り返る。

　　CA（酢酸セルロース系逆浸透膜）では、できるだけ早く市場に参入することが目標だった。市場で試合ができるというレベルになったものが先発して出場することで、学ぶこともあれば蓄積できることもある、ということをしながら、最後に、膜だけを違うもの（ポリアミド系逆浸透膜）に替える、という考え方。ブルペンを見てみろと。「次にすごいのが出てくるから」という期待でやっていた。
　　……「世界で誰もやっていない、世界で一番性能の良い」というものを作るのが、東レのDNA。その中で、まずはセルロース膜でやってみようかというときに、よくよく考えたら世界で並なのですね。世界でまぁまぁ、値段もまぁまぁというものをやろうとしたということです。東レの歴史で、このようなことはないのです。普通はやらせてもらえません。振り返れば「よくやらせてくれたな」と思いますが、それは、やっぱり「すごいの（ポリアミド系逆浸透膜）が次にあるぞ」というのがあったからですね。……世界に類のない、最高水準のものができる可能性があるから。しかし、トータルの水

ビジネスでいうと膜だけではないノウハウがいっぱい必要なので、(酢酸セルロース系逆浸透膜が) とにかく先発で行くという役割を担った[2]。

　当時、東レの社内では炭素繊維の開発チームが巨大であり、それに比べ逆浸透膜の開発チームはいたって小規模であった。にもかかわらず、東レの歴史を振り返っても珍しく中継的な開発が認められたのは、プロジェクトリーダーを務めていた熊澤俊二が逆浸透膜の開発を強く推進していたからであった[3]。1969年から開発研究所長を務めていた伊藤昌壽 (1948年入社) もまた、炭素繊維の開発を支援する一方で、逆浸透膜の開発にも目をかけていた。伊藤は、後に1981年から1987年にかけて同社社長を務めた人物である。

　膜材料とともに、膜形状を決めることも重要であった。開発者たちは、主に、中空糸型と平膜型を検討し、最終的には平膜型 (エレメントではスパイラル型) を選択した。この選択に至った理由は、必ずしも明確ではないものの、次のような理由があったといわれている。

　第一に、デュポンとの差別化である。既述のようにデュポンが開発したのはポリアミド系中空糸膜であった。当時、仰ぎ見るような存在であったデュポンが中空糸膜を採用する以上、同じ形状を追求しても勝算は低い。そこで東レは、平膜型を採用することによってデュポンとの差別化を狙った。第二には、当時、平膜型より中空糸型の膜の方が汚れやすいといわれていたことがある。第三に、中空糸の技術者が他の事業に割り振られていた。繊維企業である東レには中空糸を作る優れた技術があったものの、中空糸関連の熟練技術者たちは、事業化

---

2) 筆者による川端達夫氏へのインタビューより。2014年4月25日、滋賀、滋賀事業場にて。括弧内、筆者追記。ポリアミド系の材料に基づく逆浸透膜開発を進めていた栗原優も同様に、セルロース系材料開発チームについて「セルロースだけで東レの上司に持っていくと、上が合成ナイロンの頭だから『世間でやっている素材で事業化するなんてあり得ないよ』と。(そこで、セルロースを担当した) 川端さんや梅林寺さんは『豪速球 (投手) が控えているから、先にやらせてくれ』と」という立ち位置だったことを指摘している (筆者による栗原優氏インタビューより。2010年8月30日、滋賀、滋賀事業場にて。括弧内、筆者追記)。

3) 筆者による川端達夫氏へのインタビューより。2016年3月15日、東京、衆議院議員会館にて。

が近いと目されていた人工腎臓用の膜開発の方に振り向けられていた。そして第四に、膜開発を進めた梅林寺の所属が産業資材研究室であったことから、繊維事業で培ってきた紡糸技術にこだわらず比較的自由に形状を選択できた[4]。これらの事情から、東レの開発者たちは平膜型での開発を進めることになった。

1-3．新規材料の探索：PECグループの発足

　酢酸セルロース系逆浸透膜の開発チームが事業化を急ぐ傍らで、別の新たな材料による膜開発が進められた。ポリエーテル系やポリアミド系材料を用いた膜の開発である。その開発において中心的な役割を果たしたのが、栗原優であった。栗原は、1963年に入社して基礎研究所に5年、中央研究所に2年所属した後、1970年9月から米国のアイオワ大学へ留学していた。入社以来一貫して耐熱性ポリマーの研究を行ってきたこともあり、留学の当初の目的は、逆浸透膜の開発ではなく、耐熱性ポリマーの研究開発だった。

　しかし、渡米した栗原は新しい研究をやりたいと考え、指導教授のスティル（John K. Stille）に対して研究テーマのリストアップを依頼した。そこにあったテーマの一つが膜であった。膜であれば、海水淡水化への応用もあるし、人工腎臓への展開も見込める。興味をもった栗原は、膜の研究を始めることにした。当時の様子を栗原は次のように語っている。

　　当時の留学生は意気込みが高いから、東レで全くやっていない仕事を持ち帰りたいという気持ちが強かった。……生意気にも「先生のやっている研究テーマをリストアップしてください」と言ったらメンブレンというのがあった。これが面白そうだと言ったら、海水淡水化も人工腎臓もあるし。ポリマー加工してメンブレンにするんだと。「私にこのテーマをやらせてください」と[5]。

栗原の研究テーマは、圧力をかけて水を押し出す逆浸透膜ではなく、逆に塩

4）筆者による栗原優氏へのインタビューより。2018年2月6日、滋賀、滋賀事業場にて。
5）筆者による栗原優氏へのインタビューより。2010年8月30日、滋賀、滋賀事業場にて。

を押し出す圧透析（ピエゾダイアリシス）膜に関する研究だった。米国内務省の塩水局と東レから折半で研究費を受け、栗原はこの研究を進めた。

　当時、塩水局から支援を受けた研究者には、その成果をレポートにして報告し、公開することが義務付けられていた。それら逆浸透膜に関する様々なレポートを栗原は、日本側で開発を進める梅林寺や池田に送付して情報を提供した。留学中の栗原は、米国における逆浸透膜開発の状況を国内の開発部隊に伝える情報の結節点として重要な役割を果たした。

　1972年9月、米国から帰国した栗原は、派遣元の基礎研究所に戻り、研究室長から「人工腎臓の研究を行うか、それとも逆浸透膜の研究を行うか」と問われた。栗原は「逆浸透膜の開発を行いたい」と答えたところ、逆浸透膜の開発活動が集約された環境技術研究室へ異動となった。こうして栗原が所属することとなった開発グループは、後にPECグループと呼ばれた。

　この頃米国では複合膜開発が盛んに進められていた。栗原が留学に出た1970年にはノーススター研究所でカドッテがNS-100を開発し、栗原が帰国して膜開発を始めた1972年にはGAでライリーが複合膜に関する特許を取得した[6]。彼らの功績によって、開発の主流が非対称膜から複合膜へと移り始めた。この流れに沿って、栗原も複合膜での開発を進めた。

1-4．排水処理用途での初期展開

　先行していた酢酸セルロース系の開発部隊のミッションは、事業化に必要とされる補完技術や顧客関係をいち早く獲得することであった。そのため開発チームは、材料を自社開発することはせず一般の市場から調達し、その事業化を急いだ。1975年、膜材料の開発に一定の目処をつけた開発チームは、膜のエレメント化と事業化を目指して、環境技術研究室から開発部に異動した。

　翌1976年9月、東レは逆浸透膜の事業化を社外に明らかにした。翌月には、通産省が設立した造水促進センターが主導する海水淡水化の実証試験に参加した。そこで使われたのは酢酸セルロース膜の4インチモジュールSC-5000で

6）US Patent 3648845（1969年出願、1972年取得）。この時ライリーが用いていた材料は酢酸セルロース系の材料であった。

あった。その後、8インチに拡張した逆浸透膜モジュール SC-5200 も導入された。

しかしながら、酢酸セルロース系の材料で海水淡水化用途を開拓することは困難だと社内では考えられていた。川端は次のように語っている。

> エース（ポリアミド系逆浸透膜）は海水淡水化。エースでないもの（酢酸セルロース系逆浸透膜）は、ちょっと汚れているもの、再生水。やりようによっては海水淡水化もできないこともないのだけれども、耐圧性が問題だった。（そこで）少し塩気のあるかん水や、一次処理された排水を二次処理、三次処理して再生水として使う。それから、普通の水をやったら、すごくきれいな水が出る、（つまり）超純水。
>
> ……セルロース膜で99コンマいくつ（％）という（脱塩率）レベルは、できることはできるけれども、本当に水が出ないのですよ。圧をかけても、膜面積あたりの処理量がものすごく少ない。……さらに、圧力かけたとき、膜がダメージを受けてきて透過量が減る[7]。

酢酸セルロース系膜では、脱塩率と透水性能の間にあるトレードオフを克服できず、コスト面でも、海水淡水化用途で当時主流であった蒸発法には太刀打ちできなかった。

東レの逆浸透膜事業の第一号は、排水処理用途であった。事業化を発表した1976年の末に、IBMの野洲工場から、酢酸セルロース系スパイラル型逆浸透膜エレメントを受注することに成功した[8]。同工場における排水浄化量は300m^3/日であった。このとき受注した膜エレメントは滋賀工場で生産され、1977年に納入された。

7）前掲注2、川端達夫氏へのインタビューより。
8）当時、東レグループの環境エンジニアリング事業を担当していたのは東レエンジニアリングであった。同社は東レ本体で開発した逆浸透膜による排水処理技術の出口を模索しており、この受注は、厳しい競争の末に獲得したものだった。なお、こうした初期の取り組みを経て東レエンジニアリングが逆浸透膜装置事業に本格的に進出したのは、1980年10月のことである。

2. 新膜の開発と苦戦

2-1. PEC-1000の開発

　事業化を遂げた酢酸セルロース系部隊を横目に見つつ、栗原たちPECグループは、新たな材料に基づく膜の開発に邁進していた。栗原たちは、ポリエーテル系の材料を用い、支持層の表面にモノマーを塗布して重合することで緻密層を形成する方法で複合膜の開発を進めた。そうして開発された最初の架橋ポリエーテル複合膜が、PEC-1000であった。

　図表6-1は、PEC-1000の性能を当時の他社の逆浸透膜と比べたものである。横軸が透水性能、縦軸が脱塩率を示している。他社の逆浸透膜が脱塩率か透水性能のどちらかに偏った性能を示しているのに対して、PEC-1000は双方を高い次元で両立することに成功したことがわかる。PEC-1000が実現していた99.9％を上回る脱塩性能は、今日の逆浸透膜と比べても遜色のないレベルである。1980年、栗原たちPECグループは開発部へ異動してPEC-1000の工業化を進めた。

　この時にPECグループが思い描いていた用途は、海水淡水化であった。PEC-1000について発表した1980年の論文の中で栗原たちは、「我々の次なる研究ターゲットは、低圧運転下で高い淡水回収率を実現するような一段法での海水淡水化に向けて、4インチのスパイラル型PEC-1000膜エレメントを長期間フィールドテストすること」だと記して締めくくっている[9]。1981年、PEC-1000を用いた8インチ膜エレメントSP-120は、造水促進センターが行っていた800m^3/日規模の海水淡水化プラントに導入され、実証試験が重ねられた。

　しかしPEC-1000には2つの問題があった。第一は耐塩素性の弱さである。これは、ポリエーテル系やポリアミド系の材料を扱う以上、避けることのできない宿命ともいえた。海水淡水化などで逆浸透膜を使用すると、微生物が繁茂

---

[9] Kurihara, Kanamaru, Harumiya, Yoshimura, and Hagiwara (1980) p. 20. PEC-1000を用いた海水淡水化に関するフィールドテストの結果は、Kurihara, Harumiya, Kanamaru, Tonomura, and Nakasatomi (1981) において報告されている。

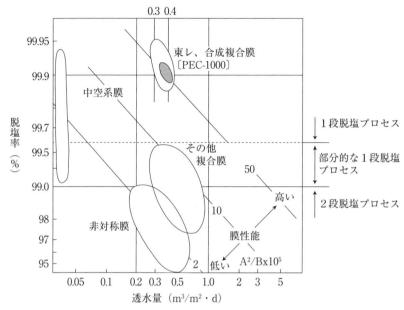

図表6-1　PEC-1000の位置付け

出所：栗原（1983）p. 104に基づき一部筆者訳。

して膜の目詰まりを起こすという問題が生じる。それを効果的に防止する安価な方法は塩素系の殺菌剤を使うことなのだが、耐塩素性が弱い膜ではこの処理ができなかった。

　第二に、より深刻な問題として、PEC-1000は海水中の溶存酸素に対して極端に脆弱であった。これはPEC-1000に固有かつ致命的な問題であった。ついに栗原はPEC-1000の販売中止を進言した。栗原は次のように振り返る。

　　第一段階、80年代にPEC-1000というのがあるんですよ。これが要素技術では性能は良いんだけど、……愛媛（工場）に行かなかった。滋賀でやっていて、愛媛に行く前に「やめた方がいい」と研究開発のトップに進言しました。こういう「やめた方がいいね」っていうのは、研究者が主導している。私は、馬鹿にされるかもしれないが「申し訳ありません」と（上司に謝った）[10]。

このようにPEC-1000の市場化が頓挫する一方で、先に事業化を遂げていた酢酸セルロース系逆浸透膜は新たな市場機会に恵まれることとなった。それは、半導体産業における超純水製造用途であった。

2-2. 半導体向け超純水製造用途の急拡大

　1970年代は半導体産業が急速に発展していた時期であり、ウエハーの洗浄水に対してより高い純度が求められた。従来はイオン交換法によって純水が製造されていたが、微細化の進展とともに、さらに細かい分離性能を持つ逆浸透膜が必要となった。

　東レは、この新たな事業機会を酢酸セルロース系逆浸透膜でとらえた。もちろん、イオン交換法をすぐに代替できたわけではない。不具合が起きてラインが止まることを恐れる半導体メーカーは、新技術の導入に対して慎重であった。

　そこで東レは、既存の洗浄工程での置き換えではなく、前処理工程を新設してそこに逆浸透膜を導入するよう働きかけた。前処理工程で実績を積みながら、その性能を顧客に理解してもらう方策である。この策は的中し、既存の洗浄工程でも徐々にイオン交換法から逆浸透法への代替が進んだ。

　半導体向け超純水製造用途は東レにとってまさに救世主となった。栗原とともにポリアミド系逆浸透膜の開発を担っていた植村忠廣（1974年入社）は、酢酸セルロース系逆浸透膜がとらえた半導体製造工程向け需要の意味を次のように振り返る。

　　神風っていうんですかね、超純水の。日本の半導体事業がばーんと世界一になって、ウエハー1枚に超純水1 t が必要になって、1 t あたり1000円くらいしても（超純水を）作る、ってなったんですね。
　　逆浸透膜の値段は今の何十倍かしてたんだろうけど、それを買ってもまだ半導体という事業が成り立って。それはやっぱり神風ですね。初めから「それが来るから逆浸透膜を始めましょう」なんて誰も思っていませんでしたか

10）前掲注5、栗原優氏へのインタビューより。PEC-1000の販売が実際に終了したのは、後述するUTC-80膜が開発された後の1993年頃である。

ら。超純水で使われるようになって、あんまりたくさんは売れませんけれども、研究者数十人の飯を食わせていくっていうのはそこでできましたね。事業もつながったし、研究開発もつながった[11]。

東レの逆浸透膜事業は、半導体産業の成長に歩調を合わせるように成長した。今日の市場と比べれば決して大きいとはいえないものの、新材料の開発者たちの研究開発活動を支援するには十分な大きさであった。1970年代終盤に同社が販売した逆浸透膜の用途のうち、電子工業やボイラー用水といった工業用水向けが60〜70％を占めていた[12]。半導体向け超純水製造はこの範疇に含まれており、東レにとって大きな比重を占めていたことがわかる[13]。東レは他社に先んじていたこともあって、この市場において高いシェアを維持することができた。

工業用超純水用途で酢酸セルロース系逆浸透膜の事業が拡大していたのに対し、ポリエーテルやポリアミド系材料の工業化にはまだ時間が必要であった。PEC-1000の工業化が壁に直面する一方、栗原は、次世代膜としてPEC-2000の開発を植村に任せていた。PEC-2000は、ポリマー系のアミンと酸塩化物のモノマーを重縮合させて生成したポリアミド系の複合膜であった。

2-3．PEC-2000の開発と断念

1982年、PEC-2000の開発者たちの多くが開発部へ異動し、量産化に向けた取り組みへと歩を進めた。PEC-2000では、多様な用途に向けて材料の調整が行われ、UTC-20（ナノ濾過膜：NF）、UTC-30（海水淡水化用逆浸透膜）、UTC-40（かん水淡水化用逆浸透膜）といった複数のバリエーションが商品化された。

ただし、栗原と植村は開発部へ異動せず、2〜3人の研究者とともに機能膜

---

11) 筆者による植村忠廣氏へのインタビューより。2010年7月15日、東京、一橋大学イノベーション研究センターにて。括弧内、筆者追記。
12) 綜合包装出版株式会社（1980）p.106。
13) それ以外の用途についてみると、病院用や製菓工業向けの無菌水および精製水が10％、排水処理と飲料水製造がそれぞれ5％ずつ、その他15％という構成であった。

グループとして独立し、1982年10月、開発研究所内に設置された機能膜研究室へと異動した[14]。彼らは、機能膜研究室からPEC-2000の量産化を支援しつつ、他の新規材料に関する開発を進めた。

1984年4月2日、PEC-2000の量産化に向けた道筋がついたことを受け、東レは、逆浸透膜を主力製品とするメンブレン事業部を発足させた。このとき東レは、同事業部の売上高を3年間で100億円に引き上げるという計画を掲げた[15]。1983年度における同事業の年間売上高は20億円弱であるから、これは極めて野心的な計画であった。

量産化を担う工場としては、愛媛工場が選ばれた。このときの愛媛工場長は、後に東レの社長となる前田勝之助（1956年入社）であった[16]。逆浸透膜事業の将来性を買っていた前田は、量産工場を滋賀ではなく愛媛で整備するよう社内で強く働きかけていた。こうした働きかけの結果、1984年12月に、愛媛工場への移管が進められた。翌1985年には愛媛工場においてPEC-2000の量産体制の整備が進むとともに、RO生産部も発足した。1984年度における逆浸透膜事業の売上高は16億2000万円[17]であり、100億円という目標を達成するにはさらなる大きな成長が必要であった。

ところが栗原はまたしてもPEC-2000の市販中止を進言した。PEC-1000の時と同様、耐塩素性の弱さが理由であった。しかし今回は既に量産工場まで立ち上がっていた。この段階で開発者が販売にストップをかけるのは相当な覚悟が必要であったはずである。しかし栗原は、分子構造からくる基本的な脆弱性から、PEC-2000では海水淡水化向け市場で勝負できないと確信していた。これに対して開発部や工場からは「やる前からなぜあきらめるのか」と強い反発があった。当時の様子を栗原は次のように述べている。

---

14) 開発研究所はコーポレート研究所であり、東レの中央研究所としての役割を果たしていた。
15) 『日経産業新聞』1983年7月29日、p. 18；1984年3月3日、p. 9；1984年4月12日、p. 12。なお、1984年4月2日には、他に医薬事業部とセラミック事業部が発足している。
16) 前田は、1987年から1997年にかけて代表取締役社長を務めた後、2002年から2004年にかけてCEOに復帰した。
17) 日本経営史研究所編（1997）p. 735。

どこが苦しかったかというと、ここですね。これ（PEC-1000）は仕方ないとして、2000はもう愛媛にいって、どんどこ走っていて、開発部長は引くに引けない状態になっているところに、私自身が「あれはやめた方がいい素材ですよ」って言ったもんですから、開発部長と開発研究所所長がけんかしちゃうわけです。……化学工学や機械工学の専門家は、できの悪い息子でも使い勝手で良くしてみせる、というのがある。（だから）「世間が弱いと言っていないうちに、なぜ敗北宣言するんだ」と[18]。

　PEC-1000に続いてPEC-2000までも断念したことによって、海水淡水化用途で逆浸透膜を事業化することに対して大きな疑問符がつけられた。そもそも海水淡水化向け事業は、波が大きくリスクが高い事業である。商談が来るのは数年おきでしかなく、ひとたび受注すると大規模な生産活動が求められる。何年かに一度の大波に備えて大規模な量産工場を用意するのは、毎年収益を求められる事業部にとって必ずしも合理的な選択とはいえない。こうした悪条件の中で起きた立て続けの断念であった。当然ながら、マネジメントからは、海水淡水化用途ではなく、酢酸セルロース系の膜で開拓した超純水やかん水向けを複合膜でも意識した方が良いという圧力があった。植村は次のように振り返る。

　その頃海淡は、今みたいに毎年毎年あったわけじゃなくて、何年かに一回だけ、しかも何万tという大きな施設が、ボーン、ボーンと設置されるような状況でした。「そのために生産設備を作って、案件のない間、何もしていないときどうするの？」と言われました。もともとPECは海淡向けで開発し、やってみたら何年かに一回案件があるだけ。（だから）「海淡はターゲットとして良くない。それよりも、超純水とかかん水みたいに、連続して毎年、小物でも良いからたくさん売り先があってコンスタントに売れていくものをやりなさい」と……[19]。

18）前掲注5、栗原優氏へのインタビューより。括弧内、筆者追記。
19）前掲、植村忠廣氏へのインタビューより。括弧内、筆者追記。

開発チームは、海水淡水化という一大目標を捨てたわけではなかったが、現実的な判断として、一旦はポリアミド系複合膜を超純水とかん水向けに開発することとした。具体的には、UTC-20を改良してナノ濾過膜（NF膜）UTC-60を開発し、かん水を中心とした用途に向けて製品化した[20]。

3．UTC-70の開発によるブレイクスルー

3-1．新材料の探索

　このように、複合膜の現実的な用途として当面はかん水をターゲットとしたものの、開発チームは海水淡水化をあきらめたわけではなかった。海水淡水化を実現するには、耐塩素性の問題を何としても解決しなければならない。

　PEC-1000の材料は、基本的には市販ルートで手に入るモノマーであった。次に開発したPEC-2000でも、いくつかの化学構造の修正が行われたものの、既存のモノマーが原料である点では変わりなかった。耐塩素性の問題を根本的に解決するには、新たなモノマーから合成する必要があると栗原たちは考えるようになった。

　栗原は1984年、機能膜研究室に配属されたばかりの新人研究員であった姫島義夫に「理想的な膜の合成」という開発テーマを与えた。大学・大学院において有機合成を行っていた姫島は、脱塩性能を維持しつつ高い耐塩素性を示す

---

[20] UTC-20はポリマー系であるのに対し、新たに開発されたUTC-60はモノマー系である。その違いは、アミンがポリマーかモノマーかによる。これらの化学構造は、次に示すとおりである。

材料を探索することに邁進した。

　他社を含めた過去の経験から、基本的な開発の方向性ははっきりしていた。アミン水溶液と酸塩化物の有機溶媒溶液を界面重合させてポリアミド膜を形成するということである。ポイントは、具体的にどのような分子構造にすれば良いのかということであった。姫島が主としてベンチマークとしたのは、フィルムテックのカドッテが開発した二官能芳香族アミンと三官能の芳香族酸塩化物の界面重合による架橋ポリアミド膜の性能である。この性能を凌駕する膜開発が目標となった。姫島は、次のように述べる。

　　芳香族モノマー系というとカドッテ。そこの特許とか……学会の発表とかはむさぼるように情報を集めましたね。あの頃、カドッテといえば神様みたいな人でしたから。……そういう人たちを見ながら、追いつきたいし、彼らが気づかないことに一つでも気づいて良いものを作りたいという気持ちがあった[21]。

　姫島は、試行錯誤を繰り返し、性能間のトレードオフを解決する最適なパラメーターを模索しながら材料を絞り込んだ。何百というモノマーを合成しては、それをベテランの研究者に渡し、膜にして評価してもらう。これを何度も繰り返して1年ほどが経った頃に見つかったのが、「トリアミノベンゼン」であった。

　姫島によるこの発見を受けて、1985年5月、開発チームはトリアミノベンゼンを用いた逆浸透膜の検討を開始した。トリアミノベンゼンは必ずしも目新しいモノマーではなかったが、市販品として手に入る材料ではなかった。そこで姫島はトリアミノベンゼンを高純度で創製する独自の方法を開発することとした。姫島の取り組みと並行して、植村を中心とする機能膜研究室のグループは、具体的な膜構造の特定作業を進めた。こうして最終的に開発された膜が、4成分系架橋芳香族ポリアミド膜のUTC-70であった。

　UTC-70の化学構造と製膜方法は図表6-2に示されている。UTC-70は、姫島が開発した三官能芳香族トリアミン（トリアミノベンゼン）と二官能芳香族

---

21) 筆者による姫島義夫氏へのインタビューより。2010年8月19日、東京、東レ本社にて。

図表6-2　4成分系架橋芳香族ポリアミドの化学構造と界面重合による複合膜の製膜方法

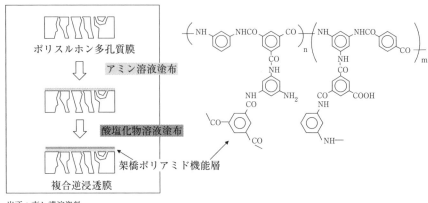

出所：東レ講演資料。

ジアミン（フェニレンジアミン）を併用した水溶液に、三官能性芳香族カルボン酸塩化物（トリメシン酸塩化物）と二官能性芳香族カルボン酸塩化物（テレフタル酸化物、イソフタル酸化物）を界面重合して生成される。これら4つの成分をうまく調整しながら界面重合させることで、高い脱塩率と耐久性を備えた緻密な網目構造をとりながらも、造水量を大幅に増やす超薄膜を実現することができた。

　脱塩率を高めるために膜の孔径を小さくすると、透水性能が落ちてしまうのが普通である。しかしUTC-70では、緻密な網目構造をとりながらも造水量を増やすことができた。後の解析で判明したことだが、界面重合によって複合膜を形成すると、膜の表面が無数のひだ状に突起する。このひだのおかげで膜の表面積が広がるため、高い脱塩率と造水量の両立が可能になった。また、懸念事項であった耐塩素性の問題も、商品化に耐えるレベルにまで一定程度の解決をみせた。

3-2．海水淡水化への展開

　1987年2月、UTC-70はRO生産部に技術移管された。東レは、これをSU-700として製品化し、同年中に東芝の大分工場へと納入した。同工場は、当時の最先端技術を結集した1MbのDRAM製造工場であった。UTC-70は、こ

図表6-3　かん水淡水化用逆浸透膜の展開

		低圧		超低圧	極超低圧
	膜エレメント名 （販売年）	SU-720 (1987年)	SU-720L (1988年)	SUL-G20 (1996年)	SUL-H20 (1999年)
性能	脱塩率（%）	99.4	99.0	99.4	99.4
	造水量（m³/日）	26	22	26	26
試験条件	圧力（MPa）	1.5	1.0	0.75	0.5
	温度（℃）	25	25	25	25
	給水濃度（mg/ℓ）	1,500	1,500	1,500	1,500
	濃縮水流量（ℓ/分）	80	80	80	80

出所：Uemura and Henmi (2008).

うした半導体工場の超純水製造用途だけでなく、かん水向け市場においても大きな商業的成果をもたらした。

　これらの用途では、塩分濃度の低い水を原水とするため、海水淡水化の場合ほど操作圧力を高める必要はない。むしろ、できるだけ低圧で高い造水性能を実現することが鍵となる。低圧で駆動できれば、電気代を節約でき、造水コストを削減できるからである。そこで開発チームは、製膜条件、反応触媒、ナノ構造の制御などを改善しながら膜の低圧化を進めた。図表6-3は、かん水向けに投入された東レの逆浸透膜の性能を示している。SU-720（1987年発売）からSUL-H20（1999年発売）へと新しくなるにつれて低圧化が進んでいることがわかるだろう。

　UTC-70は、海水淡水化用途への道を再び東レに開くこととなった。開発者たちが海水淡水化用途を切望していることを知っていた経営陣は、UTC-70の開発成功を機に、その事業化を後押しした。それを受けて開発者たちは、UTC-70と同じくトリアミノベンゼンを用い、膜を改良して脱塩率を高め、さらにエレメント構造を改善し、海水淡水化用の逆浸透膜UTC-80を開発した。UTC-80は、1991年にSU-800として製品化され、沖縄の北大東島および南大東島へ納入された。それは、8インチエレメントのSU-820としても製品化され、沖縄北谷の海水淡水化センターが一部完成（1万m³/日）した1996年に導入された。その性能は、操作圧力6.5MPa、脱塩率99.75%、造水量16.0m³/日であっ

た[22]。

　こうして、東レにおける逆浸透膜の軸足は、酢酸セルロース系からポリアミド系へと移った。しかし、かつて愛媛工場長として逆浸透膜事業を支援し、1987年から社長となっていた前田は、当時の状況には全く満足していなかった。海水淡水化用途が見え始めたとはいえ、事業規模がまだ非常に小さかったからである。そこで前田は1994年、本格的な事業化を目指して、より効率的な海水淡水化システムの構築を開発者たちに厳命した。

　これを受けて開発者たちが取り組んだのが、海水淡水化を2段階で行うシステムの構築であった。それは、1段目の淡水化プロセスを経て排出される濃縮水を、もう一度別の逆浸透膜に通し、2度にわたって淡水を得て造水量を確保しようとするシステムである。2段目では、より高い濃度の海水を原水として通すため、操作圧力を飛躍的に高める必要がある。それゆえ高圧に耐えうる膜が必要となる。かん水淡水化用の膜開発が低圧化を目指したのとは逆に、ここでの海水淡水化用膜開発においては耐圧性を高めることが課題となった。

　この課題を克服して開発された膜が、9.0MPaという高い耐圧性を備えたSU-820BCM（脱塩率99.70％、造水量16.0m^3/日）である。この膜を用いて高効率2段法海水淡水化システムが構築された[23]。このシステムでは、1段目で排出された濃縮水を2段目で再び分離して新たに20％の淡水を回収することで、1段目の回収率40％と合わせて60％の淡水を得ることが可能となった。これによって造水費用は約20％下がると算出された。

　このシステムの基本的な発明は、前田が号令を発した1994年の内に成し遂げられた。1997年には、愛媛においてパイロットプラントの運転に成功した。その後1999年に入ると、商用システムとして、スペインのマスパロマス（プラント3基、各4500m^3/日）、カリブ海キュラソー（1万1400m^3/日）、トリニダード・トバゴ（13万6000m^3/日：2002年稼働開始）に採用された。

---

[22] Kurihara, Yamamura, Nakanishi, and Jinno (2001).
[23] このシステムに関する特許（特許公開平8-108048；US Pat. 6187200）に前田勝之助の名前があることからも、前田が逆浸透膜事業に強く関わっていたことがうかがえる。

3-3．新たな技術課題への取り組み

　1990年代後半から海水淡水化の実用化が本格的に始まると、課題も顕在化した。

　第一の課題は、安定的な大量生産体制の構築であった。従来の愛媛工場では人手に頼った生産を行っていた。特に、エレメントを生産する際の膜を巻き上げる工程は、完全に熟練作業員に依存していたため、大量生産を実現する上でのボトルネックとなっていた。そこで愛媛工場のメンバーは、自動巻囲機を導入し、膜の巻き上げ工程を無人化した。これにより生産能力は一気に上昇した。こうした生産自動化の努力が実って、市場拡大に必要な生産コストの低下が徐々に実現していった。

　第二の課題は、膜性能の向上であった。克服すべき技術課題は大きく２つあった。一つ目は、海水に含まれるホウ素の除去である。1990年代に入り、ホウ素が人体に悪影響を及ぼすことを懸念したWHO（世界保健機関）は、1993年、飲料水に含まれるホウ素の暫定ガイドラインを0.3mg/ℓと設定した。その後1998年にその値は0.5mg/ℓへと改定されたものの、東レの開発者たちは、こうしたガイドラインに沿って、ホウ素の除去性能に優れた膜の開発を進めなければならなかった[24]。

　二つ目の技術課題は、ファウリング対策であった。ファウリングとは、膜の汚れを総称した言葉である。供給水を膜に通して淡水を得る過程で、膜には様々な物質が付着する。とくに、多種多様な物質が溶け込む海水を供給水とする場合、逆浸透膜は、多様な汚れ方をする。この汚れが膜性能を劣化させる。

　ファウリング対策には、膜自体を汚れにくくする方法と、汚れた膜を殺菌もしくは洗浄しやすくする方法がある。このうち、ポリアミド系の逆浸透膜においては、膜を汚れにくくすることが何より重要であった。ファウリングの中では、海中の微生物が繁茂して膜の目詰まりを起こす「バイオファウリング」が特に深刻な問題となることが多い。バイオファウリングに対しては、塩素系の殺菌剤を用いることが有効なのであるけれども、ポリアミド系の材料は耐塩素

24）2011年、WHOはホウ素のガイドライン値を2.4mg/ℓへと大幅に緩和した。これによってホウ素の除去には目処がたつこととなった。

性が低く、塩素系の殺菌剤を注入することができない。それゆえ、出来る限り汚れにくい膜を開発することが決定的に重要となる[25]。低ファウリング化を進めた逆浸透膜は、下水用逆浸透膜 TML20-365として2002年に発表された[26]。

4．事業展開

4-1．重点事業化

2002年、前田から社長の座を引き継いだ榊原定征（1967年入社）は、「21世紀の新しい東レ」へ転換するための経営改革として「プロジェクト New TORAY 21」（プロジェクト NT21）を発表した。そこでは、情報・通信、ライフサイエンス、環境・安全・アメニティーという3領域が、戦略的拡大事業として位置付けられた。逆浸透膜を含む水処理事業は、環境・安全・アメニティー領域を構成する重要な事業として認定され、事業拡大に向けた取り組みが進められることとなった。

逆浸透膜事業の拡大に向けて東レは、膜やエレメントといった部材にとどまらず、川下の水処理プラント分野の拡大を模索した。それまでにも東レエンジニアリングを通じて水処理プラントのエンジニアリングに携わってきた東レは、2002年、公共水処理分野の老舗である水道機工の株式を20％取得して、川下分野の事業をさらに強化した。2004年には、プロジェクト NT21を踏襲したプロジェクト NT-IIを発表し、水処理事業の重要性をあらためて全社的に掲げた。同年東レは、水道機工への出資比率を引き上げて子会社化した。

しかしそれでも、海水淡水化の主戦場である海外市場での成長を推進するのに十分な体制が整ったわけではなかった。また、海水淡水化プラントで高性能なエネルギー回収装置が導入されるようになると、東レが得意とした2段システムで濃縮水に高い圧力をかけて淡水を得ることの意義が薄れてしまった。回収エネルギーを再利用して脱塩サイクルを繰り返せば1段システムでも効率的

---

25) これを低ファウリング化という。
26) 井上・杉田・井坂・房岡（2002）。

に造水できるようになったからである。

　このような状況を打開して、世界的な事業拡大を推し進めたのが、2002年に取締役、2004年に常務取締役に就任した日覺昭廣（1973年入社）であった。日覺は、2005年に水処理事業本部長を兼任し、世界規模での販売体制の構築と拡充に力を注いだ[27]。

　東レは、逆浸透膜業界で豊かな経験を持つトゥルービー（第4章参照）を米国で採用し、彼の人脈を活用して20名程度からなるグローバル・セールス・チームを編成した。アジア／オセアニア地域を担当するTAS（Toray Asia Pte. Ltd.：シンガポール）、中国を担当するTBMC（Toray Bluestar Membrane Co.：中国）、ヨーロッパや中東、アフリカを担当するTMEu（Toray Membrane Europe AG：スイス）、そして米国を担当するTMUS（Toray Membrane USA：米国）の4拠点を設け、地域ごとに最適な営業活動を目指した[28]。トゥルービーは、このうちTMUSの総責任者となった。

　プロジェクトNT-IIの後継として2006年から始まった全社計画「Innovation Toray 2010」（IT-2010）でも水処理事業は重点事業と位置付けられた。東レは、グローバルな営業体制を拡充し、2006年から2008年にかけて、主要販売拠点を5拠点から6拠点へ、販売事務所を5拠点から13拠点へ、そして販売代理店を11拠点から13拠点へと増強した[29]。

　こうした拡充策は、世界市場における東レのプレゼンスの向上に貢献した。図表6-4は、同社の膜を採用した水処理プラントの累積造水量を1995年から辿ったグラフである。2000年代中盤以降に大きく伸びていることがわかる。用途別の内訳を見ると、初期段階では純水製造用途とかん水淡水化用途の比重が高く、その後はこのうちかん水淡水化用途が大きく成長している。海水淡水化用途は2000年からグラフにあらわれ、2005年頃から拡大している。

---

27) 日覺は2019年現在、東レ株式会社代表取締役社長である。
28) 街風（2013）pp. 80-81（http://president.jp/articles/-/10670?page=3：2015年11月28日確認）にも同様の記載がある。
29) 第5回IT-2010 IRセミナー（2008年）資料（http://www.toray.co.jp/ir/pdf/lib/lib_a270.pdf：2015年11月28日確認）。主要販売拠点とは、各地域を担当する直轄の販売拠点のことを意味する。

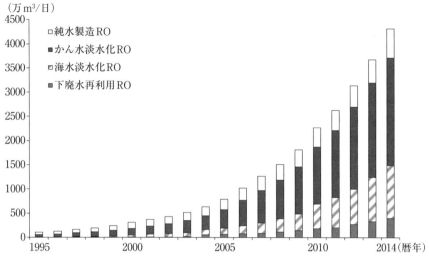

図表6-4　累積造水量の推移

出所：東レ提供資料に基づき一部筆者推計。

　2000年代にはプラントの大規模化が進んだ。図表6-5には、東レの逆浸透膜を用いた大規模プラント上位12基が掲載されている。排水処理プラントであるスライビヤ（Sulaibiya、クウェート）とチャンギ（Changi、シンガポール）以外は全て海水淡水化プラントである。これらのプラントの稼働が全て2000年代以降になっていることから、この時期にプラントの大規模化が進んだことがわかる。

　2010年に社長に就任した日覺は、75億円を投じて逆浸透膜の一貫生産工場を北京に建設し、生産能力を一気に1.5倍に引き上げた[30]。プラントの大型化に加えて、日覺が一貫して水処理事業の拡大策をとってきたことも、2000年代後半の急成長を促したと考えられる。

4-2．競争の中での収益化

　海水淡水化向け逆浸透膜の売り上げは、渇水が進む世界各地の需要拡大に支えられて着実に伸びてきた。しかし、需要拡大の一方で、企業間競争も激化し

---

30)『日本経済新聞』2010年7月31日、p. 12。

図表6-5 東レの逆浸透膜を用いた主なプラント

	プラント（国名）	プラント規模（m^3/日）	稼動開始年
1	Magtaa（アルジェリア）	500,000	2014
2	Sulaibiya（クウェート）	320,000	2005
3	Tuas II（シンガポール）	318,500	2013
4	Changi（シンガポール）	228,000	2009
5	Al Dur（バーレーン）	218,000	2011
6	Hamma（アルジェリア）	200,000	2008
7	Shuaibah（サウジアラビア）	150,000	2009
8	Fujairah exp 1（UAE）	137,500	2014
9	Point Lisas（トリニダード・トバゴ）	136,000	2002
9	Tuas（シンガポール）	136,000	2005
9	Fujairah 2（UAE）	136,000	2010
9	Shuwaikh（クウェート）	136,000	2010

出所：東レ提供資料。
注：2015年7月末時点。

た。海水淡水化プラントの建設は大規模プロジェクトであることが多く、エンジニアリング企業間で激しい受注競争が生じる。逆浸透膜企業としても、最初にエレメントを納入できればその後の交換需要の獲得も期待できるため、受注段階では価格競争になりやすい。

しかし、ポリアミド系の陣営では、最初の受注で採用されても後の交換需要を独占できるという保証はない。海水淡水化向け逆浸透膜エレメントは、直径8インチ、長さ40インチという形状に事実上標準化されている。膜メーカー各社間での性能にも大きな差はない。それゆえ、水処理事業者は、交換時期にあらためて膜メーカーを選ぶことができる。実際、沖縄の海水淡水化センターは、1999年と2001年の交換時期には膜メーカーを指定しているが、2002年からは入札方式に切り替えている[31]。ポリアミド系の膜メーカーは交換需要においても競争に晒されているのである。

31）國吉（2007）。

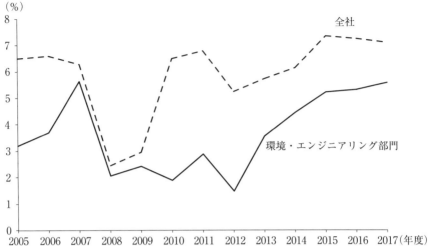

図表6-6 東レの全社および環境・エンジニアリング部門の利益率の推移

出所：東レ「有価証券報告書」各年版。

　もちろん、水処理事業者としては、いたずらに膜メーカーを替えて性能不良を起こすことは避けたい。そのため、運転状況に特に問題がなければ、同じメーカーの膜を使い続ける傾向がある。しかし各社間の製品に互換性があるというだけで、水処理事業者側の価格交渉力が高まり、価格引き下げ圧力をもたらすこととなる。

　エレメントの標準化と膜性能の同質化は、逆浸透膜事業が高い利益率を実現することを難しくしている。図表6-6には、逆浸透膜事業を含む環境・エンジニアリング部門の直近十数年にわたる業績が示されている。逆浸透膜以外の事業も含むデータであるため額面通りに受け止めることはできないけれども、同部門の利益率が東レ全体の利益率と比べて低く推移していることがわかるだろう。

　東レは、逆浸透膜やUF膜、MBR（Membrane Bioreactor）を含む水処理膜事業で世界No.1を目指すという大きな方針を掲げた。この方針に沿って、2013年、家庭用浄水器向け逆浸透膜分野に強いウンジンケミカルを買収して傘下に収め、アジアの新興国に向けて家庭用浄水器事業を拡大している[32)]。また、既述のとおり、東レエンジニアリングや水道機工を通じて、プラント・エ

ンジニアリングを含む川下領域への進出も進めている。

　2014年に始まった中期経営課題プロジェクト「AP-G 2016」でも、水処理膜事業は、グリーンイノベーション事業の拡大という全社プロジェクトを担う重要な事業として位置づけられた[33]。そこでは、膜事業と装置事業との連携を強化し、プラントシステム全体として事業拡大することが計画された。

　標準化された膜エレメントは熾烈な価格競争に晒される傾向にあり、プラントに比べれば売上げ規模も小さい。それゆえ川下分野への進出には一定の合理性がある。一方で、川下事業への進出は、顧客である他のエンジニアリング企業との競合を意味するという問題もある。

5．おわりに

　東レが1968年に開発を正式に始めてから現在に至るまで、逆浸透膜の開発を牽引してきた企業の多くは、市場から撤退ないしは他社に吸収されている。厳しい競争の中で、東レは自社での開発を続け、事業化し、市場で確たる地位を築いてきた。

　もちろん、東レの逆浸透膜事業が現在の姿になるまでの道のりは、決して順風満帆とはいえない。それは紆余曲折を経たものであった。東レの開発者たちが当初想定していた逆浸透膜の用途は主に海水およびかん水の淡水化であった。しかし、海水淡水化用途に求められる性能やコストを実現する技術レベルにはまだ到底及ばなかった。そこに神風のごとく登場したのが半導体製造での超純水用途であった。1980年代に半導体の急速な微細化が進み、洗浄水の純度が課題となると、逆浸透膜が貢献できる領域が生まれた。東レの開発者たち

---

32)『日本経済新聞』2013年9月28日、p. 9。2012年12月期におけるウンジンケミカルの売上高は800億円であり、東レによる買収金額は約400億円だと報じられた。http://www.nikkei.com/article/DGXNASDD270ON_X20C13A9TJ0000/（2016年3月10日確認）。
33) http://www.toray.co.jp/ir/pdf/lib/lib_a385.pdf（2015年12月1日確認）。ここでいう水処理には、逆浸透膜、精密濾過膜、限外濾過膜、MBR、家庭用浄水器が含まれている。なお、同資料に基づいて筆者達が推計すると、2012年度における水処理事業の売上高は約460億円前後だと見積もられる。

はこのチャンスをとらえ、複合膜を本命視しながらも、酢酸セルロース系非対称膜での事業化を進言し、事業化に必要な補完技術と顧客との関係の蓄積を行うことを選択した。これにより、逆浸透膜事業は一定の事業成果をあげ、後続の新しい複合膜開発に時間的猶予を与えた。そして、海水淡水化用途への道を開くことになる UTC-70 の開発に成功したのである。半導体用途の出現は、ある意味、想定外の幸運であったといえるが、それをいち早くとらえたことが事業の継続を支えたといえるだろう。

　また、安定した需要に恵まれない中で逆浸透膜事業が現在のような規模にまで成長したプロセスを語る上で、戦略的な意思を持ったトップの役割に言及しないわけにはいかない。初期段階では、熊澤が積極的に開発を率い、さらに、後に社長となる伊藤が開発研究所長として目をかけていた。伊藤の後を継いだ前田は、愛媛工場長時代に逆浸透膜の量産体制を整備することに注力し、その後社長に就任した後も逆浸透膜事業の発展に関与し続けた。PEC-1000、PEC-2000と、量産段階に入った製品を立て続けに中止したにもかかわらず、経営陣はその開発を決してストップさせることはなかった。栗原は、「逆浸透膜開発の解散を迫るような厳しい意見をトップから聞いたことはない」と振り返っている[34]。社長となった日覺も、水処理部門長に着任した時点から一貫して同事業の世界展開を強く推進してきた。50年近くにわたる長い時間を経て確立された東レの逆浸透膜事業の発展過程では、事業化局面におけるトップの意思決定と支援が大きな役割を果たしていたようにみえる。

---

34) 筆者による栗原優氏へのインタビューより。2018年2月6日、滋賀、滋賀事業場にて。

補表1　環境・エンジニアリング部門の業績推移と水処理事業との関連性

年度	売上高 (億円)	営業利益 (億円)	売上高 営業利益率 (％)	水処理事業について決算説明資料より抜粋
2005	1,541.4	49.2	3.19	水道機工の子会社化もあり、増収。エンジニアリング子会社が拡販と体質強化を進め、増益。
2006	1,613.1	59.5	3.69	水処理事業は逆浸透膜の輸出が好調に推移し、増収、利益改善。
2007	1,732.1	97.5	5.63	逆浸透膜や家庭用浄水器が好調に推移。米国水処理子会社の設立に伴い、同社経由の商内が拡大したことにより、売上高横這い、利益改善。
2008	1,602.1	33.0	2.06	水処理膜事業は、逆浸透膜やMBRが欧米・中東を中心に受注を拡大。家庭用浄水器の国内販売も堅調に推移。一方、円高による輸出ビジネスの手取り減少に加え、事業拡大に伴い費用も増加。
2009	1,597.9	38.5	2.41	逆浸透膜を中心に出荷量は堅調に推移したが、為替変動の影響を受けた。
2010	1,781.8	33.5	1.88	逆浸透膜の海外大型プロジェクト向け販売が拡大。
2011	1,702.5	48.8	2.87	水処理膜事業では、前期にあった大型案件の出荷がなかったことに加え、円高の影響もあり減収となるも、逆浸透膜をはじめ各種水処理膜の受注活動を世界各地で推進。
2012	1,783.6	26.3	1.47	主要な市場である欧米、中東、中国などの需要は低調に推移しているものの、逆浸透膜をはじめ各種水処理膜のグローバルな拡販とコストダウンへの取り組みを継続。
2013	1,802.0	64.0	3.55	世界経済の先行きに不透明感が残る中で市場は本格回復には至っていないものの、当社では、中東向け逆浸透膜などの出荷が堅調に推移したことに加え、円高の時期から取り組んできたコストダウンの取り組みが効果を発現。
2014	1,799.9	80.2	4.46	グローバルな需要が弱含みに推移する中、海水淡水化向け逆浸透膜などの出荷が増加するとともに、前期末に連結子会社化したToray Chemical Korea Inc.が業績に貢献。
2015	1,833	96	5.23	コストダウンの進展や円安を背景に、逆浸透膜などの日本からの輸出について採算の改善が進んだ。また、海外では米国、中国、韓国の子会社の業績がいずれも堅調に推移。
2016	1,861	99	5.32	逆浸透膜などの拡販を進めたが、日本からの輸出は円高進行の影響を受けた。
2017	2,383	133	5.58	国内外で逆浸透膜などの需要が概ね堅調に推移した。

出所：東レ決算説明資料（各年版）。
注：原則として、各年決算期における直近データを使用。

補表2　組織の流れ

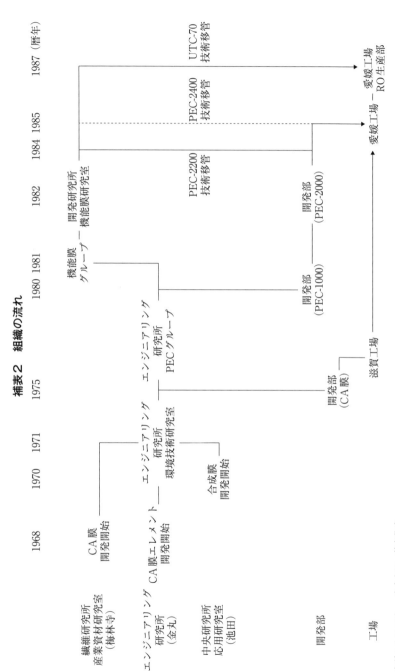

出所：インタビューをもとに、筆者作成。
注：CA膜は酢酸セルロース膜を指す。

第7章 東洋紡

酢酸セルロース系中空糸膜での集中展開

1. 開発の始まり

1-1. 中空糸型での着手

　逆浸透膜を含む様々な機能膜について東洋紡が本格的な調査を始めたのは、1971年11月のことである。繊維産業がかげりを見せていたこの頃、東洋紡は、滋賀県堅田の総合研究所に研究企画室を設置し、新規事業の種探しを進めていた[1]。機能膜の調査は、脱繊維に向けた数多くの取り組みの一つであった。このうち逆浸透膜の調査にあたったのが、総合研究所の鵜飼哲雄（1962年入社）ら5名の開発者であった。翌1972年4月、この5名のうち4名が、調査から具体的な技術の探索へと歩を進めた。

　鵜飼たちは当初、逆浸透膜の応用先として、ウールの洗毛過程でウールグリースを回収して化粧品用に販売することを検討した。やがてその取り組みを進める中で、自然と海水淡水化への展開も視野に入れるようになった。鵜飼は次のように振り返っている。

　　1971～72年頃には有価物の回収ですね。……価値の高いものの濃縮回収

---

[1] 厳密に記すと、堅田の研究所が総合研究所という名称となったのは1976年9月である。しかし読みやすさの観点から、ここでは総合研究所として統一している。なお、堅田の総合研究所に研究企画室が設置されたのは1971年のことである（東洋紡株式会社、1986、p.369）。

をしようと当時探索していました。ところが膜を色々といじっていると「膜をやる限りは海水淡水化やな」と思い至るわけですね。それにこだわっていこうというので、1973～74年頃から人を集め始めたのです[2]。

　1973年頃になると研究所で逆浸透膜開発に関わる人員は8名に増え、1970年代半ばには18名となった。堅田の研究所だけでなく、岩国工場側で中空繊維の製造を担ってきた現場の熟練者たちも関わるようになった。
　この頃、デュポンとダウは、既に逆浸透膜の開発に成功し、市場に製品を投入していた。デュポンはポリアミド系の中空糸膜、ダウは酢酸セルロース系の中空糸膜で事業を展開していた。これらに対して東洋紡は、ポリアミド系の膜材料を探索していた。しかしデュポンの特許に抵触する恐れがあると判明したことから、1975年7月、汎用材料である酢酸セルロース系に材料を切り替えることとした。市場で入手しやすく、既にダウが製品化に成功していた酢酸セルロース系の採用は、他社との差別化という点からは望ましくなかったけれども、特許問題の懸念から、やむを得ない選択であった。
　材料選択に紆余曲折があったのに対し、膜形状については、早い段階から中空糸型に絞り込まれていた[3]。自社で保有する繊維技術を活かせると開発陣が考えたからである。東洋紡は、レーヨン、アクリル、シノン、スパンデックスといった繊維の製造経験から湿式紡糸技術を保有していた。中空ふとん綿や中空レーヨンの製造を重ねる中で、中空糸の紡糸技術を蓄積してきた。紡糸技術はノウハウの固まりであり、特に、中空糸の湿式紡糸技術は、他社が簡単に真

2）筆者による鵜飼哲雄氏へのインタビューより。2013年12月13日、大阪、東洋紡本社にて。
3）東洋紡における逆浸透膜開発が早い段階で中空糸型に絞り込まれた経緯について執行役員・機能膜事業総括部長（2019年現在）の藤原信也は次のように述べている。「中空糸型というのは、どうも初めから決めていたのではないかと思いますね。材質は他にもあったのですけれども。酢酸セルロース以外にも、ポリアミドという材質がありまして。……ただ、これもポリアミド中空糸なのです、私たちがやっていたのは。ですから、最初から中空糸というキーワードになっているので、他社さんのようにスパイラルを作ろうということは初期の段階でもうなくて、繊維、中空糸というように決めていたのではないかな、と思いますね」。筆者による藤原信也氏に対するインタビューより。2013年10月11日、大阪、東洋紡本社にて。

似できるものではない。差別化を狙うならば、この技術を活かすことが望ましい[4]。これは、保有技術を活用して脱繊維を進めようとする全社的な方針とも合致する選択であった。こうして東洋紡の開発陣は、酢酸セルロース系の中空糸膜を開発する道を進むこととなった。

1-2．生産技術の確立

高い脱塩性能と透水性能を両立する膜を中空糸型で実現するには、断面積の直径0.2mm、穴の内径0.1mmという極細の中空糸のフィラメント構造を均質に作り込む必要があった。その高度な生産技術を確立する上で多大な貢献を果たしたのが、繊維事業で培ってきた暗黙知ともいうべき生産ノウハウを継承する現場の熟練技術者たちであった。例えば、熟練技術者の浜田一人は、早くも1976年の終わり頃には純水並みの水質を満たす脱塩性能を実現しており[5]、鵜飼たちを驚かせた。繊維事業から受け継いだ生産技術の重要性を鵜飼は次のように述べる。

> 戦争が終わってから（東洋紡は）アクリルを導入したのですね。その後、アクリルを基礎にしてシノンという新しい繊維を作り上げたのです。これに関わられていたのが（その後、中空糸膜の紡糸に関わった）浜田さんと高田さんで。これと並行してスパンデックスという繊維をやっていたグループがあって、これは化学的に溶媒を飛ばしてつくる。これと（シノンの）湿式の技術とが融合して、後に中空糸を作る技術を形成していくのですね。例えば中空糸を紡糸で作るというのは非常にものすごい技術なのです。連続的に引っ張ってくるわけですけれども、性能付与しながら引っ張るのですからね。特に膜の場合は、引っ張りすぎると脱塩性能が備わりませんから[6]。

---

4) 第2章で記した通り、スパイラル型を採用すると、東洋紡にとって馴染みのない部材や工程を開発しなければならないという問題もあった。例えば、スパイラル型では、平膜と平膜の間にスペーサーと呼ばれる流路材を挟みこむ。スペーサーは、供給水の流れ方や逆浸透膜の容積効率を左右する重要な部材である。その開発と製造には繊維企業にない技術が求められる。
5) 筆者による鵜飼哲雄氏へのインタビューより。2014年1月24日、滋賀、総合研究所にて。

図表7-1　東洋紡の中空糸膜（1980年時点）

　　　　中空糸膜の断面写真　　　　　　　　　　　交差配置

出所：鵜飼・二村・松井（1980）p. 4。
注：断面写真における膜の外径は225μm、内径は110μmである。

　東洋紡の開発陣は、中空糸の作り込みだけでなく、出来上がった中空糸を束ねてエレメント化する際の編み込み方についても独自の方法を考案した。中空糸を平行に配置して束ねてエレメント化するダウやデュポンの方式に対して、東洋紡は、図表7-1に示されるように、中空糸を交差するように編み込む「クロスワインド」と呼ばれる方法をとった。この方法には、供給水の流れ方が変わることから膜エレメントが汚れにくくなるとともに、洗浄しやすくもなるという利点があった。交差に編み込むことで、中空糸膜同士が互いに擦れて汚れを落とすという効果も派生的に生まれた[7]。

　エレメントを製造する際には、裁断や封止も課題となった。まず、必要な開口部を確保するためには、中空糸膜を潰すことなく裁断する必要があった。最適な裁断方法は作業環境に応じて微妙に変わるため、その最適条件を特定するには時間を要した。次いで、裁断した膜エレメントの両端を封止する工程にも難しさがあった。逆浸透膜は乾燥するとその性能が著しく低下するため、エレメントを液体に浸して濡れた状態を保たなければならない。しかし、液体に浸

6）前掲注2、鵜飼哲雄氏に対するインタビューより。括弧内、筆者追記。
7）デュポンの膜エレメントでは、中空糸膜が平行に配置されていた。平行配置の場合、中空糸膜の間隔が一定になるよう配列させるために、一層ごとに不織布を挟み入れて糸を固定しなければならなかった（松井、1980；関野、1996）。

された状態にあるエレメントの全体ではなく、限られた両端だけに封止材を程よく浸透させることは決して容易ではなかった。しかも、求められたのは、高圧をかけても供給水が漏れ出したり開口面が変形したりしないほど高いレベルでの封止であった。

　開発者たちは、工場の熟練作業者と試行錯誤を繰り返し、これらの課題をひとつずつ解決して製造工程を確立した。その一方で、エレメントを収納してモジュールにするための圧力容器は社外から調達することとした。こうして開発された中空糸型の逆浸透膜モジュールは、ホロセップ（HOLLOSEP）と名付けられた。

1-3. 実証試験での手応え

　ホロセップはまず、通商産業省（現・経済産業省）が設立した造水促進センターの海水淡水化実証試験に用いられた。1974年から1977年まで続いた第1期の実証試験は、UOP、デュポン、ダウといった海外製の逆浸透膜を使用した後、東洋紡のHR5350／HR5350S、東レのSC-5000A／SC-5000B、日東電工のNRO-A／NRO-Bを使用して行われた。1978年度から始まった第2期実証試験では、東洋紡のHR8350／HR8650と東レのSC-5200が採用された[8]。

　第1期の実証試験で手応えを感じていた東洋紡は、HR8350とHR8650の膜材料として、当時はまだ社内で基礎研究段階にあった三酢酸セルロースを用いた。三酢酸セルロースを使うと逆浸透膜の耐圧性が高まり、海水淡水化の高圧運転に耐えられるという利点があった。東洋紡の開発者たちは、逆浸透膜の用途として海水淡水化を明確に見据えていたのである。加えて、三酢酸セルロースは二酢酸セルロースに比べて溶媒に溶けにくいことから、紡糸工程の制御に独特なノウハウを必要としていた。それはつまり、そうしたノウハウを保有できれば、海水淡水化への道筋が開けるとともに、他社に対する差別化も狙える材料だということを意味した。二酢酸セルロースも三酢酸セルロースもともに市場で調達しやすい材料であったものの、三酢酸セルロースの方が扱いにくい

8）東洋紡製モジュールの数字4ケタは、当時、径・長さ（フィート）・運転圧力を指していた。つまり、8350は、直径8インチ、長さ3フィート、運転圧力50気圧の逆浸透膜モジュールであることを意味する。

分だけ差別化しやすい材料だった。

　三酢酸セルロースでの実証を始めてから半年が過ぎた1978年11月、東洋紡はRO事業開発部を設置し、逆浸透膜の事業化に向けた動きを強めた。開発陣も、より高性能な逆浸透膜の開発に努めた。その成果が、逆浸透膜モジュールHR8650（脱塩率98.7％、透過水量20m^3/日）であった。

　HR8650の開発によって東洋紡は、それまで2段構えが常識であった海水淡水化工程を1段で実現することに成功し、業界の注目を大きく集めた。加えて、HR8650は膜エレメントを2本内蔵した初めての中空糸型逆浸透膜モジュールであり、これによって造水量が増えるとともに省エネ化が実現された。

　翌1979年7月、東洋紡は、10m^3/日規模の1段法海水淡水化装置を岩国工場に導入した。8月には、造水促進センターが茅ヶ崎で完成させた造水量800m^3/日規模の海水淡水化実証プラントに逆浸透膜モジュール52本を納めた[9]。東洋紡は実用化に向けて大きな手応えを感じながら、その後10年にわたってこのプラントでの実証運転を担った。

　10月に入ると、東洋紡は、約3億円を投じて逆浸透膜工場を新設し、事業化することを発表した[10]。堅田の研究所で生産立ち上げを担ったものの、生産能力に限りがあることから、岩国工場へ移管することとなった。生産拠点として選ばれたのは岩国工場の旧レーヨン建屋であり、セルロースになじみのあったタフセル課がその引き受け手となった。技術研修を通じて生産ノウハウが研究所から工場へ移転され、1980年5月に岩国工場で生産が始まった。

9）綜合包装出版株式会社（1980）p. 110。なお、このプラント向けには東レの酢酸セルロース系スパイラル型逆浸透膜（SC-5200）も納入され、1カ月間隔で交互に運転された（国定、1981）。

10）『日経産業新聞』1979年10月9日、p. 9。筆者による坂元龍三氏へのインタビューに基づく。2016年6月16日、大阪、東洋紡本社にて。

図表7-2 初期の製品動向

	製品名	脱塩率(%)	透過水量(m^3/日)	モジュール価格	用途
低圧タイプ	HR3110	90	0.3	n.a.	水精製（無菌水、超純水）
	HR5110	90	1	n.a.	
中圧タイプ	HR5230	90	9	n.a.	水精製 かん水脱塩 水の再利用
	HR5330	90	15	50万円前後	
	HR8330	90	40	100万円前後	
	HR8630	90	80	n.a.	
高圧タイプ	HR8350	98.7	10	n.a.	海水淡水化
	HR8650	98.7	20	n.a.	

出所：綜合包装出版株式会社（1980）に基づき筆者作成。
注：価格は資料掲載分のみ。

2．事業化

2-1．初期の展開

　当時、東洋紡の逆浸透膜モジュールは、その稼働圧力に応じて、低圧タイプ、中圧タイプ、高圧タイプという3種類に分かれていた。図表7-2には各タイプの製品が示されている。価格は、中圧タイプのHR5330で50万円前後、HR8330で100万円前後であった[11]。

　HRシリーズは、かつお漁船向けの海水淡水化装置に用いられることが多かった。漁師たちは、装置から得た淡水で海水を薄めて魚の浸透圧と同等程度の水を作って、魚を保管していた。漁船に搭載される海水淡水化装置は、できるだけ小型であることが望ましい。その点で、モジュールに多くの膜を詰め込めて容積効率に優れる中空糸型が有利であった。総合研究所で逆浸透膜の開発を担っていた松井宏仁は、1979年に行った講演の中で次のように述べている。

---

11) 綜合包装出版株式会社（1980）の推計に基づく。

単位面積当たりの透過水量は、スパイラル型の3分の1となりますけれども、中空繊維型の単位容積当たりの膜面積がスパイラル型の約10倍ありますので、最終的には、容積当たりの水の処理量は中空繊維型が一番大きく、スパイラル型の約3倍、チューブラ型の約30倍になります。したがって、船などのような限られた面積のところで使うのには、非常に良いことになります[12]。

漁船用の小型海水淡水化装置は、東洋紡の独擅場であった。漁船への装置導入は1978年から始まり、1981年までに国内で600隻以上の漁船に導入された。魚の鮮度維持という重要な役割を担うことから、海水淡水化装置は、1セット200万〜300万円という高価格ながらも好調な売れ行きを記録した。その後、東洋紡は、病院における手術用手洗い水といった純水製造用途にも逆浸透膜を展開し、事業の拡大を狙った。

しかし、漁船用にせよ病院にせよ、必要とされたモジュールは小型であり、事業としては十分な規模にはならなかった。事業活動も国内が中心で、なかなか拡大しなかった。1980年頃までの同社の累計販売量で見ると、国内向けが80％、海外向けは20％にとどまっていた[13]。事業としての存在感を社内外に示すには、規模の拡大が必要であり、そのための方策として、海外市場の開拓が重要視されるようになった。特に、海外の大型海水淡水化プラントの受注が目指された。技術輸出部部長を務めていた中原龍男も、海外展開を積極的に唱え、開発者たちを激励していた[14]。

2-2．サウジアラビアへの展開

海外展開先として東洋紡が注目したのがサウジアラビアであった。深刻な渇水に悩んでいたサウジアラビアは、豊富な原油を活かし、海水を蒸留する蒸発法に頼って淡水を得ていた。そこに逆浸透法を先んじて持ち込んでいたのが

---

12) 松井（1980）p. 39。単位面積の面積とは膜面積のことであり、単位容積の容積とはモジュール容積のことである。
13) 綜合包装出版株式会社（1980）p. 110。
14) 前掲注2、鵜飼哲雄氏に対するインタビューより。

図表7-3 サウジアラビア各都市の位置関係

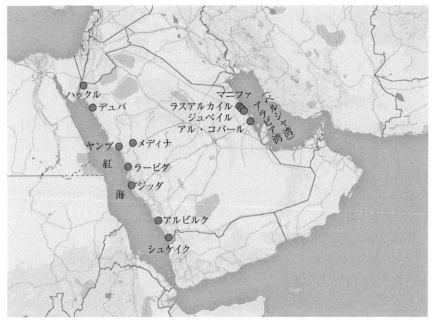

出所：Googleマップより筆者作成。

デュポンであった。東洋紡は、この動きを見て彼らに追従した。

　しかし、サウジアラビアではまだ逆浸透法の認知度も技術に対する信頼度も低く、市場に受け入れられるには程遠い状況であった。そこで東洋紡は、1981年1月にキャラバン隊を結成し、各都市で海水淡水化の実演を重ねることで、その認知度を高めることとした。第1次キャラバン隊は、1981年3月から8月までの半年にわたって、同国西側の紅海に臨むジッダで実演を行った。この地で一定の評価を得たキャラバン隊は、アラビア半島を東に約1000km横断し、アラビア湾に臨むアル・コバールにおいて1981年10月から翌年3月まで実演を行った。図表7-3は、両都市を含め東洋紡の逆浸透膜が納入された都市の位置関係を示した地図である。

　キャラバン隊が東西の両岸で実演を行ったのは、紅海とアラビア湾で海水の性質が異なるからであった。通常の海水は塩分濃度が3.5％で最高海水温が30℃程度であるのに対し、紅海の場合は、塩分濃度が4.3％で海水温は35℃程

度まで上がる。アラビア湾の場合、塩分濃度はさらに高く4.6％であり、海水温は約40℃にまで上がる。塩分濃度や海水温の違いは逆浸透膜の基本性能と耐久性に大きな影響を与えるため、両岸で実演することが重要であった。実演はいずれも良好な結果を出し、サウジアラビアにおける逆浸透法の認知度を高めることに成功した。

　1982年、東洋紡は逆浸透膜事業の拡大を狙った三カ年計画を発表した。この計画は、1981年度に約5億円だった売上高を1984年度に20億円にまで引き上げるという意欲的なものであった[15]。この発表を受けて、岩国工場の生産ラインも2系列に増強され、その生産能力は造水量換算で年間7万t規模となった。こうして東洋紡は、中東市場における大型海水淡水化施設の開拓に本格的に乗り出した。

　藤原信也（2019年現在、執行役員・機能膜事業総括部長）が入社して総合研究所に配属され、約5名の同僚とともに逆浸透膜を担当したのは、これら一連の拡大計画が進められていた1983年のことであった。この頃になると、酢酸セルロース系逆浸透膜の基本開発は終わっており、社内では事業化に向けた組織づくりが着々と進んでいた。同年5月には、機能膜事業部が新設され、逆浸透膜事業は組織として独立した事業体となった。11月に入ると岩国では機能膜工場が新たに開設され、生産活動が本格化した。

　岩国の機能膜工場で生産されたのは、逆浸透膜だけではなかった。1978年3月に開発が始まり1981年に事業化されていた人工腎臓用の中空糸膜AKH（Artificial Kidney Hollow Fiber）もここで生産された。AKH開発では、先行していた逆浸透膜に倣って三酢酸セルロースを用いた製品開発が行われた。海水淡水化用と人工腎臓用とで同じ技術基盤を持つことによって、工場も共有することができた。AKHについては、1985年に月産50万本を目標として、海外輸出にも力が注がれた[16]。AKHは、その後、逆浸透膜開発を側面で支える重要製品となる。

---

[15]　『日経産業新聞』1982年6月10日、p. 7。なお、この頃における日東電工の膜関係の売上高は6億円程度とされる（『日経産業新聞』1982年10月1日、p. 15）から、東洋紡における膜事業の売上高5億円は、低すぎたわけでも高すぎたわけでもない。

[16]　『日経産業新聞』1983年6月6日、p. 11。医療機器メーカーのニッショーとの共同開発品である。

2-3. 大型案件の受注と停滞

　海水淡水化用途では、サウジアラビアにおける実演の甲斐あって1984年、同国ハックルおよびデュバにおける海水淡水化プラント向け逆浸透膜モジュールを受注した。SWCCが行った入札案件を、米国のプラント・エンジニアリング企業であるエンバイロジェニクス・システムが落札し、伊藤忠商事の仲介で東洋紡がその逆浸透膜モジュールを納入することとなったのである。エンバイロジェニクスの落札金額は約270億円、このうち東洋紡の受注額は約15億円であった[17]。この海水淡水化施設の造水量は2カ所合わせて1万1000m^3/日（ハックル6600m^3/日、デュバ4400m^3/日）に達しており、東洋紡にとって初の大型案件であった。これを機に藤原は総合研究所から機能膜事業部へ異動して膜モジュールの構造改良を担い、実用化を進めることになった。

　大型案件の受注は1986年も続いた。ジッダで建設予定だった当時世界最大の海水淡水化プラント「ジッダⅠフェーズ1」（造水量5万6800m^3/日）を落札した三菱重工は、東洋紡の逆浸透膜モジュールを採用した。三菱重工の落札金額は約60億円で、このうち東洋紡の受注分は約15億円だと報じられた[18]。この受注に対して東洋紡は、直径を10インチに拡大して透水量を増やした逆浸透膜モジュールHM10255を開発し、1480本（2960エレメント）を納入した。

　こうしてサウジアラビアで大型案件の受注に成功したものの、それで事業が安泰となったわけではなかった。海水淡水化の大型案件の場合、施設の立ち上げに合わせた大量のモジュール供給が終わると、エレメントの交換時期までは需要が途絶え、事業はむしろ低迷期を迎えるからである。

　海水淡水化用逆浸透膜モジュールの累積造水量の推移を示した図表7-4は、まさにその様子を示している。1982年と1986年に見られるように、大型案件を受注すると生産活動が一気に盛り上がるけれども、その後はほとんど動きがない。大型案件受注後は、工場の稼働率維持が深刻な問題となったのである。

---

[17] 『日本経済新聞』1984年3月2日、p.10。
[18] 『日経産業新聞』1987年1月20日、p.17。この地では1970年に蒸発法のプラントが建設されていた。その造水能力を更新・拡大するため、蒸発法に代わって逆浸透法による海水淡水化施設の建設が計画された。

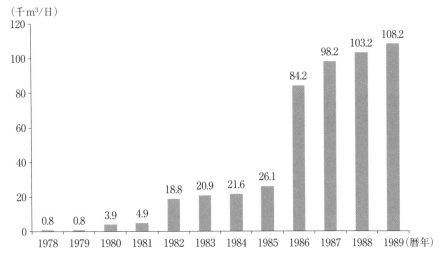

図表7-4　東洋紡の逆浸透膜を使用した海水淡水化装置の累積容量の推移

出所：熊野（1992）に基づき筆者作成。
注：契約ベースの値。

　生産変動に伴う問題に加えて、1990年代に入ると、東洋紡は「ジッダⅠフェーズ1」で発生したトラブルにも見舞われることとなった。1989年5月の営業運転開始当初、「ジッダⅠフェーズ1」は順調に稼働を続けると思われていた[19]。しかし、1年半ほど経つと脱塩性能が急速に悪化し始め、1991年には、見過ごすことができないほど深刻な状態に陥った。

3．度重なる苦戦

3-1．ジッダでのトラブル対応

　「ジッダⅠフェーズ1」で起きたこのトラブルは、SWCCに多大な不安をもたらした。ジッダでは、フェーズ1に続いてフェーズ2（造水量5万6800m³/

---

[19] 三菱重工の岩橋英夫と永井正彦は、1989年4月から11月までの8カ月に渡る同プラントの運転状況を調査し、順調に稼働していることを報告している（岩橋・永井、1990）。

日)の建設も進んでいたからである。1991年に結ばれたフェーズ2の契約では、フェーズ1と同様、三菱重工がプラント・エンジニアリングを担い、東洋紡がHM10255を1480本納入することになっていた。フェーズ1でのトラブルが、フェーズ2にも影響を及ぼすのではないかと心配された。

1991年11月、東洋紡は約20名を投入して三菱重工とともに緊急対策チームを結成し、原因究明と問題解決を急いだ。その結果、塩素殺菌の手法に問題があることが判明した。ジッダⅠでは、紅海の汚れに負けないように連続塩素殺菌法を採用し、塩素殺菌の頻度を上げていた。しかし、ジッダ付近の紅海中には銅（Cu）やコバルト（Co）といった重金属が多く溶け込んでおり、それが触媒作用を引き起こして三酢酸セルロースの主鎖を酸化切断し、脱塩性能を著しく劣化させていたのである。

原因を特定した東洋紡は、間欠塩素殺菌法という方法を考案し、膜モジュールに塩素を注入する頻度を適度に下げることによってこの問題を解決した[20]。この運転法により、膜を十分に殺菌しつつ、塩素が膜に与える負担を軽減できるようになったため、高い脱塩性能を長期間にわたって維持できるようになった[21]。東洋紡がこうして問題を解決したのは、緊急対策チームを組織してからわずか半年後の1992年5月のことであった。その後、念入りなフィールドテストを経て、間欠塩素殺菌法は1994年2月に正式に採用された。

この成果を踏まえてフェーズ2には、1994年3月の試運転開始時点から間欠塩素殺菌法が導入された。トラブルに対する東洋紡の迅速な対応は、SWCCを安堵させると同時に、彼らの信頼を得ることにつながった。藤原は次のように述べる。

---

20) 間欠塩素殺菌法とは、海から取った原水に塩素を注入して殺菌するなどの前処理を施した後、膜モジュールへと供給する前に連続注入されている亜硫酸水素ナトリウムを8時間に1時間の間隔で止め、塩素を還元しない時間帯を設けることによって、塩素が間欠的に逆浸透膜モジュールを通って膜を殺菌する運転法である。論理的には、塩素濃度を0.1mg/ℓ以下に制御することによって連続的に膜殺菌する方法も考えられるけれども、実際にそれを制御し続けることは難しいため、東洋紡は、塩素を膜モジュールに通す時間を制御することによって適度に膜を殺菌する手法を考案したのだった。なお、この間欠的な手法には、微生物の耐性化を防ぐという利点もあると考えられている。

21) Nada, Iwahashi, and Umemori（1994）；熊野・田中（2013）。

このトラブルを1991年11月から1992年5月にかけて解決したというのが重要なイベントだったことは間違いないですね。このプラントのオーナーはサウジ政府です。サウジ政府の信頼を得たというか、トラブルを短期間で解決したというところで信頼を得た。これは、技術的な点以外で、サウジで私たちが強くなった原因ですね[22]。

　1993年には、紅海に面した都市ヤンブで工業都市メディナに送水するために計画されていた海水淡水化プラント（計画造水量12万8000m^3/日）の建設を三菱重工が落札し、東洋紡がHM10255を3210本納入することになった。このヤンブのプラントを加えると、逆浸透法によるSWCCの造水量は40万5500m^3/日となり、その60％程度が東洋紡の膜を使う計算となった[23]。これら一連の受注に合わせて東洋紡は、5億円を投じて岩国工場の生産能力を5割引き上げ、月産300本体制を敷いた[24]。

　ただし、迅速にトラブルを解決して信頼を得たとはいうものの、SWCCは慎重な態度を続けた。たとえば、フェーズ1の時と異なり、フェーズ2およびヤンブの案件では膜交換率の保証を三菱重工と東洋紡に求めた。具体的に記すと、フェーズ2では、運転開始から5年間の膜の交換率を、1年目は0％、残りの4年については年10％以下を保証するよう求めた[25]。これらを超えた分は、無償交換した上、さらに同量分の膜エレメントをSWCCに提供しなければならなかった。ヤンブについても、運転開始から5年間にわたって、WHOの水質基準を満たしながら、累積膜交換率を15％×4＝60％以下に抑えることが求められた（岩橋、1996、p. 251）。このような高い保証要求があったものの、間欠塩素殺菌法の効果もあり、東洋紡がこれらの要求に悩まされることはなかった。

　しかし、膜モジュールの長寿命化は、交換需要の減少につながるため、事業拡大という点では必ずしも好ましいことではなかった。加えて、この頃サウジ

---

22) 前掲、藤原氏へのインタビューより。
23) 『日本経済新聞』1993年6月7日、p. 11。造水能力ベースの割合。
24) 『日経産業新聞』1993年6月21日、p. 21。
25) 岩橋（1996）。

アラビア政府が財政難に陥ったこともあり、ヤンブのプラント稼働は1998年まで凍結された。逆浸透膜事業は、その成長機会をなかなか掴みきれずにいた。

3-2．新材料の探索

東洋紡は、酢酸セルロース系逆浸透膜で海水淡水化用途を中心に事業展開を進める一方で、1981年からは新材料による膜開発も並行して進めた。耐塩素性の低さに悩んでいた他社ポリアミド系陣営の動きを踏まえ、鵜飼は「塩素に強い『革新RO』の研究をするように」と開発者たちに指示を出した[26]。

この指示を受けた開発者の一人が、総合研究所の所員だった小長谷重次（1974年入社）であった。鵜飼から指示を受けた小長谷は、渡辺修、成澤春彦、東海正也とともに4名で合成グループを結成した。そして、基本性能が高く耐塩素性にも優れた膜の分子構造や耐塩素性の評価について文献調査に着手した。

文献調査を踏まえ、手広くポリマー合成を試みた彼らは、まずは900種類ほどの新材料を候補とした。そこから材料ごとに分担して探索を進めて約600種類に絞り込んだ。分担は、小長谷が芳香族ポリエーテルと芳香環含有エポキシ樹脂架橋体を、渡辺と東海が芳香族ポリアミド、成澤が芳香族ポリアミドイミドと芳香族ポリイミドであった。その後、耐塩素性評価によって約200種類、製膜性評価を行い約150種類、脱塩率および透水性能を評価して約100種類まで絞り込んだ。

この過程で彼らは、芳香族ポリアミド膜の耐塩素性の低さがN-クロロアミドの生成に起因すると考え、その生成反応を防ぐ方法の開発を進めた[27]。そして、約100種類の候補から絞り込んで最終的に開発した材料が、電子吸引性基を持つジアミノジフェニルスルホンを用いた芳香族コポリアミドであった。

芳香族コポリアミドを材料とした新しい非対称膜は、海水淡水化向けに展開する計画だったが、残念ながら耐圧性が不十分であった。海水淡水化に必要といわれた60気圧程度の圧力をかけると、中空糸の内径がおにぎり型に変形して

---

26) 筆者による小長谷重次氏に対するインタビューより。2015年1月15日、名古屋大学にて。
27) 仁田（1993）p. 372。

しまい、十分な性能を出せなかったのである。そこで開発者たちは、低圧でも機能するかん水脱塩へとターゲットを変更せざるをえなくなった。

1985年、合成グループから小長谷だけが製膜グループへと移った。製膜グループでは、松井洋一、仁田和秀、葛本英司、宮城守雄、熊野淳夫たちとともに実験を進めた。小長谷は、ビーカースケールで実験を重ねた後、合成スキルを量産レベルに高めるため、生産拠点となる東洋化成工業の武生工場を毎月のように訪れた。量産レベルの製膜ノウハウが確立したのは1989年のことであった。

しかしこの膜は、性能は良かったものの製造費用が非常に高くつくことが問題となった。また、製造過程で生じる廃液処理にも多額の経費を要した。

3-3. 半導体向け超純水製造用途における苦戦

小長谷たちが新膜の用途をかん水脱塩へと変更した頃に急拡大していたのが、半導体向け超純水製造用途であった。

1970年代後半から80年代にかけて半導体の微細化が急速に進む中で、製造に使われる洗浄水に対して有機物や微粒子を限りなく取り除いた超純水が求められるようになり、従来のイオン交換法とは異なる逆浸透法に注目が集まった。この需要にいち早く反応したのは東レと日東電工であった。海水淡水化市場の拡大がままならない中、半導体製造向け市場の勃興はまさに神風であった。

しかしこの市場は、東洋紡の技術的強みが活きる市場ではなかった。半導体用超純水向け市場では、低圧運転下で高い透水性能と脱塩率を実現することが要求される。しかし、三酢酸セルロース中空糸膜には、稼働圧力を下げると脱塩率が大きく低下するという原理的な問題があった。低圧運転下では透水性能でもポリアミド系複合膜に対抗することができなかった。それゆえ小長谷は、80年代には半導体向けの用途をほとんど意識していなかったという。

東洋紡の開発者たちが半導体製造用の市場を明確に意識し始めたのは、1990年代に入ってからである。1990年に入社し、総合研究所でポリアミド系逆浸透膜の開発に携わった田中聡は、耐圧性の問題から海水淡水化向けには商用化できなかった新膜を半導体製造向けに展開することになったと振り返っている[28]。

1991年6月、東洋紡は、同年秋から、ポリアミド系中空糸膜を半導体製造向け超純水市場に投入することを発表した[29]。この新たな膜の耐塩素性は、他社のポリアミド系逆浸透膜と比べて6倍も高いと報じられた。それは、8000時間の運転後も自社の三酢酸セルロース系逆浸透膜HAシリーズと同等の脱塩率を維持できるほどの膜であった。しかし市場投入はスムーズには進まなかった。発売が計画されていた1991年秋になると、そこからさらに2年後となる「1993年に導入する」というように当初の発表が修正された[30]。実際に製品が導入されたのは1993年であり、HSシリーズとして、低圧タイプのHS-3110とHS-5110、中圧タイプのHS-5230とHS-5330の二種類が販売された。

　半導体向け超純水製造用途を中心とする国内の工業用途の開拓は、東洋紡の逆浸透膜事業にとって重要な意味を持っていた。海外の海水淡水化プラント向け製品の受注は変動が極めて大きかった。そのような中で事業の安定性を確保するには、短サイクルで需要が発生する工業用途を事業ポートフォリオに組み込むことが重要であった。当時の事業展開の考え方を、藤原は次のように振り返っている。

　海外についてはほぼ海水淡水化に絞っていましたけれども、日本では純水を製造するところの市場がまだ大きかったので、両方（を見据えて）やっていました。海外の海水淡水化はプロジェクトですから日銭を稼ぐ商売ではないので、一発当たれば結構（数量が）あるというかたちで。それだけではなかなか事業として成り立たないので、国内、身近にあるところもやらなければならないと。意識としてのウェイトは海水淡水化にあったけれども、やはり事業として日銭を稼ぐところの開発として純水があったので。ウェイトとしては半々ですね[31]。

28）筆者による田中聡氏へのインタビューより。2016年2月1日、Jeddahにて。
29）『日経産業新聞』1991年6月5日、p. 22。
30）『日経産業新聞』1991年10月9日、p. 1。
31）筆者による藤原信也氏に対するインタビューより。2013年10月11日、大阪、東洋紡本社にて。括弧内、筆者追記。

しかし、松井、仁田、田中たちが開発したポリアミド系中空糸膜は非対称膜であって、透水性能において他社の複合膜を凌駕できなかった。加えて、低圧運転下では脱塩率がどうしても上がらなかった。東洋紡は、東レと日東電工が支配する超純水向け市場になかなか食い込むことができなかった。

　非対称膜ゆえの技術的問題を解決しようと、総合研究所でポリアミド系複合膜の開発にチャレンジしたのが、熊野淳夫（1983年入社）や有地章浩（1994年入社）であった。高い透水性能を有する複合構造を効率よく、低コストで製造するには、界面重合法を確立する必要があった。しかし界面重合で中空糸膜を形成することは極めて困難であった。例えば、紡糸工程で少しでも糸が装置に触れてしまうと緻密な分離層が損なわれてしまうという問題があった。この問題を解決するために彼らは、中空糸の複合膜化の新たな技術を開発した。しかし、生産性を思うように高めることができなかった。結局のところ東洋紡は、複合構造をとるポリアミド系中空糸膜を世に出すことができなかった。

　半導体製造向け市場での苦戦が、東洋紡を従来の三酢酸セルロース中空糸膜に再び集中させることになった。東洋紡の開発者たちは、三酢酸セルロース中空糸膜の技術的な強みが活きる市場に集中特化すべきだとの結論に至った。彼らは、三酢酸セルロース中空糸膜の決定的な強みである耐塩素性が最も有効な武器となる市場として、海水淡水化市場の中でも、特に微生物が繁茂しやすい海域に照準を絞った。そうした海域に面し、かつ大きな水需要がある格好の市場は、やはりサウジアラビアであった。

4．事業拡大

4-1．全社構造改革の影響

　1990年代は、逆浸透膜事業だけでなく、東洋紡が全社的に非常に厳しい財務状況に陥った時期でもあった。図表7-5に示されるように、1990年度以降、全社の売上高営業利益率は下がり続け、1995年度には1.3％にまで落ち込んでいた。収益改善に向けた改革の必要性が全社横断的に強く認識されていた。

　逆浸透膜事業に対する圧力も自ずと強まり、もはや漫然と赤字を続けること

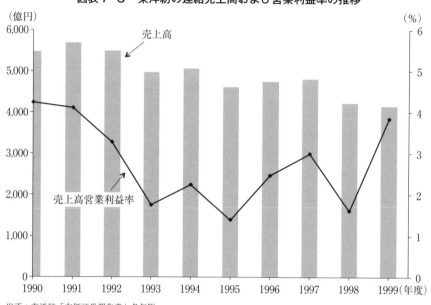

図表7-5　東洋紡の連結売上高および営業利益率の推移

出所：東洋紡「有価証券報告書」各年版。

は許されなくなっていた。そこで、逆浸透膜事業側では事業部の人数を3名程度にまで絞り込んで人件費を圧縮し、1998年度にはどうにか単年での黒字を確保した。この頃、逆浸透膜事業の実質的な責任者となっていた藤原は、引き続き単年黒字を計上することで、事業を存続させようとした。

　逆浸透膜事業はなんとか黒字化したものの、全社レベルでの業績を回復させるほどのインパクトはなかった。1998年度（1999年3月期）における東洋紡の売上高営業利益率は1.6％にとどまり、当期純利益は32億円の赤字に陥っていた。1999年6月、新たに社長に就任した津村準二は、「赤字は悪、黒字は善」を理念として社内外に公言し、徹底した構造改革を進めた。当然ながら、逆浸透膜事業にもさらなる収益改善圧力がかかることとなった。

　このとき幸いだったことは、人工腎臓用中空糸膜のAKH事業が好調で、機能膜事業全体としての業績が良いことであった。AKH事業は1990年度に一時不調に陥ったもののすぐに持ち直し、1990年代を通してその規模を拡大した。もちろん、AKHと逆浸透膜は互いに独立した事業体として捉えられており、

収益管理はそれぞれ別個に行われていた。しかし、既に述べたように、逆浸透膜とAKHは中空糸膜という同じ技術基盤を共有していたため、研究開発だけでなく工場においても人員を互いに融通しあうことができた。業績好調だったAKH事業と固定費を分け合うことによって、逆浸透膜の開発と事業化は細々ながらも続けられた。より高性能な逆浸透膜を目指して1996年に始められていた開発活動は、こうした恩恵も受けながら進展し、1999年12月に岩国工場でプロジェクト化された。

　東洋紡の経営陣は、各事業の収益改善を厳しく迫る一方で、伝統的な繊維事業からの転換を実現するために新規事業の開拓を強く推し進めた。独自技術によって市場ニーズにこたえ長期的な競争優位を確立できる事業をスペシャルティ事業と呼び、そこへの転換を推進した。逆浸透膜事業は、自社の中空糸技術を活かして水不足という社会的ニーズにこたえるという点で、全社の戦略転換に合致する事業であり、将来を担いうる事業として期待されていた。

4-2. 2000年代における拡大

　2000年代に入ると、東洋紡の逆浸透膜事業はようやく成長軌道に乗り始めた。2000年5月には、福岡で建設予定だった海水淡水化プラント（造水量：5万 m^3/日）に東洋紡の逆浸透膜モジュールを納入する契約が正式に締結された。国内最大となる海水淡水化プラントへの採用は、社内で大きな注目と期待を集めることとなった。

　同年12月には、堅田の研究所から開発メンバーが岩国に移り、逆浸透膜専任の開発プロジェクトFROPグループが発足した。既に岩国で進んでいた高性能ROプロジェクトと相まって、彼らは、膜の多ホール化、小径化、耐圧性の強化を進めた。さらに、膜エレメントの片側からのみ生産水を取り出す従来の方法を改めて、膜エレメントの両端開口化を実現した。その結果として開発されたのが、10インチの膜モジュールHB10255FIである。HB10255FIは、2005年6月に稼働を始めた福岡の海水淡水化プラントに1000本（2000エレメント）納入されるなど、同事業の拡大を支える製品となった。

　海外でも事業機会が巡ってきた。1999年にデュポンが逆浸透膜市場からの撤退を表明したことで、彼らが納入した逆浸透膜エレメントの交換需要を獲得

図表7-6　1999年頃における海水淡水化プラント上位10基

プラント名	国	規模 (m³/日)	主契約者	運転 開始年	膜 メーカー
メディナ・ヤンブ	サウジアラビア	128,000	三菱重工業	1998	東洋紡
ジュベイル	サウジアラビア	90,900	プロイサーク	1999	デュポン
ジッダⅠフェーズ1	サウジアラビア	56,800	三菱重工業	1989	東洋紡
ジッダⅠフェーズ2	サウジアラビア	56,800	三菱重工業	1994	東洋紡
マルベラ	スペイン	56,400	DECOSOL	1998	デュポン
ベンブローク	マルタ	54,000	ボリメトリックス	1993・94	デュポン
アデュール	バーレーン	45,000	ウェアウェストガース	1989	デュポン
マジョルカ	スペイン	42,000	デグラモン	1997	デュポン
沖縄	日本	40,000	栗田工業他	1996・97	東レ－ 日東電工
デケリアⅡ	キプロス	40,000	カダグア	1998	デュポン

出所：関野・藤原（1999）p. 440。

できる可能性が浮上したのである。特に東洋紡は、デュポンと同じ中空糸膜モジュールを販売する唯一の企業であったので、撤退後の交換需要を独占できる可能性があった。図表7-6は、1999年頃における大型海水淡水化プラントの契約者と採用膜メーカーの一覧を示している。10プラント中6プラントでデュポンの膜が採用されていたことがわかる。デュポンが退いた領域に攻め入る商機が東洋紡に訪れた。

　一部のプラントがデュポンの膜性能に不満を抱えていたことも東洋紡にとっては追い風であった。ポリアミド系であったデュポンの膜は耐塩素性が低く直接塩素殺菌できなかったため、微生物が繁茂して頻繁に目詰まりを起こしていた。また、デュポンの膜エレメントには封止の甘いものがあり、漏水を起こすケースもあった。こうしたプラントの不満は、東洋紡にも伝わっていた。サウジアラビア市場に深く入り込むにつれて、SWCCなど海水淡水化プラントの運営側から多様な情報が東洋紡側に流れ込むようになっていたのである。

　プラント側の不満を把握した東洋紡は、デュポン代替に向けた営業活動を積

極的に進めた。デュポン撤退後の2002年にはデュポン製と互換性のある膜エレメント HB9155 を、2005年には同じく HJ9155 を発売した。デュポンが既に納入した圧力容器を変えることなく、中身の膜エレメントだけを東洋紡の製品へと交換できるようにした。

東洋紡は、酢酸セルロース系材料が持つ「耐塩素性の高さ」が造水コストを低下させると説き続けた。耐塩素性が高ければ、安価で汎用的な塩素系殺菌剤を用いることができ、洗浄回数を減らせる。洗浄回数が減れば、洗浄に使われる薬品のコストを抑えることができるだけでなく、洗浄のために設備を止めるダウンタイムを減らせる。例えば、ジッダにある海水淡水化プラントでの洗浄回数は年間2回で済む。一方、ポリアミド系逆浸透膜を用いる場合には、2〜3カ月に1度の頻度で洗浄する必要があるといわれる[32]。それゆえ、東洋紡の膜モジュールは、他社製品に比べて高価だけれども、単位あたりの造水コストは必ずしも高くならない。この点に関して、藤原は次のように指摘する。

> 海水淡水化プラントでは、水がいくらで造れるかが勝負になります。例えば、他社さんの場合、洗浄するのに結構時間がかかるとか、何回も洗浄しないといけないとか、そのへんで実際のプラントで比較すると、膜としては私たちのものは高いけれども、水を造るコストは低いということになります。というのも、プラントの建設費で膜が占めているのは7％とかそんなものですから。そこがたとえ高かったとしても、プラント建設コスト自体にそれほどインパクトがなくて。膜の洗浄コストとかダウンタイムとか膜の寿命を考えると、うちの膜を使った方が安い。膜の単体の比較ではなくて、水を造るコストがどうかというところは、エンドユーザーがちゃんと計算して見てくれますので[33]。

2000年代に入ると、待ちに待っていた膜の交換需要がサウジアラビアで顕在化し始めた。2004年度、東洋紡の逆浸透膜事業は、ついに累積赤字を解消

---

[32] 筆者による Yaser Zaki Al-Jehani 氏へのインタビューより。2016年2月3日、Jeddah、Saline Water Conversion Corporation にて。

[33] 筆者による藤原信也氏へのインタビューより。2013年11月15日、大阪、東洋紡本社にて。

4-3. 事業成果

　2000年代に入って原油価格が高騰すると、サウジアラビアの財政は潤い、政府は海水淡水化プラントの新設と大型化を推進した。紅海沿岸ラービグ（Rabigh）では造水量21万8000m^3/日もの大規模プラントが計画され、2005年、東洋紡は同プラント向け膜モジュールを受注した。東洋紡は、プラントの大型化に伴う受注数量の増加に対応すべく、2005年から2006年にかけて岩国工場における逆浸透膜の生産能力を1.5倍に引き上げた[34]。大型受注はラービグの後も続き、2008年にはシュケイク-Ⅱ（Shuqaiq：造水量24万 m^3/日）、2010年にはジッダ RO 第3プラント（同26万 m^3/日）、そして2012年にはラスアルカイル（Ras Al Khair：同34万5000m^3/日）と立て続けに受注した。

　これら一連の受注の背景には、2005年に津村からバトンを受け社長に就いた坂元龍三による成長戦略があった。坂元は、津村から引き継いだ構造改革を2008年に完了し、新たな成長に向けた投資活動を推し進めた。逆浸透膜事業にも、スペシャルティ事業強化の一環として投資が振り向けられた。2010年には、サウジアラビアの ACWA と伊藤忠商事とともに AJMC（Arabian Japanese Membrane Company, LLC）をラービグに設立し、7億円を投じて現地工場の建設を進めた。2012年に稼働したこの工場には日本側から製造技術が順次移管され、現地での生産範囲は徐々に拡大している[35]。

　こうした投資活動の成果もあり、東洋紡はサウジアラビア市場に深く入り込むことに成功した。図表7-7には、東洋紡の膜モジュールを採用する海水淡水化プラント主要15基が示されている。上位10プラントがサウジアラビア一国で占められており、同国への集中具合がわかる。

　2016年時点における東洋紡の逆浸透膜事業の売上高は40億～50億円程度と推察される[36]。売上自体は大きくないものの、同事業は高い利益率を確保して

---

34) 『日本経済新聞』（2005年11月29日、p. 13）では、月産20tから30tに拡大すると報じられた。
35) 筆者による現地工場取材に基づく。2016年2月2日、Rabigh、AJMC にて。

図表7-7　東洋紡の逆浸透膜モジュールを採用している主要な大型海水淡水化プラント

プラント（国名）	プラント規模（m^3/日）	稼動開始年
ラスアルカイル（サウジアラビア）	345,000	2014
ジッダRO3（サウジアラビア）	260,000	2013
シュケイク－II（サウジアラビア）	240,000	2010
ラービグ（サウジアラビア）	218,000	2008
ヤンブ（サウジアラビア）	128,000	1998
ラービグ2（サウジアラビア）	109,000	2015
ジュベイル（サウジアラビア）	85,000	2007
ジッダRO1（サウジアラビア）	56,800	1989
ジッダRO2（サウジアラビア）	56,800	1994
マラフィック・ヤンブ（サウジアラビア）	50,400	2005
福岡（日本）	50,000	2005
アデュール（バーレーン）	45,500	2005
マニファ（サウジアラビア）	27,000	2012
フロリダ（米国）	11,400	2005
タンジュン・ジャティB（インドネシア）	10,800	2005

出所：http://www.toyobo.co.jp/news/2014/release_4747.html（2019年1月17日確認）に基づき筆者作成。

いると考えられる。その傍証として、間接的なデータながら図表7-8に示されるように、東洋紡の全社利益率が5％程度で推移しているのに対し、逆浸透膜を含む事業セグメントの利益率は15％程度で推移している。技術的な優位性が活きる特定領域に絞り込み、その交換需要を占有することで、高い利益率を確保しているのだと考えられる。

36）各種レポートと公開情報より。

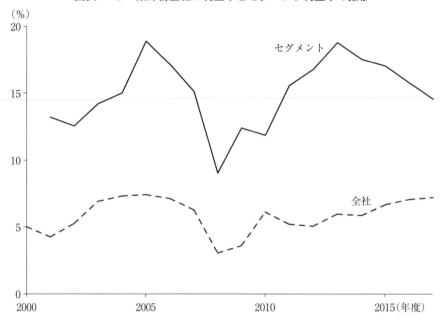

図表7-8　東洋紡全社の利益率とセグメント利益率の推移

出所：東洋紡「有価証券報告書」各年版。
注：セグメント利益率の値は以下の部門の値。
2001〜2004年度：バイオ・メディカル・機能材部門、2005〜2014年度：ライフサイエンス部門、2015年度〜：ヘルスケア事業。

5．おわりに

　東洋紡が逆浸透膜に着手した動機は「脱繊維」であった。開発者たちは、繊維事業で蓄積した技術やノウハウが活きる事業機会を模索する中で逆浸透膜に注目した。自社技術を転用するために、紡糸技術が活かせる中空糸型の膜構造を選択し、扱い慣れた酢酸セルロース系の材料を採用した。用途先としては、海水淡水化をゴールとして見据えながらも、漁船用途や病院用途など小さいながらも需要の見える領域を開拓した。

　1980年代に入ると、海水淡水化向け市場への参入を目指してサウジアラビアに注目した。1990年代初頭にジッダⅠフェーズ1で起きたトラブルに迅速

に対応することでSWCCから信頼を得た東洋紡は、その後サウジアラビアでの事業展開を有利に進めることができた。

　1980年代は、国内で半導体製造用超純水市場が急速に拡大した時期でもあった。しかし東洋紡の酢酸セルロース系膜では、低圧駆動下での性能が重視される同市場で、他社に勝つことができなかった。そこで東洋紡の開発者たちは、ポリアミド系材料を用いた中空糸型逆浸透膜を開発したが、それでも、透水性能と脱塩性能の双方において、ポリアミド系複合膜を凌駕するこができず、この市場からの撤退を余儀なくされた。

　超純水市場から撤退し、海水淡水化向け需要も伸びない中、1990年代中盤以降、東洋紡の逆浸透膜事業は存続の危機ともいえる苦境に陥った。しかしそうした中でも、事業は存続できた。その理由の一つは、組織の陣容を徹底的に縮小して赤字幅を減らしたことである。藤原は、2000年代に入れば必ず交換需要が拡大することを確信した上で、当面は堪え忍ぶことを選択した。逆浸透膜事業が社会性の高い事業であったことも多少の赤字が許された要因だったのかもしれない。また、全社的な構造改革の流れの中で、新規のスペシャルティ事業の一つとして位置づけられたこともあった。さらには、技術基盤を共有する人工腎臓用中空糸膜が好調であったことも追い風となった。

　90年代後半の危機を乗り越え2000年代に入ると事業は拡大期を迎えた。東洋紡は、三酢酸セルロース中空糸膜の高い耐塩素性が活きるサウジアラビアの大型海水淡水化市場に照準を絞った。そこでは、洗浄コストの節約やダウンタイムの短縮化によって造水単価が安くなることを顧客やプラント側に訴えてきた。サウジアラビアには、原油を大量に消費する蒸発法に基づく海水淡水化プラントが数多くある。戦略的な輸出物資としての石油を節約するために、サウジアラビアが、今後も蒸発法の海水淡水化プラントを逆浸透法に置き換えることが予測されている。この置き換え需要だけでもまだ十分な伸びしろがあると考えられる。

　東洋紡の逆浸透膜事業の特徴を一言で表現するなら「絞り込み」である。技術も市場も徹底的に絞り込み、自社の強みが活かされるところだけで戦っている。その結果、売上規模は小さいものの、高い収益性を確保している。しかし、この絞り込み戦略は必ずしも当初から意図したものではなかった。それは、半

導体製造用超純水市場での敗北やジッダでのトラブルなど、失敗から学ぶ過程で形成されてきたものである。同社の競争優位の源泉は、こうした一連の創発的学習能力にあるといえるかもしれない。

補表　東洋紡の海水淡水化向け逆浸透膜モジュール一覧

シリーズ名	製品名	上市年	膜モジュール外寸法 (外径mm×全長mm)	透水量 (m^3/d)	塩除去率 (%)	測定条件 圧力 (MPa)	操作範囲 圧力 (MPa)	開口型 (片端 or 両端)	備考
HRシリーズ	HR3155	1976	104×400	0.4	99.6	5.39	5.9以下	片端	
	HR5155	1976	153×444	1.2	99.6	5.39	5.9以下	片端	
	HR5255	1977	153×825	3.0	99.6	5.39	5.9以下	片端	
	HR5355	1977	153×1230	5.0	99.6	5.39	5.9以下	片端	
	HR8355	1977	305×1330	12.0	99.6	5.39	5.9以下	片端	
HMシリーズ	HM8255	1978	298×2602	27.5	99.6	5.39	6.4以下	片端	
	HM9255	1984	344×2613	35.0	99.6	5.39	6.86以下	片端	
	HM10255	1987	390×2863	45.0	99.6	5.39	6.86以下	片端	
HBシリーズ	HB9155	2002	278×1498	15.0	99.6	5.39	8.23以下	片端	
	HB10255	2003	400×3097	62.0	99.6	5.39	8.23以下	片端	デュポン製モジュールと代替可能
	HB10255FI	2004	400×2875	67.0	99.6	5.39	8.23以下	両端	
HJシリーズ	HJ9155	2005	294×2051	34.0	99.6	5.39	8.23以下	両端	デュポン製モジュールと代替可能
HLシリーズ	HL10255	2006	380×4433	95.0	99.6	5.39	6.86以下	両端	
HUシリーズ	HU10255	2008	396×4720	95.0	99.6	5.39	6.86以下	両端	

出所：東洋紡HP（2017年12月25日確認）および取材に基づき筆者作成。
注：塩除去率＝（1－透過水塩濃度／供給水塩濃度）×100（％）。

第8章

日東電工

収益圧力下での開発

1．開発の始まり

1-1．膜事業の育成

　日東電工が逆浸透膜の世界に初めて触れたのは、1960年代のことである。管状型の逆浸透膜モジュールを事業化していた神戸製鋼から、圧力容器向け部品の供給を持ちかけられたのがきっかけであった。水処理膜を中核事業としていなかった神戸製鋼は、やがて逆浸透膜そのものの生産も日東電工の亀山事業所に依頼するようになった。日東電工は、こうして逆浸透膜ビジネスの周辺から中核へと足を踏み入れた。その後、逆浸透膜の研究が社内で正式に始まったのは、1973年のことであった[1]。

　翌1974年に社長に就任した土方三郎は、電子、医療、膜（メンブレン）という3つの新規事業を今後の成長の柱とするという全社方針を打ち出した。しかし、膜事業を成長の柱にするには、逆浸透膜だけでは不十分である。そこで同社は「膜のデパート」を掲げ、多種多様な分離膜を開発することとした。逆浸透膜の開発は、その中の一つとして進められた。

　事業化の可能性を探るにあたって、逆浸透膜の用途は特定せず、多様な分野を模索することとした。海水淡水化用途も視野には入っていたものの、それが明確な目標だというわけではなかった。日東電工がこだわったのは膜事業の確

1）鈴木（2004）p. 14。

立であり、逆浸透膜だけに固執する必然性はなかった。逆浸透膜は数ある分離膜のうちの一つであり、海水淡水化もまた数多くありうる用途のあくまで一つに過ぎなかった。

　日東電工は、神戸製鋼にライセンス料を支払い、酢酸セルロース系管状型逆浸透膜モジュールの生産を始めた。1976年には、北海道における馬鈴薯のデンプン廃液処理用途向けに900本のモジュールを納入した。これは、施設の設計施工を日立製作所が受注したことから、当時同じ日立グループだった日東電工に発注されたものであった。しかし、デンプン廃液処理用途で日東電工が受注したのは、この1件にとどまった。こうした廃液処理や有価物回収といった用途は期待したほど拡大しなかった。

　潜在的な用途の一つとして、わずかながら海水淡水化の探索も行われた。1976年には、造水促進センターが茅ヶ崎で始めていた海水淡水化の実証試験に日東電工も参加した。ただしこれは、海水淡水化用途を狙って積極的に参加したというより、センター側からの打診を受けて半ば受け身で参加したものであった。容積効率で劣る管状型逆浸透膜モジュールで良い結果を残すことが難しいことは明らかであった。事実、同社は1年ほどで実験から外れることとなった。その後、漁港に小規模な海水淡水化設備を設置して実験を行ったものの、当面、事業としての発展は望めなかった。

　そこで、約50名の開発者たちは、各々のグループに分かれ、逆浸透膜だけでなくUF膜、NF膜、MF膜などの液体処理膜、そして気体分離膜や気液分離膜など、あらゆる膜の開発に取り組んだ。容積効率の悪い管状型に限界を感じた日東電工は、逆浸透膜についても、ポリアミド系の複合膜を含むあらゆる材料、構造、形状を探索した。

　多様な膜事業を展開するために、海外からの技術導入も積極的に行われた。その一つが、ドイツのバーゴフ（Berghof）から技術導入したポリアミド系中空糸型のUF膜である。このUF膜は、1978年に超純水製造用として日本の半導体メーカーへ納入された。しかしこの膜は、高い透水性能を持っていたものの、耐塩素性が低いという欠点があった。そのため、思わぬ目詰まりを起こして顧客からクレームを受けるという苦労を経験した。その後、この代替品としてポリスルホンのUF膜が開発された。

しかし、このような努力にもかかわらず、膜事業は期待したような成果を上げることができなかった。土方が描くような新規事業の柱の一つとなるには、大幅なてこ入れが必要であった。

1-2．トップ主導の開発

　1978年4月、土方は、全社企画部門の次長だった山本英樹を膜の事業推進者に据え[2]、「医療と膜で合わせて月商20億円くらいの事業に育てるように」と命じた。山本はまず、膜の開発者一人一人と面談をして、各人がどのような目標や将来像を描いているのかを確認することにした。その結果わかったことは、膜事業の将来に対して明確な計画や希望を抱いて開発している者が全くいないということであった。メンブレンという聞こえの良い名前をまとう一方で、事業の方向性と目標が組織内で共有されていないことを山本は痛感した。山本は、当時の様子を次のように述べる。

　「これはこういう方向に行けば」という確信を持って研究している者は誰もいなかった。……マーケットがどれくらい大きくなるか、誰もわからない。どんな用途がこれから伸びるかということも誰もわかっていない。将来の計画や夢がほとんど見えていない、メンブレンという名前だけが先行したプロジェクトであることがわかった。……確かにメンブレンというのは、魅力的な名前ですよね。何にでも通用できるような。海水淡水化、排水処理、あるいは濃縮プロセス、何にでも使えそうな万能的な性格を持った技術であるとは思ったが、かといって、どの分野がベースになるのか誰もわかっていなかったし、わかろうともしていなかった[3]。

　この当時、膜の開発は、同じ茨木の技術研究所ながら、道路を挟んで2つの建屋で別々に行われていた。一方の建屋では、主として、デンプン廃液処理向けに導入された管状型逆浸透膜モジュールやUF膜モジュール等の開発が行わ

---

2) 筆者による山本英樹氏へのインタビューより。2014年8月29日、大阪、日東電工本社にて。
3) 前掲、山本英樹氏へのインタビューより。

れていた。もう一方の建屋には、親水性ポリオレフィンのUF膜、MF膜、ポリスルホンのUF膜、ポリイミドの逆浸透膜などの開発を担当する複数のチームが存在していた。このように社内に散在していた膜技術を結集して、1つの事業として発展させることを土方は山本に期待し、膜開発チームの統合を指示した。

これを受けて1979年4月、2つの建屋に分かれていた膜開発チームが1カ所に統合された。あわせてこの年には、全社膜プロジェクトも始動した。膜事業は、経営トップの強い意志によって将来的な戦略領域として位置づけられた。

1-3．スパイラル型モジュールの開発

後に日東電工の逆浸透膜事業を支える平膜型の逆浸透膜およびスパイラル型モジュールの開発を担ったのが中込敬祐であった。中込は、1959年に栗田工業に入社した後、1969年に日東電工へ転職した技術者である。日東電工に入社した中込は、水処理と縁を切り、亀山において絶縁ワニスや耐熱フィルムの開発、FPC（Flexible Printed Circuit）の開発・量産化などに携わっていた。その後、1978年8月に技術研究所へ異動し、そこで、複合構造をとる平膜型の逆浸透膜およびスパイラル型モジュールの開発を指示され、再び水処理に携わることになった。それは、2カ所に分かれていた開発チームが統合される前年のことであり、中込による開発は、管状型逆浸透膜やUF膜モジュール等の開発部隊がいる建屋で細々と始まった。

平膜型開発のきっかけは、以前からつきあいのあった米国企業ベンドリサーチのベイカーからの勧めであった。米国では、1970年にノーススターがNS-100という平膜型複合膜の開発に成功していた。ベイカーはそれを目標とするよう進言した。また、それまで日東電工が蓄積してきたシート技術が製造工程に活かせると技術系役員が見込んだことも平膜型を選択した理由であった。

研究所内では管状型の開発グループが圧倒的に大きかった。一方、平膜型の複合膜開発は中込一人での着手となった。ベイカーのスケッチを基にした1m幅の製膜装置が既に社内にあったものの、それを使って試作する予算はなく、仮に動かしてみたところで逆浸透膜を作れるレベルのものではなかった。中込は、米国内務省の膜研究機関である塩水局が公開していた文献を読み込み、ま

ずは実験室レベルでの製膜に集中した。コーティング技術に関する自身の経験に基づいて、シート状の複合膜を小規模ながらも高精度で製膜する方法を開発し、75mm径の膜ながら、脱塩率99％の性能を実現した。これを機に1名が増員された。

さらに、1979年4月に膜開発が1カ所に統合されると同時に、中込の膜開発グループに神山義康（1978年入社）と吉岡範明（1977年入社）が加わった。また平膜型モジュール開発のために3名の開発者が参加した。これでもまだ総勢7名という小規模の開発陣であった。彼らが性能目標としていたNS-100は、かん水や海水淡水化で使えるレベルの性能だといわれていた。かん水向けでは高い透水性能が求められ、海水淡水化向けには塩濃度3.5％のもとで99％以上の塩阻止率が求められた。彼らは、一般にトレードオフ関係にある透水性能と脱塩率を高い次元で両立する複合膜を合成することに集中した。

しかし、この段階で、中込たちは、かん水や海水淡水化など特定の用途を明確に意識して開発していたわけではなかった。明確な用途を見通すことの難しさについて、中込と神山はそれぞれ次のように述べる。

　文献には書いてあっても、具体的な用途はわからなかったです。……市場があったわけでなく、「こうだ」なんて言える人なんていなかったですよ。シーズオリエンテッドで、導入期にはそんなもんです。単に馬鹿だから続けられたのかもしれませんね。結果が出れば、もっともらしいことを皆さん言うものです[4]。

　明確な目標はなかったです。……NS-100が一つの性能としての目標でした。ただ、それができたら（用途が）どうなるかと言う人はいませんでした。（かん水や海水の）脱塩の話なんてほとんど入って来ないのですよ。レポートを読むと「潜在的にこういうマーケットがある」と書かれていますけれど、「そうなのだろうなぁ」程度。……明確に「いつまでに何をやれ」というよ

4）筆者による中込敬祐氏へのインタビューとメール回答より。2014年4月11日、東京、一橋大学イノベーション研究センターにて（インタビュー）。2014年9月23日（メール回答）。

うなことは言われませんでした[5]。

　たとえ実験室レベルであっても、均一で欠陥のない膜を形成することは決して容易ではなかった。平膜の製膜機器はもちろんのこと、脱塩性能を測定する装置まで自分たちで作らなければならなかった時代である。同じ条件で製膜したつもりでも、性能は大きくばらついた。彼らは「平均値に騙されない」を合言葉にし、実験で得られた最高値に注目してその最適化を狙った。

　試行錯誤しながら実用可能なレベルを確認した後、1m幅の製膜装置を用いた実用化開発に移ったが、そこでも多くの課題に直面した。例えば、膜の基材となるタフタや不織布のシートは、500m巻きですら数カ所に継ぎ目などがあるため製造工程で引っかかって切れてしまい、当初はとても量産に耐えられるものではなかった。この問題は、製紙メーカーの協力を仰ぎながら徐々に解決された。エレメントの巻き付け工程においても、多数のシートを均一にずらさないと、皺ができたり、膜面を傷めたりしてしまい、膜の性能を実現できないという問題を抱えた。この問題は、巻付機を独自開発することで解決された。

　平膜型を採用する際には、UOPが保有する2つの基本特許が障害となる可能性があった。同じく平膜型を採用する東レは、独自のエレメント構造を考案して製品化していた。これに対し中込たちは、UOPが保有する特許の有効期間が残り1年と迫っていることを確認し、複雑な構造は水の流動や力学的にも問題が多いという判断から、単純な構造であるUOP方式を採用することにした[6]。

　1980年、技術研究所内に膜モジュール開発部が設置された。同年、日東電工はポリウレア系の材料を用いた複合膜NTR-7197とNTR-7199の開発に成功した。NTRのNTはNittoを、RはReverse Osmosis（逆浸透膜）を、そして下二ケタは脱塩率を指している。つまり、これらの膜の脱塩率はそれぞれ97％、99％であった。透水性能については、どちらも膜面積1m^{2}あたり造水量1m^3/日を達成していた。開発者たちは、渥美半島にある自社の臨海試験場

---

[5] 筆者による神山義康氏へのインタビューより。2014年8月25日、岡山、岡山大学にて。括弧内、筆者追記。
[6] なお、同特許は栗田工業の異議申し立てによって無効になった。

に小さなプラントを設け、海水淡水化の実証試験を1年ほど行った。この実験では前処理が不十分だったにもかかわらず99％の脱塩率を実現した。

しかし、これらの膜は耐塩素性が低く、膜の殺菌と洗浄を頻繁に要する海水淡水化向けに使用することはできなかった。そこで開発者たちは食品関係での展開を狙った。例えば、ワインの製造過程でブドウ果汁の濃縮に使ったところ貴腐ワインに近い味になり、好評を博した。ここにも、様々な種類の分離膜を多様な市場に展開しようとする日東電工の特色が現れている。中込は、こうしたアプローチについて次のように述べている。

　膜がどういう用途に使われるかわからない時代だから、ともあれRO膜は塩の阻止率が低くても透過流速（透水性能）が高いとか、耐塩素性、耐熱性、（耐）ファウリング性など、何か特徴があれば品番に加えようと。後から用途が見つかれば使ってくれたら良いじゃないかと。……「次世代膜はこの程度高性能化したい」と目標はありましたよ。高阻止率、高透過水流束はもちろんですが、耐塩素性、使用可能pH範囲、耐熱性、耐劣化性、耐ファウリング性など使いやすくし続けねばなりませんから[7]。

2．用途の模索と超純水市場への展開

2-1．用途の模索

1981年、NTR-7197とNTR-7199の開発成果を受けて、膜モジュール開発部は膜モジュール事業推進部として独立した。それは大きな事業化圧力が開発者たちの双肩にかかることを意味していた。約60名からなる部署で、そのうち、技術系が40名程度を占めていた。初代の事業推進部長は山本が務めた。事業化圧力が強まる中で山本は常に2つの点を考慮していた。

一つは、新たな逆浸透膜を生み出す技術力である。当時、日東電工が販売していたのは、管状型逆浸透膜モジュールとUF膜モジュールのみであった。し

7）前掲、中込敬祐氏に対するインタビューとメール回答より。括弧内、筆者追記。

かし山本は、統合された組織で開発を進める中で、近い将来に新たな膜モジュールを世に出せるという感触を得ていた。

　もう一つは、用途市場の将来性と波及性である。山本たちは、多様な用途を模索しながら、その将来性と波及性を検討し続けた。食品用途では、1982年度に農水省の支援で発足した「食品産業膜利用技術研究組合」に参加して用途開拓を行った。食品会社と膜メーカーがペアを組んで多様な応用テーマに挑むという取り組みで、日東電工は味の素と組んだ。

　共同開発の結果、日東電工は、味の素で味液の脱色処理に使用されていたイオン交換樹脂を、自社のNF膜NTR-7450で置き換えることに成功した。NTR-7450は、NTR-7197やNTR-7199に比べて耐塩素性が高かったため、食品のように膜が汚れやすく殺菌を要する用途でも使えたのである。技術研究組合で実用化されたのは、日東電工によるこの案件だけであった。技術研究所でNTR-7450の開発を進めた池田健一（1977年入社）は、この開発について次のように述べる。

　　上司から「池田君、強い膜を作ってくれ」と言われました。それだけです、テーマは。強い膜とは何だろう？というところからスタートしました。それでできたのが7450で、今で言うナノフィルトレーションですが、ルーズROと当時は呼んでいました。その膜は食品に使われました、醬油の濾過に。……
　　食品関係は（膜が）汚れやすい物質が多いです。汚れたときに（膜を）塩素で洗えなかったらまずい、汚れがとれない。……ところが7450の場合は、汚れても塩素で洗える。そうすると非常に安定的に運転できる。……
　　ただその時（開発していた時）は、まだ何に使うか全然わかっていなかったです。たまたまその時に味の素さんから「こういうことをしたいから」と声をかけてもらった。農水省のプロジェクトで活動していたのですが、使えそうということで、やってみたら意外と面白いと[8]。

8）筆者による池田健一氏に対するインタビューより。2013年12月27日、京都、地球環境産業技術研究機構にて。括弧内、筆者追記。

環境に貢献する分野も検討された。例えば、瀬戸内海の汚染防止対策として、四国の大手製紙メーカーのパルプ廃液の処理に、日東電工の管状型UF膜モジュールが採用された。他には、大型ビルや工場を対象とした水の再利用（中水）分野にも管状型膜モジュールが採用された。これは、浄水場などにおける水の再利用やかん水、海水の淡水化分野に波及しうる用途であった。

しかし、まだどの用途も小規模で、大きなビジネスにはならなかった。食品分野において顧客と共同で逆浸透膜を開発しても、それはその特定顧客向けのカスタム製品になってしまう。他社に展開できてもせいぜい一、二社どまりであり、開発の投資回収もおぼつかないという状況であった。確かにワイン用ブドウの濃縮や果汁フレーバーの濃縮といった用途は開拓できたものの、事業を支えるという規模ではなかった。

電着塗装、排水の油水分離、し尿処理といった分野では、管状型の膜モジュールが採用された。しかし、これも限定的な市場であった。NTR-7197の4インチエレメントを20～30本使ったかん水脱塩装置を作ってインドネシアに輸出したこともあったが、顧客である水処理装置メーカーと競合してしまうことから、この装置の展開は特殊な場合に限られた。通産省主導で1985年に発足した「水総合再生利用システムの研究開発」にも参加したものの、これといった成果を得ることはなかった。

2-2．三新活動

日東電工における逆浸透膜開発と事業化は、技術や用途を限定せず、分離膜関係であれば何でも手がけ、開発者が自ら多様な市場を開拓するところに特徴があった。中込は、分離膜を「ふるい」にたとえ、様々な目の粗さを持つ膜を数多く揃えることによって何らかの用途が引っかかることを期待した[9]。海水淡水化も、そうした多くの用途候補の一つに過ぎなかった。海水淡水化で求められる性能は、当時の日東電工が実現していた技術水準をはるかに上回っていたことから、すぐにその用途を開拓できるとは考えられていなかった。

開発者たちには、開発活動に従事するだけでなく、頻繁に客先へ出向くこと

9）前掲、中込敬祐氏へのインタビューとメール回答より。

も求められた。それは、多様な用途を模索するだけでなく、装置との適合、日常的なオペレーション、洗浄やメンテナンスなど、顧客による膜やモジュールの使用環境を深く理解するためでもあった。一連の探索活動から、同じ時期に逆浸透膜開発を進めていた東洋紡に対して、膜モジュールを格納する圧力容器を供給することも行われた。

　多様な用途を探索するこうした取り組みは、同社における新規事業開発の理念である「三新活動」を反映していた。三新活動の「三新」とは、新製品開発、新用途開発、新需要創出の3つを意味しており、同社では、新事業を創出する際に常にこれら3つの方向性を追求することが求められている。中込は、膜開発における三新活動について、次のように述べる。

　　　三新活動が企業文化ですから、膜が使えそうとなると、分離膜のマーケットそのものが小さいから、事業性などそこそこに何でも拾ってくるわけです。営業がやろうと言うものを断ると、強いプレッシャーが掛かってきます。止めろと言われたことは思い出しません。だから、種々の膜をストックしておく必要もあり、捨てるというのは極めて稀なわけです[10]。

　こうした三新活動の姿勢は、NTR-7250の開発において顕著に現れていた。NTR-7250は、耐塩素性と透水性能では目標を達成していたが、脱塩率が60％程度と著しく低く、海水淡水化やかん水脱塩用途では全く使えない膜であった。しかし以前、脱塩率の低い逆浸透膜を「ルーズRO膜」と名付けて市場に投入した実績があった。その経験から、たとえ脱塩率が低くても、何らかの特徴さえあればどこかに用途が開けるかもしれないと開発者たちは考えた。NTR-7250にはその特徴があった。

　ひとくちに塩といっても、その種類は様々である。塩化ナトリウムなどの1

---

[10] 筆者による中込敬祐氏へのインタビューより。2014年7月23日、東京、一橋大学イノベーション研究センターにて。なお、透過水の水質や流量は、供給水の水質やモジュール構成、操作条件によって変わる。中込は、水処理時代の経験から、逆浸透膜装置を設計するうえで重要なソフトウエアの開発を推進し、いち早く水処理装置メーカーに提供したという。

価塩だけでなく、硫酸マグネシウムといった2価塩なども塩である。NTR-7250は、一般的な塩である塩化ナトリウムに対しては60％程度の脱塩率しかなかったものの、2価塩の硫酸マグネシウムについては99％という高い阻止率を実現していた。この特徴に注目した開発者たちは、硬水の軟化という用途を想定して、様々な顧客にこの新膜を紹介した。

この頃山本は、半導体向け超純水製造装置を手がける栗田工業の経営トップとの堅い信頼関係をもとに、両社の間で定期的に技術懇談会を開催し、開発者たちの相互交流を促していた。1981年、その懇談会においてNTR-7250を紹介すると、栗田工業側が強い興味を示した。NTR-7250が特定の有機物を除去する能力に優れていたからである。吉岡は、NTR-7250を開発したときのことを次のように振り返る。

とにかく（塩について）高阻止率でないと駄目だということは、神山さんと二人でやっていてわかっていました。「最低90（％）は超えないとあかんな」と。既に東レさんの膜もあったから「95（％）はないと話にならないぞ」と。（そういう状況の中）耐塩素性、塩素に耐えるものということで材料を選んでやっているうちに、ひょこっと（NTR-7250の膜が）できたのですね。ものすごく水が出るのです。ただ「脱塩率低いよねぇ」「どうしようもないなぁ」と言っていて。この時神山さんがよく栗田さんに行っていて、紹介したら、栗田さんが（その価値を）見つけてくれたのです[11]。

2-3．超純水需要の獲得

当時、日本における半導体向け超純水製造用の逆浸透膜市場は東レの独擅場であった。東レの酢酸セルロース系逆浸透膜は、イオン交換樹脂の前の工程に導入されていた。それに対してNTR-7250は、イオン交換樹脂の後の工程に新たに導入された。栗田工業は、NTR-7250の特徴を活かして、多段階での分離システムを新たに考案したのである。

---

11) 筆者による吉岡範明氏へのインタビューより。2014年8月29日、大阪、日東電工本社にて。括弧内、筆者追記。

1983年、NTR-7250が初めて納入された。豊富な資金力を有していた日本の半導体メーカーは、栗田工業の装置を積極的に導入した。栗田工業は日東電工にNTR-7250の独占供給契約を求め、日東電工は3年にわたってそれに応じた。この結果、超純水製造装置市場でオルガノと激しい競争を繰り広げていた栗田工業は、そのシェアを急速に高めた。日東電工は、その後も栗田工業と良好な関係を続け、膜の用途に関する情報や顧客ニーズの情報を得ることができた。

　NTR-7250のヒットは、日東電工の膜事業に勢いを与えた。半導体産業の拡大とともに、1982年頃には6億円だった膜事業の売上高は、1983年度に10億円に達した[12]。翌1984年に日東電工は、膜事業の売上高を1987年度までに60億円へと引き上げるという壮大な計画を発表した[13]。あわせて滋賀工場建設プロジェクトを立ち上げ、工場内のあらゆる製造装置を自社で開発した。

　半導体用途への適応を考えて、日東電工は、半導体工場レベルの超純水装置（100m^3/h）を導入し、膜モジュールの評価を行った。事前に量産レベルでの評価が可能になったことによって、顧客は、現場での試運転による調整に時間をかけることなく、超純水の製造を開始できるようになった。これによって水の浪費が抑えられ、顧客からは好評を博した。

　用途が広がるにしたがい、エンジニアリング力の強化を狙って、高分子化学系の技術者が多かった逆浸透膜の開発部隊に工学系の技術者が増員された。1986年にはメンブレン事業部が発足し、滋賀工場が操業を始めた。事業推進部長を務めつつ取締役に昇格していた山本は、メンブレン事業部の初代事業部長となり、滋賀工場長を兼任した。副工場長は中込が務めた。この年、日東電工はNTR-7250の後継としてNTR-729を市場に投入し、半導体向け超純水製造市場における拡販を進めた[14]。図表8-1は、滋賀工場における平膜型逆浸

12）『日経産業新聞』1982年10月1日、p. 15；1984年8月7日、p. 7。
13）『日経産業新聞』1984年8月7日、p. 7。
14）その背景には、NTR-7250を滋賀工場で生産したところ脱塩率が90％に高まったため、名称をNTR-729に変えたという事情があった。このエピソードは、逆浸透膜の工業生産が難しいこと、それゆえ製膜技術の確立が重要であることを物語っている。その重要性は、後述するように、ハイドロノーティクスが高性能な複合膜を持ちながら工業化できていなかったことからも推察される。

図表8-1 平膜型逆浸透膜の製造装置（滋賀工場）

出所：日東電工（1986）「滋賀工場案内パンフレット」。

透膜の製造装置を写したものである。この頃になると、日東電工のシェアは東レと拮抗するようになり、その事業規模は計画には届かないものの1億円/月程度で推移していた。

ところが、滋賀工場が操業を開始した1986年に運悪く半導体不況が訪れた。日東電工の逆浸透膜事業もその影響を被り、売上げが2000万円程度しかない月さえあった。滋賀工場を新設したはいいが生産するものがない。最初の半年は試作ばかりで、それ以外はペンキ塗りや草むしりといった始末であった。その間、新装置の運転に習熟できたものの、事業としては厳しい状況が続いていた。それでも経営トップは膜事業を支援し続けた。土方の後を継いで1985年に社長に就任していた鎌居五朗も、その路線を踏襲していた。

経営トップからの支持はあったものの、このまま日本にとどまっていては事業の発展は決して望めないという強い危機感を山本は抱いていた。成長するには海外展開が必要だと考えていた。既に1985年、カリフォルニア州サンフランシスコに日東電工テクニカル（以下、NDT）[15]を設立して膜の部門を設け、技術者を駐在員として茨木から派遣していた[16]。米国市場の自動車メーカー向

けに電着用の管状型膜モジュールを輸出することを狙ってのことだった。

　山本は、海外企業の買収も視野に入れていた。国内景気の追い風を受けて好業績を上げていた日東電工は、新たな投資先を模索していたものの、幸いなことに投資ターゲットはまだ定まっていなかった。さらに、プラザ合意に伴う円高によって、海外企業の割安感は急速に高まっていた。

3．事業化の進展

3-1．ハイドロノーティクス買収

　そんな折、三和銀行ニューヨーク支店（当時）から、ハイドロノーティクスが売りに出ているという話が舞い込んできた。ハイドロノーティクスは、当時、ダウに次いで米国第2位の化学企業ローム・アンド・ハースの子会社であった。山本はこの話に強い興味を持ったが、日東電工にとっては初めてのM&Aであったので、すぐには飛びつかず、中込らを派遣して同社を調査させるとともに、独立の研究機関であるSRI（Stanford Research Institute）に評価を依頼した。

　SRIの評価結果は「可もなく不可もなく」というものであった。製造部門は弱い、販路は標準的、技術面では酢酸セルロース系スパイラル型逆浸透膜エレメントの開発と製造能力があり、複合膜についてはまだ研究段階という内容であった。評価が特別高いというわけではなかったものの、膜事業を海外で一気に広げるには、開発・製造・販売機能を総合的に保有する企業が必要であり、この点でハイドロノーティクスはまさに山本が求めていた企業だった。山本は、海外展開を考えるようになった経緯を次のように述べている。

　　（膜を）ビジネスにするには、日本で展開していてもたかが知れている。
　　決して大きくは、期待されているようなかたちにはならないだろうと思って

15）設立時の社長は村田勝彦である。
16）なお、このとき吉岡は、ベイカーが設立していたMTR（Membrane Technology and Research）に研究者として赴任しており、その後、NDTへと移ることとなった。

いた。それなら期待されている状況に持っていくにはどうすれば良いか。それが1987年のハイドロノーティクスの買収であると。日本にこだわる必要はない、マーケットは世界に求めよう、世界の技術の中でどのくらい戦えるのかをむしろ見てみた方が良いなと。それには海外の企業と提携するか買収するか、という考えに移っていった[17]。

　1987年11月、日東電工はハイドロノーティクスを買収した。もちろん、この買収の全てが価値を持ったわけではなかった。例えば、垂直統合的な事業を展開していたハイドロノーティクスは、膜事業に加え、脱塩施設のエンジニアリングも手がけていた。西海岸の原子力発電所に自社の海水淡水化装置を設置、運転して、脱塩水を販売するビジネスまで行っていた。しかしこうしたプラント事業の収益性は低く、さらに、競合するプラントメーカーが日東電工とハイドロノーティクスの膜を敬遠する危険性もあった。そのため、日東電工による買収後、ハイドロノーティクスは脱塩施設のエンジニアリング事業から撤退した。
　ハイドロノーティクスが保有していた酢酸セルロース系逆浸透膜も、期待したほどの効果は生まなかった。日本の半導体向け超純水製造用途への投入を想定して日本に輸入したものの、既に東レが展開していた前段用途で競争優位を構築することは難しかった。
　しかしこの買収には2つの大きな成果があった。一つが海外販路の拡大であった。ハイドロノーティクスは、世界中に販路や人脈を保有しており、これまでの納入実績によって顧客から一定の評価を得ていた。そのため、買収を機に各国のユーザーから様々な情報が日東電工に流れ込むようになり、世界市場への門が大きく開かれることになった。

3-2．NTR-759
　もう一つの成果がポリアミド系複合膜技術の獲得であった。これは、買収時には想定していなかった大きな恩恵であった。もちろんハイドロノーティクス

---

17) 前掲、山本英樹氏へのインタビューより。括弧内、筆者追記。

が複合膜の研究をしていることは日東電工側も知っていた。ただ、その技術の詳細までは把握しておらず、さほど期待もしていなかった。しかしこの複合膜が、高い脱塩率と透水性能を両立する極めて高性能な膜だった。当時、フィルムテックのカドッテが開発したFT-30という複合膜が市場では大きな話題となっていた。ハイドロノーティクスの開発部門にいたトマスキー（John E. Tomaschke）が開発していた膜は、そのFT-30に匹敵する性能を実現していた[18]。しかし、ハイドロノーティクスには、この膜を工業化できるだけの製造技術が備わっていなかった。

　この新膜のポテンシャルに気づいた日東電工の開発陣は、それまで培ってきた自らの製造技術を総動員して工業化に努めた。その結果、ハイドロノーティクスを買収してからわずか3カ月後の1988年1月には、一定の性能を示す量産製品を実現できた。この新たな複合膜はNTR-759と名付けられた。

　NTR-759の開発と工業化を進めていた矢先の1988年5月、日本側で大きなトラブルが発生した。超純水の一次脱塩用として日本側で開発・投入していたNTR-739の透水性能が急落するという問題であった。急いで原因を調査したものの、全ての原因を解明して適切な対策を打つには時間が足りなかった。このトラブルにより、日東電工と東レのシェアは、おおむね3:7にまで開いてしまった。

　NTR-739は既にかなりの量が市場に出回っていた。それを回収して新しい膜と入れ替えなければ顧客の信用を回復できない。この危機を救ったのがNTR-759であった。その工業化を技術者総出で進めていたことが功を奏したのである。トラブルが発覚してから3カ月後の8月には、NTR-759を栗田工業に納めることができた。こうした迅速な対応によって、迷惑をかけたはずの栗田工業からむしろ感謝され褒められたほどであった。

　図表8-2は、脱塩性能をさらに高めたNTR-759HRや他の逆浸透膜の性能を布置した図である[19]。この図の中で注目すべきは、NTR-759HRが、NTR-

---

18) US Patent 4872984；4948507.
19) 各性能は製品カタログに基づいているため、厳密に言うと、運転条件が少しずつ異なる。そのため、特に企業間比較については、おおよその位置関係と解釈することが望ましい。なお、HRはHigh Rejectionを意味している。

図表8-2　NTR-759HRと他の逆浸透膜との性能比較

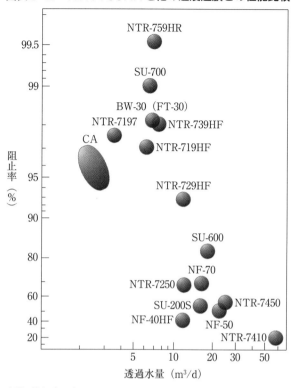

出所：神山（1990）p. 526。
注：φ4×40（L）インチエレメント、0.15%NaCl、1.5MPa（15kgf/cm^2）、25℃。

739と同じ透水性能（透過水量）ながら、圧倒的に高い脱塩率（阻止率）を実現している点である。日東電工は、より高性能な膜でNTR-739を代替したのである。栗田工業やオルガノなど超純水製造装置企業は、リスク回避やコスト削減の観点から複数の膜メーカーから購買するため、膜メーカー間で市場シェアに大きな差はつきにくいが、NTR-759シリーズの導入を機に日東電工はトラブルで失った市場シェアを奪い返すことに成功した。

　NTR-759シリーズは海外市場でも高い支持を集めた。米国では、飲料水や農業用水を得るためのかん水脱塩用途に逆浸透膜が普及しつつあったが、市場には、ダウが買収したフィルムテックの膜モジュールしかなかった。そこにNTR-759が入り込んだ。この成果は大きく、買収後3年もたたずに、ハイド

ロノーティクスの業績は黒字化した。1989年には、こうした勢いの中で、サンタバーバラとサンディエゴに分散していた本社、工場、研究所をサンディエゴに集結するために、本社の移転が進められた。同時に新鋭設備の導入も進められた。このようにNTR-759シリーズが国内外でヒットしたことから、日東電工における膜事業の売上高は急速に拡大した。

3-3. 特許係争

このようにNTR-759シリーズは、日東電工が逆浸透膜市場で大きく飛躍する契機となったのだが、同時に、特許訴訟という厳しい試練を日東電工にもたらした。

1990年5月、ダウからハイドロノーティクスに一通の手紙が届いた。ダウの子会社であるフィルムテックが開発したFT-30に含まれる特許（通称「344特許」）にNTR-759が抵触しているという内容であった。特許関係については、日東電工としても買収前に十分に検討していたはずであった。ローム・アンド・ハースからも、ハイドロノーティクスの保有技術が344特許を含むどの特許にも触れないという保証をとりつけていた。弁護士と研究者からも、ハイドロノーティクスの複合膜には新規性が認められ344特許に抵触しないという判断を得ていた。

344特許は、カドッテが開発した画期的な複合膜FT-30を支える重要特許であった。それがあるからこそ高額でフィルムテックを買収したダウは、その権利を保護しようと強硬な態度に出た。日東電工のNTR-759シリーズが米国市場で普及し始めていたことも影響していたのかもしれない。NTR-759シリーズで息を吹き返しつつあった日東電工の逆浸透膜事業は、突如として存亡の危機に立たされることになった。この危機に対して、1989年に常務に就任していた山本は、自ら陣頭に立って指揮を執り、法廷の証言台にも立った。

1991年5月、敗訴したときのことを想定して、山本は日本側で緊急プロジェクトを発足させた。発足にあたって山本は、「3カ月でNTR-759に代わる膜を作るように」と神山に指示した。地裁での判決が下る8月までにNTR-759シリーズと同じ性能の膜を開発せよ、という難題であった。この難題を解くために、全社から総勢40〜50名の開発者が集結し、神山がリーダーを務めた。吉

岡もまた、この緊急プロジェクトを現場で補佐する立場で力を尽くした。開発者たちは、いくつものグループに分かれ、懸案となっていたトリメシン酸クロライドを用いない全く新しい複合膜の開発を急ピッチで進めた。

その最中の8月31日、日東電工は一審で敗訴した。スキン層（緻密層）材料にトリメシン酸クロライドを使用した膜は全て344特許に抵触するという判決であった。この結果、ハイドロノーティクスは米国における複合膜の製造を中止せざるを得なくなった。日本側の緊急プロジェクトも、いまだNTR-759シリーズに代わる新しい膜を出せずにいた。そこで米国では酢酸セルロースの非対称膜の製造に切り替え、複合膜については、日本で製造した膜をメキシコでモジュールに組み立て米国以外の市場で販売するという方針を立てた。この方針のもと、サンディエゴにあるハイドロノーティクスの工場ではレイオフを敢行した。

しかし1993年3月、幸いなことに、二審において日東電工の主張が認められ、勝訴が決まった。344特許はカドッテが米国政府から得た研究資金で開発されたものであり、その正当な保有者はフィルムテックではなく米国政府であるというのが判決の内容であった。これを受けて日本側の緊急プロジェクトも中止された。

勝訴が決まると、日東電工はすぐに344特許のライセンスを受け、再びハイドロノーティクスでの生産を開始した。一審で敗訴して生産が止まる中でも最新鋭設備を導入し続けていたことが、業績の急回復に大きく貢献した。レイオフされた従業員も戻され、新しい設備での生産が始まり、売り上げは再び拡大基調に乗った。日東電工の膜事業が単年黒字化を遂げたのは、1994年のことだった。開発着手から数えて20年を超える歳月が流れていた。

この特許訴訟によって日東電工は多大な人的エネルギーと時間を消耗した。しかし同時に、開発者たちは、この過程で多くの知見を得ることができた。特許訴訟では、技術的な裏付けのある客観的な証拠を揃えるために、普段は行わないような分析、解析、評価を事細かに行わなければならない。それが新たな知見の蓄積をもたらしたのである。

例えば、開発者たちがNTR-759の表面を電子顕微鏡で観察したところ、膜の表面にひだ構造があることがわかった。ひだ構造のために膜の表面積が広が

り、透水性能が高まっていたのである[20]。子会社の日東分析センター（NTC）も、膜の解析・評価を担い、大きな役割を果たした。その過程でNTCの解析・評価技術が進歩し、分子構造のシミュレーションや評価技術の確立につながったことが、その後の逆浸透膜開発に活かされた。

4．海水淡水化への道

4-1．低圧化という切り口

飛躍的な性能向上を実現したNTR-759シリーズは日東電工の膜事業の発展に大きく貢献した。しかしそこに安住するわけにはいかない。特許訴訟で勝訴したことによって新たな膜開発はストップしていた。こうした中、メンブレン事業部の開発部長であった神山[21]は、次なる高い目標を設定する必要性を感じていた。

神山は開発陣に「759の3倍をやるように」と指示した。正確には、従来の1/3の圧力でNTR-759と同じ透水性能と脱塩率を実現する新膜を開発せよという指示であった。かつて神山が複合膜開発に着手した際に目標としたノーススターのNS-100に対して、その後登場したフィルムテックのFT-30の動作圧力は1/3にまで低下していた。そこで神山は、FT-30の次を担う革新を目指すという意味を込めて、3倍とか1/3といった表現を用いたのである。

開発者たちは3つのチームに分かれて開発を進めた。しかし、3倍の性能向上に向けた道筋が示されたわけではなく、それは、到底実現できるとは思えない難題であった。それでも神山は、やめて良いとは決して言わなかった。それどころか、顧客である栗田工業には、「もうすぐ低圧膜が出るから」と毎年言い続けていた。神山は、当時の様子を次のように語っている。

> 言ったは良いですけれども、なかなかできないですよね。ただ、私がやめろと言わないものですから、開発者はやめられない。……彼らはすごくまじ

---

[20] Ikeda and Tomaschke (1994).
[21] 神山は1992年4月にメンブレン事業部開発部長に就任していた。

めで、上司に逆らわないから。ですから、ずいぶん苦労したのではないかと思います。私は私で、栗田などを訪れて……「低圧の膜が出るから」と毎年言って歩いていたわけです。ですから彼らは辛かったと思いますよ[22]。

　2年ほど経った頃、一つのチームから異常値のようなデータが報告された。それは、従来の膜と比べて飛躍的に高い透水性能と脱塩率を示すデータであった。よく調べてみると、NTR-759よりも膜表面のひだ構造が深く、表面積が広がっていることがわかった。しかしひだ構造を深くし過ぎると、濃縮された高塩濃度の水が膜面で拡散せず、浸透圧が増大して透水性能が低下してしまう[23]。またファウリング物質が膜面に滞留する危険性も生じる。それゆえひだ構造の最適化が開発上の重要課題となった。開発者たちは、試行錯誤の末にひだ構造を適切にコントロールする技術を確立することに成功した。

　こうして1995年に新たに開発された膜は、ES10と名付けられた。ESとは省エネ（Energy Saving）を表している。従来と異なる名称がつけられたのは、膜の低圧性を前面に出すためであった。日東電工はそれまでも低圧性を特徴として謳っていたが、ES10の導入とともに、それをさらに明確なセールス・ポイントとして意識することになったのである。

　ひだ構造の世代変化は図表8−3に示されている。NTR-7199、NTR-759HR、ES10と世代を経るごとに、ひだ構造が深まっていることがわかる。

　1/3の動作圧力で従来通りの透水量を確保できれば、消費エネルギーの大幅な節約になる。逆浸透膜で物質を分離するには、高圧ポンプを使って浸透圧以上の圧力をかけなければならない。この高圧ポンプを駆動する電気代が造水コストの多くを占めることが、顧客にとっては悩みの種であった。さらに、低圧で駆動できれば、配管も細くすることができる。これらはみな造水コストの低下につながり、装置メーカーにとって、顧客に対する効果的な売り文句となる。電気代の節約を求める顧客には「圧力低下による節約」を、透水量の増大を求める顧客には「同じ圧力で3倍の透水量」を提案するというように多様な

---

22) 筆者による神山義康氏へのインタビューより。2014年8月25日、岡山、岡山大学にて。
23) これを濃度分極作用という。

図表8-3　ひだ構造の変化

	第一世代 NTR-7199	第二世代 NTR-759HR	第三世代 ES10
RO膜 スキン層断面 TEM写真 ×100,000倍 $0.2\mu m$	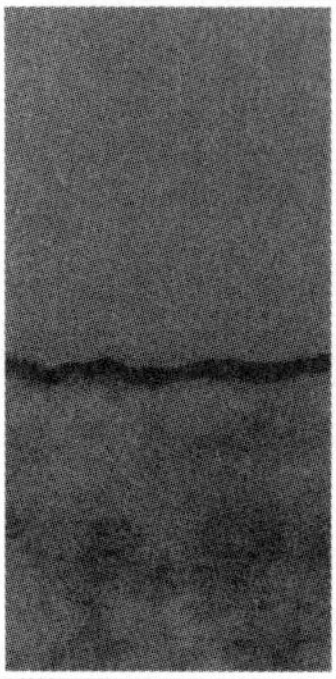		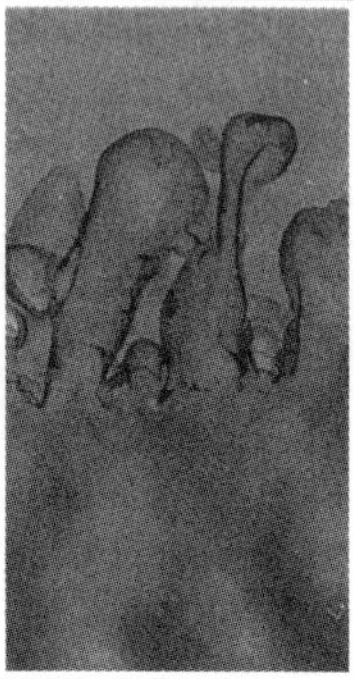
スキン層高さ	平面（$0\mu m$）	約$0.2\mu m$前後	約$0.4\mu m$前後

出所：廣瀬・伊藤（1996）p. 40。

営業活動が可能となるからである。

ES-10は超低圧ROと呼ばれ、まずはかん水脱塩向けに導入された。開発者たちが当時想定していた用途は、もっぱら、半導体向け超純水製造用途でのかん水脱塩であった。1990年代の有価証券報告書では毎年、半導体業界向けの超純水製造用途の動きが言及されている。当時の逆浸透膜事業にとって半導体業界向け用途はそれだけ大きな比重を占めていたのである。

4-2．沖縄と福岡での実績

高い脱塩性能と透過水量を実現したES10の登場によっていよいよ海水淡水化が射程内に入ってきた。ES10以前にも、ハイドロノーティクスの持つ販路を通じて海水淡水化用途に逆浸透膜モジュールを納入した経験はあったが、それはあくまでも小規模なものに過ぎなかった[24]。

日東電工がES10を展開し始めた頃、日本国内では沖縄で海水淡水化施設の建設が進んでいた。沖縄は、地形的に見て河川からの取水が不安定であること

---

24) 架橋全芳香族ポリアミド系の逆浸透膜モジュールを日東電工が初めて発売したのは1991年のことである。翌1992年には、スペイン領カナリア諸島において6000m^3/日規模での運転が始められた。

から水の安定確保が長年の課題であり、給水制限日数が169日に及んだ1977年には「沖縄本島海水淡水化計画調査(第1次)」が始まっていた。それから歳月を経た1993年、北谷浄水場において海水淡水化施設の工事が始まり、1997年に完成した。

　この施設の造水能力は4万 m^3/日であり、当時国内最大、世界で5番目という規模であった[25]。このうち1万 m^3/日分の受注を獲得した日東電工は、NTR-759を海水淡水化用に調整したNTR-70SWを納入した。同社の納入分は、その後1万5000 m^3/日へと拡大した。この大型案件の受注によって、海水淡水化用途が社内でも注目されるようになった。

　2000年代に入ると海水淡水化市場が本格的に拡大し始めた。沖縄に続き2005年には福岡でも海水淡水化施設(5万 m^3/日)が完成した。福岡もまた、沖縄同様に長年にわたって水不足に悩む地であった。1994年に大渇水に見舞われたのを機に、海水淡水化施設の導入が検討され、1999年7月、プラント施設および取水施設の提案公募が出された。

　この公募の結果、東洋紡の中空糸膜モジュールを使ったプラント提案が採択され、東洋紡は10インチの中空糸型膜エレメント2000本を納入することになった。しかし、東洋紡の一段脱塩法ではホウ素などの不純物の除去に不安が残るということで、後処理用として日東電工の逆浸透膜エレメントES20B-D8が1200本導入された。さらに、前処理用として、日東電工のPVDF(ポリフッ化ビニリデン)系UF膜エレメント3060本も導入された。

　海水淡水化用途において日東電工が訴求した一つの差別化要素は、低圧でのホウ素除去能力であった。ホウ素の除去工程は、海水を淡水化した後の工程であるため、塩分濃度が低く、高い動作圧力を必要としない。そのため、できる限りエネルギーを消費せず低圧でホウ素を除去することが望ましい。福岡で導入された逆浸透膜エレメントES20B-D8には、超低圧ROのES10の流れを受けて開発されたES20が用いられており、ホウ素除去能力に加えて低圧性にも大きな特徴があった。

---

[25] 『琉球新報』(1997年4月10日)の報道に基づく。総事業費は346億9万9943円、うち国庫補助率85%；294億9万4948円(沖縄県環境生活部生活衛生課、2012)。

同社が訴求したもう一つの差別化要素が長期安定性と長寿命性であった。複合膜にとって、脱塩性能や透過水量といった基本性能での初期能力が重要であるのはもちろんだが、脱塩の運転を通じて膜が汚れていく中で、その性能値をどれだけ維持できるかという点も重要となる。とりわけ、耐塩素性に難を抱えるポリアミド系複合膜の膜メーカーにとっては、微生物の繁茂しにくい膜を作ることが鍵となる。いわゆる低ファウリング化といわれる開発である。日東電工は、低ファウリング性を謳ったLF-10を1997年に開発、発売し、今日までシリーズ展開している[26]。

4-3．海水淡水化の本格展開

2000年代に入って世界の海水淡水化市場が本格的に拡大すると、日東電工もその波を捉えて成長し始めた。その成長の支えとなったのが、ハイドロノーティクスの世界販路だった。同社を買収した際、世界中から流れ込んでくるファックスに日東電工の関係者が目を見張ったほどであった。ハイドロノーティクスが持っていた販路の重要性について、神山は次のように述べている。

　　ハイドロを買収してつくづく思ったことは、逆浸透膜のスパイラルの用途ってこんなにあるのだな、（脱塩用途では）1件ごとの膜モジュールの数がすごく多いのだな、ということです。日本で超純水の設備をやっても、せいぜい何百本です。千本なんていかないです。ところが、ハイドロがやっている設備は（当時既に）千本単位ですものね。もうケタが違うのですよ。これは違う世界だな、と思いましたね。日本の我々がそういうところに売りに行けるかといったら、行けないですよ。アメリカ、海外のプラントメーカーの人たちとやり合えないです。全然違うのです[27]。

海水淡水化のフィールドテストを容易に行えることも、世界中に顧客を持つハイドロノーティクスの強みであった。それまでは、たとえ新たな複合膜を開

26）LFとは、Low Foulingの略称である。
27）前掲、神山義康氏へのインタビューより。括弧内、筆者追記。

発できても、自前でフィールドテストを重ねる段階で困難が生じていた。しかしハイドロノーティクスは、いとも簡単にテスト結果を送ってきてくれた。こうして、いち早く有益なフィードバック情報を得ることによって、日東電工の開発陣は、従来以上に効果的な開発を進めることができるようになった。

ハイドロノーティクスの販路とフィールドテストに支えられ、逆浸透膜事業の海外展開は進んだ。例えば2000年代前半には、スペインのカルボネラス（12万 m^3/日：2001年稼働）、アラブ首長国連邦のフジャイラ（17万 m^3/日：2003年稼働）、そして米国のタンパ（10万 m^3/日：受注金額約10億円）[28]といった案件の受注に成功した。これに伴い、膜事業の売上高は、2002年度の79億円から2004年度には130億円を超え、2005年度の140億円、2006年度の177億円へと着実に拡大した[29]。

海水淡水化市場の成長を見込んで、供給体制の拡充にも努めた。2006年には、膜事業の売上高を2010年度までに280億円へと引き上げる計画を発表し、60億円を投じて滋賀工場の第一期拡張工事に入った。膜の改良も重ね、2007年にSWC5、2009年にはSWC5 MAXをそれぞれ市場に投入した[30]。滋賀工場の第一期拡張工事は2009年に完了した。

海外での受注は2000年代後半以降も続いた。特にオーストラリアでは、ゴールドコースト（13万 m^3/日：2009年稼働）、アデレード（28万 m^3/日：2013年稼働）、メルボルン（44万 m^3/日：2013年稼働）と次々受注を獲得し、オーストラリア国内では、約60％の市場シェアを獲得した。また、2010年に受注したイスラエルの案件は、造水量41万 m^3/日と世界最大級の規模であった。同案件で、直径16インチの大型海水淡水化膜モジュールを世界で初めて受注した。

中国においては、急速に成長する工業用水の需要も狙って、2002年に上海で逆浸透膜モジュールの組み立てを始めるとともに、中国市場向けに独自の逆

---

28) 『日本経済新聞』2003年2月15日、p. 13の報道に基づく。
29) 『日経産業新聞』（2003年2月24日、p. 6：2005年10月19日、p. 3：2006年9月14日、p. 12）。『日本経済新聞』（2007年5月18日、p. 11）の報道に基づく。なお、2002年度の79億円は、世界の逆浸透膜市場282億円の28％に相当する。
30) SWC5 MAXの2009年の売上目標は20億円だった。

浸透膜も開発した。例えば2006年には、純水製造用逆浸透膜エレメントPROC10を、2009年にはこれを改良したPROC20を発売した[31]。

5．膜事業の業績推移

　40年を超える長い歴史を経て、日東電工は逆浸透膜を一つの事業へと育てあげてきた。数多くの技術的ハードルを越え、多様な応用市場を模索し、大胆な投資も行う過程で、紆余曲折ありながらも、事業は大きく成長してきた。

　1990年代は、ダウとの特許係争、超低圧膜ES10の開発、そして海水淡水化用途の展開へと続く目まぐるしい10年であった。90年代の業績推移は図表8-4のグラフに示されている。メンブレン事業部門全体についての数値であり、逆浸透膜だけを示しているわけではないが、大まかな推移はこれで辿ることができるだろう。

　グラフによれば、1991年度からしばらく販売は下降するものの、1994年度から拡大基調に入っている。この拡大を支えたのはパソコンの普及に伴う半導体業界の活況であった。しかし逆に、パソコンブームの反動で1990年代後半に半導体業界は深刻な不況に陥り、日東電工の膜事業もそのあおりを受けて、販売は減少した。1996年には既に半導体不況が始まっていたにもかかわらず販売実績でピークを迎えているのは、沖縄の海水淡水化案件が半導体向け需要の低迷を補ったからであった。規模の大きな海水淡水化案件の商業的意義は大きく、1997年3月期の有価証券報告書では「海水淡水化」という言葉が初めて登場し、その伸びが報告されている。

　2000年代後半からは、海水淡水化市場が日東電工の膜事業を支えるようになった。有価証券報告書の記述を見ると、2008年3月期以降、半導体向けの超純水製造用途という言葉はほとんど消え、代わって海水淡水化市場での成果が記載されるようになった。2000年代における膜事業の業績は、売上規模の

---

31) 各エレメントの売上目標は、PROC10が20億円（2008年度）、PROC20が5億円（2009年度）であった。

図表8-4　1990年代における膜事業の業績推移

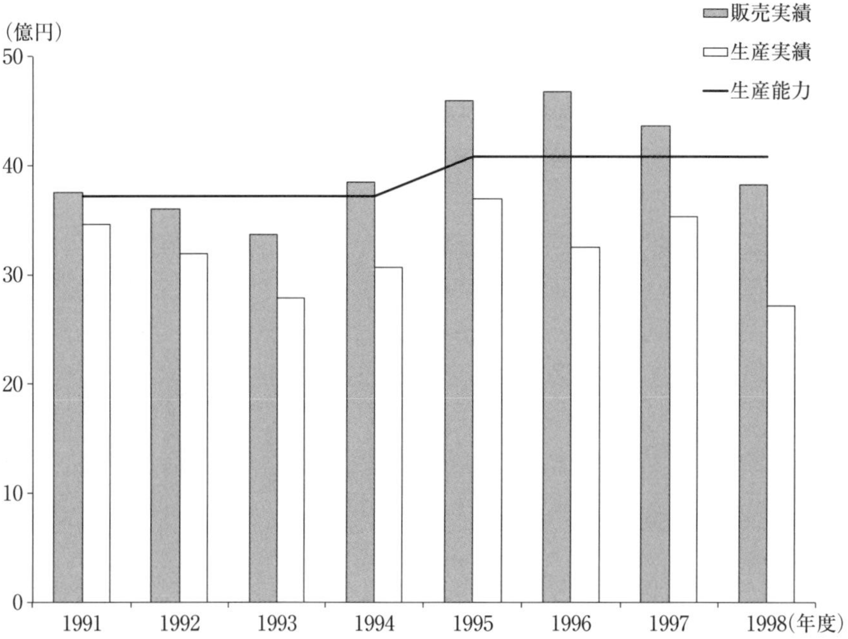

(凡例: 販売実績／生産実績／生産能力)

出所：日東電工「有価証券報告書」各年版。
注：メンブレン事業部門の値。

一桁大きい機能材料セグメントに組み込まれたため明らかではないが、2010年代に入ると再び膜事業の業績が報告されるようになった。図表8-5に示されるように、海水淡水化市場の成長に伴って2011年度以降順調に業績が拡大していることがわかる。

　一方、膜事業が収益の柱となるには課題もある。各社の努力の結果、ポリアミド系スパイラル型逆浸透膜の基本性能は、各社間でほとんど差がなくなった。モジュール形状も標準化とされているため、たとえ最初に受注できても、交換膜需要を独占できる保証はない。これらが熾烈な価格競争をもたらすことによって各社の収益を圧迫してくる。図表8-5からは、メンブレンおよびメディカル部門の利益率が、日東電工全社の利益率と比べて著しく低いことが確認できる。メンブレン事業単体を示すデータではないので解釈には注意が必要であるが、逆浸透膜事業における収益獲得の難しさを示唆している。

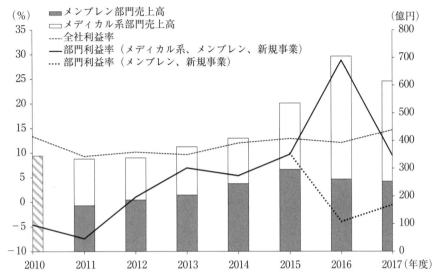

図表8-5　全社および関連部門の業績推移

出所：日東電工「有価証券報告書」各年版に基づき一部筆者算出。
注：2010年度の部門売上高はメディカルとメンブレンの合算値。このうちメディカル事業が2016年度に他関連ビジネスと統合して分離し、ライフサイエンス事業として別セグメント化されている。時系列の連続性を保つため、ライスサイエンス部門として別セグメントになって以降の売上高もメディカル系部門として図示している。また、部門利益率についてはメディカル系、メンブレン、新規事業を対象とする利益率を実線で、そこからメディカル系が除かれた利益率を破線で示した。2016年度のメンブレン、新規事業の部門利益率については、同年度の有価証券報告書に記載された金額に基づいて算出している。

6．おわりに

　日東電工は、海水淡水化を明確な目標として逆浸透膜の開発を行ってきたわけではなかった。逆浸透膜は、あくまでも、数ある分離膜の一つに過ぎなかったし、海水淡水化も数ある用途の一つに過ぎなかった。
　日東電工における逆浸透膜事業の歴史は、分離膜を事業の柱に育てるというトップの強い意志に支えられ、それを何とかして事業化しようとした開発者たちのなりふり構わぬ努力の歴史として映る。膜事業を新たな柱にすることを決意した土方に対し、山本は途中で撤退することなど微塵も考えず事業拡大に勇往邁進した。技術者たちは、その想いに応えてあらゆる種類の技術に挑戦し、

応用市場を探索してきた。それらは一つ一つ、必ずしも事業として成功したわけではなかった。しかし、1990年代前半に事業が軌道に乗るまでの約20年間において、事業継続を正当化するには役立ったように思える。そして事業が軌道に乗った1996年6月、山本は日東電工の社長に就任し、2001年3月までの5年弱にわたって全社を率いた。図表8-6は、日東電工が市場導入した逆浸透膜の時間的流れをまとめたものである。

　日東電工の研究者や技術者は、技術の原理的な理解を追求するとともに、製品が顧客の現場できちんと機能し、適切な経済的価値を生み出すことにも責任を負っている。だからやみくもに膜性能を向上させるのではなく、顧客にとっての価値を最大化するための方策を考えて製品設計することが重視されてきた。この点は日東電工における開発組織体制とも関係している。日東電工における膜開発の歴史を振り返ると、研究と開発が一体化、もしくは混在していた。さらに、そこには顧客目線でのエンジニアリング的、営業的な発想も組み込まれていた。

　顧客目線で開発を続ける中で、技術者たちは多くのことを学習してきた。例えば、食品市場への応用からは、バクテリア対策や洗浄問題、モジュール設計に関する知見を得ている。半導体市場からは、微粒子評価や微生物の問題について学び、特に、それらの分析評価技術の確立は、その後の逆浸透膜開発に大きな影響を与えた。日東電工が構築した分析評価技術は、顧客である水処理装置メーカーが学びにくるほどであった。多様な応用市場の探索は、膜そのものに関する学習だけでなく、膜モジュール設計や洗浄工程に関するものも多かった。だから、日東電工の膜技術者は、膜以外の周辺技術にも詳しい。日東電工の膜部門は、こうした技術成果を特許として出願することに積極的であった。出願すべきテーマが毎期予算化され技術者に割り当てられ、出願が重ねられたという。

　膜には様々な機能、性能が組み込まれている。その機能や性能の持つ価値を引き出すのは、顧客である。日東電工は、技術者が多様な顧客と直接接点を持つことによって、顧客から多くのことを学んできたように見える。NTR-7250の特性が半導体製造用途に適していることを教えてくれたのは、顧客である栗田工業であった。歴史を振り返ると、顧客の視点を共有することによって、日

図表8-6　日東電工における逆浸透膜の流れ

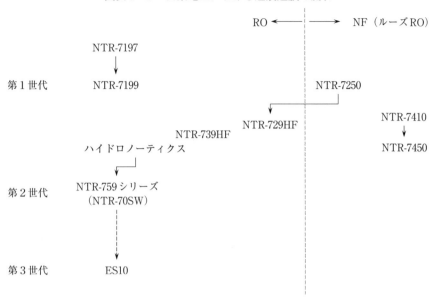

出所：筆者作成。

東電工の技術者は自らの技術の持つ価値を発見してきたのであり、それが事業の発展につながってきたのではないだろうか。

逆浸透膜をめぐる特許係争 フィルムテック対ハイドロノーティクス

　1990年5月、日東電工は、米国のカリフォルニア州南部地区連邦地方裁判所で起きた特許権侵害訴訟に頭を痛めていた。フィルムテックがハイドロノーティクスを特許侵害で訴えたのである。フィルムテックは1985年にダウに吸収され、ハイドロノーティクスは1987年に日東電工に吸収された企業であることから、実質的にはダウ対日東電工という構図での訴訟であった。

　フィルムテックの主張は、同社共同設立者のカドッテが保有する特許4277344（出願日1979年2月22日、公開日1981年7月7日）にハイドロノーティクスが抵触しているというものだった。フィルムテックは別の逆浸透膜企業アライド・シグナルも特許侵害で訴えており、裁判所はこれを認めて禁止命令を出していた。カドッテの特許は、その特許番号から通称「344特許」として知られ、ポリアミド系の材料を扱う逆浸透膜企業にとって重要な意味を持つ特許だった。もし侵害が認められれば、ハイドロノーティクスと日東電工のみならず、他の逆浸透膜企業も同様に大打撃を受ける深刻な訴訟であった。

　翌1991年8月、カリフォルニア州南部地区連邦地方裁判所はフィルムテック勝訴の判決を下した(Case No. 90-563 GT(M))。すぐさまハイドロノーティクスは連邦巡回区控訴裁判所へ控訴した。控訴したハイドロノーティクス側が争点としたのは、344特許で報告されている発明内容の源流であった。344特許は出願年こそ1979年だけれども、その内容は1978年2月23日に行われた実験に基づくものであり、さらにさかのぼると、その実験は1977年11月17日に行われた実験と瓜二つだった[32]。

　1977年11月17日という日付には重要な意味があった。それが、カドッテがフィルムテックを設立する前だったからである。1977年11月に行われた実験は、カドッテが以前勤務していたミッドウェスト研究所で行われたものだった。

---

32) 唯一の違いは、乾燥させる温度が130℃から100℃に下げられていたことであった。

カドッテが同研究所を退社したのは1977年12月31日のことであった。

ミッドウェスト研究所は、逆浸透膜研究に対する政府支援を受けるにあたって、1976年に米国水研究・技術局（Office of Water Research and Technology）と契約を結んでいた。その契約に基づくと、1976年7月15日から1978年1月15日までにミッドウェスト研究所で行われた発明は政府に帰属することとなっていた。つまりハイドロノーティクス側は、344特許の発明内容の原点となる実験は1977年11月17日にミッドウェスト研究所で行われたものであり、それゆえ、344特許はフィルムテックではなく米国政府に帰属すると主張した。

フィルムテック側の反論は、2つの実験で得られた逆浸透膜の性能差にあった。1977年11月の実験で得られた逆浸透膜の性能は、透水性能が12.7gfdおよび9.5gfd、脱塩率は95.0％および88.5％であった。これに対し、1978年2月の実験で得られた性能は、透水性能が13.1gfdおよび11.0gfd、脱塩率98％に向上していた。この性能差は2つの実験の非連続性を示すとフィルムテックは主張した。両者の主張は真っ向から対立した。判決の行方に業界の注目が集まった。

1993年3月18日、連邦巡回区控訴裁判所は実験の連続性を認め、ハイドロノーティクス勝訴の判決を下した。これにより344特許は米国政府に帰属することとなった。ハイドロノーティクスや日東電工のみならず他の多くの逆浸透膜企業も胸を大きく撫で下ろす結果であった。

344特許をめぐる一連の訴訟は、多くの逆浸透膜企業を駆逐する可能性を持つ深刻な訴訟であった。各社が固唾をのんで見守る中でハイドロノーティクス・日東電工陣営による控訴が行われ、最終的に同特許は米国政府に帰属するという逆転劇で幕を閉じた。

特許侵害訴訟判決
Case No. 92-1091（982 F.2d 1546）；Case No. 98-55274（204 F.3d 880）

第4部　分析編

第9章

政策的刺激とスピルオーバー

開発着手の日米比較

1. 2つの問い

1-1. なぜ水資源の豊かな日本で開発が始まったのか

　本章では、逆浸透膜開発の立ち上げを支援した米国政府の役割を整理するとともに、米国での公的支援の効果が間接的に日本へと波及したことを明らかにする。

　第5章から第8章では、日本企業が逆浸透膜開発に着手し、市場で高い競争力を獲得するに至るプロセスを明らかにした。しかし、深刻な水不足のない日本でなぜ逆浸透膜の開発が始まり、世界的な競争力を持つ企業が育ったのだろうか。世界的に見て日本は降雨量が多く、水資源が豊富な国である。確かに人口一人あたりの降水量は他国に劣るという見解（本間、1968）や年間を通じた河川の流量には変動があるといった見方はあったものの、1960年代は日本で最も多くのダムが建設された10年間であり、安定的な給水インフラが整備された時期であった[1]。工業化とともに1965年から2000年にかけて工業用水の需要は3倍に増えたけれども、一方で、再生水利用が進展したおかげで河川および地下からの取水量は1973年をピークに減少している[2]。天候によって、しばし

1）国土交通省国土技術政策総合研究所（2006）によれば、1960年代に建設されたダム数は356である（竣工年次ベース）。

215

ば渇水が起きる地域はあったものの、米国のように国家レベルで水不足に対処する必要性から逆浸透膜開発が強く推し進められたとは考えられない。

　それではなぜ日本で逆浸透膜の開発が盛んに行われるようになったのか。これが本章が扱う1つ目の問いである。この問いに対して本章では、国境を越えた官民のスピルオーバー効果に注目する。第3章で記述したように、産業発展のきっかけとなったのは、深刻な水不足を懸念した米国政府による海水淡水化技術の開発支援であった。経済性に乏しい新技術の開発には公的視点からの資源投入が必要であった。この支援を受けて、米国では多くの企業や研究機関が逆浸透膜開発に着手した。そうした動きが遠く海を越えて日本にも伝播していった。日本国内に海水淡水化に対する十分な需要はなかったにもかかわらず、デュポンやダウなど、日本企業がお手本と仰いできた米国の有力企業が次々と開発を進めたことによって、日本の化学企業、繊維企業もそれらの企業の行動を模倣する形で開発を始めることになったのである。

　日本の公的機関が海水淡水化技術の開発支援を行うようになったのも、水不足に対する国家的な対策が直接的な理由だとはいえない。むしろ、製塩技術の開発を行っていた公的研究プロジェクトが代替技術の登場によって行き場を失っていた時、ちょうどタイミング良く米国で注目されていたのが海水淡水化技術であった。そこで、製塩技術の開発を目的として始められていたプロジェクトが海水淡水化技術開発へと方向性を変えて継続されることになり、それが茅ヶ崎の造水促進センターにおける官民共同の実証試験へとつながっていったのである。

1-2．なぜ米国で巨額の政府支援が投じられたのか

　日米企業によって牽引された逆浸透膜産業の発展を遡ると、そこには米国政府による大規模な支援があった。国家レベルで巨額の予算が投入されたからこそ、多くの米国企業が開発をスタートし、その影響が海を渡って日本にまで波及してきた。では、そもそもなぜ米国で巨額の政府支援が投じられることになったのだろうか。これが本章で扱う2つ目の問いである。

2）国土交通省、水資源政策の政策評価に関する検討委員会（2004）。

当時の米国では将来的な水不足を懸念する声が上がっていた。特にカリフォルニア州ではロサンゼルスで都市化が進んだ結果として、水不足が深刻な問題として認識されるようになっていた。こうしたカリフォルニアの状況の影響は確かに大きかったと思われるが、それは一地域の問題であったともいえる。それにもかかわらず、国家レベルの予算が長期にわたって投入され、全米の企業や大学、研究機関に多大な支援が行われたのはなぜなのだろうか。

　この問いに対して本章では、原子力の平和利用という別の政策的意図が相乗りすることによって、脱塩研究に対する支援が正当化されたという点に注目する。さらに、同時期に推進された宇宙開発に対する超巨額予算に引っ張られることによって、脱塩研究に対する予算が大きくなった可能性も議論する。

2．政府支援の意義

　一般に、萌芽的な新技術に対して民間企業が本格的な事業化開発に着手することは簡単なことではない。技術的な不確実性が高く、実用化の見通しが立たないことが多いからである。社会課題の解決を主目的とするような新技術の場合、ここに市場の不確実性が加わるため、早期着手は余計に難しい。社会的ニーズのあるところに十分な支払い能力や支払い動機がないがゆえに、その到来を待ち望む社会的ニーズは強いものの、商業的成果に直結しにくいからである。例えば電気のない貧困地域には、太陽光パネルや蓄電池の導入が確かに役に立つだろうが、その地域の人々がそれらの導入コストを負担することはできない。

　たとえ支払い能力の高いニッチ市場を発見できたとしても、公共的使命を負っているため、特定顧客だけに特化して高値で販売し、収益を確保するといった策はとりにくい。例えば、医薬品企業が癌の治療薬を富裕層にだけ供給するとなれば、一定の社会的非難は免れないだろう。それゆえ、国の保険制度が費用を補塡しているわけである。こうした技術を特定企業が独占することに対しても社会的な抵抗があるだろう。

　このように、純粋なビジネスとしての採算性を考えるのであれば、市場競争している民間企業が社会課題解決型の技術開発を進めることは決して容易いこ

とではない。その結果、この種の技術開発に対しては、しばしば社会的な過小投資が生じる（Jaffe, Newell, and Stavins, 2005）。この過小投資の問題を解決するために政府による公的な支援が必要となる。

　造水技術の開発はまさにこのような事例に相当する。世界を見渡せば多くの地域が水不足に悩まされている。海水やかん水から飲み水を造る技術は、そうした水不足を解決する鍵技術である。しかし水不足で悩む地域の多くは貧困地域でもある。潜在需要の規模は大きいが、そこにはコストを支払う十分な能力がない。加えて、造水技術を確立した企業が、渇水地域で戦略的に水価格を吊り上げるようなことは社会的には許容されにくい。

　もちろん、水の供給主体が自治体であれば、あらゆる社会階層の人々にリーズナブルな価格で等しく水を供給するように努力するだろう。しかし、その自治体に対して高値で造水サービスを提供しようとする企業は社会的には認められにくい。こうした状況では、新たな造水技術を確立した先に大きな商業的成果を見通すことは難しい。だからこそ、逆浸透膜の開発初期においては、米国政府による力強い支援があったのである。

　公的支援は、単に技術開発を促進するだけでなく、企業による事業化を導いてはじめて社会に便益をもたらすことができる[3]。その意味では、公的支援が民間企業の投資を誘発する「呼び水」となれるか、もしくは波及効果を引き起こせるかに産業の発展はかかっている。以下で述べるように、逆浸透膜開発の進展には、この波及効果が大きく関わっていた。

　1970年代から80年代には、米国だけでなく、日本においても逆浸透膜の開発が積極的に行われた。そして、その後の経緯を見る限り、日本企業がこの産業の発展に果たした役割は大きい。日本企業による逆浸透膜開発は、米国における公的支援を契機とした開発活動の活発化の影響を受けている。つまり米国での公的支援が海を越えて日本企業に間接的に波及し、初期段階での産業の発

---

[3] 例えばGuan and Chen（2012）は、OECD 22カ国における各ナショナルイノベーションシステムの効率性を川上の知識創造段階と川下の事業化段階に分けて分析し、知識創造段階と事業化段階の効率性には明確な関係性が見出せないことを指摘した上で、トータルで見たときの効率性は主に事業化プロセスに依存していることを指摘している。

図表9-1　本章における分析範囲の全体像

```
┌─ 日本 ──────┐  ┌─ 米国 ──────────────────┐
│              │  │                          │
│  公的機関 ←──┼──┼→ 公的機関                │
│    ↕         │  │    ↕          ┌────────┐│
│              │  │               │ 政策的 ││
│              │  │               │ 刺激   ││
│  民間企業 ←──┼──┼→ 民間企業 ───→└────────┘│
└──────────────┘  └──────────────────────────┘
    第3節            第4節          第5節
```

出所：筆者作成。

展を支えていた。

　海水淡水化に対する米国政府の政策的支援は、当然ながら国内の産業や企業の発展を目的としたものであるが、そうした意図とは異なり、間接的には他国企業の行動をも刺激し、開発活動を誘発する可能性がある。それは結果として、自国内企業の競争力の低下をもたらすかもしれないが、国際的な競争や協働を誘発することによって、産業全体の発展に寄与する可能性がある。初期の逆浸透膜産業は、まさにこうした「政策のスピルオーバー効果」を介して、発展していったと考えられる。

　図表9-1は、本章の議論の全体像を表したものである。第3節では、日本の民間企業と公的機関のそれぞれが脱塩技術開発を始めた背景を分析し、米国の政策的支援がどのように日本に波及していたのかを明らかにする。そこでは、米国の影響を受けて民間企業と公的機関が独立に進めていた開発活動が茅ヶ崎の造水促進センターにおける実証試験を通じて合流し、日系各社によるその後の開発活動の基盤形成に寄与したことが示される。

　続く第4節では、米国政府による巨額の公的支援が、米国の民間企業と研究機関の逆浸透膜開発を支えていたことを明らかにする。そこでは、開発成果の多くが公共財として広く伝播することによって多くの起業を生み出し、産業クラスターが形成されたとともに、日本企業にも間接的にその恩恵が及んだことを議論する。第5節では、米国政府による巨額の公的支援が継続した理由を明らかにする。そこでは、水不足の解決という社会ニーズへの対応に加えて、冷

戦下における原子力の平和利用やNASAを中心とした宇宙開発事業が間接的に逆浸透膜開発への政策的支援に影響を与えたことを示す。

3．なぜ水資源の豊かな日本で開発が始まったのか

3-1．日本企業による競争的模倣

　水資源豊かな日本でなぜ逆浸透膜の開発が始まったのか。この問いに答えるために、日本の3社がどのような経緯で逆浸透膜開発を始めたのかを振り返ってみよう。

　脱繊維を模索していた東レは、1967年5月に「平和のための水」国際会議でデュポンが発表した逆浸透膜パーマセップの影響を受け、1968年に正式に逆浸透膜の開発に着手した。その後、東レにおける開発活動で中心的な役割を果たしたのは、1970年から2年間渡米してアイオワ大学で研究活動を行った栗原優であった。栗原は当初、耐熱性ポリマーの研究開発を目的として渡米したが、米国で盛んに行われていた脱塩研究を目の当たりにして、逆浸透膜開発を選択した。渡米中には塩水局のレポート情報を日本側に提供し、帰国後もカドッテやライリーらとの交流を積極的に展開するなど、栗原は米国側からの刺激を日本側に絶えず注入し続けた[4]。

　東レと同様、東洋紡も脱繊維を模索し、その一環として1971年に逆浸透膜開発を始めた。その際に参照したのがデュポンやダウであった。デュポンの特許に抵触することを避けるためにポリアミド系材料の採用をあきらめ、ダウと同じ酢酸セルロース系の材料を選択し、繊維事業で培った技術を活かすために中空糸膜を選んだ。

　当時、日本の繊維企業にとってデュポンやダウはお手本のような存在であった。日系各社は、米国企業の技術開発動向や事業戦略に関する情報収集を丹念に行い、技術導入にも早くから熱心に取り組んでいた。例えば、東レがデュポ

4）筆者による栗原優氏へのインタビュー（2018年2月6日、滋賀、滋賀事業場にて）に基づく。

ンとナイロン糸に関する技術提携契約を締結したのは1951年のことである。東レや東洋紡が始めた逆浸透膜開発もそうした米国企業への追随策の一つであった。帝人が早くから逆浸透膜開発に着手していたことも、日本の繊維メーカーがデュポンやダウの動向に影響されたことを示している。

　日東電工は繊維企業ではなかったものの、他の日本企業同様、米国の動向から強く影響を受けて膜開発を始めた。米国を視察した同社社長の土方三郎が、現地で膜事業の可能性を感じ取り、1974年に事業の柱の一つとしてメンブレン(膜)を明確に位置づけたことが同社の膜開発の基礎となっている。このトップの方針が、商業的な成功になかなかたどり着けない中でも、日東電工で逆浸透膜開発が継続する上で重要な役割を果たしていた。日東電工が全社的に膜開発を統合した1970年代後半に、平膜型の複合膜開発へと資源をシフトすることになったのは、米国のベンドリサーチに勤めるベイカーの進言によるものであった。

　これらの経緯からわかるように、日本企業による逆浸透膜開発は、国内の水不足を解決するという社会的要請に対応して始まったものではなかった。それは、大学や公的機関による基礎研究の成果を実用化するというものでもなかった。企業が将来事業を模索する中で、米国企業の行動にその一つの可能性を見出したのである。丹念にベンチマークしていた米国の先行企業に対する競争的模倣行動として日本企業の膜開発は始まったのだといえるだろう。

　一方で、日本企業による初期の逆浸透膜開発が、国内の公的支援や公的機関の研究開発成果に影響されたという事実は見当たらない。ただし、日本の公的機関で海水淡水化研究が全く行われなかったわけではないし、開発着手が遅かったわけでもない。

　実際、通産省工業技術院の東京工業試験所では、早くから海水淡水化研究が行われていた。同試験所が造水を目的とした海水淡水化研究に着手したのは1961年4月であり、東レが公式に開発を始めた1968年より7年も早い。科学技術庁の資源調査会の中に海洋資源部会海水利用小委員会が発足したのは1963年であり、1967年には既に『海水淡水化の技術開発に関する報告』がまとめられていた。米国大統領に就任したケネディが公法87-295を制定して巨額の脱塩研究支援に乗り出したのが1961年9月であることを考えると、日本の

公的機関による研究調査は極めて早かったといえる。

では、特に渇水に悩んでいたわけでもない1960年代初頭に、なぜ公的機関、特に東京工業試験所で海水淡水化研究が始まったのであろうか。結論を先取りするなら、製塩研究が頓挫して行き場を失いかけていたところに、その蓄積を活かせる格好の研究領域として脱塩研究が米国国内で立ち上がっていたからであった。

3-2. 公的機関における研究蓄積の利用と模倣

東京工業試験所の中で海水淡水化研究を先導する大きな役割を果たした人物は、1947年に入所した石坂誠一であった。もちろん多くの協力者はいたけれども、公的機関における海水淡水化研究プロジェクトの推進は石坂個人の尽力によるところが大きい。

戦後の極端な食塩不足を解消すべく、海水から塩などの溶存資源を効率的に採取する手法の確立に向けた研究プロジェクトを東京工業試験所が始動させたのは、1947年のことである[5]。大学時代に電気化学を専攻し、海水から製造した水酸化マグネシウムを原料として塩化マグネシウムを作る研究を行った経験を持つ石坂は、第5部部長を務めていた田中健二の下で、田原浩一たちとともにこの研究に携わった。この研究プロジェクトには、日本ソーダ工業会会長の佐野隆一や工業技術院長の井上春成からの強力な支援があり、多額の予算が投じられた。

しかしながら、その後、市場で安価な塩を調達できるようになり、代替技術も進歩した結果、彼らの研究が本格的な事業化に至ることはなかった。多額の予算が投じられながらも当初思い描いた成果が得られなかった点について、石坂は日本化学会による取材の中で次のように振り返っている。

> 東工試（東京工業試験所）にしてみれば、そこへ莫大な研究費を投下したわけですね。しかも、その成果は工業化できる状態ではなかったんですよ。つまり、塩は安くなってしまう、電気は高くなってしまう、隔膜法に代わっ

---

5) 東京工業試験所（1960）pp. 75-86。

て、イオン交換膜法に変わるかもしれない。そうすると、経済的には合わないし技術的にも問題がある。そんな役に立たないものになぜあんなに研究費を出したかというわけで、我々はともかく、部長さんは非常につらい立場になりました。それが原因ではないでしょうけれども、田中健二部長はぜんそくで亡くなってしまったんですよ。私は、それが強く頭に残りまして、これは、海水利用は何としても成功させなければいかん、その時そういう固い決心をしましたね。それで、それから何年もして、海水の淡水化で水を造ろうではないかということにつながってくるわけです[6]。

とにかく亡き部長の弔い合戦をしなければいかんなという腹があるから、なかなか海水から離れられない。つなぎに冷凍法をちょっと手直ししてみたり、そんなような実験もしていました[7]。

淡水抽出を目的とした海水淡水化研究が始まったのは、1961年のことであった。工業技術院が発刊していた当時の「試験研究所研究計画」を見ると、工業用水確保を目的とした海水淡水化研究が始まった際の経緯について「海水利用の特別研究は（昭和）27～29年度、31年度、天然ガスかん水の有効利用の特別研究は（昭和）33～35年度、冷凍濃縮法は（昭和）27年度より研究を行った。また、ウランの濃縮の特別研究に関連して溶媒抽出の研究を行った。これらの技術を総合して（工業用水確保を目的とした海水淡水化）研究を実施する」[8]と明記されている。ここでいう海水利用の特別研究は、石坂たちが担っていた製塩研究のことを指している。海水淡水化は、海水から塩分などの溶存物を採取するための研究が半ば頓挫した中で見出された一筋の光明だったのである。

海水淡水化は、製塩技術の蓄積を活かせるということ以上に魅力的な研究領域であった。米国政府が塩水局を設立して国家レベルで大々的に後押ししていた先進的な研究開発テーマだったからである。石坂は、1958年から1962年にかけて科学アタッシェとして在米日本大使館に勤めて、塩水局が設置した多く

6）日本化学会化学遺産委員会（2009）pp. 18-19。括弧内、筆者追記。
7）日本化学会化学遺産委員会（2009）p. 25。
8）工業技術院（1962）p. 37。括弧内、筆者追記。

の研究機関を訪れる。ケネディ政権の支援を受けた海水淡水化研究の黎明期を目の当たりにした石坂は、帰国後ほどなくして淡水化研究を率いることを決めた。この経緯について石坂は次のように述懐している。

　4年も駐在していたので、全米のいろいろな所へ行く機会に恵まれた。私が専門としていた海水利用に関係する分野でも、内務省に塩水局ができて全米に様々な研究施設を作ったので、その多くを視察することができた。……昭和37年、4年間の米国勤務を終え東京工業試験所へ帰任した。最初の仕事は分析関係の課長であったが、しばらくして以前に所属していた無機製造部門の課長になり、米国で調査した塩水の淡水化の研究に力を入れることとなった。この研究は以前行った海水利用の延長線上にあった[9]。

既に記したように、東京工業試験所では、淡水化ではなく副産物採取のために海水利用の研究を行っていた。そのため、1964年に「天然資源の開発利用に関する日米会議」(UJNR)が設置されて脱塩研究が一つのテーマとなると、日本側は副産物利用の方面で情報交換に貢献しつつ、米国の淡水化技術を吸収することに力を注いだ。その技術の一つとして逆浸透法があり、東京工業試験所でも本格的に扱うようになった。石坂はこの点について次のように振り返っている。

　昭和39年になってUJNRと言っていますけれども、資源開発利用に関する日米会議というものができました。それは傘で、その下にパネルというのを作られたわけ。そのパネルの一つにディソルティングというのができたんですね。ディソルティングということは脱塩ですよ。こっちはまだ手をかけたばかりでしょう。アメリカはもうそういうことを、それこそアタッシェの時に色々回って歩きましたけれども、ドルのレートにもよりますが、年間100億円ぐらい使ってやっていたんですよ。レートによってちょっと計算が違いますけれどもね。ですから、かなりの研究を積み重ねて、毎年毎年リポー

9）北日本新聞社（2010）pp. 233-234。

トもきちんと出していた。

　日本がそれと一緒にやろうといったって、バランスが取れないから、日本は副産物の方でいこうというわけ。それで、ディソルティングだけではなくて副産物も一緒にやろうということでパネルができて、毎年、向こうとこっちと交互にやったんです。それは、日本の淡水化技術にとっては非常にプラスになったんです。向こうからたくさんの情報をもらってね。そして、逆浸透なんかも、そのとき向こうの発言に非常に刺激されてやったようなものなんです[10]。

　日本の公的機関にとって、海水淡水化研究は製塩研究の新たな行き場であった。しかもそれは、米国塩水局が大々的に進めていたテーマであったため、研究グループの存続にとどまらず、研究の新たな発展の可能性を見出しうる格好の対象だった。彼らは塩水局が発行していたレポートを入手しては先端情報を吸収し、米国で先行する海水淡水化研究を追いかけた[11]。石坂自身も、1968年、米国における逆浸透膜技術の動向について学会誌『高分子』誌上で報告している（石坂、1968）。

　石坂をリーダー、田原をサブリーダーとする研究グループは、将来的な水不足を懸念する建設省の見解[12]を引き合いに、ちょうどこの頃始まった通産省の大型プロジェクトに申請した。それが無事採択され、1969年度から1977年度にかけて「海水淡水化と副産物利用」という研究プロジェクトを実施することになり、この中で逆浸透法の研究も進められた。石坂は次のように語っている。

---

10) 日本化学会化学遺産委員会（2009）pp. 25-26。なお正しくは、天然資源の開発利用に関する日米会議（The United States-Japan Cooperative Program in Natural Resources）である。

11) 日本の学界もこうした流れに連動していた。工業技術院が効率的な製塩法の確立に向けた研究プロジェクトを始めた1947年に塩技術研究会が発足し、1950年には研究会から日本塩学会へと発展した。そして1965年になると、同学会は日本海水学会へと改名された。

12) 建設省河川局（1968）。

ここが大事なんだけれども、（日本側では）陰で研究費を都合して、逆浸透法というのをアメリカがやり出して、ちょうどその報告が出たころだったものですから、これは日本でもやろうとやり始めました。……ですから、膜については、少なくとも大型プロジェクトで派手にやっている陰に隠れてやった人たちの功績というものがあるわけですよ[13]。

　1973年、石坂のリーダーシップの下で海水淡水化研究が進む中で造水促進センターが設立され、1975年には茅ヶ崎で蒸発法や逆浸透法の実証試験が始まった。この試験に参加した民間企業は、実証プラントでの運転を通じて造水に関するオペレーションのノウハウを獲得し、造水法の確立に向けた取り組みを前進させた。この間、オイルショックの影響を受けて原油価格が高騰したことで、逆浸透法への注目が高まるようになった。

3-3．産学の個別展開

　このように、日本の民間セクターでは主に繊維企業が逆浸透膜の研究を進め、一方の公的セクターでは、通産省の工業技術院東京工業試験所で海水淡水化研究が始まり、その一環として逆浸透法の研究が行われた。しかしその研究過程で、民間企業と公的機関の間に強い連携があったわけではなかった。

　このことは逆浸透膜関連特許の共同出願状況にも表れている[14]。1970年代に出願された逆浸透膜関連特許1256件のうち、民間セクターと公的セクター間での共同出願特許はわずか31件（約2.5％）に過ぎない。1980年代においても、総出願数1730件に対して共同出願特許は118件（約6.8％）とどまっている。この時期、民間企業と公的機関はそれぞれ独立に開発を進めていたといえる。

　それでは、日本の公的機関は、産業発展にどのような貢献を果たしたのだろうか。この点について、1966年に東京工業試験所に入所し、初期メンバーと

---

13) 日本化学会化学遺産委員会（2009）p. 20。括弧内、筆者追記。
14) 分析対象とする特許データの母集団は、あらゆる出願人によって日本で取得された全ての逆浸透膜特許9296件（1971年〜2017年8月）である。特許データベースULTRA PatentからFターム4D006GA03（含、下位ターム）を持つ全ての公開特許を2017年8月24日に抽出した。限外濾過膜（GA06）や精密濾過膜（GA07）は分析対象外とした。

して逆浸透法の研究に携わった神澤千代志は次のように記している。

　「海水淡水化」を格段に進歩させたのは偏に米国あるいは日本の企業であり、東工試や各大学の研究者が（データ解析などで貢献はしていても）直接的に（膜モジュール等の開発に）貢献したとは考えてはいない。我々は日本で最初に逆浸透膜の基礎研究を行い、これを論文などで発表して、広くこの方法の発展性を知らしめたこと、これらの成果をもとに研究会を開催し、学会設立の基盤をつくったこと、研究所内にも膜関連のグループが発展的に構成され、水分離だけでなく種々の膜プロセスの可能性を広げたことなどで貢献したと認識している[15]。

　この記録からもわかるように、公的機関や大学は、研究成果を企業に直接移転する形で産業発展に寄与したというよりも、むしろ、研究に先鞭をつけ、新技術を世に知らしめ、研究者コミュニティを確立する活動を通じて、初期における技術の普及に貢献してきたといえるだろう。

3-4．学習の場としての造水促進センター

　民間セクターと公的セクターがそれぞれ独立に進めていた膜開発の流れが交わるのは、茅ヶ崎の造水促進センターで1975年から始まった実証試験においてであった。東レ、日東電工、東洋紡の３社は、この実証試験を通じて自社技術に対する多くのフィードバックを得た。大規模な長期性能実験を行える場は茅ヶ崎の他に国内にはなかった。

　第５章で記したように、実証試験の第１期ではUOP、デュポン、ダウといった海外企業の膜が使用され、その後、日本企業の膜が採用されるようになった。第１期に海外製の膜が当初使われたのは、日本企業の逆浸透膜がまだなかったからである。この点について東京大学の妹尾学と木村尚史は、「実験を開始した昭和50年当時には、国産のモジュールはない（外国の真似したものさえない）状態なので、外国産の海水一段脱塩可能と称するモジュールを用いて実験せざ

---

15) 佐藤・神澤（2016）p. 48。

るを得なかった」[16] と記している。

　膜自体は海外製だったものの、この実証試験に向けて装置化を担ったのは日本企業だった。UOP の ROGA 製モジュールを装置化したのは栗田工業だった。栗田工業は、ROGA の販売代理店だった AJAX（以下、エージャックス）の日本側ライセンシーであり、UOP の日本市場展開を支えていた。また、デュポンの B-10（ポリアミド系）を装置化したのは笹倉機械製作所（現ササクラ）であり、ダウの XFS4167.08（酢酸セルロース系）を装置化したのは日揮だった。このように、造水促進センターの実証試験では、日系の装置・プラントエンジニアリング企業も学習機会を得た。

　第1期が終わる頃には日系企業の膜も十分な性能を備えるようになっていた。例えば東洋紡は、後の事業を支えることになる三酢酸セルロースの中空糸型逆浸透膜の開発に成功していた。妹尾と木村は「ここ（造水促進センターでの実証試験）で目立ったのは東洋紡の中空糸の性能が急激に良くなってきたことである。昭和53年に至り、一段脱塩が可能な膜ができ上がった」[17] と記している。ただし、東洋紡の新膜はまだ研究段階のものであり、開発陣は実用化に対する自信を持っていなかった。この新膜を用いた HR8650 が第2期実証試験で良好な運転性能を示したことは、実用化に向けた開発を促進するという点で、茅ヶ崎の造水センターが有効に機能していたことを示しているだろう。

　東レも新膜を実証する場として茅ヶ崎のプラントを活用した。同社は当初、酢酸セルロース系逆浸透膜エレメントの SC-5200 を実証試験に用いた。その後、新膜 PEC-1000 の開発に成功すると、1981年6月から、この新膜を用いた SP-110（4インチ径）と SP-120（8インチ径）に切り替えて実証試験に臨んだ。第6章で触れたように、1980年に発表した論文の中で栗原は、1段法での海水淡水化を実現すべく PEC-1000 の実地テストを進めると記していた。それを造水促進センターで速やかに実現したのである。高い脱塩性能と透水性能とを併せ持つ PEC-1000 は、この実証試験で、3000時間以上の稼働に耐える性能を維持できた（岡崎・木村、1983；栗原、1983）。

16）妹尾・木村（1983）p. 97。
17）妹尾・木村（1983）p. 98。

東洋紡や東レが自社の新膜の有効性を確認したのに対して、日東電工は、第1期終盤に行われた実証試験で自社の管状型モジュールの限界を認識することになった。海水淡水化を主たる用途と必ずしも考えていなかった日東電工には、センター側からの打診で半ば受動的に実証試験に参加したという経緯がある。ただ、ここで管状型の膜性能の限界が明らかになったことは、その後、多様な技術の模索を始めるきっかけとなった。それが日東電工の膜事業の発展につながることになったという点で、実証試験は一定の意味を持っていたと考えられる。

　加えて記せば、東洋紡の膜モジュールの装置化は神戸製鋼が、東レの膜モジュールの装置化は栗田工業がそれぞれ担っていたため、これらプラント・エンジニアリング企業も一定のフィードバックを得ることができたと考えられる。

　昭和電工在籍中にカナダ国立研究所でスリラージャンと研究活動を行い、その後、横浜国立大学に移り茅ヶ崎で行われた実証試験の性能評価を担っていた大矢晴彦は、日本の逆浸透膜研究における産学連携の希薄さと、一方で茅ヶ崎が果たした役割について次のように語る。

　　大学の先生は基本的に（企業との共同研究は）ないですよ。なかったと思いますね。やろうとしても（企業側が）乗らないですよ。大した秘密があるわけでもないですから。自分の会社でやれると思うでしょう。で、困ったら相談に来れば良いのですから。膜の評価みたいなものは茅ヶ崎でやりましたから、そこではきっちり言いますよ。（大学の役割は逆浸透膜に関する）本を書いて示してあげたと、それなりの。それ以上の何物でもない[18]。

　東レ、日東電工、東洋紡の3社はそれぞれ独自に開発を進めたのであり、公的機関から直接的に技術を得たわけではなかった。しかし、民間企業の開発成果を速やかに実証する学習の場を提供したという意味で、逆浸透膜の初期開発

---

18) 筆者による大矢晴彦氏へのインタビューより。2014年10月15日、東京にて。括弧内、筆者追記。

段階において造水促進センターは重要な役割を果たしていた。それは、公的機関による研究と民間企業による研究が合流する場であったといえる。

4．米国政府の支援による開発の推進

4-1．デュポンとダウ

　日系繊維各社の開発活動に大きな影響を与えた米国企業は、デュポンやダウといった伝統的な大企業と、軍需系の大企業が民需獲得を狙って設立した部門や子会社であった。これらのうち東レに強い影響を与えたのがデュポンであり、特に1967年に開発されたパーマセップB-9は東レが研究を開始するきっかけとなった。

　デュポンは、ガス分離を目的とした中空糸型の逆浸透膜の開発から始め、その用途を脱塩向けへと広げた。それらの開発は、塩水局の資金援助を受けることなく、自社独自で行われた。B-9もデュポンによる自社開発製品であった。

　図表9-2は、塩水局が結んだ脱塩研究に関する委託契約件数と金額の推移を、デュポンとダウについて示したグラフである[19]。1960年代の動向を見ると、ダウは早くから研究を受託しているが、デュポンはこの時期ほとんど支援を受けていなかったことがわかる。この事実からも、B-9については塩水局の支援とは関係なくデュポンが単独で開発したことが確認できる[20]。

　しかし1970年代になると受託金額が一気に増えており、デュポンが塩水局からの政策的支援を受けるようになったことがグラフからわかる。1971年にデュポンが契約を獲得した研究テーマは「海水を脱塩する膜の開発」(Development of sea water desalination membranes)であった。デュポンは、1969年にB-9を開発して高性能なかん水脱塩を実現した後、より難易度の高

---

19) *Saline Water Conversion Report* で委託金額を確認できるのは1965年分からであるため、1964年の情報については *Legislative History*（Vol.5-2）に基づいて図示している。
20) 筆者による Robert（Bob）Riley 氏へのインタビュー（2015年3月5日、San Diego、Separation Systems Technology, Inc. にて）でも、デュポンの初期開発が主に内部支援に基づいて進められていたことが指摘されていた。

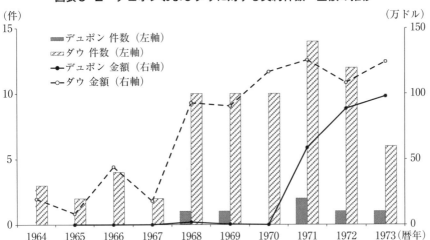

図表9-2 デュポンおよびダウに対する契約件数・金額の推移

出所：*Legislative History*（Vol. 5-2）および *Saline Water Conversion Report* に基づき筆者作成。

い海水淡水化を目指した膜開発へと移っていた。塩水局は、この取り組みを支援すべく、58万5300ドルもの巨額の資金をこのテーマに投じた。

　これを機に塩水局とデュポンとの契約は増加し、翌1972年には同じ「海水を脱塩する膜の開発」に対して88万8454ドルが拠出された。続く1973年には、「海水淡水化に向けた非セルロース系逆浸透膜」（Non-cellulosic reverse osmosis system for seawater desalting）というテーマに98万3000ドルが投入された。ダウに比べると契約件数は少ないけれども、一件あたりの支援は巨額であった。それまで自社開発を行っていたデュポンまでもが1970年代に巨額の公的支援を受けるようになったという事実は、政策の恩恵の大きさを示唆している。

　一方、ダウが契約した研究テーマは、工場の廃水処理や海水淡水化が中心であった。当初彼らはイオン交換法による海水淡水化を目指しており、逆浸透法による脱塩研究の契約が結ばれたのは1969年になってからのことであった。1970年代前半にかけてダウは毎年10件を超える案件で支援を受けており、毎年の契約金額は100万ドルを超えている。デュポン同様ダウも政府から巨額支援を受けて開発を行っていたことがわかる。

　塩水局との契約による研究開発の成果は米国政府に帰属するものになる上、

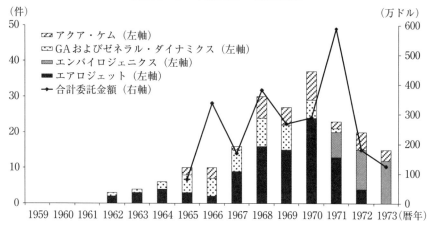

図表9-3　軍需企業への支援推移

出所：*Saline Water Conversion Report* に基づき筆者作成。

開発内容もレポートで報告・公開する義務があった。それでもダウやデュポンが塩水局からの支援を頼ったということは、それだけ金銭的恩恵が大きかったのだと考えることができる。

4-2．軍需企業の民需転換

　ダウやデュポンといった繊維・化学企業以外にも、様々な企業が塩水局からの支援を受けて逆浸透膜の開発を手がけた。中でも特に大規模な支援を受けたのは軍需企業とその子会社であった。具体的には、エアロジェットとその子会社エンバイロジェニクス、ゼネラル・ダイナミクスとそのGA部門、そしてアクア・ケム（Aqua-Chem）などである。

　図表9-3は、これら軍需企業に対する支援の件数と金額を示したグラフである。1960年代を通じて右肩上がりで推移し、1970年代に入ると、塩水局の公的役割が萎むのと歩調を合わせるかのように徐々に終息していったことがわかる。

　この中で、エアロジェットは1970年に24件もの支援を受けている。同年における塩水局の支援総件数は243件であり、エアロジェット1社のみで10％を占めていたことになる。子会社のエンバイロジェニクスも多額の支援を受けて

おり、特に1971年に受託した案件の一つは400万ドルを超えていた。1973年には総支援件数103件のうち12件がエンバイロジェニクス向けだった。ただし、これら大規模な支援にもかかわらず、エアロジェットとエンバイロジェニクスが逆浸透膜開発の歴史に名を残すことはなかった。

ゼネラル・ダイナミクスおよびGAへの支援も目立っている。同社が1962年に初めて獲得した委託研究テーマの名称は「逆浸透法の研究」(Study of reverse osmosis process)であった。ライリーたちが最初から逆浸透法での造水を意図していたことがわかる。その他では、米軍の携行用小型脱塩装置の開発・製造を行っていたアクア・ケムも塩水局から多くの契約を獲得していた。例えば1966年に同社が受託した案件は200万ドル近くに達し、その年の最高額を記録している。

これら軍需企業のほとんどがカリフォルニア州の企業だった。彼らの民需転換を塩水局は図らずも支援することになった。民需転換の流れの中で、特にGAからは多くのスピンアウト企業が誕生した。脱塩研究への公的支援が、軍事拠点を持つサンディエゴ周辺の軍需企業の民需転換を促し、企業のスピンアウトを通じた産業集積の形成に寄与したといえる。この点について、ライリーは次のように振り返っている。

　GAにおける逆浸透膜の事業化は1960年代後半に始まり、製品はROGAの名で販売されました。1970年代中盤になるとGAはUOPに売却され、UOP傘下のフルイドシステム部門として知られるようになりました。
　逆浸透法による脱塩プロセスは、すぐに世界中に広がっていきました。(我々の)逆浸透膜の研究開発は米国内務省からの支援を受けていたため、情報公開法によって、情報や権利が広く公開され、国内外で入手可能となっていたからです。
　そのためフルイドシステムにおける多くの従業員たちが退職して起業し、その多くが成功を収めています。今日の業界を見渡せば、国内外問わず、その多くがROGAの技術をルーツに持つことがわかるでしょう。ROGAのスパイラル型エレメントというデザインは、商業的な形状として受け入れられたのです。我々は産業にとって大学院のような存在だったのですね。それは

それで良いことです。それが政府の元々の目的だったのですから[21]。

　ここで言及されているように、巨額の公的支援を受けた企業の開発成果が公共財として広く参照可能となったことによって、米国では多様な企業が勃興することになった。さらに、開発成果は海外にも伝わり、日本企業の開発も促すことになった。

4-3．米国研究機関の開発活動

　脱塩研究に対する米国政府の手厚い金銭的援助は、民間企業の開発活動だけでなく研究機関の開発活動も刺激した。図表9-4は、1959年から1973年にかけて塩水局と締結された委託契約件数の推移を機関別に示している。委託先名に応じて研究機関か民間企業かを分類し、判別が難しいものについてはその他とした。折れ線グラフは、塩水局の予算推移について1959年を1として指数化して示している。

　この図からは、まず、1950年代末から1960年代初頭にかけて50件ほどで推移していた委託研究件数が、その後塩水局への予算の引き上げとともに増加していることがわかる。1960年代終盤に入ると250件を超える委託研究が行われ、1959年から1973年までの累積件数は2533件に達している。その一方で、1970

---

21) 前掲注20、筆者による Robert（Bob）Riley 氏へのインタビューより。括弧内、筆者追記。原文は以下の通り。"Commercialization of reverse osmosis began at General Atomics in the late 1960's. The commercial products were sold under the label of General Atomic Reverse Osmosis (ROGA). In the mid 1970's the company was sold to Universal Oil Products (UOP) and became known as Fluid Systems Division of UOP, Inc. The interest in the reverse osmosis desalination process soon spread worldwide. Since the research and development of reverse osmosis was funded by the U.S. Department of the Interior the information and rights were in the public domain and available to both domestic and foreign countries through the Freedom of Information Act. For this reason, many Fluid Systems employees left the company to start their own companies and most have been successful. If you look at the industry today, both foreign and domestic, many of the companies can trace their roots to ROGA technology. The ROGA spiral-wound element design became the accepted commercial configuration. We were the graduate school for the industry. It was all good and consistent with the U.S. Government's original objective."

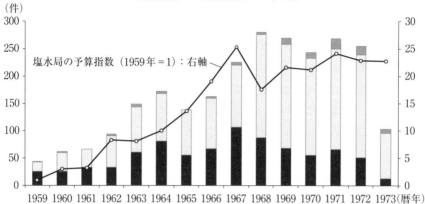

図表9-4　委託研究件数の機関種別推移

出所：*Saline Water Conversion Report* 各年版に基づき筆者作成。

年代には、貿易赤字に直面したニクソン政権が歳出削減策をとったことで脱塩研究への予算も減り始めた。1974年には塩水局と水資源研究所とが統合されて水研究技術所へと衣替えし、その公的役割が大幅に縮小された。1973年に締結された委託研究数が急減しているのは、この組織統合と予算削減措置を見越したものであったと考えられる。

次に、内訳の推移を見ると、1959年には全44件中、研究機関が26件、民間企業が17件、その他が1件と、研究機関が相対的に多かったものの、1960年以降になると、民間企業による委託研究が活発化している。その後、脱塩研究に対する予算措置が引き上げられたのと合わせて、1967年までは研究機関の件数も民間企業の件数も増えている。1968年からは研究機関による契約件数が減少に転じるのに対し、民間企業の件数が伸びている。これは、脱塩の実用化に向けて、川下のオペレーション領域へと開発の焦点が移ったからである。

米国政府による支援がこのように研究機関と民間企業の双方を強く刺激したのは、塩水局との契約によって金銭的支援を比較的簡単に手に入れられたからであった。その仕組みと利点について、民間側で支援を受けたベンドリサーチのベイカーは次のように振り返る。

ベンドリサーチは、委託研究を担う企業でした。ここでいう「委託研究」というのは、当時、今でもそうですが、米国に特有で他の国々ではあまりなされないものでした。米国では政府がある種の募集を行います。RFP（Request for proposals）と呼ばれ、何らかのトピックについて研究するよう人々に要請するわけです。これに研究プロポーザルを送り、もし契約を獲得できたらすごいことです。なぜなら、政府にレポートを送れば小切手が送られてきて、翌月にまた別のレポートを送ればまた小切手が送られてくるからです。素晴らしい仕組みです[22]。

　米国政府による積極的な開発支援は日本でも早くから注目されていた。例えば、1967年に科学技術庁が発表した『海水淡水化の技術開発に関する報告』は、次のように記している[23]。

　　塩水局の研究方針は甚だ徹底的であって、塩水脱塩の可能と考えられるあらゆる方法を検討して研究している。従って、研究の範囲も極めて広く、水、電解質および水溶液の性質、蒸発、凝縮、浸透、電解等の現象、スケール生成、器材の腐食等の如き基礎的な問題から、種々の脱塩プロセスの研究、Pilot plant および Demonstration plant による実用化研究、それに関する技術的評価とコストに関する研究、さらに将来の大規模装置の開発計画に至るまでのものを含んでいる。しかもこれらの研究および諸種の開発作業には大学、公私立研究機関、民間企業および個人が参加し、何れも塩水局からの

---

22) 筆者による Richard Baker 氏へのインタビューより。2015年3月3日、Newark、Membrane Technology and Research, Inc. にて。原文は以下の通り。"Bend research was a contract research company. 'Contract research' in those days, and even today, was something America does. But not normally done in other places. But in America, the government will put out a solicitation. It will be a request for proposals. They call it an RFP. They solicit people to do research on some topics. And you could send them a proposal. You have a chance to get a contract. If you get it, it's great. Because you send them a report, they send you a check. Next month, you send them another report, they send you another check. it is a great system."

23) 原文ママ。三菱重工の出雲路・松原（1970）にも同様の記述がある。

請負という形で行われている。従って、そのために多額の国家予算が計上されている。

ただし、巨額の支援の割には、水不足の解消という当初意図したような成果があがったとは言えなかった。例えば、1979年に議会に提出された政府監査院（General Accounting Office）のレポートでは「脱塩水はおそらく国の水問題を解決することはないだろうが、助けにはなりうる（*Desalting water probably will not solve the nation's water problems, but can help*）」という主旨が書かれている。

4-4．日本側への情報伝播

米国政府による支援は、当然、米国企業に向けられたものであった。しかしその意図とは異なり、米国政府による開発は、間接的に、海を隔てた日本の企業にも恩恵を与えることになった。もちろん、米国政府から日本企業に金銭的な支援が直接あったわけではない。この点は以下の大矢の指摘からもわかる。

　　アメリカ政府は、色んな企業にお金を出して、工業化をしていきますね。例えば、スパイラル型の研究がありますよね。それを最初に出した会社の製造装置は全部アメリカ政府持ちですから。……結局ね、政府がお金を出さないと、とても動きません。どこでも政府のお金ですよ。それで「日本には使うな」とアメリカが言ってくる。（日本側が）よく知っているから、そう言うんだろうね[24]。

米国政府の資金が日本企業に直接流れることはなかったものの、研究成果の多くが公共財として一般に公開されたため、米国企業の開発成果に関する情報は日本側にも伝わった。既述したように、米国に留学していた東レの栗原は、塩水局のレポートを入手しては、その開発動向を日本側に伝えていた。米国での活発な開発活動とその研究成果に関する情報が次々と日本に送られること

---

24) 前掲注18、筆者による大矢晴彦氏へのインタビューより。括弧内、筆者追記。

は、日本企業の内部で、開発活動に一定の正当性を与えることに貢献したと考えられる。

　日本企業は、GA のスピンアウト企業からも様々な刺激を受けた。東レの栗原は GA から独立したライリーとの交流を深めた。日東電工は、ベンドリサーチのベイカーから技術的な助言を受けていた。このように日本企業は、様々な公開情報や組織を通じて多くの先進的な情報を速やかに吸収し、学習したのである。

5．なぜ米国の公的支援はこれほど巨額になったのか

5-1．政策の相乗り

　そもそもなぜ米国の公的支援はこれほど巨額になったのだろうか。最も一般的に指摘される理由は、将来的な水不足の可能性を米国政府が深刻に受け止めていたからだというものである。年間降雨量が少ないロサンゼルスは渇水に苦しんでおり、さらに人口増加が追い打ちをかけるという悩みを抱えていた。東海岸のニューヨークでも人口増加は著しく、将来的な水不足が心配されていたことは事実である。しかし、全米レベルで見ればこれらは地域的な課題であり、それだけが国家単位で大規模な予算投入を長期的に正当化するだけの理由となりえたのか疑問である。

　そこで考えられるもう一つの視点が、「原子力の平和利用」という政策的意図の相乗りである。1953年にアイゼンハワー大統領が「原子力の平和利用」に関する演説を国際社会に向けて行ったことを契機として、様々な軍需企業や機関が原子力の用途探索を積極的に進めていた。その有望な平和的用途として、エネルギー消費量が大きい脱塩が注目された。つまり、水不足に対する懸念に加えて、原子力の平和利用という別の理由が相乗りした結果、海水淡水化に向けた脱塩研究は正当性をいっそう強く獲得し、安定的な公的支援を受けることに成功したのではないかと考えられる。塩水局から支援を受けた企業の多くが軍需企業であったことはその証左である。

　脱塩研究にとってさらに追い風となったのが、並行して推進されていた宇宙

開発であった。アイゼンハワー政権に代わり1961年に始まったケネディ政権は「月に人を送り、砂漠に花を咲かせる」という大きな政治目標を掲げ、宇宙開発と脱塩研究の2つに力を注いだ。このうち特に大規模な金額が投じられたのが、ソ連との宇宙開発競争を繰り広げていたNASAであった。1961年に7.5億ドル程度であったNASAの予算は、翌1962年に12億ドル、1963年には25.5億ドルにまで引き上げられた。

宇宙船内における水の完全循環システムの構築を目指していたNASAは、潤沢な巨額予算を用いて逆浸透膜開発への支援も積極的に行った。例えばベンドリサーチは、「宇宙船での洗濯水再生使用に有効な新規の逆浸透モジュール, 第二段階」や「予備プロトタイプ廃水再生サブシステムの非位相変化（non-phase change）型の開発に関する研究」といった契約をNASAから得ていた[25]。NASAの意向を受けて、塩水局も委託研究先の探索に関わっていた。1960年代終盤にカナダでスリラージャンとともに宇宙船内における水の再循環システムの設計を検討した大矢は、次のように振り返っている。

　NASAがそういうプロジェクトを持っていたわけですね。それでOSW（塩水局）にお金を移し込んで、OSWが色んなところへコンタクトして、水の再循環のプロジェクトに合う膜の開発を頼んでいた。……（その流れを受けて）ノーススター研究所が、尿素の分離性能に秀でた最初の複合膜NS-100を開発した。そういう時代でした。ですから、色んなところにお金が流れていたわけですね[26]。

NASAに与えられた予算に比べれば少額ではあったものの、この流れに引っ張られる形で、塩水局の予算規模も引き上げられた。1961年9月にケネディ政権が制定した公法87-295は、1962年から1967年にかけて7500万ドルもの巨額の資金を脱塩研究に投じることを決めたものであった。その結果、同時期における塩水局への予算額は、1961年の379.5万ドルから、980.5万ドル（1962年）、

---

25) Lonsdale, Friesen, and Ray (1988) に基づく。NASA契約番号はそれぞれ以下の通り： NAS 9-17306、NAS 9-17523。
26) 前掲注18、筆者による大矢晴彦氏へのインタビューより。括弧内、筆者追記。

960万ドル（1963年）に引き上げられた。このように、脱塩研究は、積極的な財政政策をとったケネディ政権が掲げた二大目標の一つである宇宙開発に対する巨額な予算措置に引っ張られる形で、相対的には小規模ながらも脱塩研究から見れば潤沢な公的支援という恩恵を受けることができたと考えられる。

5-2．原子力の平和利用はどのように相乗りしたのか

原子力の平和利用は、どのようなプロセスを経て脱塩研究に相乗りしたのだろうか。

その萌芽的な計画は、米国の内務省と原子力委員会（Atomic Energy Commission）が、原子力を使って脱塩することを目的とした小規模な蒸発法海水淡水化プラントの建設を企画した1959年に遡る。しかしこの時はまだごく小さなものであり、適切な用地も見つからず、この計画は流れていた。

相乗りに向けた動きが大きくなるきっかけは、1962年に原子力委員会のオークリッジ国立研究所に勤めていたハモンド（Phillip Hammond）たちが大規模な二重目的プラントの経済的可能性を論じたことであった。これが科学技術政策局（Office of Science and Technology）局長だったウィースナー（Jerome Wiesner）の目に止まり、1963年1月にその検討グループが結成された。この動きを国家的な一大事に引き上げたのが、ケネディの後を受けて1963年11月に大統領の座についたジョンソンだった。

もともと上院議員時代から脱塩に関心を寄せていたジョンソンは、原子力と脱塩の合同プロジェクトを推進することを決め、内務省と原子力委員会の双方に対して大規模海水淡水化を実現するよう求めた。当時、原子力委員会委員長を務めていたラミー（James T. Ramey）は、ジョンソンの関心の高さについて、1964年8月に開かれた公聴会の中で次のように述べている。

> ジョンソン大統領は国内および世界的な淡水需要を満たす手段として、この技術（核技術）に極めて強い関心を抱いています。ご承知の通り、ジョンソン大統領は、原子力委員会と密接な協力関係にあり科学技術政策局とも協議関係にある内務省に対して、核反応が生み出す熱源（nuclear heat sources）利用も含めた、大胆で独創的な大規模脱塩プログラムに向けた詳

細計画を立てるよう要請しています[27]。

　ジョンソン自身も「原子力による1段脱塩プラントが毎日数億ガロンを造水する日が近づいている」[28]と大きな期待を寄せていた。脱塩研究に対する原子力の相乗りは、大統領のお墨付きを得た取り組みだったのである。米国議会の上下両院合同原子力委員会（Joint Committee on Atomic Energy）では、「原子力を利用した塩水淡水化」（Use of Nuclear Power for the Production of Fresh Water from Salt Water）が一つの検討課題となった。
　原子力委員会オークリッジ国立研究所が塩水局から初めて研究プロジェクトを受託したのは1964年であり、ジョンソン政権に入ってからのことであった。しかも、このときの委託テーマは「放射性同位体に関する研究」であり、脱塩プロセスに直接的に関わる研究だとは考え難いにもかかわらず、受けた支援金額は74万ドルに達した。これは、同年に研究機関が獲得した支援の中で他を圧倒する最高金額である[29]。原子力の平和利用を脱塩研究に相乗りさせることが政策的に優先されていたことを示唆している。
　この委託案件も含め、原子力委員会が塩水局から受託することとなった研究件数と金額の推移を示したのが図表9−5である。図からわかるように、1959年から1963年の間に原子力委員会が塩水局から受けた支援は1件もなかった。ところが1964年に入ってから、原子力委員会による受託研究件数と金額が右肩上がりで増えていく。これは、ケネディ政権が通した公法87-295によって1962年から1967年まで7500万ドルへと引き上げられた予算に、ジョンソン政権の後押しを受けた原子力の平和利用案件が入り込んだことを意味している。1966年には、カリフォルニア州オレンジ郡に大規模な原子力脱塩プラント（90

27）括弧内、筆者追記。原文は以下の通り。"President Johnson is vitally interested in this technology as a means to meet national and worldwide needs for fresh water. As you know, he has requested the Department of the Interior, in close collaboration with the Atomic Energy Commission and in consultation with the Office of Sience and Technology, to develop a detailed plan for an aggressive, imaginative program for large-scale water desalting, including using nuclear heat sources."
28）Urrows (1966) p. 13.
29）原子力委員会に次ぐ金額を得た研究機関はバテル記念研究所で20万600ドルであった。

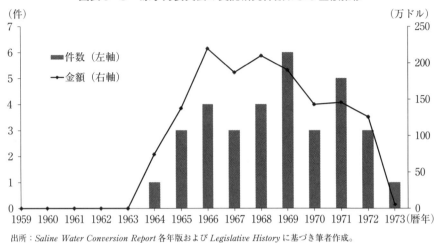

万kW・2基；10万 m³/日・3基）を建設する MWD 計画（Metropolitan Water District of Southern California）が議会を通過した[30]。

　興味深いことは、1967年を過ぎた後も1968年、1969年と原子力案件が増えている点である。これは、拡充された脱塩予算枠に原子力案件が入り込んだだけでなく、原子力案件が予算枠を下支えしていた可能性を示唆している。1968年は塩水局の予算が前年の2985万ドルから2080万ドルへと900万ドル弱も減った一方で、原子力委員会の受託研究は件数も金額も増大している[31]。原子力案件がなければ、予算総額はさらに減少していた可能性が高い。ジョンソン政権が任期を満了した1969年は、塩水局の予算が2555万ドルへと回復した年であり、同時に、原子力委員会による受託件数が最多を記録した年でもあった[32]。さらに、1971年に改正された塩水法（公法92-60）では、協働すべき機関として原子力委員会が明記されている。

---

30) この計画は当初の想定通りには完了しなかった。
31) ただし、1967年からの繰越分642万ドルが1968年の予算に上乗せされるため、実際の減額幅はこれより少ない。
32) なお、同政権は1969年1月20日に終えているため、通年で直接的な影響力を行使したわけではない。

こうした原子力と脱塩の併用に向けた取り組みは米国だけがとった独自の動きだったというわけではなく、世界的な取り組みであった。国際原子力機関（IAEA：International Atomic Energy Agency）は1964年に原子力エネルギーを活用した脱塩に関する報告書を出しており、1968年には原子力脱塩シンポジウムをスペインで主催した。当時のソビエト領だったカスピ海東岸シェフチェンコ市（現カザフスタンのアクタウ市）でも原子力発電所を併設した海水淡水化プラント（BN-350）の建設が進められ、1973年から稼働が始まり世界の注目を集めた（Domitriev, 1970；小西・湊、1999）。日本においても、原子力との二重目的の海水淡水化プラントが、通産省の原子力発電多目的利用研究会で検討された（田村、1974）。
　以上のことからわかるように、原子力脱塩は、米国と技術開発競争を繰り広げていたソ連を始め、多くの国で関心を集めた新しいシステムであった。原子力の相乗りが世界的な先進的潮流であったということも、塩水局の巨額予算を下支えする理由になったものと考えられる。
　このような政策的相乗りを背景に拡充された公的支援を民間レベルで享受した代表的な軍需企業がGAであった。Atomicを社名に持つ同社は、まさに原子力の平和利用に向けた探索活動に対する公的支援を受けながら、逆浸透法による脱塩プロセスの研究を進めた。事実、ROGAは、塩水局からの支援が縮小していく中で、原子力委員会（1974年廃止）を前身とするエネルギー省（1977年設置）からの支援を受けて開発を続けたという[33]。これもまた政策的相乗りを裏付ける史実である。
　元をたどれば、エネルギー消費量が大きな蒸発法を想定するからこそ、火力から原子力へのエネルギー転換に脱塩研究が相乗りする意義があったはずである。それに対して、ROGAが開発した逆浸透法は、相対的には省エネルギーの技術であるため、原子力の平和利用先として必ずしも相性がいいとはいえない。その意味で、逆浸透膜の開発は、政策の相乗りの意図せざる効果の恩恵を受けて進んだといえるかもしれない。

---

33) 筆者によるRandy Truby氏（RL TRUBY & Associates）へのインタビューより。2015年3月4日、Carlsbadにて。

6．おわりに

　本章では、水資源の豊かな日本でなぜ逆浸透膜開発が始まったのかという問いに対して、政策のスピルオーバーという視点からの説明を試みた。民間レベルでは、主として日本の繊維企業が、先行する米国企業の開発行動を参照し、競争的な模倣行動の一つとして逆浸透膜開発を始めたことが明らかにされた。一方、日本の公的研究機関では、行き詰まっていた製塩技術開発プロジェクトの格好の展開先として、米国で大規模に進められていた海水淡水化技術が注目されたことを示した。

　もちろん日本の水資源が常に潤沢であったというわけではない。事実、大型プロジェクトに海水淡水化研究を申請した石坂たちは、将来的な水不足を懸念する建設省の見解を引き合いに出している。そこで、日本における渇水の懸念が、海水淡水化の技術開発に実際どの程度影響したのかを確認しておく必要があるだろう。

　日本で海水淡水化研究が始まった1960年代に深刻な渇水問題が起きたのは、東京オリンピックが開催された1964年のことであった。同年、東京の年間降水量は平年の30％近くにまで落ち込み、夏場から秋口にかけて長期間にわたる取水制限が実施された。しかし、後に「東京オリンピック渇水」と呼ばれるこの水不足が海水淡水化研究を強く始動させる主因になったとは考えにくい。日本企業が公式に膜の開発を始めたのは早くても1960年代末であり、東京オリンピック渇水が直接的な引き金であったとは考えられない。日本企業が膜開発を始めたのは、水不足という社会的要請を受けてというよりも、やはり「先を行くお手本」としての米国企業が実現していた開発成果に倣ってのことだと考えるのが自然である[34]。

---

[34] 参入の際に競争優位を構築するための周到なシナリオを日系各社が検討した形跡は見当たらない。日本企業による開発着手は、市場への過剰参入行動や過少参入行動を説明する際に用いられる準拠集団無視（Reference group neglect）（Camerer and Lavallo, 1999 ; Moore and Cain, 2007）の論理が色濃く出ていたように思われる。

図表9-6　本章のまとめ

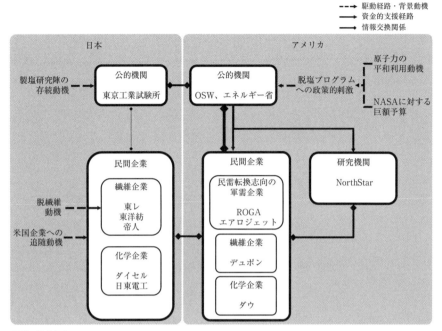

出所：筆者作成。

　公的機関の方を見ても、東京工業試験所が海水淡水化研究を始めたのは1964年より前のことであった。科学技術庁が『海水淡水化の技術開発に関する報告』を出したのは1967年であったけれども、その報告書を出した資源調査会海洋資源部会海水利用小委員会が発足したのは1963年であり、東京オリンピック前である[35]。日米で天然資源の開発利用に関する会議が設置されてその下に脱塩研究が位置付けられたのは、同じ1964年ながら、東京が渇水に直面する前の出来事であった。つまり、日本における淡水化研究は、産学ともに喫緊な社会的要請に基づいて着手されたとは考えられない。

　以上のことから、日本における研究開発行動を間接的に誘発・刺激したのは、米国政府による巨額の金銭的支援であったと考えるのが妥当である。内部開発によって初期の膜開発を進めていたデュポンでさえも、米国政府からの公的支

35）松田（1970）。

援に頼るようになっていた。米国政府の公的支援が、自国の研究機関や企業を脱塩研究へと強く駆り立てたのであり、公的プロジェクトであるがゆえにその開発成果が公になり、それが日本側に伝わり、日系各社による研究開発を誘発・刺激したと考えられる。こうした本章における全体的な流れは、図表9-6にまとめた通りである。

第 **10** 章

初期市場の探索
性能の束の不均衡発展

1. 新技術開発継続の難しさと応用市場の役割

1-1. 初期市場の重要性

　技術的な不確実性の高い萌芽的な新技術を民間企業が最初から担うことは容易ではない。海水淡水化のように社会課題の解決を目的とする技術開発の場合には、想定される顧客に十分な支払い能力がないため、市場の不確実性も高い。このように高い不確実性が伴う技術開発は、民間企業の自発的行動だけでは始動しにくい。だから、逆浸透膜産業の発展初期では政府支援が大きな役割を果たしていた。しかし政府による支援は永続するわけではない。事実、米国政府による支援額は1974年に激減した。

　産業が発展するためには、政府による支援から脱却して、民間企業による継続的な研究開発と事業投資が行われる必要がある。政府の支援を受けて一定の技術が確立されたとしても、その技術を事業化し、商品が市場に受け入れられるまでには、なお多くのハードルがある。海水淡水化では、飲料用途に耐えうる脱塩性能とともに、生活水としての十分な低コストを実現しなければならない。そうした性能向上は本当に可能なのだろうか。仮に性能が向上したとして、市場はそれを受け入れてくれるのだろうか。これら数々の不確実性に直面する中、民間企業はリスクの伴う投資を続けなければならない。それはいかにして可能となるのだろうか。

　確かに、CSR的な観点から企業がこの種の開発に取り組むことはありえる。

しかし、そうした位置づけだけでは、大規模な投資が必要となる事業発展を支え続けることはできないだろう。社会貢献という大義を掲げたとしても、収益性の見込めない事業へ何十年も投資を続けることは難しい。もちろん、技術開発が首尾良く進み、当初狙っていた市場が顕在化し、早期に収益が確保できる場合もあるが、そのような理想的な状況が訪れることはむしろ希なことである。期待通りに市場が立ち上がらず、企業が新規事業から撤退するといった事例は数限りなく存在する。

　そこで重要となるのが、当初狙っていた市場とは異なるけれども、当面の事業継続を正当化できるような応用市場の存在である（Kemp, Schot, and Hoogma, 1998；Schot and Geels, 2008）。例えば、航空宇宙用途で大きな市場を獲得した炭素繊維産業の発展を一面で支えたのは、釣り竿、ゴルフシャフト、テニスラケットなど初期段階で花開いたスポーツ向け市場であった。開発者たちはこれらの応用市場を当初から想定していたわけではない。しかし、それが、安定的な収益事業になるまでに40年以上の年月を要した東レの炭素繊維事業への継続的投資を可能にした重要な要因となっていた（青島・河西、2005）。

　企業が新技術を開発してその事業化を目指す場合、将来的に大きな市場が見込める領域に照準を定めることは自然なことである。特に、既に存在する大きな市場を新しい技術で置き換えることができれば、確実な事業規模を見込むことができるだろう。近年の例では、ディスプレイ産業における液晶から有機ELへの置き換えを狙った技術開発が挙げられる。しかし、大規模な市場代替を目論む技術開発には困難が伴うことが多い。なぜなら、既存技術を全面的に置き換えるには、既存技術をあらゆる面で凌駕した上で、コスト的にも優位に立たなければならないからである。それには多大な時間と資源を要する。

　逆浸透膜開発において多くの企業が当初から目指していたのも、既に大きな顕在ニーズがあった飲料用途であった。しかし、飲料水は河川から取水して濾過する方法が一般的であり、圧倒的にコストが安い。雨が降らず、河川水や地下水にも乏しい中東地域では、古くから既に蒸発法による造水が行われていた。逆浸透膜による淡水化技術は、少なくとも蒸発法による造水性能とコスト性能を凌駕しなければ、飲料水向け用途を獲得することはできない。しかしそれを実現するには、様々な性能要件を高レベルかつ低コストで満たさなければなら

ず、長い時間を要する。実際に海水淡水化向けに逆浸透膜の普及が加速化するのは2000年代に入ってからであり、日本企業が開発を始めてから数えても30年以上の歳月が経っていた。

たとえ強力な推進者がいたとしても、営利企業において30年も事業が立ち上がらないまま開発を継続するのは極めて困難である。しかし、たとえ期待していたほど大きな市場でなくても、新技術を応用した市場が見つかり、小さいながらも事業として成り立つようになれば、開発は継続できるかもしれない。開発を継続できさえすれば、歩みは遅くとも性能は向上し、いずれは、当初狙っていた大きな市場が要求する性能やコスト要件を満たせるようになる。その時にようやく当初の目的を果たせるわけである。

逆浸透膜事業発展の歴史においても、食品、排水、工業用純水などの多様な応用市場がその開発を支えていた。実際、1970年代末における逆浸透膜の国内用途市場としては、ボイラー用水を主とするかん水脱塩が68％、電子工業向けの超純水製造用途が24％を占める状況にあった（梅林寺、1984）。こうした初期市場の登場が、長年にわたる技術開発の継続を可能にし、持続的な性能向上を通じて、最終的には海水淡水化市場の獲得へつながった。

図表10-1は、1970年代末における日系メーカーによる逆浸透法の販売容量（8万3415m^3/日）の内訳を示している。原水ではかん水の脱塩が圧倒的な規模であったことがわかる。続いて、排水、工水となっており、工場関係の水処理需要も一定規模を有していた。生産水では、ボイラ用水、工業用水、超純水が多く、工場や発電所関係に向けた用途の大きさがわかる。超純水の需要が上位にあるのは、電子部品の性能向上や微細化が進むにつれてその洗浄に求められる水の純度が高まっていたからである。

企業はこれらの多様な用途を開拓しつつ、技術開発を継続して性能を高め、最終的に本来のターゲットであった海水淡水化市場をとらえることに成功した。そうして逆浸透膜産業は現在の規模にまで成長したのである。したがって、逆浸透膜産業の発展を理解するには、海水淡水化市場の拡大に至る前の、応用市場の創出過程を把握する必要がある。本章の目的はここにある。

それでは、応用市場はどのようにして生まれたのか。逆浸透膜開発に着手した時点で、企業がその後に登場する応用市場を予期できていたわけではない。

図表10-1　1970年代末における日系メーカーによる逆浸透法の販売容量内訳

原水	m^3/日	生産水	m^3/日
かん水	51,479	ボイラ用水	37,010
排水	14,103	工業用水	22,680
工水	9,356	超純水	13,802
上水	6,156	飲料用水	3,471
脱イオン水	1,783	再利用	3,120
その他	394	排水	1,084
純水	144	回収	760
		製薬用精製水	554
		メッキ廃液	540
		医療用水	274
		無菌水	120

出所：綜合包装出版株式会社（1980）。

　応用市場の全てが、逆浸透膜企業による意図的な探索活動の結果として発見されたというわけでもない。しかしだからといって、それが企業にとってまったく外生的で偶然の事象というわけでもない。

　以下で議論するように、最終的な目的を実現するような極限技術を開発者たちが追求する過程の中に、様々な応用技術が登場する潜在性が既に内包されていたと考えられる。技術が実用化されるには、お互いにトレードオフ関係にある様々な性能を高次元で両立させることが必要である。逆浸透膜でいえば、脱塩性能、透水性能、耐圧性、耐塩素性、耐熱性など様々な性能要件があり、それを全て満たして初めて実用技術となる。つまり、技術は「性能の束」であり、そこに含まれる各性能のレベルの異なる組み合わせが、異なる応用市場と対応している。一般に「難しい」実用技術というのは、複数の要求性能の全てを極めて高い次元で両立させる必要がある技術である。海水淡水化向け逆浸透膜はそうした技術であったといえる。しかし、全ての性能を同時に高いレベルで実現できなければ、全く使い物にならないというわけではない。用途が異なれば、要求される性能要件は異なる。いくつかの性能が目標に到達していなくても、

その時点での性能の組み合わせが特定の用途にマッチするということがありえる。これが産業発展の過程、すなわち過渡期に生まれる応用市場である。

　技術には多様な性能が備わっており複数の観点から評価することができる。特定の性能が予想外に高く評価されて想定とは異なる用途で技術が花開くことも少なくない。もちろん、そうした応用市場の多くは、企業の意図的な探索活動や顧客の持つ知見によって顕在化されるものだけれども、重要なことは、当初から特定の応用市場を目指して技術開発を進めなくても、難しい技術を要求する市場を目指して行われる技術開発活動の副産物として、多様な応用市場の可能性が掘り起こされることである。

　したがって、逆浸透膜産業の発展を支えた応用市場の登場を理解するには、潜在的応用市場をもたらす技術の進化過程を把握し、潜在的応用市場を顕在化させた各社による探索過程を明らかにする必要がある。そこで以下では、まず、（1）応用市場ごとに求められる性能要件の組み合わせを明らかにした上で、海水淡水化を目指した技術開発が最終ゴールに行き着くまでの途中過程において、様々な応用市場の可能性が生まれてきたことを示す。続いて、（2）技術が示す潜在的な応用市場が誰によってどのような過程で顕在化されたのかを明らかにする。

1-2．性能の束としての技術が示す潜在的応用市場

　海水淡水化市場が本格的に拡大したのは2000年代である。多くの企業が開発に着手した時期からは既に30年以上も経っていた。他社に先駆けてデュポンが海水淡水化市場を開拓し始めた1980年代から見ても20年近くの時間が必要とされた。海水淡水化市場は予想を超えて長い黎明期を過ごしたのである。

　海水淡水化市場が本格的に成長するまでこれほど長い年月を要したのは、海水淡水化に求められる性能要件が多岐にわたっており、それらが相互に矛盾する中で、全てを同時に高次元で満たさなければならなかったからである。この点について、工業技術院東京工業試験所に勤めていた中根堯は、1974年時点で次のように記している。

　　逆浸透法による海水の淡水化が難しいのは、海水の塩濃度が約3万

5000ppmもあり、浸透圧も常温で25kg/cm^{2}近くあることによる。すなわち、塩濃度が500ppm以下の一般の飲用に適す水を1段の処理で得るためには、塩の分離率が99％以上の高半透性の膜が必要で、さらに実用的な透過水量を得るためには80kg/cm^{2}以上の高圧で運転される必要があり、膜はこのような高圧化でも圧密化による膜性能の劣化に耐えうるものでなくてはならない[1]。

このように、塩分濃度が高い海水を淡水化する場合、浸透圧が高くなるため、脱塩時に高い運転圧力をかけなければならない。それゆえ耐圧性の高い膜を開発する必要があるのだが、耐圧性を高めようと膜を厚くすれば、透水性能が低下するという問題が生じる。また、運転圧力を高めれば圧力ポンプにかかる電気代が高くなり、造水コストを上げてしまう。

他にも海水淡水化特有の難しさがある。海水中には多様な有機物や無機物が溶け込んでいるため、塩分以外の様々な物質の除去性能も同時に満たす必要がある。しかし、多様な除去性能を高めようとすると透水量が低下する。多様な溶存物質は膜を汚すため、殺菌や洗浄に対する要求も厳しくなる。低コストで殺菌するには耐塩素性の高い膜が必要となるのだが、耐塩素性と透水性能の両立も容易ではない。洗浄コストを下げるには広いpH域に対応した耐薬品性が求められるが、これも、脱塩性能や透水性能との両立が難しい。飲料水を念頭に海水淡水化向け逆浸透膜の開発を進めるには、このように互いに矛盾しがちな複数の性能要件を、コスト制約の中で両立させなければならないという極めて難しい課題を解決しなければならなかった。

図表10-2は、取材に基づいて、逆浸透膜に要求される性能要件の重要性を用途ごとに整理したものである。もちろん、海水淡水化用の膜に求められる性能が原水環境や使用目的によって変わるように、用途ごとに必要となる性能を一義的に特定することは難しく、厳密に比較することはできない。そのことを理解した上で、ここでは、日系各社の開発者たちの協力を得て、敢えて大まかな平均的な姿として、要求される性能の相対的な重要性を示した[2]。

---

1) 中根 (1974b) p. 112。

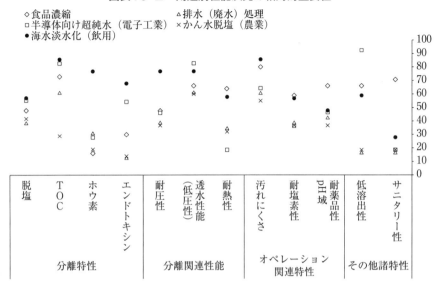

図表10-2 用途別性能次元の相対的重要性

出所：取材に基づき筆者作成。
注：TOCについては、低分子量有機物（高度浄水処理対象物含む）。

　図表10-2からは飲用の海水淡水化向け逆浸透膜が最も多様な性能を高い次元で実現しなければならないことがわかる。逆浸透膜の主要性能は、脱塩やTOCなどの分離特性と、透水性や耐圧性など分離過程で必要となる関連特性であるが、これらについて、海水淡水化用途では総じて高い性能が求められている。まず、脱塩性能を含めてあらゆる分離性能において海水淡水化が最上位に位置している。塩分濃度の高い海水を扱うため耐圧性に対する要求も最も厳しい。続いて、透水性能の要求は半導体向け超純水製造用途に次いで高く、耐熱性の要求は食品濃縮用途に次いで高い。オペレーション関連特性では、汚れ

2）本図表を作成するにあたっては、取材によるインタビューに加えて、日系3社の逆浸透膜開発で中心的な役割を果たした3名の開発者に対して質問票を送付した。質問票では、各用途に求められる性能要求の厳しさを相対化して評価してもらい、それを筆者が100点換算した。3名のうち2名からは具体的な点数の回答を得たが、1名からは、状況によって異なるので一概には答えられないという返答を得た。図表は2名からの回答の平均を表したものである。非常に難しい評価にご協力いただいた3名の方々に感謝したい。

にくさと耐塩素性で海水淡水化用途に対する要求が厳しい。このように、全体として、海水淡水化用途が最も多くの性能を高い次元で両立する必要がある。

　一方、海水淡水化用途以外の膜の場合には、全ての性能が同じように高い水準にある必要はない。例えば、初期の応用用途の一つである果汁の濃縮などの食品用途の場合は、人体に入るものを扱うためサニタリー性や汚れにくさが重要になるが、必ずしも高い脱塩性能は求められない。それゆえ、平膜の技術が確立する前には、管状型の逆浸透膜で対応することができたし、UF膜が使われることもあった。また、果汁などの食品は飲料水より付加価値が高いため、海水淡水化用途ほどの厳しいコスト要求を受けなかった。それが、膜コストの高い初期段階で有利に働いていた。つまり、分離性能やコスト性能が十分確立されていなくても、サニタリー性や汚れにくさ、耐熱性、低溶出性が満たされれば、食品用途は開けたのである。

　食品同様に初期段階に開拓された排水処理用途でも膜の汚れにくさが重要となる[3]。排水の場合、TOCの除去性も重要となるが、飲用でないため、高い脱塩性能は求められない。それゆえ、脱塩性能が低い初期の膜でも対応することができた。

　塩分濃度の低いかん水脱塩用途では、脱塩性能を含めて、海水淡水化のような高い分離性能は必要とされなかった。また、かん水は海水に比べて塩分が少なく、低圧で対応できたため、高い耐圧性は求められなかった。さらに、海水の場合より膜は汚れにくく、耐塩素性に対する要求も高くなかった。それゆえ、逆浸透法の大規模プラントはまずかん水淡水化から進展した。

　様々な応用市場の中でも、逆浸透膜企業に多大な恩恵をもたらし、産業発展を支えたのが電子工業向け、特に半導体向け超純水製造用途である。1970年代後半から半導体の微細化が急速に進む中、その製造工程で用いる洗浄水に混じる不純物の影響はますます深刻となり、純水よりも純度の高い超純水を必要とするようになった。従来のイオン交換膜だけでは高い純度の水を製造できな

3）この用途に適合した膜の典型例が、日東電工によって開発されたLFC膜（low fouling composite membrane）である。汚れにくさに特徴を持つこの膜は、下排水から飲料用水を得ることを目的としたシンガポールのNEWaterプロジェクトに採用され、その後、日東電工が特殊な排水処理用途に展開していく足がかりとなったのである。

くなり、新たに逆浸透膜に大きな注目が集まった。

　半導体産業の成長に歩調を合わせるように、逆浸透膜の市場も大きくなった。それは、今日の海水淡水化市場の規模からすればはるかに小規模だったけれども、事業性を見出せず苦しむ逆浸透膜の開発陣にとっては、開発を正当化してくれるありがたい市場であった。この市場がなければ、今日のような逆浸透膜の姿はなかったかもしれない。

　日東電工による半導体製造向け市場への参入経緯が示すように（第8章参照）、企業は、最初から半導体製造向けに焦点をあてて膜開発を行っていたわけではなかった。脱塩性能と透水性能を高い次元で両立する膜開発に各社の技術者は腐心していた。その過程で生まれたいくつかの膜は、脱塩性能こそ目標に至らないものの、TOCの除去性能やイオン交換樹脂より低い溶出性が半導体向け超純水製造用途にはうってつけであった。浸透圧が低いため膜の耐圧性もさほど求められず、むしろ低圧での透水性能が重要であった。このことは図表10-2に示されている。低圧下での透水性能の重要性は超純水用途で最も高く、TOC除去性能に対する要求も海水淡水化と並んで厳しい。それに対して、耐圧性、耐熱性、ホウ素除去性能など、海水淡水化に求められる性能に対する要求は高くなかった。

　それゆえ、海水淡水化にとっては不十分な途中段階の膜であっても、超純水用途には十分であった。日東電工の場合、この有望な用途の発見は、装置メーカーである栗田工業からの提案によるものであった。技術者は超純水向けに開発したわけではなかったが、その不完全な技術に新たな用途の可能性を顧客が見出してくれた例であった。

　このように、海水淡水化の実現を目標として始動した逆浸透膜開発は、その事業性が見出せない苦しい時代を、想定外の応用市場の登場によって乗り切ってきた。それらの応用市場は、性能の束である技術が、当初の想定からすると特定性能に偏るような不完全な状態にある時代に、その不完全な状態と適合する用途として開拓された。性能の組み合わせがある意味でいびつであり、特定の性能が突出するからこそ、ニッチとしての応用市場が発見されたといえるかもしれない。

1-3．応用市場の探索活動：2層での探索活動

　最終的に目指す市場が要求する極限的な性能を追求する過程で、潜在的な応用市場が広がっていくとしても、実際に潜在市場を探索、発見、開拓するのは人や企業である。

　それでは、逆浸透膜の応用市場はどのように探索されたのか。逆浸透膜企業がその応用先を探索するといっても、多くの場合、顧客は水処理装置企業であり、最終的な顧客である水処理事業者と直接接することは多くない。

　こうした中で逆浸透膜企業はいかにして用途を開拓していったのか。結論から述べると、市場探索においては、膜企業自身とともに水処理装置やプラント・エンジニアリングを行う企業も大きな役割を果たしていた。逆浸透膜企業は、海水淡水化という最終目標に向かって、日々基本性能を高める努力を行う。海水淡水化に耐えうる性能が実現できれば、その他の市場も当然開けてくるのだが、途中段階では、なかなか事業性が見出せず苦慮していた。そうした中、膜企業も最終顧客に接して市場探索を行おうとするものの、最終顧客との接点という点では、水処理装置やプラントのエンジニアリング企業の方が広い。そこで、それらの企業が持つ最終顧客情報と膜企業が持つ技術情報が交わることで新たな市場が見出されていったのである。

　例えば、逆浸透膜各社を救った半導体向け超純水製造用途の進展は確かに外部から吹いてきた追い風ではあったが、青天の霹靂というような全く予期せぬ外生変数ではなかった。後述するようにそれは、顧客企業側からの提案努力によって開かれた市場であった。

2．性能の束の不均衡発展と用途拡大

2-1．食品・飲料濃縮用途：低変質性の評価

　L-S膜が登場し、逆浸透膜の実用化に向けた取り組みが本格的に始まった最初の用途は、コアリンガにおけるかん水脱塩であった。もちろん当初から海水淡水化を目指した研究活動が行われていたのだけれども、満たすべき性能要件が厳しく、おいそれと実現できるものではなかった。そこで、海水だけでなく

他の原水を模索する活動が進められた。

1960年代には、米国農務省西部研究所を中心として食品や飲料の濃縮が逆浸透法の用途として検討された。農林水産省食品総合研究所の渡辺（1985）は、逆浸透法による食品用途展開に関する初期の歴史を総説した中で、同研究所が逆浸透法の食品用途展開を1965年から公に論じ始め、1969年には同所がシンポジウムを開いて米国やカナダの食品研究者および技術者130名の参加を得たと記している。日本では、翌1970年に日本食品工業学会が逆浸透法による食品用途展開を一つのテーマとして取り上げた。米国のシンポジウム開催からわずか1年後に日本でも同じテーマが取り上げられたという事実は、公的な取り組みが早くから国境を越えていたことを示している[4]。

食品用途で逆浸透法が注目された一つの大きな理由は、その低変質性にあった。従来の蒸発法では濃縮時に香りまでもが飛んでしまうことから代替的な手法が求められていた。凍結による濃縮は一つの方法であったが、それは高コストであったため、濃縮時に原液を変質しない逆浸透法が検討されるようになったのである。1982年度には農林水産省の後援を受けて食品産業膜利用技術研究組合が設立され、膜メーカーや食品メーカーなどが協力してその用途展開を模索していた。第8章で記した日東電工が参加したのは、この組合である。

逆浸透法による食品・飲料の濃縮にも課題はあった。その一つが、酢酸セルロース膜ではいくつかの香り成分が透過してしまい濃縮液側に残りにくいという問題であった。それゆえ、多様な香り成分の複合で商品価値が高まるコーヒーなどの濃縮用途は期待できなかった。しかし、ポリアミド系材料に香り成分の透過を阻止する十分な性能があることがわかると、この問題は解決し、逆浸透膜による食品濃縮が本格的に検討されることになった。香り成分の阻止性能という用途特殊的な評価次元に基づくと、酢酸セルロース系よりポリアミド系の方が優れた材料だったのである。

香り成分の阻止性能の他、食品用途で課題となったのは、低ファウリング性、透水性能、分離性能、耐熱性、耐薬品性であり（渡辺、1985）、海水淡水化用

---

[4] 食品濃縮用途についてはスリラージャンも同様に注目しており、カナダ国立研究所に移った同氏の最初の研究テーマがメープルシロップの濃縮であった（筆者による大矢晴彦氏へのインタビューに基づく。2014年10月15日、東京にて）。

途で求められる性能と大きな違いはなかった。しかし海水淡水化のような高い分離性能は要求されなかった。また、飲料水より付加価値の高い食品を扱うため、先述したように、膜に対するコスト要求も相対的には高くなかった。それゆえ、海水淡水化向けには不十分な膜であっても、食品用途では利用することができた。

一方で、食品や飲料の濃縮時には膜が汚れやすく、また、人体に入るものを扱うため、耐塩素性が高くて比較的簡単に塩素殺菌できることが重要となる。その点が評価された好例が、日東電工の開発したポリアミド系複合膜NTR-7450である。この膜は、分離性能はさほど高くないもののその分だけ透水性能に優れ、さらに耐塩素性が高かった。この耐塩素性の高さが、食品産業膜利用技術研究組合で高く評価されたのである。

2-2．工業用途：TOC阻止性能の評価

1970年代には、工業用水用途が開拓された。そのきっかけを作ったのが鹿島臨海工業地帯であった。1963年に工業整備特別地域に指定された鹿島では工場進出に備えるべく発電設備の建設が進み、発電用純水需要が高まっていた。当初は北浦から取水してイオン交換樹脂を用いればこの需要に十分応えられていたのだが、1970年9月頃に海水が流入して北浦の塩分濃度が高まると、原水の前処理工程を新たに用意して、より高度な脱塩をする必要性が高まった。

この前処理工程に用いられたのが逆浸透法だった。この用途で期待されていたのはまさに脱塩性能であった。1971年に建設されて翌年に稼働を始めた逆浸透脱塩装置の造水能力は、当時としては世界最大の3000m^3/日であった。

興味深いことに、海水の流入が収まり塩分濃度が下がってきた後も、この逆浸透脱塩装置は継続的に活用され、さらなる増設も進められた。その造水能力は、稼働を始めた1972年中に5000m^3/日へと高められ、1975年までに1万3400m^3/日という一大造水体制が構築された。その大きな理由は、逆浸透法がシリカを始め微量の溶存有機物の除去に大きな効果を発揮し、水の汚れを示すCOD（Chemical Oxygen Demand）[5]の低下性能に優れていたからであった。

北浦には藻類が多く繁茂していたという事情もあり、前処理工程で逆浸透法を用いて有機物を除去しておくことの効果は大きかった。後工程の純水装置で

用いられていたイオン交換樹脂への負荷を軽くし、必要となる薬品量を節約できたからである。イオン交換法で用いる薬品量は逆浸透法に要する量よりもかなり多かったため、トータルでの添加薬剤量を大きく減らし、ランニングコストを下げることができた（谷口・Kremen、1973；谷口、1981）。

脱塩性能が低くても、溶存有機物の除去性能が高いことによって、こうした工業用途で逆浸透法が定着することとなった。しかし、開発者たちが事前にこのような特徴に焦点をあてて、工業用途に向けて開発を進めていたわけではないであろう。確かに逆浸透膜によって溶存有機物を除去できることは認識していたかもしれないけれども、その性能の意義は、実際にフィールドで適用されて試験稼働する中で初めて強く知覚されたと考えられる。事実、栗田工業（2000）によれば、試験運転を経て「塩類だけでなく有機物、藻類およびシリカをも除去できる」という評価結果が得られたと記している。こうして、逆浸透法が工業用水用途で普及することとなったのである。

2-3．半導体向け用途の拡大：低圧透水性能の評価

1970年代以降、半導体の微細化が進展するにつれて洗浄水に求められる純度が格段に上がり、洗浄の重要性が著しく高まった[6]。そうした中、従来のイオン交換樹脂では有機物が溶解してしまうため要求純度を満たせなくなった。そこで逆浸透法が注目されるようになった。ここで逆浸透法に期待されたのは低分子有機物の除去性能であった。

半導体製造工程の中で超純水を必要とする工程は、図表10-3の色付けされた部分に相当する。大矢（1988）によれば、製造工程全体で必要となる超純水のうち、最初の切断工程で約10％の洗浄水が用いられ、最後の3工程で80％が用いられる。残りの10％は、この流れ図には描かれていない装置や膜などの

5）化学的酸素要求量（COD）とは、溶存有機物を酸化剤で酸化する際に消費される酸素量を指す。溶存有機物が多いほど酸化に要する酸素量も増えることから、CODは水の汚れを示す指標として用いられている。

6）不十分な洗浄は様々な品質問題につながる。例えば、ウエハーを適切に洗浄しきれないと、ウエハー上に残った有機物が次の酸化工程で分解して水蒸気に混じってしまう。するとその水蒸気がウエハーの酸化を部分的に促進してしまい、酸化層を分厚くしてしまうのである。

図表10-3　半導体製造工程の流れ図

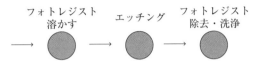

出所：大矢（1988）に基づき筆者作成。

洗浄で用いられる。1980年代初頭には、全工程の約30％を洗浄が占めるといわれるほど、洗浄プロセスは重要であった（山根、1982）。

　半導体向け超純水製造用途に向けて逆浸透法の造水装置（1万ガロン/日）が初めて納入されたのは1969年のことである[7]。その納入先は、当時の半導体市場を牽引していたTIのダラス工場であった（高島、1985）。

　当初、逆浸透法による造水装置は、イオン交換装置の前工程ないし後工程に導入された。前工程では原水中の有機物を除去し、後工程ではイオン交換装置から出てくるTOCを除去する役割が期待されていた[8]。逆浸透法によるこれらの装置は非常に高価だった。栗田工業、オルガノに並んで超純水製造装置事業を営んでいた野村マイクロ・サイエンスで取締役技術部長を務めていた佐藤久雄が、「超純水製造システムの新設で、ROの占める設備費はおおよそ30〜40％であるので、ROは高いとされ、その設置の必要可否が議論される」[9]と指摘するほどであった。

　しかしそれでも半導体企業で装置の導入が進んだのは、高い競争力を持つ日系半導体各社が大きな収益を獲得しており、十分な購買力を持っていたからである。さらに、装置自体は高価でも、逆浸透法を使えばトータルでのランニングコストが安くなることもあった。例えば前処理工程に逆浸透法を導入すれば、後に続くイオン交換樹脂への負荷が軽減されランニングコストが著しく低下す

---

[7]　1万ガロンを立方メートルに換算すると約37.85m^{3}である。
[8]　小池（1989）。
[9]　佐藤（1976）p. 43。

る。前出の佐藤は、逆浸透法の導入によって水質が安定することに加え、イオン交換樹脂の負荷を10分の1に減らすため樹脂の寿命が10倍になり、トータルのランニングコストは従来よりも30〜50％も下がると言及している（佐藤、1976）。

　半導体向けの超純水製造用途では、取水源が比較的澄んだ湖水や河川水だったことから膜が汚れにくく、殺菌や洗浄の必要性が海水淡水化ほど高くはなかった。ただ、前処理工程では塩素殺菌が施されることから、一定の耐塩素性は求められた。これに対し、イオン交換装置の後工程では塩素を用いないため、耐塩素性はほとんど問題にならなかった。しかも既に脱塩処理は済んでいるから、高い脱塩性能も求められなかった。

　こうした後工程の特殊事情にうまく噛み合ったのが、日東電工が1981年に開発したNTR-7250であった。脱塩性能は劣っていたものの有機物の除去性能に優れたこの新膜は、前処理には適さなかったが、主にTOC除去を担う後工程に対してはうってつけの膜であった。この適合関係を見出したのは、先述したように日東電工ではなく、半導体メーカーと直接取引関係にあった栗田工業であった。しかもこの膜は低圧運転下でも高い透水性能を実現できたことから、電気代も節約できるという利点も備えていた。こうして半導体各社は、イオン交換装置の前後で逆浸透法による超純水製造装置を受容し、導入するようになったのである。

　1980年代を通じて、半導体の性能は高度化し、産業規模も拡大したため、製品の処理や洗浄に使う淡水量も右肩上がりで増大した。当時、6インチウエハー1枚を製造するために1.2tの超純水を要したというから、かなり大きな需要であった。図表10-4は、集積回路の製造を担う事業所数と、各事業所における製品処理・洗浄用淡水使用量の推移を示したグラフである。事業所数は2000年まで増加傾向を示している。事業所あたりの淡水使用量も、シリコンサイクルの波を受けつつも長期的には増え続けている。こうした増加に合わせて、逆浸透法の超純水製造装置も普及していった。

　では、この用途開拓は具体的に誰がどのように行っていたのだろうか。既に述べたように、この用途探索では、膜企業だけでなく、その顧客である装置企業も重要な役割を果たしていた。こうした点を明らかにすべく、以下の第3節

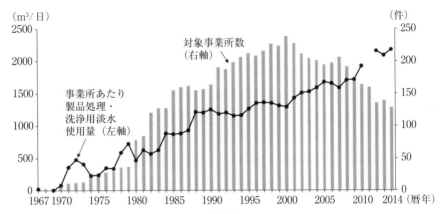

図表10-4　集積回路製造業における事業所数と、事業所あたり製品処理・洗浄用淡水使用量の推移

出所：経済産業省「工業統計表」各年版に基づき一部筆者算出。
注：1968年および2011年についてはn/a。

では日系3社による用途開拓活動を整理し、続く第4節において装置企業による用途探索活動を明らかにする。

3．日系逆浸透膜3社による用途探索

3-1．原水と生産水の用途推移

　開発前期において海水淡水化市場以外の様々な用途が存在したことは、企業が開発を継続する上で重要な役割を果たしていた。本節では、原水および生産水の各用途に関するFタームを持つ特許を抽出し、東レ、日東電工、東洋紡3社がどのような用途を想定して開発を行っていたのかを把握する。

　図表10-5aから図表10-5cは、原水に関する用途別推移を2010年まで示したものである[10]。比重はやや異なるものの、大きな流れとしては、3社とも「廃液、排水」から「海水」へと変化していることがわかる。第6章から8章の各社に関する記述とほぼ整合的である。

　東レについては、1975年以前には「廃液、排水」が多く、その後、「海水」が増え、2000年頃に「海水」がピークを迎えている。初期の動きは、先行し

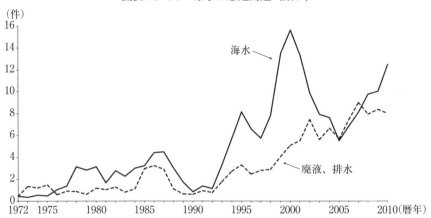

出所:ULTRA Patent に基づき筆者作成。
注:当該Fタームを持つ特許数を出願年別に集計し、3年中央移動平均値で算出。

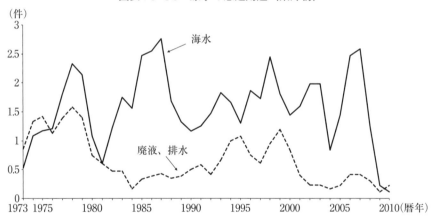

出所:ULTRA Patent に基づき筆者作成。
注:3年中央移動平均値。

---

10) 原水に相当する PB01群 F ターム(被処理流体)を持つ特許数は7057件、生産水に相当する PC00群 F ターム(利用分野、用途)を持つ特許数は5181件である。原水に関しては、「被処理流体」(PB01)とその全ての下位タームを対象に測定している。生産水については下位タームが多岐にわたるため、本書巻末の補論に記した手続きに沿って上位タームごとに集計して測定した。なお、原水と用途の全てを図示すると視認性が著しく落ちるため、ここでは取得特許数の多い用途だけを描いている。

第10章 初期市場の探索:性能の束の不均衡発展　263

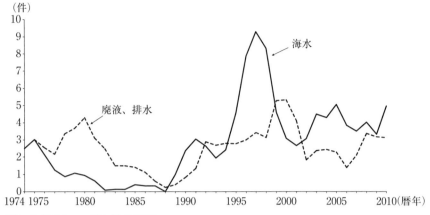

図表10-5c　原水の想定用途（日東電工）

出所：ULTRA Patentに基づき筆者作成。
注：3年中央移動平均値。

て開発された酢酸セルロース系の膜が「廃液、排水」用に展開されたことを示している。その後、PEC-1000の開発が進む1970年代後半に「海水」の特許出願が増え、1990年代に急増する。UTC-80の開発に成功し、SU-800として沖縄の北大東島と南大東島に納入したのが1991年であり、この頃から海水淡水化への事業展開に道筋をつけたことと整合的なグラフである。

　東洋紡については件数が少なく解釈には注意が必要であるものの、東レ同様、初期には「海水」とともに「廃液、排水」にも重きが置かれていたことがわかる。それが1980年代半ばになると、「海水」の特許出願の割合が大きく増加する。東レや日東電工と比べると、東洋紡は「海水」に偏った開発をしてきたことがうかがえる。

　日東電工は、1970年代前半こそ「海水」関連の特許出願が目立つものの、すぐに「廃液、排水」の割合が増え、その傾向は1980年代中盤まで続いている。第8章で述べたように、日東電工が海水淡水化以外の用途に向けた開発を積極的に進めていたことがわかる。その後、ハイドロノーティクスを買収した1987年あたりから「海水」に関する出願数が急増しており、「海水」への傾斜が急速に進んだことが確認できる。

　続いて、各社における生産水の用途別推移を図表10-6aから図表10-6cで

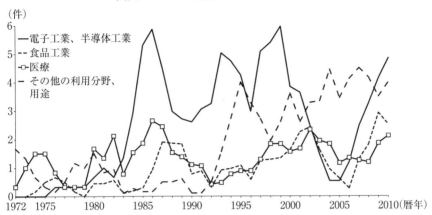

図表10-6a　生産水の想定用途（東レ）

出所：ULTRA Patentに基づき筆者作成。
注：当該Fタームを持つ特許数を出願年別に集計し、3年中央移動平均値で算出。なお、他2社とは異なり、東レについては特許数上位3用途に「その他の利用分野、用途」が入ってくる。しかし同一用途での3社比較も考慮し、「食品工業」を図示している。

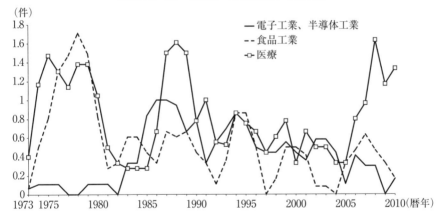

図表10-6b　生産水の想定用途（東洋紡）

出所：ULTRA Patentに基づき筆者作成。
注：3年中央移動平均値。

確認する。各社でウェイトに差はあるものの、大きな流れとして、1970年代の初期段階には食品用途もしくは医療用途が比較的多く、1980年代に入ると半導体向け用途が増加していることがわかる。なお、東レについてのみ、生産水の用途として「その他の利用分野、用途」が上位にあったため追加的に図示

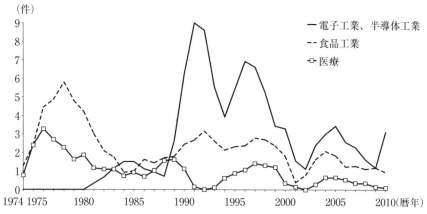

図表10-6c 生産水の想定用途（日東電工）

出所：ULTRA Patent に基づき筆者作成。
注：3年中央移動平均値。

している。Fターム分類では飲料水用途に対して特定のタームが与えられているわけではないため、飲用を念頭に置いた海水淡水化の推移を把握することはできないのだが、おそらくこの「その他」に含まれているものと推測される。

3-2．各社による初期の探索活動

開発着手の経緯からして、海水淡水化の実現が最終的なゴールだということは各社共通の認識であったといえる。さらに、十分な性能やコストが揃わない初期段階では、事業や開発を継続させるべく海水淡水化以外の用途の探索を行っていたことも共通していた。

1968年に酢酸セルロース系材料で開発を始めた東レでは、同材料で海水淡水化市場を開拓することは難しいと考えられていた。材料を自社開発していなかったこともあり、脱塩性能と透水性能を高い次元で両立できなかったからである。1970年代には、確かに造水促進センターの実証プラントに同社の酢酸セルロース系逆浸透膜が用いられてはいたものの、酢酸セルロース系の開発グループ自身も海水淡水化がその主力用途となるとは認識していなかった。事実、東レの初納入先は1976年末に受注したIBM野洲工場であり、排水処理用途であった。

これは、川端が「やりようによっては海水淡水化もできないこともないのだけれども、耐圧性が問題だった。（そこで）少し塩気のあるかん水や、一次処理された排水を二次処理、三次処理して再生水として使う。それから、普通の水をやったら、すごくきれいな水が出る、（つまり）超純水」[11]と述べていた点と整合的である。当時、酢酸セルロース系材料の開発陣が目指したのは廃水・排水処理やかん水脱塩だった。

　東洋紡は、開発を始めた当初こそ有価物の回収を念頭に置いていたものの、すぐに海水淡水化をメインターゲットと考えるようになった。ただし、生活水を想定した大規模な海水淡水化を実現するには時間がかかると予想された。そこで初めは船舶用に小型の淡水化システムを開発することにした。東洋紡の中空糸型逆浸透膜はモジュール内に多くの膜を詰め込めるため、小型化において有利であった。市場規模は小さいものの、当面の事業継続にとっては重要な市場であった。

　日系3社の中で、多様な用途開拓に最も積極的だったのが日東電工である。同社は膜ビジネスを興すという構想の一環として逆浸透膜の開発を始めており、海水淡水化という特定の用途ありきで開発を進めていたわけではなかった。この点は、事業を率いた山本が「『これはこういう方向に行けば』という確信を持って研究している者は誰もいなかった。……マーケットがどれくらい大きくなるか、誰もわからない。どんな用途がこれから伸びるかということも誰もわかっていない。将来の計画や夢がほとんど見えていない、メンブレンという名前だけが先行したプロジェクトであることがわかった」[12]と振り返っていたところからも確認できる。もちろん開発が進んだ先に海水淡水化市場が開けることは期待していたものの、収益圧力の強い同社では、すぐには収益につながらない海水淡水化をターゲットにすることはできなかった。開発を継続するためには、当面の収益の見込める用途を積極的に探索する必要があった。図表10-6cも、日東電工が食品用途や医療用途に重点を置いた開発活動を行っていたことを示している。

---

11) 本書 p. 131。
12) 本書 p. 183。

事実、日東電工が最初に事業化したのは、神戸製鋼から技術を受けて生産した酢酸セルロース系管状型逆浸透膜モジュールであり、1976年に北海道におけるデンプン廃液処理用途向けに納入された。その後、造水促進センターで海水淡水化の実証に参加した際には、技術が不十分であることを認識させられることになった。そこで海水淡水化以外の多様な用途を模索することとした同社は、食品向け用途では1982年度に「食品産業膜利用技術研究組合」に参加して味の素と共同開発を行い、味液の脱色処理用に事業を展開した。ワイン用ブドウの濃縮や果汁フレーバーの濃縮といった展開も模索した。他の用途としては、四国の大手製紙メーカーのパルプ廃液の処理に管状型UF膜モジュールを納入したり、大型ビルや工場を対象とした水の再利用（中水）分野にも進出した。さらに、電着塗装、排水の油水分離、し尿処理といった分野の開拓も行った。

　東レや東洋紡より企業規模が小さかった日東電工では、遠い将来に開けるかもしれないような市場を目指して不確実な技術開発を続けることは難しかった。それゆえ、東レや東洋紡以上に、生き残りのための用途探索が積極的に行われていた。

3-3. 1980年代以降の用途探索

　海水淡水化市場が期待するようには拡大しない状況の中、1980年代以降も各社による用途探索は進められた。その過程で半導体向け超純水製造用市場が登場した。東レと日東電工は日系半導体企業からの需要を享受し、それによって逆浸透膜事業は社内で認められ、さらなる性能向上とコスト削減に向けた開発の継続が正当化されることとなった。

　東レの開発グループは、一貫して海水淡水化を念頭に技術開発を行っていたが、事業化では大きな壁に直面した。開発したポリアミド系複合膜であるPEC-1000は海水の溶存酸素に弱いことから事業化を断念した。量産体制まで整えていたPEC-2000も耐塩素性に難があるとして市販直前で中止となった。このように海水淡水化向け事業が頓挫する中、事業展開や技術開発の継続を支えたのが半導体向け超純水製造用途での事業展開であった。植村が「神風だった」と振り返っているように、この用途は、東レの逆浸透膜開発の歴史の中で

極めて重要な意味を持った。

　東レはまず、酢酸セルロース系材料でこの市場に参入した。イオン交換法で稼働を続けていた脱塩工程を逆浸透法ですぐに置き換えることは難しいと判断し、当初は脱塩工程の前後に追加する形でこの市場に入り込んだ。やがて新たに開発したポリアミド系逆浸透膜で酢酸セルロース系の膜を置き換え、半導体向けのシェアを高めていった。1987年には、半導体業界の最先端を走っていた東芝が新設したDRAM工場にポリアミド系材料を用いた逆浸透膜エレメントを納入した。

　酢酸セルロース系では海水淡水化市場をとらえられないことを東レの開発者たちは理解していた。鍵はポリアミド系の膜開発にかかっていた。その開発に成功するまでの時間を、半導体産業向けに販売された酢酸セルロース系逆浸透膜が埋めてくれたのである。

　日東電工の場合も、半導体産業から多くの恩恵をうけ、それが事業や開発の継続を可能にした一因となった。日東電工が電子工業を意識し始めたのは東レより遅く、1980年代に入ってからのことである。脱塩率は低いもののTOCの除去に優れているNTR-7250の価値を栗田工業が発見したことが半導体向け事業の拡大のきっかけとなった。NTR-7250は、基本性能である脱塩率を求める開発者からすると失敗作であった。しかしそこに、半導体の洗浄工程で必要とされる機能を装置企業が見出したことによって、新たな機会が開けることになった。

　図表10-6cからは、日東電工の半導体向けビジネスが1980年代後半から急増し、その後は一貫して生産水用途の最重要領域となっていたことが推察できる。ちょうどこの頃、同社は逆浸透膜ほどの分離性能はないけれども他の性能次元で優れた膜を総称して「ルーズRO」というカテゴリーを独自に創り出し、その製品展開を模索していた。

　3社の中では唯一、東洋紡だけが半導体向けの市場を獲得できなかった。比較的きれいな原水を用いる半導体向けでは透水量が重要であり、同社の酢酸セルロース系膜の特徴である耐塩素性はさほど重視されず、ポリアミド系に対する優位点を見出せなかったからである。そこで東洋紡もポリアミド系の中空糸膜を開発し、この産業への参入を試みたものの、性能とコストで対抗できなかっ

た[13]。これを契機に東洋紡は、特にサウジアラビアに照準を定めて、海水淡水化向けに注力することになった。

　したがって、東洋紡では、応用市場の獲得以外の理由によって逆浸透膜事業の継続を正当化する必要があった。特に、全社的な業績不振にあった1990年代は、収益の出にくい逆浸透膜事業が整理の対象となっても不思議ではなかった。そうはならなかった理由の一つには、収益性の高い人工腎臓事業と同じ傘下に逆浸透膜事業が位置づけられたことがある。「黒字は善、赤字は悪」と公言して厳しく収益事業を選別していた当時の津村体制下では、この点は特に有効だったと推測される[14]。この経緯については第12章であらためて詳述する。

3-4．そして海水淡水化へ

　様々な応用用途を開拓しつつ膜開発を継続する一方で、1990年代以降、各社は逆浸透膜の本命ともいえる海水淡水化市場への事業展開を遂げていった。

　東レが本格的に海水淡水化向け製品を投入し始めたのは、SU-800を製品化した1991年からである。SU-800は、沖縄の北大東島および南大東島へ納入された後、SU-820としても製品化され、1996年、北谷の海水淡水化センターに導入された。しかし、事業規模に満足していなかった前田は、1994年、効率的な海水淡水化システムの構築を開発者たちに厳命した。命を受けた開発者たちは耐圧性の高い膜を開発して高効率な２段法海水淡水化システムを構築し、原水から淡水を得る回収率を60％に高めて造水コストを約20％下げることに成功した。このシステムは1999年に入ってから、スペインのマスパロマス、カリブ海キュラソー、そしてトリニダード・トバゴで採用された。

　海水淡水化への転換を最も顕著に進めたのは日東電工である。重要な転機は、1987年に行ったハイドロノーティクスの買収である。国内での事業拡大は見込めないと判断した経営陣は、逆浸透膜事業が低迷する中でありながらも、こ

---

13) デュポンがポリアミド系材料を採用していたにもかかわらず半導体向け超純水製造用途を開拓できなかったことから考えると、材料の違いというよりも中空糸型という膜形状が超純水の製造用途には適していなかったのではないかという見方もある（筆者によるRandy Truby氏へのインタビューに基づく。2015年３月５日、Carlsbadにて）。

14) 同社の全社構造改革プロセスについては、藤原・青島（2016）を参照されたい。

の大型買収を決断した。既に世界中の顧客とビジネスを行っていたハイドロノーティクスから多くの顧客情報を得たことの効果は大きかった。当時開発に携わっていた神山が「……(脱塩用途では)1件ごとの膜モジュールの数がすごく多い……。日本で超純水の設備をやっても、せいぜい何百本です。千本なんていかないです。ところが、ハイドロがやっている設備は(当時既に)千本単位ですものね。もうケタが違うのですよ。これは違う世界だな、と思いましたね」[15]と語っているように、この買収をきっかけとして日東電工は従来とは異なる規模での事業展開を進めることになった。

しかし第8章で記したように、この買収によって、日東電工はダウに訴訟を起こされた。ダウが買収したフィルムテックのカドッテが発明した特許にハイドロノーティクスの膜技術が抵触しているという内容であった。しかしこの訴訟では最終的に日東電工が勝利し、カドッテの344特許は米国政府に帰属することになった。これによって各社がカドッテの技術を使用できるようになり、海水淡水化市場の拡大が進むきっかけとなった。ポリアミド系平膜型へと技術アプローチが収斂したことによって競争が激化するとともに、価格性能比が向上し、海水淡水化用途への可能性が大きく広がったからである。この点については、次章で詳述する。

東洋紡は、1980年代にサウジアラビアの海水淡水化プラントに納入していた逆浸透膜が性能トラブルに見舞われたものの、それを迅速に解決したことでかえって信用を得ることに成功し、市場展開を強固なものとした。しかし散発的な大型受注は工場稼働率を激しく上下動させるため、海水淡水化ビジネスが安泰というわけではなかった。この頃はサウジアラビア政府が財政難に陥っていたこともあり、同社は成長機会をなかなか摑みきれずにいた。

彼らが海水淡水化向けの事業を拡大させたのは、2000年代に入ってからである。東洋紡が新たに開発して福岡の海水淡水化センターに納入した10インチ径のHB10255FIは、同社の主力製品となった。さらに、デュポンが市場から撤退したことで東洋紡に商機が訪れた。中東の海水淡水化プラントではデュポンの製品が多く採用されていたため、東洋紡は同社と同じ形状の製品を投入し

---

15) 本書 p. 204。

て更新需要を獲得していった。

4．顧客企業による価値探索

4-1．顧客が持つ広がり

　ここまで述べてきたように、海水淡水化のような大きな市場がなかなか立ち上がらない中で、逆浸透膜メーカー各社は、様々な用途を模索・開拓することによって、膜開発を継続してきた。しかし膜企業は水処理業者やプラント保有者などの最終顧客と必ずしも直接やりとりをしているわけではない。通常、彼らがやりとりするのは、顧客の水処理装置・エンジニアリング企業であり、膜企業自身による用途開拓には限界がある。

　自社の膜がどのような環境下でどう用いられるのか、といったオペレーションに関わる情報を保有しているのは、逆浸透膜企業よりも水処理装置・エンジニアリング企業である。それゆえ、多種の逆浸透膜の持つ機能がどんな用途に適合するのかという情報は、装置・エンジニアリング企業からもたらされることも多い。したがって、逆浸透膜の用途の広がりは、逆浸透膜メーカーによる探索活動に加え、水処理装置・エンジニアリング企業の幅広い探索活動にも依存している。

　例えば、日東電工の開発者は、食品や飲料の濃縮用途を狙って膜開発を進めていたわけではなかった。開発を担った池田に与えられていた指示は「とにかく強い膜を作ってくれ」というものであった。「強い膜」を目指した探索的開発活動の過程で耐塩素性に極めて優れた膜であるNTR-7450が創り出され、その性能を評価してくれる顧客から支持を集めたのである。NTR-7250にしても、半導体向けを念頭に置いて開発されたわけではなかった。脱塩性能に優れた膜を開発する中で、脱塩性能は劣るがTOCの除去性能や透水性能に優れた膜が偶然にも創り出され、その価値を顧客の栗田工業が高く評価したのである。海水淡水化用途でも、プラントエンジニアリングも行っていたハイドロノーティクスが保有していた顧客網が、日東電工の膜事業の国際展開にとって重要な資産となった。

そこで本節では、逆浸透膜の開発プロセスにおいて水処理装置・エンジニアリング企業が行ってきた用途探索活動について、特に一大用途先となった半導体向け超純水製造用途を中心として明らかにする。日本の水処理装置・エンジニアリング業界では、栗田工業（1949年創業）、オルガノ（1946年創業）、野村マイクロ・サイエンス（1969年創業）の3社が有力なプレイヤーとして挙げられる。このうち、栗田工業とオルガノの2社の歴史が長く、市場シェアも高い。そこで以下では、これら2社がどのようにして逆浸透法による水処理事業の拡大に貢献したのかを確認する。

4-2．栗田工業の探索と成長

1949年に創業し、1950年代に入って水処理装置事業に多角化した栗田工業が海水淡水化に関心を示したのは、1960年代に入ってすぐのことであった。1961年に米国国務省が蒸発法の実証プラントを稼働させたことが日本で報じられると、同社はこれに素早く反応し、1962年から海水淡水化の調査研究を始めた。翌1963年には横須賀臨海研究所を開設して造水研究と実証を重ねた。

しかし1960年代の栗田工業は経営不振に陥っていた。1965年に伊藤忠商事と業務提携を結んで資金援助と経営指導を受けた後、1967年12月には、伊藤忠副社長だった貝石眞三が栗田春生に代わって栗田工業の社長を兼務する事態となった。この業務提携は、経営不振が招いた事態ではあったものの、しかし非常に大きな意味を持った。伊藤忠の海外事業所を通じて世界各国の情報が栗田工業に流れ込むようになったからである[16]。その中には、逆浸透法に関する情報も含まれていた。栗田工業が逆浸透膜の探索研究に着手したのは、まさに伊藤忠と業務提携を結んだ1965年のことであった（石坂、1970）。事業としては蒸発法による海水淡水化を先行させ、1967年に漁船向け小型造水装置を発売して船上での飲料水確保を容易にし、好評を博した[17]。

逆浸透法の実用化も並行して進められ、1967年11月には、製造法に関する

---

16) 1966年2月には栗田春生自ら40日にわたって海外視察を行うなど、多くの情報収集に努めた。
17) 1979年までに約670隻もの漁船に販売するという大きな実績を挙げた。

技術導入をUCLAから行うことが社内決定された。これはちょうど東レが逆浸透膜の調査を始めた頃のことであり、栗田工業の取り組みがかなり早かったことがわかる。1968年にはダイセルとの共同研究も進めた。さらに貝石は、UCLAと提携していたGAと膜の購買交渉を行うことを指示し[18]、GAとその総販売代理店だったエージャックス（AJAX）との交渉の末、1971年3月に販売代理店契約を締結して栗田工業は日本側のライセンシーとなった。米国政府の支援を受けて進められていたROGAの事業活動は、海を越えて栗田工業につながったのである。

栗田工業は、水処理に関するあらゆる用途と技術に関心を寄せ、その開発を進めた。電気透析法にも注目して海水やかん水の脱塩開発を進め、1968年には同法による造水装置を気象庁から受注した。栗田工業も、将来の水不足に対応するためというよりも、水処理装置事業を育成すべく多様な造水法を模索していた。その一つとして逆浸透法の調査研究を始めたと考えられる。

しかし、水処理装置部門の業績は赤字続きであった。同部門では、水処理装置を何としても受注し、いち早く黒字転換を遂げることが重要な課題となっていた。

その折に訪れたのが、鹿島臨海工業地帯の誕生に伴う2つの需要であった。最初に訪れたのが発電用純水需要であった。1968年、三菱重工から純水装置の引き合いを受けた栗田工業の装置部門は、イオン交換樹脂を用いた純水装置「ハイシリーズ」を開発してこれに応えた。この装置は、三菱重工のみならず、同工業地帯の純水装置をほぼ独占するほどの大ヒットとなった[19]。

続いて1970年9月頃に訪れたのが、同工業地帯の取水源のひとつだった北浦に海水が流れ込んだことによって生じた脱塩需要であった。住友金属工業鹿島製鉄所からの要請に対し、栗田工業が提案して1971年6月に受注したのが逆浸透法による脱塩装置であった。逆浸透法の脱塩実績が全くない中での採用だったため、栗田工業でプラント事業部長を務めていた廣瀬芳一は、住友金属

---

18) 当時の社名はGulf General Atomic（GGA）であるが、ここでは読みやすさを優先してGAと表記した。この後、GGAの社名はUOPへと変わっている。なお、購買交渉の指示は1968年9月の経営会議の席で出された。

19) 1996年までに122件もの納入実績を記録した（栗田工業、2000）。

工業の堀尾計画課長[20]から「廣瀬さん！お互いにルビコン川を渡りましたね。もう後には退けないですよね！　私もあなたも！」と言われたと振り返り、「心の緊張と躍動を禁じ得なかった」と綴っている[21]。このように多様な脱塩法による装置を開発して納入した結果、1971年9月期の決算で栗田工業の装置部門はそれまで主力事業だった薬品部門を上回る利益を出し、黒字転換を果たした。

同年12月、ROGA製の逆浸透膜エレメント4100STD、4160HR、4160STDを搭載した脱塩装置3基が栗田工業の手によって鹿島製鉄所に設置され、翌1972年2月に稼働を始めた。各基とも良好な運転性能を示したためすぐに増設され、1975年には全10基で1万3400m^3/日という一大脱塩体制が構築された（谷口、1981）。そして1979年、栗田工業は第9基向け逆浸透膜エレメントの一部に東レのSC-3100を採用した[22]。

ROGAとエージャックスにとって、日本側ライセンシーである栗田工業は大きな販売先であった。1980年頃の推計によると、ROGAの日本での販売先の65％が栗田工業で占められていた[23]。残る35％の内訳は、野村マイクロ・サイエンスが15％、オルガノ13％、日本アブコー他が7％であり、栗田工業に対する依存度の高さがわかる。

鹿島臨海工業地帯からの需要に対応していた時期、栗田工業では半導体向けに超純水製造装置を展開することも検討されていた。TIが1969年に逆浸透システムを導入したことが伝わると、1971年3月に開かれた役員会で「逆浸透膜装置の現況及び今後の展望」が報告され、エージャックスの販売先の約6割が電子工業向けであることが確認された。この流れを捉えるべく営業活動を進めた栗田工業は、1973年、逆浸透法による超純水製造装置の初号機を長野電子工業に納入した。この装置は、イオン交換樹脂による純水製造工程の前処理

---

20) 鹿島製鉄所建設本部。
21) 栗田工業（2000）p. 77。原文ママ。1970年代半ばの鹿島臨海工業地帯における逆浸透法装置の導入状況については、栗田工業水処理装置事業部に所属していた木島二郎による報告（1976）にも詳しい。
22) 梅林寺（1984）p. 272。
23) 綜合包装出版株式会社（1980）p. 98。

用として導入され、イオン交換樹脂への負担を軽減するとともに半導体の歩留まりを50％台から95％程度にまで引き上げるという貢献を果たした。

　1975年、栗田工業は膜営業推進部を設置して半導体製造ラインを対象に積極的な情報収集活動を進めた。最先端競争を繰り広げていた半導体各社が情報を秘匿する傾向にある中で、積極的な情報収集活動は、各社・各工場に共通する課題を理解し、個別最適化した超純水製造装置を納入する上で重要な役割を果たした[24]。そうして顧客ニーズを強く感じ取っていた中で出会った膜が、1981年に日東電工が開発したNTR-7250だった。その価値をすぐに感じ取った栗田工業は日東電工との独占供給契約を結ぶことに成功し、同膜を用いた超純水製造装置の納入を1983年から始めた。超純水製造装置市場における栗田工業のシェアはすぐに急伸し、それまで首位の座にいたオルガノを同年度のうちに追い抜いた[25]。

　栗田工業による顧客情報の収集はメンテナンス業務を通じても行われた。1983年4月には、水処理営業部の中に超純水サービス課を設置して超純水製造装置のメンテナンス業務を強化し、長期安定運転の実績蓄積を進めた。同業務はその後1987年4月に栗田整備へと移管・統合され、10月に栗田テクニカルサービスへと改称した。栗田テクニカルサービスは1991年に超純水トレーニングセンターを設立し、当時最先端だった16MbのDRAMに対応する超純水製造装置を用いた実習を行うなど、メンテナンス体制の充実に力を注いだ。

---

24) 半導体メーカー側の情報を得ることは、上流に位置する膜メーカーや装置メーカーにとって重要な意味があった。倉敷紡績技術研究所の井上明久は、1986年に開かれた座談会の中で「半導体の工場で、どういう使われ方をするのか、現在ほど情報がなく、困った事が何度もありました。半導体メーカーの判断基準を知るのに時間がかかったきらいがあります。今でも十分とは言えませんが…」と吐露している（吉田、1986）。これに対し、この座談会に同席していた日東電工の神山は「それは膜メーカー、エンジニアリングメーカー、ユーザーとの間に、壁があった、という事でしょう。アプリケーションを勉強したいが、なかなか情報を流してもらえない面もあって、ギャップになったのではないでしょうか？　また、ユーザー間でも、色々判断基準が異なり、何が的確な絶対評価なのか、という点もなかなか難しいと思います」と受けている。日東電工では、栗田工業と技術交流会を開催するなど、顧客との情報交換・共有が比較的円滑にできていたことがこの受け答えに反映されていると思われる。

25) 『日経産業新聞』1984年7月24日、p.8。

栗田テクニカルサービスは、その後グループ内で中核的な事業体に成長し、1997年に栗田工業に吸収合併された。

メンテナンスはユーザー側での稼働情報なしにはできない。それゆえテクニカルサービスの成長は重要な現場情報の蓄積につながり、栗田工業が半導体メーカーのニーズと膜メーカーのシーズとをつなぐ重要な結節点になったことを示唆している[26]。栗田工業で膜の適用開発を行い、総合研究所長も務めた谷口良雄は、自社が果たした役割について次のように語る。

　そういう（超純水の）ニーズがあるということは、やっぱり膜メーカーさんよりは我々エンジニアリングの方が情報としてはかなり入っていましたからね。……（例えば）「病院用だとできるだけ低圧でハイフラックスで」といったような情報は、おそらく膜メーカーさんの方に出していたのだと思いますね。（膜メーカー側に）シーズがあって、そのシーズをどういうニーズに結びつけるかというのは、両方があいまって伸びていくわけですよね。ですから、最初から「超純水用の膜が良いよ」ということではなくて。やっぱり「超純水のニーズがこういう分野であるよ」というのは、エンジニアリング側としては情報としては早くから摑んでいる。その分野に（シーズを）ドッキングできるというのは、やはり（膜メーカー側との）交流があったからだと思いますね[27]。

海水淡水化への展開も模索された。栗田工業は、1975年から始まった造水促進センターでの実証試験に向けてROGA製モジュールを組み込んだ装置を

26）システム化やオペレーションに関わる技術の重要性を栗田工業は強く認識しており、同社総合研究所副所長を務めていた谷口は1981年に「淡水化装置を安定に運転管理し、単体機器の有している本来の性能を十分に発揮するためにはスケール防止、fouling防止、腐食防止など所定の運転管理基準を熟知するとともに周辺技術の確立によりはじめてシステム全体の性能を長期間安定に保持することができる」と記している。また、水処理装置本部技術部にいた本村敬人も1984年時点で「半導体産業の発展に伴い、超純水の水質も高純度化へ向けて急ピッチで進行中である。そのためには超純水製造システムの改良はもちろんのこと、全体の運転管理を熟知し、水質分析などの周辺技術の研究開発に期待されるところが大である」と言及している（谷口、1981：本村、1984）。

納入するとともに、自社の総合研究所でも様々な逆浸透膜を用いて運転試験を進め、1978年にPA-300が最良であるという結果を得た。その一方で、1979年には東レの逆浸透膜を装置化して造水促進センターでの実証を進めた。このように多様な膜を試しつつ、栗田工業は、中東向けにも装置を受注するなど、海水淡水化用途への展開を模索した。ただし、中東市場の中心は大規模海水淡水化プラントになり、そこでは大規模なプラントエンジニアリングを得意とする他の企業が中核的役割を果たすこととなった。

4-3. オルガノの探索活動

　純水装置を手がけていたオルガノがその多面展開を狙ってイオン交換による純水装置を開発し、電子工業用途に向けて投入したのは1957年のことである（清水、1972）。電子工業用途での要求水準が高まるにつれ、新たな開発の必要性を感じた同社は、1967年からUF膜法や逆浸透法の応用に関する調査研究を始めるとともに[28]、ヘイブンス製装置の販売代理店を担った[29]。

　オルガノは逆浸透法による装置の実用化を進め、1970年代に入ると半導体各社向けに展開するようになった。1972年10月に初めて逆浸透法による装置を日本電気の玉川工場に納入した後、翌1973年3月には、より本格的な超純水製造装置を、別の半導体工場向けに納入した[30]。主にROGA製モジュールを用いていた栗田工業とは異なり、このときオルガノが主に採用していた逆浸透膜はデュポンのB-9であった。

---

27) 筆者による谷口良雄氏へのインタビューより。2015年3月16日、東京、造水促進センターにて。括弧内、筆者追記。興味深いことに、筆者による取材の中で、ROGAのライリーは、取引先の中で栗田工業が最も熱心に交流してきたと振り返っている（筆者によるRobert［Bob］Riley氏へのインタビューより。2015年3月5日、San Diego、Separation Systems Technology, Inc.にて）。この点からも、栗田工業が、自社顧客である半導体企業や病院側からの情報収集のみならず、供給側にあたる膜企業との交流にも積極的であったことが示されており、バリューチェーンをつなぐ結節点として重要な役割を果たしていたことが確認される。

28) 中根（1974a）p. 50。

29) オルガノがヘイブンス・インダストリーズの販売代理店を務めていたことは、石坂（1970）で触れられている。

オルガノは電子工業用途への展開を強化した。1977年には、富士通の川崎工場において逆浸透法による純水製造のパイロットテストを実施して好成績を得た（オルガノ、1981）。このテスト結果を踏まえ、オルガノはさらなる営業活動を展開した。こうしてオルガノは日本電気、富士通、そして日立製作所といった大手を始めとする半導体各社に純水製造装置をいち早く納入し、電子工業用途を切り開いた[30]。しかし1980年代に入ると、栗田工業に逆転を許すこととなった。

　オルガノも海水淡水化用途への展開を模索し、1978年6月には、サウジアラビア向けに逆浸透法による可搬式海水淡水化装置の1号機を輸出した。ただし、海水淡水化プラントが大規模化する中で、やがて同社も工業用途での超純水製造に主たる事業領域を特化することとなった。

　以上の記述を踏まえると、逆浸透法が半導体向け超純水製造用途で広く受け入れられるようになった背景には、半導体の微細化とともに洗浄需要が拡大したという外生的な側面だけではなく、オルガノや栗田工業といった装置・エンジニアリング企業の用途開拓努力によって内生的に創り出された側面もあったと考えられる。

5．おわりに

　本章では、政策的な後押しを受けて立ち上がった逆浸透膜開発が、食品や工業用途など多様な用途開拓活動を経る中で出会った半導体向け超純水製造用途の拡大によって、事業として継続可能な段階へと進んでいくプロセスを分析した。

　海水淡水化を実現するには、脱塩性能、透水性能、耐圧性、耐久性、洗浄性

---

30) オルガノは、病院や研究室用途での展開も念頭に置いて逆浸透法による小型無菌純水装置の開発も進めており、1973年4月にはオスモクリアーとしてこれを商品化した。同社は、研究開発部に無菌室を設置し、多様な周辺技術の開発と検証も進めた。
31)『日経産業新聞』1983年11月12日、p. 6。

など多様な性能要件を全て満たさなければならない。しかし、例えば超純水用途では塩分濃度の低い原水を用いて脱塩するため、必ずしも全ての性能要件を、海水淡水化で求められるほど高次に満たす必要はない。発展途上の膜技術であっても、この市場であれば十分に要求性能を満たすことができたのである。収益用途が育たず苦悩していた逆浸透膜企業にとって、半導体向け超純水用途は、まさに神風であった。この初期市場の存在が、各企業での開発継続を正当化する上で重要な役割を果たした。

　本章の分析結果は、バリューチェーンの上流に位置する企業が戦略的ニッチ市場を探索する際において顧客企業と協働することの重要性を示唆している。逆浸透膜の場合、使用環境や目的によって膜に要求される性能が大きく異なってくる。またそれに伴って現場でのオペレーションも多様となる。それゆえ膜企業は、開発する膜の特性と使用現場の状況との相互関係を見極めつつ応用市場の開拓を進める必要がある。こうした中で装置メーカーは、長期安定稼働が至上命題であった半導体向けにメンテナンス活動を展開しながら豊かな現場情報を蓄積し、膜メーカー側が持つシーズをニーズにつなぐ結節点として貴重な役割を果たしたと考えられる。

　このように逆浸透膜企業は、顧客企業の力も得ながら事業の継続と発展を目指して様々な初期市場を開拓してきた。しかし大きな市場をとらえるには、まだ性能面と価格面で課題を抱えていた。人々の飲料用途を想定した大規模な海水淡水化のためには、少なくとも脱塩性能と透水性能を高次で両立させ、低コストで製造できる新たな膜が必要であった。それは、多様な用途に展開するだけで実現できるものではなかった。
　海水淡水化市場の拡大につながる産業発展のためには、様々なプレイヤーの活動を収斂させるような画期的なブレイクスルー技術が必要であった。次章では、そうしたブレイクスルーとしてカドッテが発明した新たな複合膜の登場とその影響を分析する。そこでは、カドッテの発明が画期的であったがゆえに多くのプレイヤーの耳目を集め、それまで多様化していた膜開発の技術アプローチが収斂し、限られた技術領域の中で熾烈な開発競争が繰り広げられたこと、そしてその結果として高性能化と低コスト化が進み逆浸透膜産業の成長がもた

らされたという可能性を論じる。

第**11**章

技術的ブレイクスルーによる開発焦点化

1. 本章の問いと視点

　前章では、収益見通しが立たず苦悩していた開発者たちが、海水淡水化以外の応用用途を開拓することによって、技術開発の継続を可能としてきた様子を記述した。特に、半導体向け超純水用途の登場は、逆浸透膜企業にとって、まさに神風であった。この初期市場の存在が、各企業での開発継続を正当化する上で重要な役割を果たした。しかし、海水淡水化のためには、脱塩性能と透水性能をさらに高次で両立させるとともに、それを低コストで製造できる新膜が必要であった。

　後に示すように、1980年代から海水淡水化市場が大きく成長する2000年代までの20年間で膜モジュールの価格は70％程度も低下しており、この価格下落が海水淡水化市場の拡大に貢献したと考えられる。超純水製造用途の拡大が価格下落の一因であると考えられるが、超純水市場は、その後に発展する海水淡水化向け市場に比べれば量的にごく小さな市場であり、その量産効果に1980年以降の価格下落の全てを帰すことはできないだろう。また、半導体向け用途などの応用市場は、海水淡水化の実現に向けた極限技術の追求過程において、むしろ不完全な技術状態に合致した出口として開拓されたのであって、それらの応用市場の発展そのものが、海水淡水化に向けた技術進歩を後押ししたとは必ずしもいえない。

　そこで、逆浸透膜の性能向上とコスト低下をもたらしたもう一つのメカニズ

ムとして本章で注目するのが、技術アプローチの収斂である。各企業が、膜の材料や形状などについてそれぞれ異なる技術アプローチを採用して非標準的な膜を開発・製造している間は、企業の垣根を超えた技術のスピルオーバーを通じた産業全体での学習は進まない。各社の膜が相互に差別化されるため、競争も緩和されて価格下落が起きにくく、市場は拡がらない。しかし、各社の技術が1つのアプローチに収斂すれば、産業全体での学習効果が期待できるとともに、選択肢を持った顧客の価格交渉力が高まり、市場価格の下落をもたらす。

　本章では、逆浸透膜産業の発展過程で生じた、このような技術アプローチの収斂過程を分析する。「逆浸透膜技術はどのように収斂したのか」、「それが企業行動や産業発展にいかなる影響をもたらしたのか」というのがここでの問いである。この問いに対して、カドッテが発明した技術の革新性が産業全体の技術アプローチを急速に収斂させ、その後の開発行動に大きな影響を与えたことを明らかにする。

　この点を明らかにするために、第2節ではまず、産業全体の特許出願状況を分析することによって、膜技術がその材料や形状、そして製法において収斂した事実を示す。第3節では、その収斂を引き起こしたカドッテの344特許に言及し、その影響を分析する。最後の第4節では、技術アプローチの収斂が引き起こした価格下落と技術開発活動への影響を明らかにする。

2．膜技術の収斂

2-1．膜材料の変化と収斂

　本節では、特許の出願状況を産業レベルで分析することによって、膜の材料・形状・製法のそれぞれが収斂したことを示す。まず、材料が収斂した様子を示したのが図表11-1である。この図表は、逆浸透膜に使われる材料のシェアを示したものである[1]。具体的には、日本の特許を対象として、材料に関するFターム群（MB群）を持つ逆浸透膜関連特許3527件を抽出し、ポリアミド、ポ

---

1) この作図手順については、本書巻末の補論を参照されたい。

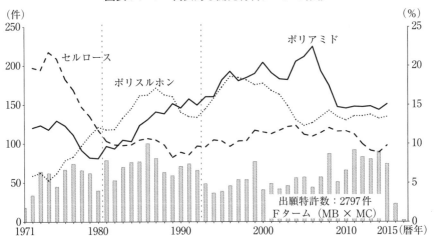

図表11-1　代表的な開発材料シェアの推移

出所：ULTRA Patent に基づき筆者算出。
注：棒グラフの特許出願数（左軸）は各年の実数値。折れ線グラフで示している比率（右軸）はそれぞれの
　　Fタームを持つ特許出願数の3年中央移動平均値に基づいて算出している。

リスルホン、セルロースという上位3つの材料のシェアを折れ線グラフで示している。短期変動の影響を除去するため、3年中央移動平均値でグラフ化した。棒グラフは、各年における関連特許の出願数の推移を背景情報として掲載している[2]。

　このグラフからは、主流だったセルロース系の特許出願が1970年代に減少する一方で、1980年代以降、ポリアミド系での出願が急速に増加し、主流となったことがわかる。1970年代前半には20％を超えていたセルロース系の出願シェアは、1980年代に入る頃には10％にまで落ちこんでいる。その時期、代わって出願シェアを伸ばしたのがポリスルホンである。ポリスルホンは複合膜の支持層向けに開発された代表的な材料である。つまりこれらは、1970年代に、材料の非セルロース化と、それに伴う複合化の流れが進んだことを示している[3]。

　1980年代に入ると、ポリアミド系材料の出願シェアが急速に増大し、その

---

[2] 折れ線グラフと棒グラフとが重なって見づらくならないよう、棒グラフの依拠する左軸の上限値を250件とした。

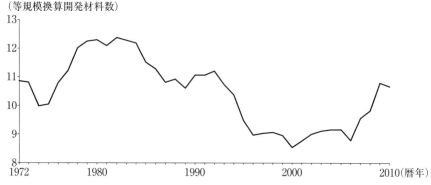

図表11-2　開発材料の多様性の変化

出所：ULTRA Patent に基づき筆者算出。
注：いずれも3年中央移動平均値ベース。

傾向が2000年代後半まで続いている。上昇トレンドを詳細に見ると、まず1980年代初頭から後半にかけて急速に出願シェアが高まり、その後、一旦横ばいになるものの、1990年代初頭から中盤にかけて再び上昇していることがわかる。こうした上昇のタイミングは、後述するカドッテの344特許の登場とその特許が米国政府に帰属するという判決の影響が出たものだと考えられる[4]。

　図表11-2では、1970年代と1980年代に材料の多様性が大きく変化した様子が顕著にあらわされている。この折れ線グラフは、ハーフィンダル＝ハーシュマン指数（HHI）の逆数の持つ意味を援用して、材料の多様性を表現したもの

---

[3] 1970年代にはポリアミド系の出願シェアも減少しているが、ポリスルホンとして分類された特許の多くは、ポリアミド系材料との複合利用を念頭に置いたものである。ゆえに、分離膜としてポリアミド系の出願が減ったのではなく、膜の複合化によって支持体に関する特許出願が増えたことの影響が出たと考えられる。事実、1970年代におけるポリスルホン特許（Fターム：MC62群）のうち、ポリアミド系材料のFターム（MC54群）を同時に持つ特許の比率を算出すると67.2％に及ぶ。つまり7割近くのポリスルホン開発特許がポリアミドを念頭に置いたものであった。この比率は1980年代に57.2％とやや下がるものの1990年代には66.3％と再び上昇する。

[4] 2000年代終盤からポリアミド系材料開発シェアが急速に低下しているのは、ポリスルホンの出願シェアが上昇したことと、ポリアルケニルハロゲン（MC25群）の開発が進んだことが理由であると考えられる。

である。グラフが示す値は、開発対象材料の集中度を示すHHIの逆数であり、各材料の出願特許数が同じであった場合に、材料関連の出願特許全体が何種類の材料によって構成されるのかを示している。いわば等規模換算開発材料数である。開発対象となる材料が多様であるほど値は大きくなり、対象材料が絞り込まれるほど値は小さくなる。

このグラフを見ると、材料の多様性は、1970年代を通じて増大し、その後1980年代に入ってピークを迎えた後、大きく低下していったことがわかる。移動平均値であるため特定年の件数をそのまま受け止めることはできないが、多様性のピークが1980年代初頭にある点は興味深い。カドッテの344特許が登場するのが1981年であるから、344特許が膜材料の収斂に影響を与えた可能性を示唆している。

さらに、このグラフは、1980年代終盤から1990年代初頭にかけて多様性がいったん下げ止まったことも示している。この時期は、344特許に関連して、ダウが競合各社に対して特許侵害を主張し始めた時期であった。それゆえ競合各社は、344特許に抵触する危険性のある類似材料の開発を避け、他の材料を模索した可能性がある。

一方、ダウと日東電工の特許訴訟が決着した1993年以降は、材料の多様性が再び大きく下がっている。この動きは、344特許が政府に帰属するという判決が出たことによって競合他社も344特許と類似した材料を開発できるようになり、その結果として膜材料が収斂していったという流れを示唆していると考えられる。

このように、あくまで移動平均値であるとはいえ、グラフの値は、344特許の登場（1981年）、1980年代後半に起きたダウによる特許訴訟、そして344特許が政府に帰属するという判決（1993年）の影響を示唆する動きをしている。ダウによる特許訴訟の影響によるこうした変動を除けば、材料開発の多様性は1980年近辺を境に長期的には低下傾向を辿ったのであり、それは、図表11-1が示すようにセルロース系からポリアミド系への材料転換を伴ったものであったのである。

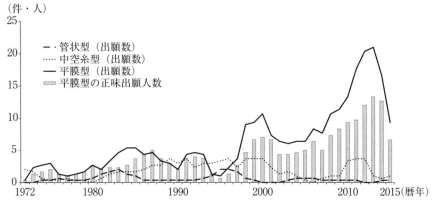

図表11-3 ポリアミド系逆浸透膜における形状別特許出願動向

出所:ULTRA Patent に基づき筆者算出。
注:形状ごとに排他的に集計。3年中央移動平均値。

2-2. 膜形状の収斂

膜材料がポリアミド系へと転換する中で、膜の形状はどのように推移したのだろうか。図表11-3は、市場で主流となったポリアミド系の逆浸透膜について、膜の形状別に分類した出願特許数と、さらに平膜型についてはその正味出願人数の推移を描いたグラフである[5]。

折れ線グラフからは、ポリアミド系材料では平膜型の開発が支配的であったことがわかる。1990年代には中空糸型の開発も行われているが、初期段階からほぼ一貫して平膜型の開発が多いことが確認できる。圧密化の問題からセル

---

5)正味出願人数の作図にあたっては、材料についても形状についても互いに重複のない特許のみを抽出し、各年の出願人代表名数(以下、出願人数)を正味数で領域別に集計している。出願人代表名を採用したのは、出願人名に関する表記上の揺れや誤りを極力排除するためである。代表名とは第一出願人を指すというわけではなく各出願人の代表名を指すのであって、共同出願特許についてはそれぞれの出願人代表名が漏れなく掲載されている。出願人数を延べ数で集計していないのは、ある少数の出願人によって数多くの特許が出願されているのかどうかを判定するためである。仮に少数の出願人によって大量の特許が特定領域で取得されている場合、出願人数と技術領域別特許数との間にズレが生じるはずである。ここでは正味出願人数を見ることによってそのズレを同時に検証しようとした。なお、名寄せに際し、ポリアミド系平膜型で分類されている特許(特開昭49-109271、出願人:モンテデイソンエツセピア)については、特開昭50-081978(出願人:モンテヂソンエスピイエイ)と同一出願人として名寄せした。

ロース系非対称膜では脱塩率と透水性能の向上に限界があることがわかって以来、非セルロース系の材料を使って分離層と支持層を別々に形成する複合膜の開発が進められてきた。平膜型はこの複合膜の製膜に適していた。管状型や中空糸型で複合膜を形成することも不可能ではなかったものの、技術的な難易度が高く、製膜効率が上がらず、実用的な商品にはならなかった。折れ線グラフの動きは、こうした事情と整合的である。

ポリアミド系平膜型に関する特許の正味出願人数の推移を示した棒グラフ部分を見ると、ポリアミド系平膜型の開発が新規参入者の増加とともに活発化したことがわかる。ここで正味出願人数とは、その年ごとに出願者の重複を除いた出願者数のことを意味している。正味出願者数と出願数が連動しているということは、平膜型における特許出願数の増加が、出願者数の増加を伴っていたことを意味している。「ポリアミド系材料を扱うならば平膜型」という合意が業界全体で形成されていった様子がうかがえる。

こうして1980年代以降の逆浸透膜開発は、ポリスルホンを支持層、ポリアミドを分離層にそれぞれ適用した平膜型の複合膜の開発に収斂していった。その結果、今日では、逆浸透膜市場の9割がポリアミド系平膜型の複合膜で占められているのである。

2-3．製膜法の収斂

最後に、膜の製法に関する動きを確認する。図表11-4は、製膜特許の出願動向とその材料別シェアの推移を描いたグラフである[6]。図からは、1980年

---

[6] 製膜方法に関わるFタームとしては、NA群（NA00〜NA75）が挙げられる。そこで、このNA群のFタームを持つ特許2513件の中で、セルロース系材料を指すFターム（MC11群）を持つ特許と、ポリアミド系材料を指すFターム（MC54群）を持つ特許との比率をそれぞれ算出し、製膜工程に関わる特許出願の材料間比較を行った。その際、両者の相対的関係をより鮮明にするため、MC11群とMC54群双方のFタームを合わせ持つNA群特許はサンプルから除外し、少なくとも両群を合わせ持つ特許が重複してグラフに反映されないようにした。その結果、セルロース系材料として集計された製膜特許数は全370件、ポリアミド系材料として集計された製膜特許数は全662件となった。さらに、短期変動の影響を減らし傾向を視認しやすいように3年中央移動平均値によってデータを示している。

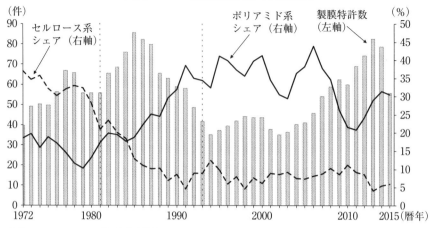

図表11-4　製膜関連特許の出願動向

出所：ULTRA Patentに基づき筆者算出。
注：いずれも3年中央移動平均値に基づく。

代に入って、ポリアミド系材料の製膜特許出願が増えていることがわかる。単年・実数ベースの数値によって出願動向を確認すると、その数は、6件（1978年）、6件（1979年）、5件（1980年）、11件（1981年）、13件（1982年）、15件（1983年）と推移しており、1981年から伸びていることがわかる。

　ポリアミド系複合膜の製法として各社が採用したのは、界面重合法であった。図表11-5は、ポリアミド系材料の製膜特許662件から、具体的な製膜法に関するFターム（NA01～NA50群）を持つ特許612件を抽出し、このうち「架橋、表面重合」に関するFターム（NA41群）を持つ特許の実数と比率を算出したグラフを示している[7]。ポリアミド系材料に関する製膜法特許は1980年代に大きく増加しており、その増加を支えていたのが界面重合に関わる特許出願であったことが確認できる[8]。ポリアミド系材料を用いた界面重合法関連特許の

7）ここでもデータを3年中央移動平均値で示している。Fタームでは表面重合と記されているが、本書では界面重合として統一的に表記する。またこれまでの特許の抽出過程と同じように、ここでも、使用材料についてはセルロース系とポリアミド系での重複を許さない形で集計している。

8）ここでいう界面重合法に関連する特許とはNA41群のFタームを持つ特許を指している。

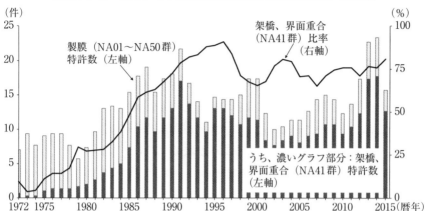

図表11-5　ポリアミド系材料領域における界面重合法への傾斜

出所：ULTRA Patentに基づき筆者算出。
注：ポリアミド系材料FタームMC54群を持ち、セルロース系材料FタームMC11群を持たない特許が対象。3年中央移動平均値。

実数は、特に1985年から大きく増え始めている。ポリアミド系材料を用いた界面重合法の割合は、1970年代半ばから伸び始め、1980年前後にその伸びは一旦落ち着くものの、1980年代半ばから再び一気に増え始めて1995年頃にピークを迎えている。その後も界面重合法が支配的であり、75％前後の比率で推移し続けている。

このような動きから、ポリアミド系への材料転換は、平膜型への形状の転換を伴っただけでなく、製膜法として界面重合法への傾斜も伴っていたといえる。

3．技術アプローチはいかにして収斂したのか：ブレイクスルーによる焦点化

3-1．カドッテに対する関心の高まり

界面重合法を用いたポリアミド系平膜型複合膜へと各社の開発対象が収斂していった背後には、ノーススター研究所とフィルムテックで膜開発を進めていたカドッテによる功績があった。

第2部で明らかにしてきたとおり、膜開発の初期段階では主として酢酸セルロース系材料が用いられていた。その先鞭をつけたのがL-S膜であった。し

かし非対称膜であるL-S膜は圧密化の問題から透水性能を上げることができなかった。そこで、別材料で支持層を作り、その上に分離層を重ねる複合膜の開発が目指され、分離層と支持層の多様な材料探索が進められていた。

　カドッテは、1960年代から始まったこうした多様な膜材料の探索を次々と収斂させた。ノーススター研究所に勤めていたカドッテは、1967年、ポリスルホンを支持層に用いることによって圧密化問題を回避し、透水性能を従来よりも5倍高めることに成功した。この成果が業界で注目され、非セルロース系複合膜の支持層の材料がポリスルホンへと収斂するようになった。

　その後、ほどなくして分離層の非セルロース化にも成功したカドッテは、1970年に分離層と支持層をともに非セルロース化した新膜NS-100を発表した。これによって複合膜の世界を切り開いたカドッテは、1972年にNS-200、1977年にはNS-300を開発して膜材料の非セルロース化に向けた流れをより大きなものにした[9]。

　ノーススター研究所の開発は塩水局との契約の下で行われていたため、その成果はレポートとして報告され、公開されていた。それゆえ、カドッテによる続けざまの技術的成果は業界の注目を広く集めた。ベンドリサーチにいたベイカーも、カドッテの開発成果に早くから注目し、レポートを入手していた一人である。ベイカーは、NS-100の製膜方法に沿って膜を試作して初めて実証した時のことを次のように振り返っている。

　　（当時）酢酸セルロース系材料だと、海水からの脱塩はうまくいっても98％といったところでした。99.1％の時もありましたが、多くの場合はそれを下回っていました。99％の脱塩率を実現することは難しかったのです。ですが、99％以上を得ることが重要でした。ターゲットは常に99.3％でしたが、酢酸セルロース系材料ではほとんど実現し得ないものでした。（ところが）カドッテの方法を初めて試してみたところ、結果は素晴らしいものでした。……初めての試験のときに（既に）私は「これはうまくいくぞ、これは素晴らしい」と思いました。99.5％ですよ。ものすごい結果です。たった一

---

9) Cadotte（1985a；b）；Tomaschke（2000）.

度やっただけで「これだ、これは本当にブレイクスルーだ」と感じたのです。そして実際その通りでした。カドッテの発明は、全てを一変させたのです[10]。

ただ、これらの膜の性能はまだ市場要求を十分に満たすレベルではなく、分離層については多様な材料の探索が続けられた。1970年代は分離層に適した材料探索の時期であった。

こうした分離層の材料探索の流れを収斂させたのもカドッテだった。界面重合によって新たな架橋芳香族ポリアミド系複合膜を開発したカドッテは、その成果を1979年10月に開かれた国際会議の場で発表し、多くの注目を集めたのである。この時既にフィルムテックに転職していたカドッテは、この開発成果について特許を出願し、1981年に取得した。それが4277344特許である。

3-2．344特許の革新性

下3桁をとって344特許と呼ばれるこの特許は画期的なブレイクスルーであった。このブレイクスルーに基づいて開発された逆浸透膜FT-30は、誰もが壁にぶつかっていた脱塩性能と透水性能を高次元で両立させただけでなく、耐久性や製膜性など多方面において極めて優れた性能を示した。FT-30は実地テストでも高い性能を発揮し、それまで実質的には2段脱塩を必要としていた海水淡水化において、本格的に1段脱塩を可能にする道を切り開いた[11]。

図表11-6は、FT-30の総合的な性能の高さを示した表である。この表では、

---

10) 筆者による Richard Baker 氏へのインタビューより。2015年3月3日、Newark、Membrane Technology and Research, Inc. にて。括弧内、筆者追記。原文は以下の通り。
"With CA you got maybe, on a good day, 98% rejection of salt from sea water. Sometimes 99.1, many times less. It was hard to get 99% rejection. It was very important to get better than 99%. The target was always 99.3, almost never could do with CA. The first time I tried John Cadotte's method, it was so cool. …… I test it, the first time I did it, I thought 'this is going to work, hey boy this is so cool.' Whatever. 99.5. It was tremendous. I did that once and I thought, 'this is something, this is really a breakthrough.' And it was. So Cadotte's invention changed everything."

11) Larson, Cadotte, and Petersen（1981）.

図表11-6　FT-30とその他の逆浸透膜の性能比較（1985年時点）

膜材料 (商品名)	企業名	塩分濃度3.5％下における性能		使用 pH域	最高使 用温度 (℃)	耐塩 素性 (ppm)
		脱塩率 (％)	透水性能 ($\ell 、m^{-2}/d^{-1}/atm^{-1}$)			
FT-30	フィルムテック	99.6	17.9	3〜11	60	100
NS-200	ノーススター研究所	>99	10.8〜12.0	○	○	×
NS-200	エンバイロジェニクス	99.6	11.1			
PA-300	UOP	98.5〜99.4	12〜15	3〜12	60	?
APA (パーマセップ B-10)	デュポン	98.5	0.71	5〜9	35	0.1
PEC-1000	東レ	99.8	5.36	1〜13	55	−
PBIL	帝人	99〜99.7	4.5〜6	1〜12	70	100
CTA/CN-CA	UOP	99.5	3.59	−	−	−
CTA (XFS416712)	ダウ・ケミカル	98.7	0.51	4〜7.5	35	1
CTA (ROGA2B-TFC)	UOP	98.5	5.56	4〜7.5	35	1
CTA (ホロセップ)	東洋紡	99.7	0.909	3〜8	40	1
SOLCON-P	住友化学	5000ppm-NaCl 98	9.6	1〜10	45	0.1

出所：吉留（1985）p. 831。

　当時発表されていた様々な逆浸透膜が、脱塩率、透水性能、使用pH域、最高使用温度、耐塩素性の5つの性能次元に沿って比較されている。特定の性能次元だけに注目すれば、FT-30より高い性能を実現している膜もあるけれども、5つの次元の全てにおいて高い性能を実現しているのはFT-30のみであることがわかる。膜の性能競争が繰り広げられていた中で、傑出した成果を挙げた新膜だったのである。

　FT-30の特徴は、日本側でも早くから高く評価されていた。例えば、工業技術院化学技術研究所に勤めていた神澤は、FT-30の優れた特徴について1980年時点で次のように記している。

56kg/cm^{2}の操作圧力で水透過流束0.95m^3/m^2・日、塩排除率99.5%であるから、非常に優れた膜であるということができる。……60℃までは温度の上昇に伴って水透過流束が直線的に上昇しているので、耐熱性もかなり優れているように思える。pHについては、3～11の範囲で用いることができる。耐塩素性については100ppmの次亜塩素酸ナトリウム溶液に72時間浸漬して膜性能を調べた結果異常がなく、飲料水中の残留塩素に対しては2000時間の連続運転にも膜が耐えたと述べられている。……これだけの膜性能をもち、かつ耐熱、耐塩素性に優れているとなれば今後注目される膜の1つであろう[12]。

東京大学生産技術研究所の岡崎素弘と木村尚史は、1979～1982年にかけて発表された「逆浸透法による海水淡水化」に関する文献をレビューする中で、FT-30について「酢酸セルロース膜、従来のポリアミド膜に比べて、耐pH性、耐塩素性が大きく、pHは3～11まで使用可能である。この膜の特徴は低圧での脱塩に優れていること」と報告している（岡崎・木村、1983）。ここからも、FT-30が群を抜いて有望な新膜であることを日本側も強く認識していたことが確認できる。

3-3．革新性が及ぼしたインパクト

カドッテの開発成果は、他の膜を圧倒するほど画期的であったがゆえに、民間企業の開発行動に大きな影響を与えた。その実用性はまだ未知数だったにもかかわらず、カドッテの成果が業界の準拠枠となり、ポリアミド系材料を用いた開発競争がいっそう激しくなった。それまで酢酸セルロース系中空糸膜で事業を展開していたダウは、一気に方向転換し、フィルムテックを買収することによって344特許を手にした。344特許は、大企業の開発方針をも一変させるほどの影響力を持ったのである。

---

[12] 神沢（1980）pp. 354-355。発表時期から推測すると、神澤の記述内容は、1979年10月に開かれた国際会議でカドッテによって行われた発表に基づいているものと考えられる。吉留（1985）が報告した図表11-6の値が神澤の記述内容とやや異なっているのは、その後の追試等に基づいているからだと推測される。

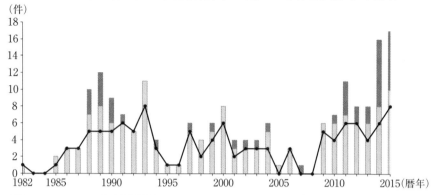

図表11-7 344特許の米国内被引用件数の推移

出所:ULTRA Patentに基づき筆者算出。

　事実、344特許は、1980年代後半以降、米国でも多くの特許に引用された。図表11-7は、344特許を引用した米国出願特許数(棒グラフ)と、ダウによる自己引用を除いた正味出願人数(折れ線グラフ)の推移を示している[13]。このグラフからはまず、1980年代後半から1993年にかけて344特許の被引用件数が増えたことがわかる。他社による被引用数は、この特許が米国に帰属することになった1993年にピークを迎えている。その後、1990年代中盤に一旦は被引用件数が減少するが、2000年代中盤にかけて安定的に引用されるようになり、その数は2010年代に入って再び増加している。最近の急増にはダウによる自己引用が多く含まれているものの、他社特許による引用も増えている。40年近く前に発明されたカドッテの技術は、市場の主流となっただけでなく、現在でも基本技術として参照されていることがわかる。

　344特許を取得したダウは、特許係争を通じて他社の排除を狙った。UOPを擁するアライド・シグナルも逆浸透膜型での製造禁止命令を受けていた。この事実からわかることは、各社とも344特許の内容とかなり近い技術の開発を進めていたということである。

---

13) なお、このデータベースに基づくと、344特許を最初に引用したのは、帝人である。このことからも、当時、帝人が逆浸透膜開発を比較的熱心に進めていたことがうかがえる。

カドッテの発明は、日本側の開発活動にも大きな影響を与えた。この発明以降、各社がポリアミド系平膜型での開発を進めるようになったことは、図表11-3に示した正味出願人数の推移からも確認できる。以上のことから、「ポリアミド系材料を扱うならば平膜型」という合意が日米業界全体で形成されていったことが示唆される。

3-4．日系3社の行動変化

　344特許の登場とそれに伴うポリアミド系材料への開発対象の変化は、業界を構成する東レ、東洋紡、日東電工といった主要日系3社の開発行動にも大きな影響を与えた。

　図表11-8は、セルロース系とポリアミド系の2つの材料について、管状型、中空糸型、平膜型の3つの形状でクロスして6種類の膜に分け、各種類に関連するFタームを持つ特許出願数を5年ごとに合計した上で、その構成比を示したグラフである[14]。これらは、第3部で記述した各社の開発行動を裏付けている。

　まず東レの動きを見ると、1980年代前半は、セルロース系平膜型の開発が主流だったことがわかる。出願特許の膜材料が大きく入れ替わるのは1980年代後半である。ポリアミド系材料に関わる特許が1986年に一斉に出願されたことが契機となっている。これは、セルロース系での平膜開発が先行して進められ、1980年代半ばにポリアミド系への転換が進んだという第6章の記述と整合的である[15]。

　東レは、1979年にカドッテが開発成果を発表した同じ国際会議の場において、自社の新膜PEC-1000を発表し、会場の注目を集めていた。東レも、分離層に適した非セルロース系材料の探索を進め、独自開発を進めていた。しかしPEC-1000は溶存酸素に弱いという問題から実用化には至らなかった。その後、

---

[14] 作図に際しては、各領域のFタームについて排他的ではなく重複を許す形で特許数を集計している。個別企業レベルで特許数を把握する場合、Fタームの重複を排除した上で各単年度の出願数を示すと、特許数が極めて少なくなり、短期変動の影響が強く出すぎてしまうからである。なお、各社の開発開始年は様々に異なるものの、3つの図を比較しやすくするため、グラフの始点はいずれも1970〜1974年で統一した。

図表11-8 各社における材料・形状別特許出願数の推移

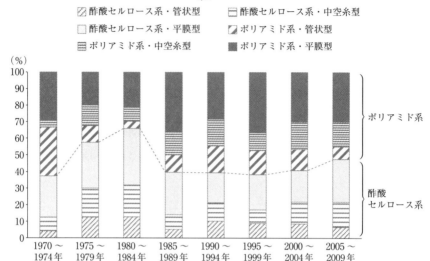

出所:ULTRA Patent に基づき筆者算出。

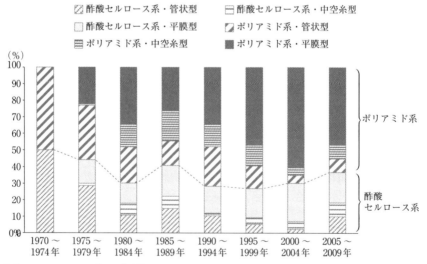

出所:ULTRA Patent に基づき筆者算出。

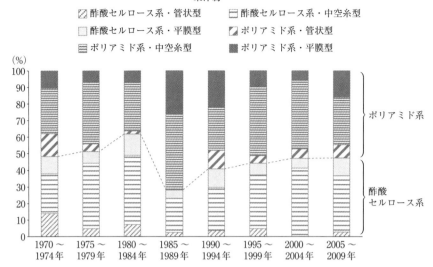

出所:ULTRA Patent に基づき筆者算出。

　東レは、カドッテの成果を読み解き、同じ材料系の中でフィルムテックを超えるような新膜の開発を進めた。当時膜開発にあたっていた姫島が「あの頃、カドッテといえば神様みたいな人でしたから。……そういう人たちを見ながら、追いつきたいし、彼らが気づかないことに一つでも気づいて良いものを作りたいという気持ちがあった」[16]と語っていたことは第6章で示した通りである。東レは非セルロース化に向けた自社独自の取り組みを進める中で、344特許で示された技術の方向性に沿った形で、その性能を凌駕する膜の開発を目指したのである。

　次に日東電工について見ると、1970年代は酢酸セルロース系にせよ、ポリ

---

15) 他の2社と比較して東レの場合は各領域の比率が拮抗していることがわかる。これは、東レがかなり手広く事業を営んでいることを示唆している。この点について造水促進センターの平井光芳は「各社とも自分のところがどこに向かうか、ということでやられているのではないかと思いますね。どういうところに素材が適しているか。東レさんは全面外交でやっていますけれども、他の会社さんは『うちはここだろう』と（決めている）」と指摘している（筆者による平井光芳氏へのインタビューより。2015年3月16日、東京、造水促進センターにて）。

16) 筆者による姫島義夫氏へのインタビューより。2010年8月19日、東京、東レ本社にて。

アミド系にせよ、管状膜の開発が主流であったことがわかる。これは、同社の開発が管状膜から始まったという第8章の記述と整合的である。ポリアミド系平膜型の開発が進んだのは1970年代後半からであり、1990年代からその割合が一気に拡大している。ハイドロノーティクスを買収した後で同社の逆浸透膜開発が飛躍した流れと整合的である。

　日東電工は、1987年に傘下に収めたハイドロノーティクスが保有していた技術をもとに、高い脱塩率と透水性能が両立したNTR-759を開発し、市場に投入した。しかしこの膜は、カドッテの特許を侵害しているとしてダウから係争を仕掛けられ、日東電工はNTR-759の発売を中止せざるを得なくなった。この出来事は、ハイドロノーティクスが保有していた膜技術もカドッテの発明内容と重なる部分が大きかったことを示している。

　最後に東洋紡のグラフを見ると、セルロース系であれポリアミド系であれ、中空糸膜での開発が集中的に進められたことがわかる。東洋紡が紡糸技術の活用を目指して逆浸透膜開発を進めたという第7章での記述と整合的である。このグラフが示す興味深いことは、一貫してセルロース系中空糸膜を事業化してきた東洋紡が、実は並行してポリアミド系中空糸膜の技術開発も熱心に行っていたということである。カドッテの開発成果が、市場の主流をポリアミド系平膜型へと移行させたのみならず、セルロース系中空糸を主体として事業展開していた東洋紡の開発活動にまで影響を与えたことが推測される。

4．技術アプローチの収斂は何をもたらしたのか

4-1．価格下落

　カドッテによる開発成果の革新性に影響を受けて、業界の開発活動は、界面重合によるポリアミド系平膜型へと絞りこまれていった。技術アプローチがこのように収斂し、多くのプレイヤーが344特許に基づいて製品展開できるようになったことは、大きく3つの影響を業界にもたらしたと考えられる。

　第一に、競争激化による膜モジュールの価格下落である。図表11-9は、1980年における業界の膜モジュール価格を1として、その後の価格推移を指

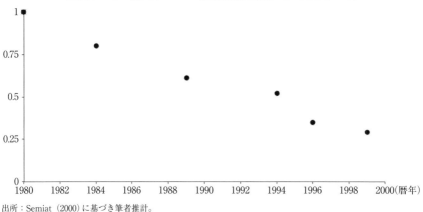

図表11-9　膜モジュール価格指数の推移（1980年＝1）

出所：Semiat（2000）に基づき筆者推計。

数化したグラフである。膜モジュール価格が、1980年から1990年代に入るまで緩やかなカーブを描きながらほぼ一定のペースで低下していることが確認できる。この傾向が大きく変化し、価格が急落したのが1994年から1996年にかけてである。この不連続な価格下落は、344特許が米国政府へ帰属することが決まったことを受けて、競争が激化した結果として生じたと推察することができる。事実、1989年にダウに入社した後、1992年から逆浸透膜の開発に関わるようになったピーリー（Martin H. Peery）は次のように振り返っている。

　　裁判所の判決により、フィルムテックの特許が1971年の塩水法の下で行われた研究から得られたものとなり、広く誰もが利用できることになりました。その結果、競争が激しくなり、ROモジュールの市場価格が引き下げられました。こうした動きがコスト効率の向上に向けた業界の努力を促したのです[17]。

　膜モジュール価格の低落を受けて造水コストも急落した。改めて図表1-5を見ると、1990年代前半に横ばいで推移していた造水コストは、後半に入ると1m^3あたり1.38ドル（1995年）から1.04ドル（1996年）、0.86ドル（1997年）へと急落していったことがわかる。2000年には0.58ドルに低下しており、わずか5年で半分以下にまで逆浸透法の造水コストが低下したことになる。

このように、カドッテの画期的な発明によって、各社の技術アプローチの収斂が進み、それが特許係争を経て事実上の公共財となったことで、市場競争が激化して膜モジュールの価格は大幅に下落した。そしてそれが造水コストの低下にもつながり、海水淡水化用途で求められる経済性の実現に向けて大きく前進することになったのだと考えられる。

4-2. 漸進的イノベーションの活性化

　技術アプローチが収斂したことによる第二の影響が、膜開発における漸進的なイノベーション（incremental innovation）の活性化である。開発対象が界面重合によるポリアミド系平膜型に絞られ、344特許が事実上の公共財となったことで、各社は他社の開発成果を参照しつつ、漸進的な性能進歩とコスト削減を目指した改良開発に注力した。競争による価格下落圧力が強まる中でそれは至極まっとうな行動であったといえる。

　図表11-10は、各社によるこうした漸進的イノベーションの進展を出願特許の後方引用分析によって把握するために描いたグラフである[18]。漸進的なイノベーションは、一般に、過去の技術蓄積を活かした累積的な連続性を持つ。したがって、過去の特許との関連性が特許審査官から指摘・引用される可能性が高いと考えられる。それゆえ、後方引用の増加は漸進的イノベーションの増大を間接的に示していると考えられる。具体的な作図作業としては、まずFターム分類に沿って出願特許を膜系、膜モジュール系、オペレーション系の3つに分類し、次にこれらのうち、膜系特許3247件をとりだしてその平均的な後方引用特許数の推移を把握した。

　棒グラフの頂点を辿ると、自己引用と他社引用を合わせた膜系特許全体の平均後方引用数が1994年以降急増していることがわかる。もちろん、過去の特

---

17) 筆者による Martin H. Peery 氏へのインタビューより。2015年3月2日、Edina、Dow Water & Process Solutions にて。原文は以下の通り。"The courts ruled that the FilmTec patent resulted from research conducted under the 1971 Saline Water Conversion Act and, therefore, was available for the general public to practice. As a result, competition increased leading to lower market prices for RO modules. This catalyzed efforts to improve cost efficiencies."

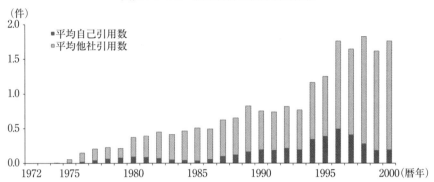

図表11-10 膜系特許の後方引用推移

出所:ULTRA Patent に基づき筆者算出。
注:各年における平均引用数については、(当該年に出願された膜系特許に付された後方[自己あるいは他社]引用合計件数)/(当該年における膜系出願件数)によってそれぞれ算出した。その上で、3年中央移動平均値を求めている。

許が蓄積されるにつれて平均的な後方引用数が増大することは自然な現象として理解できる。しかし1994年以降には、そうした全体的な増加傾向とは異なる、急速な上振れが見られる。こうした急変は、1993年に344特許が米国政府の帰属となったことによって、多くの企業が、344特許の延長で開発を行うようになったことを示唆している。技術アプローチが収斂することによって、各社が過去の特許と関連する連続性の高い漸進的な開発へと移行したと考えられる。

棒グラフの内訳は、そうした連続性が、社内特許の自己引用だけでなく、社

---

18) 逆浸透膜(GA03:下位含む)に関するFタームのうち、MA〜NAまでの4つのFターム群を膜系、HA〜JBまでの3つのFターム群を膜モジュール系、KA〜LAまでの6つのFターム群をオペレーション系として定義し、どのFターム群が最も多く付与されているかに応じて、膜系・膜モジュール系・オペレーション系に分類した。その際、膜モジュール系では最大で3つの群しか対象にしないのに対してオペレーション系では6つの群を対象としていることから、Fターム数の単純な加算による比較では分類時にバイアスがかかる恐れがあるため、それぞれ比率に直した上で、群を振り分けた。その詳細な手続きについては補論3-3を参照されたい。上記いずれのFターム群も有さない特許41件を除く9255件を分類した結果、各領域の合計特許数は、膜系3443件、膜モジュール系2864件、オペレーション系2948件となった。図表11-10において対象となる膜系特許数が3443件ではなく3247件に減っているのは、最も高い比率が同値となり一つの特定領域に分類しづらい特許については除外し、明確に膜系に分類できる特許のみを分析したからである。つまり、この図表の分析では、補論3-3の手続き5)を採用していない。

外の特許引用という形でも表れていることを示している。平均自己引用件数は、1980年代中盤から漸増し、1994年に入って不連続に上昇するが、1997年からは減少傾向を辿っている。しかし平均他社引用件数は2000年に至るまで継続的に増えている。また、自己引用数よりも他社引用数の方が多いことは、業界全体で相互依存的な関係性が深まった可能性を示唆している。

以上のことから、技術アプローチが収斂した結果として、自社のみならず他社の開発情報も互いに参照しながら、漸進的なイノベーション活動が業界全体で積み重ねられるようになったと考えられる。

4-3．川下領域におけるイノベーションの活性化

技術アプローチの収斂による第三の変化が、川下領域におけるイノベーションの活性化である。膜に関する技術確立の見通しが立ったことで、逆浸透法の普及に向けてより川下領域での改良が進むこととなった。

そもそも膜は、それを機能させる運転システムと密接な関係を持つ材料である。例えば日東電工の神山は1986年に「RO膜の今後は超純水製造システムがどう変化していくかと密接に関連している。逆に言えば、新しいRO膜の出現はシステムを変化させる」[19]と記している。海水淡水化用途にしても、東レは1990年代に高い淡水回収率を狙って2段脱塩システムの構築を念頭に置き、2段目にかける高い圧力に負けないほど耐圧性のある膜の開発を進めた。東洋紡も、サウジアラビアで直面した膜トラブルを独自の殺菌法によって解決した。このように、膜の実用化には、膜そのものの改良のみならず、システムやオペレーション側での改良が重要な意味を持つ。

このように膜そのものとそのオペレーションとが密接な関係を持つ場合、膜の側で技術アプローチが収斂すると、システムやオペレーション側で念頭におくべき膜イメージが固まるため、バリューチェーンの川下領域におけるイノベーション活動が進むと考えられる。

この点を確認するため、膜系、膜モジュール系、オペレーション系という3つの領域別の特許出願数シェアの推移を見たのが図表11-11である。このグラ

---

19) 神山（1986）p. 13。

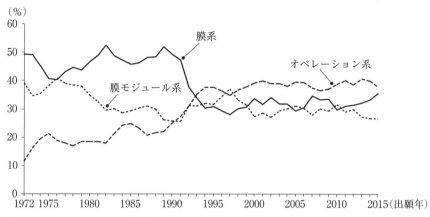

図表11-11　バリューチェーンの領域別に見た特許数シェア推移

出所：ULTRA Patentに基づき筆者算出。
注：3年中央移動平均値。各領域のサンプルサイズは、膜系3443件、膜モジュール系2864件、オペレーション系2948件。

フからは、1990年代に入ると、膜系シェアが急激に低下し、代わりにオペレーション系のシェアが高まっていることがわかる。その逆転は1993年に生じ、それ以来、膜系、膜モジュール系と拮抗しつつも、1997年を除きオペレーション系特許が最も高いシェアで推移し続けている。1993年は、まさにカドッテの発明が米国政府に帰属することになった年である。

　膜そのものの進歩のみならずシステム側での進歩が進んだことは、海水淡水化用途に逆浸透膜を展開していく上で大きな意味を持っていた。これら川下での周辺技術は、海水淡水化用途でのコストダウンにとって極めて重要であったからである。例えばエネルギー回収装置は1990年代に大きな性能進化を遂げ、コスト低減に貢献したといわれている。

　このように川下の周辺技術を先取りして蓄積しておくことの重要性は、海水淡水化を目指して開発を始めていた東レが並行開発に着手した時の事情を見るとよくわかる。東レでは、ポリアミド系材料の開発を待つ間、酢酸セルロース系材料部隊の方で先に事業化を進め、膜モジュール化やオペレーションなど川下で必要とされる様々な補完技術を蓄えることを一つのミッションとしていた。それは川端が「トータルの水ビジネスでいうと膜だけではないノウハウがいっぱい必要なので、（酢酸セルロース系逆浸透膜）とにかく先発で行くと

いう役割を担った」と語っていた通りである。

　以上のように、逆浸透膜業界では、技術アプローチが収斂した結果として、膜そのものの漸進的なイノベーションが活性化しただけでなく、その川下領域でも同様に開発活動が活発化した。これらは、1990年代中盤以降において、膜モジュールのコストおよび価格をさらに下落させる余地を生み出すと同時に、さらなる性能進歩を促す影響を及ぼしたものと考えられる。

5．ドミナントデザインの形成・影響メカニズム

　一般に、産業発展の初期には多様な技術アプローチが試行錯誤される。逆浸透膜産業においても、様々な膜材料、膜構造、膜製造方法、エレメント構造などが試されていた。しかし、産業が発展し、市場とのやりとりとともに技術開発が進むと、多様な技術アプローチは徐々に淘汰され、やがて産業内で共有される支配的な製品デザインが登場する。それはドミナントデザインと呼ばれ、そこには、その後の開発の方向性を決定づける技術アプローチが反映されている（Utterback and Abernathy, 1975；Abernathy, 1978）。ドミナントデザインが形成されると技術アプローチの多様性は大幅に減少し、製品イノベーションの頻度は低下し、その代わりに、工程イノベーションが増大する。その結果、製品コストは急速に低下し、市場は拡大する。逆浸透膜産業で起きたこともおおむねこうしたパターンに合致していた。

　ではいかにしてドミナントデザインは生まれるのか。本章の分析は、画期的なブレイクスルーの登場がドミナントデザインの形成を進める重要な要因となることを示唆している。逆浸透膜産業におけるドミナントデザインは、ポリアミド系材料、平膜型形状、界面重合による製膜の3つを基本としている。この基本形は、現在の市場の9割を占める逆浸透膜の特徴でもある。この基本形を提示したのがカドッテによる344特許である。基本形が変わっていないということは、1980年以来、画期的な製品イノベーションはほとんどなかったことを示している。そのかわり、基本形に基づく材料や形状の改善や改良、さらに、膜の製造工程イノベーションや川下領域でのイノベーションが盛んに行われる

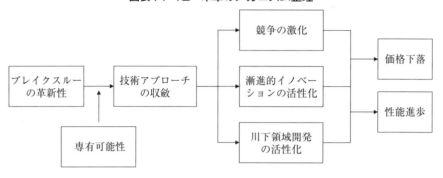

図表11-12　本章のメカニズム整理

出所：筆者作成。
注：競争の激化、漸進的イノベーションの活性化、川下領域開発の活性化は互いに影響し合っていると考えられるけれども、図の煩雑化を避けるためにその描画は省略している。

ようになったのである。

　344特許のような画期的なブレイクスルーは、技術的な不確実性の中で暗中模索しながら開発を進めるプレイヤーにとって今後進むべき大きな道筋を示す役割を果たす。実際にそれがどの程度確実に経済性を実現してくれるのかは事前の段階ではっきりとしないとしても、ブレイクスルーの革新性そのものが多くのプレイヤーを惹きつけて産業内の技術開発努力が特定の方向に収斂する。そして、同じ技術領域における開発競争が繰り広げられる結果として、価格下落と性能向上がともに加速化し、結果的に経済性が高まるのだと考えられる。

　こうした本章の議論をまとめたのが図表11-12のダイアグラムである。逆浸透膜産業では、344特許という画期的なブレイクスルー技術が登場することによって、それまで多様であった技術アプローチが「ポリアミド系」「平膜」「界面重合」へと急速に収斂し、各社の開発努力が焦点化された。もし344特許がダウに専有されていたとしたら、他の企業は当該領域での開発を進めることはできなかったであろう。しかし係争の結果として、344特許の専有可能性は失われ、多くのプレイヤーが参照できるようになった。カドッテの344特許が米国政府の帰属となることが1993年に決まると、この決定を受けて、それまで手控えていた日系各社もカドッテの膜と類似したポリアミド系平膜型の事業化開発を積極的に進めることになった。カドッテの画期的な発明が、各社の開発行動に一定の方向性を与え、さらにその後の特許係争を経てその技術の専有性

が排除されたことで、一気に技術アプローチの収斂が起きたといえる。

　この技術アプローチの収斂によって、まず、膜の価格が大きく下落した。逆浸透膜モジュールの価格は1994年から1996年にかけて急落しており、1993年にカドッテの特許が実質的に公共財となったことの影響を反映している。続いて、漸進的なイノベーションが進み、プラント・オペレーションなど川下領域での改良も進展することによって、基本性能が着実に向上するとともに、逆浸透膜を使った造水コストが大幅に下落していった。競争が激化し、各社の開発努力が集中した結果として、逆浸透膜の価格下落と性能向上が進み、開発当初からの念願であった海水淡水化市場の拡大がいよいよ現実的なものとなったのである。

　このように、膜技術の収斂によって領域内での漸進的イノベーションが促進され、また、先行して進んでいた膜モジュールの標準化も相まって、逆浸透法のコストダウンが進み、それが各社の長年の目標であった海水淡水化市場の拡大をもたらした。このことは、確かに産業発展に大きな貢献を果たすことになった。ただしその一方で、競争激化による各社の事業収益性の悪化を生み出す原因にもなっていたと考えられることには留意が必要である。この点については、終章で改めて議論したい。

第11章 補論 膜エレメントの標準化について

　膜エレメントの形状については、かなり早い段階からデファクト・スタンダードが形成されていた。ROGAを吸収したフルイド（UOP）が、4インチと8インチの膜エレメントで市場をリードし、それらに合わせた高性能な圧力容器（ベッセル）を納入して高く評価されたことがきっかけである。多くのプラントでフルイドの圧力容器が納入されると、フルイドを追いかける他社は、この圧力容器に合うエレメントを開発するよう顧客から求められた。形状の差別化を試みた企業もあったものの、競争上の事情から次第にエレメント形状は絞り込まれた。この経緯について、トゥルービーは次のように説明している。

　標準化は、膜（エレメント）を格納する圧力容器がある程度精密である必要があったことから生じました。エレメントと圧力容器とがうまくフィットする必要があったのです。初期の頃は（圧力容器として）炭素鋼管を使っており、日本の鹿島（北浦）に納入されたのも炭素鋼管でした。初期の逆浸透システムは全て炭素鋼管だったのです。
　ところが、炭素鋼管には内径が粗いなど数多くの欠点がありました。圧力容器の製造に際しては鋼管の材質をどう選ぶかが重要でした。そこで我々はガラス繊維を用いることとしたのです。心棒にガラス繊維を巻きつけるのですが、これが非常に精細で、圧力容器を精密に作り込むことができ、そこにエレメントを入れられるようになりました。我々が最初にそれを作ったのはたしか1975年のことで、オレンジ郡に納入したかと思います。いずれにせよ、我々が最初に作りました。
　これが非常にうまく機能してくれたため、スパイラル型エレメントを製造する企業は皆この容器に合わせることが求められ、（4インチと8インチが）標準となったのです。最初に膜と圧力容器を作って首位に立っていた我々フ

ルイドに追随しようとしていた人々は、その容器に収まる膜（エレメント）を作る以外ありませんでした。フィルムテックも、ハイドロノーティクスも、あらゆるプレイヤーがその容器に合わせる必要がありました。初期の頃こそ異なる形状の中心パイプやアダプタがありましたが、それらですらやがて収斂していきました。顧客が（標準化を）好むからです。標準化は時間とともに緩やかに進みましたが、それはまさに圧力容器から始まったのです[1]。

圧力容器から始まった膜エレメントのデファクト・スタンダード化は1970年代に一気に進んだ。例えば、1980年前後に開発された東レのPEC-1000を見ると、2インチと4インチで試作されたものの（Kurihara et al., 1980）、実際にエレメント化されたものはSP-110（4インチ）とSP-120（8インチ）であった（栗原、1983）。この時期には既に事実上の標準が出来上がっていたと考えられる。それは、膜エレメントの複数社購買を好むプラントエンジニアリング企業が、自身の顧客に対して同じ形状の圧力容器を使うよう勧めたからでもあった。

---

[1] 筆者によるRandy Truby氏へのインタビューより。2015年3月4日、Carlsbadにて。括弧内、筆者追記。なお、原文は以下の通り。"Standardization part came because the pressure vessel, housing you put the membranes in, has to be somewhat precise. It needs to fit carefully. In the early days, we used steel pipe. The North power station in Kashima, Japan had carbon steel pipes. All the early RO systems had steel pipes.

 Steel had many disadvantages one of which was it was not a precise diameter inside. You had to be careful when you selected a pipe material before you made a pressure vessel. We started to make fiber glass. Fiber glass, you wind the fiber glass on a mandril was absolutely precise. You could make pressure vessels very precise. Then you could put the spiral element into it. … I think we commercialized the first ones and we sold them to the orange county in maybe 1975, anyway we made the first ones.

 Those fiber glass vessels worked so well. Then, everybody who made the spiral wound element was asked to make them fit in these vessels. So that became the standard. Fluid systems created the first membrane and vessel. People who wanted to copy fluid systems, who was No.1, had to make their membrane that fit in the same vessel. … FilmTec made them, so did Hydranautics, everybody made them, they need to fit them into the vessels. Sometimes in the beginning, we had different core tubes and different adaptors. But eventually even those became the same because the customers prefer. So, the standardization came slowly with time. But it really started with the pressure vessels."

第12章
企業特有の開発理由

1．企業特有の要因への注目

　ここまで、政府の支援、初期市場の開拓、ドミナントデザインの出現という3つの側面から、逆浸透膜産業の立ち上がりと発展を説明してきた。逆浸透膜開発は、社会的要請を受けて1950年代、政府の支援を背景にアメリカで始まり、その動きに日本企業が素早く追従した。しかし、海水淡水化の実現による産業の拡大は、当初期待されたようには進まなかった。造水コストの点で、従来型の蒸発法を凌駕するには、多くの課題を解決する時間が必要であった。

　事業的に厳しい状況の中でも各企業が技術開発と事業展開を継続できた背景として、工業用超純水向け市場を中心とした新たな市場が出現したことと、カドッテの発明による技術アプローチの収斂がコストダウンを通じた市場拡大の可能性を開いたことは前章までで記述した。しかし、これらの要因だけでは、この産業を牽引してきたダウ、東レ、日東電工、東洋紡の4社が長きに渡って事業を継続できた理由の全貌を説明できたとはいえない。

　既述のように、産業初期の開発を先導したROGAはその後、Gulf Oil、UOP、コークと順に他社の手に渡り、その過程で初期に活躍した重要な技術者は企業を離れることになった。また、この産業における技術と事業の基礎を形づくり、後発企業の模範となってきたデュポンでさえ、海水淡水化市場が本格化する前の2000年に事業から全面的に撤退している。日本でも、ダイセル工業など初期に逆浸透膜の開発を行ったものの、その後に撤退した企業が存在

する。これらの売却や撤退は、主としてビジネス上の理由から生じており、逆浸透膜事業が、必ずしも安定的な高収益をもたらさなかったことを示唆している。

　70年代後半から発展した半導体産業向けの市場は、確かに一定の収益をもたらしたが、それは、多くの企業の事業を支えるほどの規模とはいえなかった。一方、逆浸透膜のコストダウンは継続的に進んだものの、生活インフラとして造水システムが求めるコストと性能を実現するにはまだ時間が必要であった。このような状況にもかかわらず、なぜ、4社では、事業継続が可能になったのか。社会的要請の強い事業だとはいえ、営利企業が社会的貢献を理由に半世紀にわたって事業を継続することなど到底できない。とりわけ、降雨量が多く、国内には社会的要請も政府による巨額支援も存在しなかった日本を拠点にする3社がこれほどの長期間にわたって逆浸透膜開発を忍耐強く進めることができたのはなぜなのだろうか。

　逆浸透膜産業の発展メカニズム全体を理解するには、最後に、これら特定の企業が事業継続を可能にした理由を明らかにしなければならないだろう。そのためには、これまで説明してきたような制度や産業レベルの要因のみならず、企業特有の要因に注目する必要があると考えられる。そこで本章では、東レ、日東電工、東洋紡の日系3社の個別の事例を分析することによって、半世紀近くにわたって逆浸透膜事業が社内で継続的に正当化され、生き伸びてきた理由を明らかにする。具体的には、第6章から第8章で記述した3社の事例の中で、特に、各社において技術開発や事業運営の継続を可能にした理由を示唆する部分に注目して分析を行う。

　期待通りに海水淡水化市場が拡大すれば、事業継続の判断にさほど苦労することはないと考えられるため、以下の分析は海水淡水化市場が本格的に立ち上がる前の2000年代以前を対象としている。第2節で東レ、第3節で東洋紡、第4節で日東電工の事例を分析する。そして第5節では、3社の事例分析を振り返り、それらの共通点と相違点を明らかにする。

2．東レ

2-1．海水淡水化を目指した技術優位の考え方

　東レにおいて逆浸透膜事業の継続が正当化されてきた主な理由は、技術的難易度の高い海水淡水化向け製品で世界一の技術を実現するという目標の共有にあったと考えられる。東レに限らず、海水淡水化の実現は、逆浸透膜開発のゴールとして広く認識されていたが、日系3社の中でも東レは特に強く海水淡水化用途を見据えた開発を行っていた。それは、海水淡水化の実現が技術的に最も困難な課題であったからである。

　このような技術優位の考え方は、逆浸透膜の開発に限らず、当時の東レにおける研究開発活動全般の基本スタンスであった。当時の東レでは、世界で初めて、あるいは世界で一番の技術を開発するという目標の存在が、研究プロジェクトの立ち上げにおいて重要視されていた。酢酸セルロース系の材料で逆浸透膜開発を行った川端が、「『世界で誰もやっていない、世界で一番性能の良い』というものを作るのが、東レのDNA」[1]と述懐するように、事業性だけでなく、むしろそれ以上に、技術的な先進性が開発や事業化判断にとって鍵となっていた。

　こうした考え方は、酢酸セルロース系の膜開発に対する承認プロセスにおいて顕著に現れていた。既述のとおり、1970年代後半に出現した半導体向け超純水製造用途は、東レの逆浸透膜事業にとっての救世主となった。この市場をとらえたのは、複合膜より先に事業化の進んでいた酢酸セルロース系の膜であった。その点からすれば、事業収益性の確保という意味で酢酸セルロース系の膜が果たした役割は大きかったといえる。しかし、当時酢酸セルロース膜開発を担当していた川端は、普通であれば酢酸セルロース膜の開発はやらせてもらえなかったという主旨のことを述べている[2]。酢酸セルロース膜は市場で調

1）本書 p. 127参照。
2）本書 p. 127参照。

達できる汎用的な材料で構成されており、材料開発で他社と差別化することは難しい。つまり世界一の技術を開発するという東レの目標にそぐわなかったのである。それにもかかわらず酢酸セルロース膜の開発が認められたのは、既に並行して複合膜の開発が進んでおり、その実用化が後に控えていると説得したからであった。酢酸セルロース膜は、単に収益が得られるからという理由ではなく、「世界に類のない、最高水準」となりえる新技術を導入するまでの、あくまでも「つなぎ」として認められたのである。

本命は複合膜であり、その開発が東レにとっては最重要事項であった。茅ヶ崎での実証試験を通じて、酢酸セルロース系の平膜では海水淡水化市場をとらえることが困難であることはわかっていた。海水淡水化を最終ゴールと考える東レの開発陣にとっては、複合膜の開発なくしては、逆浸透膜事業は成り立たないものであった。川端が述べているように、複合膜開発が並行して進んでいなければ、そもそも酢酸セルロース系材料による逆浸透膜開発は行われていなかったとも考えられる。しかしそうなっていたとしたら、東レは半導体向け超純水市場をタイミング良くとらえることはできなかったかもしれない。

2-2．技術的完成度へのこだわりとチャレンジの継続

海水淡水化に焦点をあてた技術優位の考え方は、複合膜の開発と事業化を技術者の一存で断念した1970年代後半から1980年代に見られた過程からも垣間見ることができる。

世界一の技術を目指した東レの開発陣が最初に開発した複合膜は、ポリエーテル系のPEC-1000であった。第6章の図表6-1で示したように、脱塩率と透水量の点で、PEC-1000は、当時の他社の逆浸透膜を大きく凌駕する画期的な製品であった。その点では、まさに、東レが目指した世界一を体現する膜であった。しかしこの膜には、耐塩素性の弱さと海中の溶存酸素に対する脆弱性という、海水淡水化を想定した場合には致命的となる問題があった。これだけの性能の膜であれば、海水淡水化以外の用途への応用を考えることもあり得たのかもしれないが、東レの栗原は、あくまでも海水淡水化を想定して、研究開発のトップに量産化の中止を進言した。海水淡水化という目標からすると、PEC-1000はまだ技術的には不完全であると考えたからである。ここでも海水

淡水化という目標を固持し、完成度の高い技術を追求する東レの技術者の考え方が反映されている。この考えは経営層に受け入れられ、PEC-1000の市場投入を断念するとともに、ポリアミド系複合膜であるPEC-2000の開発へと進んだ。

しかし、PEC-2000も栗原が中止を進言することになった。PEC-1000の時と同様、海水淡水化を想定したときの耐塩素性の低さが問題視されたからであった。PEC-2000の場合、その市場化中止は深刻な問題となった。1985年には愛媛工場において既に量産体制が進み、生産部まで発足していたからである。PEC-2000の問題は、社外から指摘されたわけではなく、工場サイドでは量産段階での改良によって対応するつもりであった。それゆえ中止には社内で大きな反発があった。しかも、1984年に東レは、3年間でメンブレン事業部の売上げを100億円にするという計画を掲げたばかりであった。このような状況にもかかわらず、栗原は不完全な技術を市場に投入することを拒み、その判断を経営層も認めることとなった。

2度も事業化を中止し、しかも、PEC-2000では量産体制が整った段階での中止であったことからして、通常であれば開発や事業化の継続が危うくなってもおかしくない。実際、東レにおいても、海水淡水化向け開発に対しては疑問が投げかけられ、当面は技術的に易しい超純水向けやかん水向けに開発を行うことになった。しかし、それは海水淡水化をあきらめたことを意味していたわけではなかった。酢酸セルロース系膜が、複合膜の実現までのつなぎとして認められたように、超純水やかん水向けの複合膜も、本命である海水淡水化向け複合膜の実現までの橋渡しであり、開発者たちは並行して、新たな膜の開発に取り組んでいた。それが、4成分系架橋芳香族ポリアミド膜であるUTC-70として実現したのである。ここでも、海水淡水化を念頭に世界一の技術を確立するという共有された目標の存在が、幾度の失敗にもかかわらず、開発が継続されてきた理由であったことがわかるだろう。

2-3. トップと共有された価値観

世界一の技術を開発して海水淡水化市場をとらえるという目標は、開発者の間だけでなく、経営層とも共有されていた。それが、東レが忍耐強く技術開発

を行い、事業を継続できた要因の一つとなっていた。開発初期の1969年から研究開発所長であったのは、後に1981年から1987年まで社長をつとめた伊藤昌壽である。ちょうど PEC-1000 や PEC-2000 の事業化を断念した時期の社長である。伊藤は、後に東レにとっての主要な事業に成長する炭素繊維とともに、逆浸透膜の開発にも早くから目をかけていた。研究所長として東レの技術追求の文化を自ら体現していた伊藤が社長であったことは、数々の困難に直面する中でも倒れることなく逆浸透膜開発を継続する上で、追い風となっていたと考えられる。

　伊藤の後を継いで社長となった前田勝之助も、逆浸透膜事業の発展に寄与した人物である。前田は、PEC-2000を事業化する段階で愛媛工場長であった。滋賀から愛媛へ生産を移管して、PEC-2000の量産体制を整備するよう指示したのは前田であった。その PEC-2000 の市場投入が栗原の進言によって中止となったにもかかわらず、前田は、その後も海水淡水化に向けた逆浸透膜の開発をやめさせることはなかった。東レの逆浸透膜開発を先導してきた栗原が「逆浸透膜開発の解散を迫るような厳しい意見をトップから聞いたことはない」[3]と述べるように、経営層は、基本的に逆浸透膜開発を支援する立場であった。

　PEC-2000 の失敗後、開発陣は海水淡水化向け開発を公式には一旦諦め、かん水や超純水を想定して新膜の開発を行った。その結果として、UTC-70 とその後の UTC-80 の開発に成功するのであるが、これらの膜の海水淡水化への展開を強く後押ししたのは、1987年から社長の座についていた前田であった。また前田は、1994年に、海水淡水化用途のさらなる強化を目指し、開発者たちに高効率海水淡水化システムの構築を命じている。このシステムに関する特許には前田も名を連ねており、海水淡水化用途に対する前田自身の意気込みの強さがうかがえる。このように、困難な海水淡水化用途に固執し、一貫して技術レベルを高めるという姿勢は、開発者たちだけでなくトップとも共有されていたといえる。このような共有された技術優位の価値観が、事業的には厳しい環境に置かれながらも、東レが、逆浸透膜の技術開発と事業展開を継続してきた理由であったと考えられる。

---

3) 本書 p. 150参照。

3．東洋紡

3-1．全社戦略上の位置づけ

　東洋紡で長年に渡って逆浸透膜事業が継続された背景には、事業構造の転換プロセスの中で期待される新規事業の一つとしてそれが位置づけられたことがある。そもそも東洋紡にとっての逆浸透膜事業は、脱繊維に向けた数多くの取り組みの一つとして始まった。戦後の深刻な繊維不況に対応するため、東洋紡は、1950年代後半から1960年代にかけて多様な合成繊維を開発、販売した。こうした合成繊維への技術転換は、繊維事業の低迷に対して一定の効果はあったものの、すぐに過剰設備と過当競争が生じ、産業の構造的な問題の根本的な解決とはならなかった。そこで、東洋紡は、脱繊維を標榜し、化成品など自社技術を生かせる新規事業を開拓し始めた（藤原・青島、2016）。逆浸透膜事業もこのような新規事業探索の一環として1970年代前半に始まった。膜形状に中空糸型を選択したのは、保有する繊維技術を活かした多角化を進めるという全社方針と合致していたからであった。

　開発者たちは初期段階から海水淡水化用途を意識していたものの、必ずしもそれにこだわっていたわけではなく、当初は有価物の回収向けに開発を行い、その後、漁船用の海水淡水化装置、病院における純水製造向けへと応用展開を図った。それらは決して大きな事業とはならなかったものの、育成すべき新規事業の一つとしては、社内的に認められていた。

　その一方で、80年代に入ると、先行するデュポンをお手本として、サウジアラビアでの海水淡水化用途の開拓が進んだ。1981年に行ったキャラバン隊の実演で認知度を高め、1982年には3年で売上げを4倍の20億円にするという意欲的な目標が掲げられ、岩国の工場も2系列に増強された。そして、1984年のハックルおよびデュバ、1986年のジッダⅠフェーズ1の大型案件を受注することに成功した。しかし、逆浸透膜事業が順風満帆というわけではなかった。大型案件向けのモジュール供給が一段落すると、需要は減少し、生産設備の稼働率は激減した。その後も受注はあったものの、サウジアラビア側の財政

難もあり、1990年代後半は、事業的に厳しい状況に置かれることになった。

1990年代後半は、東洋紡が大きな痛みを伴う構造改革を決断した時であり、その後、次々と繊維の主力工場を閉鎖する中で、1999年度には3400億円を超える有利子負債を抱え、2000年度のD/Eレシオは5.39と、会社全体が危機的な状況に陥っていた。このような苦境の中でも、逆浸透膜事業は、大きな収益貢献がないにもかかわらず、継続が許されてきた。なぜなのか。当事者として構造改革を進め、その後、社長となる坂元龍三は、構造改革を進める一方で新規分野への展開が急がれたことが関係していたと言う[4]。逆浸透膜は新規分野の一つであり、事業収益に対して厳しい圧力はあるものの、全社的な戦略を展開する上では必要な投資であったのである。

東洋紡にとって脱繊維は戦後から一貫した課題であった。脱繊維を実現するには、繊維事業を縮小するだけではなく、他社に勝てる新規事業を成長させなければならない。その意味で、東洋紡は常に、自らの強みが活かされる新規事業を渇望していたといえる。1990年代後半から工場閉鎖を伴う構造改革を断行することによって、東洋紡は、約10年で60％以上あった繊維の売上げを30％にまで減少させた。この苦しい時期にあっても、東洋紡の経営陣は研究開発費を最大限死守してきた。それも新事業が育たなければ、脱繊維化はならないという考えによるものであった。こうした文脈の中で、東洋紡の逆浸透膜事業は引き続き新規事業の一つとして位置づけられ、必ずしも高い業績を上げてはいなかったものの、経営陣は事業整理の対象とは考えなかったのである。

3-2. 目立たないことによる存続

しかし、いくら新規事業として位置づけられていたとしても、20年以上も継続してきた事業が大きな赤字を計上し続けるようでは、経営陣として存続を認めることは難しい。構造改革で全社が財務的危機に置かれていた状況ではなおさらである。厳しい構造改革を断行する中でも逆浸透膜事業の継続が認められてきたもう一つの理由は、深刻な問題を抱えた事業として経営陣が認識していなかったからである。逆浸透膜事業が問題を抱えた事業として認識されなかっ

4）筆者による坂元龍三氏へのインタビューより。2016年4月8日、大阪、東洋紡本社にて。

た背景には、(1) 事業領域と研究開発領域を大幅に絞ることによって必要資源を最小限に抑えたこと、そして (2) 高収益の医療用人工腎臓向け膜事業と同じ括りに入っていたことの2点があげられる。

東洋紡の逆浸透膜事業は、サウジアラビアの海水淡水化用途を中心に酢酸セルロース系中空糸膜をもって展開されていたものの、1980年代に入ると開発陣は、他の革新的技術の探索と開発も並行して行っていた。特に平膜陣営が採用していたポリアミド系の材料を模索し、1989年には量産技術まで確立していた。また、1990年代に入ると、拡大する半導体超純水用途を意識してポリアミド系中空糸膜を開発して市場導入の発表まで行っている。しかし、これらの新膜は、結局、市場で成功することはできなかった。

一方で1990年以降、東洋紡は全社的に厳しい財務状況に陥り、1995年度には営業利益率が1.3%にまで低下していた。こうした全社状況の中で、逆浸透膜事業を守るために、逆浸透膜事業の実質的な責任者であった藤原がとった行動は、事業の徹底的なスリム化であった。新膜の開発は凍結し、技術的には酢酸セルロース系中空糸膜に集中特化することにした。市場もサウジアラビアの大型海水淡水化プラントに特化して攻めることにした。事業部所属の人員は3名程度にまで縮小し、1998年度には、なんとか黒字化を果たした。ここまで投入資源が小さくなれば、全社の経営に与える影響は小さく、社内で目立つこともなく、経営陣は特に課題のある整理対象事業と考える必要はなかった。藤原は当時を振り返って以下のように述べている。

　絞り込まざるを得なかったというところですね。人がいないので。やれることは限られているので。では、やれることが限られている中で何をやるのが一番効率的かというと「大型案件を取って交換膜をもらいましょう」ということに必然的にそうなってしまいますので。できないことはできないですから[5]。

もう一つ幸運であったことは、逆浸透膜事業が、機能膜事業として、人工腎

---

5) 筆者による藤原信也氏へのインタビューより。2016年2月2日、Rabigh、AJMCにて。

臓用中空糸膜（AKH）と同じ括りで考えられていたことである。東レでは、医療用の膜と海水淡水化用の膜の事業は別事業体として分かれているのに対し、東洋紡ではどちらも中空糸型で展開してきたということもあり、両者は歴史的に同じ機能膜事業の傘下に入っている。工場も岩国で同じ場所にある。それゆえ、2つの事業は別々に収益管理されると同時に、機能膜事業全体としても収益判断される。逆浸透膜事業は、十分にスリム化されていた上に、好調な医療用の膜事業の傘の中で隠れていたため、経営陣からは特に問題視されることはなかったのである。この点について、坂元は以下のように述べている。

　（医療用のAKHと海淡用の逆浸透膜とを）特別そう分けていたわけではなくて、一緒に開発をずっとしていましたから、歴史的には。最初は機能膜という膜の共通技術ということでやってきて、それから、アプリケーションがAKHの方で見つかって、それがすっと行ったから「膜は色々とやれるな」というのはあったと思いますね。ですから、AKHが先に行ったということが、ROの研究投資を継続させたということでもあるし。結果として時間はかかったけれども、なんとか細々とROが緩やかに拡大して貢献してきた。アプリケーションがなかったら（逆浸透膜開発は）途中で潰されていたかもしれません。（先にアプリケーションを見つけた）AKHがあったから良かったのではないかと思います[6]。

　さらに、医療用の膜事業と場所を共有していたことから、研究開発や工場人員を事業間で融通してもらうこともできた。経営が厳しい時期であっても、逆浸透膜事業は、医療用膜事業の中に隠れ、固定費を節約することによって、将来につながる新規事業の一つとして認められ存続を可能にしてきたといえる。もちろん事業責任者にとって事業の存続は、その後の成長を見越してのことであった。海水淡水化では、交換需要を予測することができるので、生産の谷となる苦しい時期を乗り越えれば、復活は可能となる。その苦しい時期を乗り越える手段が、東洋紡では、「目立たない」ことであったと考えられる。

　6）筆者による坂元龍三氏へのインタビューより。2016年6月16日、大阪、東洋紡本社にて。

4．日東電工における事業志向性

4-1．経営ミッションの役割

　日東電工において、逆浸透膜開発が継続し、事業が発展してきた理由の一つにトップが掲げた経営ミッションの役割がある。日東電工では1973年に逆浸透膜の研究が正式に始まるが、事業化の推進という点では1974年に当時の土方社長が提示した全社方針の影響が大きい。

　土方は、電子、医療、膜（メンブレン）の3つを今後の成長の柱とするという方針を明確に打ち出し、この方針はその後も踏襲された。全社方針は「膜事業」と謳っており、逆浸透膜とも海水淡水化とも言っていない。つまり、東レとは異なり、日東電工は、海水淡水化をターゲットにしたわけではなく、それはあくまでも「膜」事業の一つの出口に過ぎなかった。日東電工が膜事業を始める時点では、用途も技術もはっきりしていなかった。「メンブレン」というミッションが先にあり、それを実現するために技術開発や用途探索が行われた。当時、膜事業を率いることになった山本が「……どんな用途がこれから伸びるかということも誰もわかっていない。……メンブレンという名前だけが先行したプロジェクトであることがわかった」[7]と振り返るように、経営方針先にありきの新規事業であったのである。

　土方が打ち出した経営ミッションは、日東電工がハイドロノーティクスを買収して本格的な海外進出を決めた時にも活きていた。日東電工がこの買収を決定したのは、半導体不況のために、新たに建設した滋賀工場の稼働がままならないような状況の中であった。売上げが2000万円くらいしかない月もあり、工場では毎日試作ばかりで、それ以外はペンキ塗りや草むしりをしているような状況での買収決定であった。

　それがなぜ可能であったのか。当時の事業部長であった山本は、「（膜を）ビジネスにするには、日本で展開していてもたかが知れている。決して大きくは、

7）本書 p.183参照。

期待されているようなかたちにはならないだろうと思っていた。それなら期待されている状況に持っていくにはどうすれば良いか。それが1987年のハイドロノーティクスの買収である」[8]と述べている。もしこのまま膜事業を続けるというのであれば、海外に打って出る以外に手はないとトップを説得したという[9]。1985年に社長となっていた鎌居は前任の土方が掲げていた方針を踏襲していた。それゆえ、「膜事業を続けるなら、買収しかない」という山本の言葉に説得されたと考えられる。

ハイドロノーティクスの買収は、日東電工の逆浸透膜事業のその後の発展を決定づける大きな意思決定であった。土方が打ち出した全社方針は13年後の経営意思決定にも影響を与えていたといえる。

4-2．徹底的な用途探索

トップが方針として膜事業の成長を掲げたといっても、もちろん、採算のとれる見込みが全くないようなら、事業開発を続けることは難しい。特に、当時の日東電工は中堅企業であり、社内での収益圧力は強く、大手企業のように赤字事業をずっと抱えるような余裕はなかったと考えられる。それゆえ、事業開発を任された人々はあらゆる用途の探索に腐心した。何らかの用途があることがわかり、顧客がつけば、当面の技術開発は継続する。そして技術開発が進めば、また新たな用途が見えてくる。日東電工の初期の逆浸透膜事業は、このような用途探索を軸に進められていた。とにかく何でもいいから市場になりそうなものを見つけてこようと、開発者が客先へ出向いて用途開発を行った。膜技術者が装置設計をすることさえあった。開発プロセスで生まれた膜の特性が、必ずしも意図したものでなかったとしても、それを活用できる用途がどこかにあるのではないかという見立てのもとで熱心に市場開拓を進めた。

例えば食品向け用途では、1982年度に発足した食品産業膜利用技術研究組合に参加し、味の素と組んで用途の開拓を進めた。また逆浸透膜にこだわることなく、電着塗装、廃液処理、し尿処理では管状型のUF膜を納入するなど、

8）本書 p.195参照。
9）筆者による山本英樹氏へのインタビューより。2014年12月12日、大阪、日東電工本社にて。

まさに「膜のデパート」を展開していた。

用途開拓のためには顧客との交流会も活用された。山本は、幅広い用途探索活動の一環として栗田工業との技術懇談会を定期的に開催した。脱塩率は劣るが透水性能やTOCの除去性能に優れたNTR-7250が半導体向けに応用されたのは、この栗田工業との密な交流の産物であった。

このように日東電工における初期の逆浸透膜事業の特徴は、技術も用途も限定することなく、多様な用途市場を開拓することにあった。日東電工では、新製品開発、新用途開発、新需要創出の3つの方向性で新事業を創出するという「三新活動」が企業文化として根付いている。この企業文化が、様々な用途開拓へと開発者たちの行動を促した。そしてその結果として開拓された新たな用途が事業の将来性を照らし、たとえ、まだ十分な収益を上げられていなくても、事業活動や技術開発を継続することの正当性につながっていったと考えられる。

5. 事業を支える各社特有の論理

5-1. 事業存続の理由：共有ミッションと共有価値の役割

新たな産業発展の途中段階では、技術も市場もまだ未成熟であり、企業が事業活動から十分な収益を確保できないことはしばしば起きる。技術と市場の不確実性ゆえ、事業に継続投資することの合理性を、客観的な根拠を持って説明することが難しいことも多い。しかしそのような状況でもなお企業が技術開発や市場開拓に投資を行い、研究者や技術者たちが技術進歩に向けて努力を注ぎ、事業担当者たちが新市場の探索に腐心することなくして、産業の発展は進まない。これは、逆浸透膜産業でも同様である。目標としていた海水淡水化市場は、蒸発法に対するコスト劣位や顧客の財政難などの問題から思ったように伸びず、また、開拓を試みた他の応用市場も各社の事業を支えるような規模には育たなかった。唯一収益をもたらした半導体用超純水向け市場も、大手企業が手がける規模の事業を将来にわたって支えることができるような市場ではなかった。逆浸透膜事業の不安定な歴史を振り返れば、事業投資の継続を、客観的か

つ経済合理的な理由から、経営層や投資家に対して説得力のある説明をすることが困難となる場面が多々あったに違いないことがわかる。それでも、日系3社は辛抱強く技術開発と事業開拓への投資を続け、最終的に世界の海水淡水化市場を獲得するにまで至った。それがなぜ可能になったのか。

上記の分析からは、3社の逆浸透膜事業の発展過程において、厳密な意味での経済合理性とは異なる理由から事業を支える、3社それぞれに特有のメカニズムが働いていたことがわかる。

東レでは、世界最高の技術を実現するという技術優位の考え方が、開発者だけでなく経営層にも共有されており、それが単純な収益追求とは異なった事業選択の基準として機能していた。だからこそ、東レの開発者たちは、最初から最後まで海水淡水化にこだわったのである。

東洋紡では、戦後から続く長年の課題であった「脱繊維」という文脈の下で、逆浸透膜事業が正当化されてきた。自社技術を活かした脱繊維を実行するという点から、技術的には中空糸に固執した。脱繊維を目論んで始まった逆浸透膜開発は、厳しい財務状況の中でも整理される側ではなく、成長を担う側として考えられたことが、存続を正当化していたと考えられる。

日東電工では、社長が打ち出した全社方針が逆浸透膜事業を正当化する上で大きな影響を持っていた。特筆する自社技術があったわけでも、出口市場が見えていたわけでもなかったが、メンブレンを事業の柱にするという共有された方針が逆浸透膜事業を支えていた。それが、「三新活動」に基づく開発者たちの用途開拓を促していたし、厳しい事業環境下でハイドロノーティクスを買収するという大胆な意思決定につながっていた。

このように、逆浸透膜事業の継続を支えた理由は三者三様で、そこには各社に特有の事業を正当化するメカニズムが働いていた。しかし、3社とも、全社的に共有された価値観や事業方針が、事業を支えていたという点では共通している。東レは「世界一の技術」という考え方の共有、東洋紡は「脱繊維」という課題の共有、日東電工では「メンブレン」を事業の柱にするという全社方針の共有というように、それぞれ、各事業の直接的な経済合理性の基準を超越し、上位概念として共有された、事業の取捨選択の判断基準が存在していた。

高い不確実性を伴う新規事業開発、特に、逆浸透膜のように長期にわたる辛

抱強い開発が必要となるような新規事業の開発の場合には、客観的な経済性基準だけで技術開発や事業開発投資を判断すると過小投資になりかねない。不確実性の高い新規事業投資の場合、事前には高い経済合理性（収益性）を示すことができないが、事後的にその合理性が判明することがありえる。であれば、十分な合理性を示すことができない事前段階において、いかにして、経済合理性以外の基準で新規事業開発の企てを支えることができるのかが事業開発にとって鍵となる。その一つの基準が、企業が長い歴史の中で醸成され、社内で共有されてきた全社ミッションや価値観であった。全社ミッションや価値観は各社各様であるから、どんな価値観やミッション定義が事業開発を促進するのか、一般的な命題を提示することはできない。ただし、各社には、経済合理性以外の特有の価値判断基準があり、それに訴えることによって事業の継続的発展が可能になるということまでは、一般的言明として提示できるだろう。

5-2．開発者たちによる正当化努力の重要性

共有されたミッションや価値基準が新規事業開発に正当性を与えるとしても、営利企業である限り、営利事業としての可能性すら示すことができなければ、当然、技術開発や事業開発への投資を受け続けることはできず、事業は消えゆくことになる。それゆえ、共有ミッションや価値観に順応しながらも、開発者や事業担当者たちは、営利事業としての事業の可能性を見せる努力をする必要がある。3社の事例においてもそうした担当者たちの努力が観察された。

東レでは、技術優位の価値観から、度重なる失敗にもかかわらず複合膜の研究開発が継続されてきた。しかしその継続に貢献したのは共有された価値観だけではなかった。80年代に低迷していた東レの逆浸透膜事業を救ったのは半導体向け超純水用途であり、その市場をタイムリーにとらえて逆浸透膜事業に最初に収益をもたらしたのは酢酸セルロース系の逆浸透膜であった。酢酸セルロース系の逆浸透膜が超純水向け市場で先鞭をつけたからこそ、失敗続きだった複合膜開発も継続が認められて、その本格的な商用化につながったといえるだろう。ただし、酢酸セルロース系の膜開発を認めてもらうには、複合膜が控えていることを示す必要があった。複合膜の存在が「技術優位」の価値観を体現し、一方で、その価値観と対立しない形で開発が認められた酢酸セルロース

図表12-1　逆浸透膜事業の継続を正当化した各社の論理

	東レ	東洋紡	日東電工
事業を支える 共有価値・ミッション	技術優位の価値観	脱繊維の 構造改革	事業の柱としての メンブレン
開発者たちによる 正当化努力	既存技術と新技術の 役割分担	利用資源の縮小	用途市場の開拓

出所：筆者作成。

系の膜が半導体製造向け需要を獲得することによって、逆浸透膜事業の営利事業としての可能性を示すことができたわけである。この両者の組み合わせが事業継続にとっては重要であったと考えられる。

　東洋紡の場合も、脱繊維だけで逆浸透膜事業が正当化されたわけではない。痛みを伴う全社的な構造改革が必要となる中、逆浸透膜事業の責任者は事業としての成立可能性を見せることに腐心した。そのために、技術も市場も特定領域に特化し、人員を徹底的に減らし、医療用膜事業の傘に隠れるという方策をとった。つまり、脱繊維の文脈に事業を位置づけつつ、営利事業として成り立つ可能性を経営陣に示すことによって、整理対象にならずに、来たるべき飛躍までの苦しい期間を凌ぐことができたのである。ここでも、ミッションと営利事業としての可能性の組み合わせが重要であったといえる。

　日東電工も同様である。企業の柱としてメンブレンが位置づけられていることが、技術開発や事業開発継続にとって重要ではあったものの、それだけで当時は中堅企業だった日東電工が収益にならない事業を延々と続けることはできない。そこで、担当者たちが初期段階で行ったことは、徹底的な用途探索であった。海水淡水化など特定用途にこだわることなく、とにかく収益になりそうな事業を開発者自らが開拓した。初期の市場開拓は、収益事業になる可能性があることを示すという意味で重要な役割を果たしていたと考えられる。

　このように、3社にはそれぞれ、客観的な経済合理性だけではない事業判断の基準があると同時に、少なくとも営利事業として成り立つ可能性があることを示すような「実績」を作る担当者たちの工夫や苦労があった。こうした組み合わせを示したのが図表12-1である。

第12章 補論 東レと日東電工の開発領域の相違：特許データによる比較

　組織の特性に応じて創出される理由の違いは、組織のイノベーション活動にいかなる違いをもたらすのだろうか。ここでは、この点を理解する足がかりとして、同じポリアミド系平膜型の陣営にありながら、開発を支える理由が対照的であった東レと日東電工を取り上げ、特許データによる比較を試みる。

　東レには、世界一の技術で海水淡水化を実現するという志向性があった。それゆえ、膜材料の性能を海水淡水化で許容されるレベルまで向上させることがまずもって大事であったと考えられる。それゆえ、モジュール化技術やオペレーション技術といった川下の技術開発活動は、材料開発よりも遅れる傾向にあったと考えられる。

　それとは対照的に、膜のデパートを標榜していた日東電工にとっては、海水淡水化に限らず膜ビジネスを立ち上げることが大事であった。そのため、東レよりは早い段階から川下領域における開発が進められたのではないかと考えられる。

　こうした違いを、特許データから確認したのが図表12補‒1である。このグラフは、東レと日東電工が取得した特許を第11章と同じ要領で膜系、膜モジュール系、オペレーション系という3つに分類し、その推移を比較したものである。

　まず東レについて見ると、酢酸セルロース膜の先行開発を通じてオペレーション関連のノウハウ蓄積をいち早く進めようとしていたものの、それでもなお膜領域の開発比率が1970年代から60％を超えており、1980年代に入るとさらに高まって80％近くに達している。海水淡水化用途での実用化が進んだ1990年代以降には、膜モジュールおよびオペレーション関係の比重が高まるが、それでも膜関係の特許比率が50％を超えていることは特徴的であり、膜そのものの材料開発に力を注ぎ続けてきたことを示唆している。こうした動きは、

図表12補-1　領域別特許比率の比較

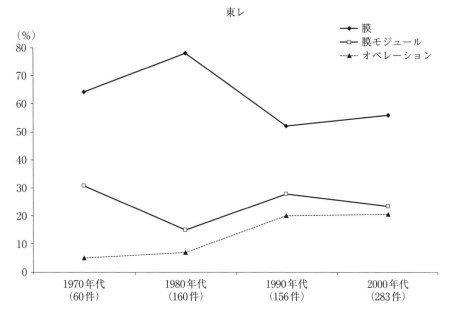

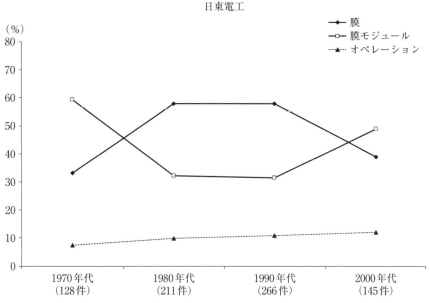

出所：ULTRA Patentに基づき筆者計算。

用途を海水淡水化に絞り、世界一の技術を追求することこそが開発を正当化させる近道だという同社のスタンスと整合的な動きだといえる。

日東電工は、特に膜モジュールの領域において東レとは対照的な動きを示している。膜モジュール領域の特許比率は、1970年代の時点で膜領域の比率を上回っており、2000年代も膜モジュール領域の比率が最も高い[1]。日東電工では、膜自体の開発と同様に、膜モジュールの開発も高い割合で進められていることがわかる。

以上はあくまで試験的な調査結果ながら、技術的に最高難度のものを目指した東レと、膜ビジネスという新事業の創造を企図した日東電工とで、開発対象領域が異なった可能性を示唆している。このことは、開発を正当化する理由の違いによって、開発の行動や方向性、そしてゆくゆくは、製品の特性や対象市場も変わる可能性を示唆している。つまり、各社固有の正当化理由が技術開発の方向性を定めるとともに、市場戦略までも規定するという因果経路があるのかもしれない。

---

1) この推移は東レだけでなく東洋紡にも見られない日東電工独自の特徴である。

第13章 不確実性下における長期開発メカニズム

1. 継続的技術開発の統合モデル

1-1. 開発継続を可能にした影響要因

　高い不確実性の中で企業が長期的な技術・事業開発を継続できるのはなぜなのか。この問いをめぐり、前章まで、政府の支援（第9章）、初期市場の探索（第10章）、ブレイクスルーによる開発焦点化（第11章）、企業特有の理由（第12章）の4つの側面に注目して、企業による開発活動が長期にわたって持続されてきた論理を探索してきた。本章では、それらの具体的な分析内容を受けて、長期開発を可能にするメカニズムを統合的に記述するモデルを提示する。

　序章で述べたように、新技術や新事業の開発活動の継続が難しいのは、それらが技術と市場に関して高い不確実性に晒されているからである。不確実性とは、意思決定の結果として生じる事象の確率が未知である状態、もしくは、生じる事象そのものが未知である状態を指している（Knight, 1921）。技術開発でいうなら、それは、目標とする性能要件を達成できる確率を事前に見積もることが困難である場合や、将来生じる技術的課題を予測できないような状況である。事業開発でいうなら、ターゲット市場がどの程度の大きさとなるのかを事前に見積もることができない場合や、そもそもどこに市場があるのかさえわからないような状況である。

　これまで世の中に存在しなかったような新技術や新市場を開拓する場合には、これらの不確実性が伴うことが多く、それが、企業がイノベーション活動

を継続する上での壁となる。技術開発にせよ事業開発にせよ、成功確率が事前にわかれば、それがたとえ低くても、リスクを勘案した上で、イノベーション活動への適切な資源投入を判断することができる。しかし、過去の経験が参考にならない全くの新技術や新事業の場合には、成功の確率さえ見積もれないことが多い。確率が未知であるような選択事象を人は回避する傾向にあることが知られているように（Ellsberg, 1961）[1]、不確実性を嫌う企業が、イノベーション活動に経営資源や開発努力を投じるのを躊躇することが考えられる（Kellogg, 2014 ; Leahy and Whited, 1996）。その結果としてイノベーション活動への過小投資が生じる危険性がある。

　このような状況で、いかにして、企業によるイノベーション活動への資源動員が可能になるのだろうか。前章までの分析から明らかになったことの一つは、たとえ成功確率がわからなくても、「この技術はいけそうである」、「これは市場性がありそうだ」、「これは利益になりそうだ」といった、産業内や企業内で形成される「期待」の重要性であった。ここでいう期待とは、事象の出現確率がわからない不確実性下で形成される、目的達成の可能性に対する主観的な見積もりを指している。こうした期待は、定性的で曖昧なものかもしれないが、企業が新技術・新事業開発への投資意思決定を行う上での指針を与えてきた。

　例えば、カドッテの344特許が複数の技術課題を同時に克服し、複合膜技術の課題解決の方向性を示したことによって、多様な技術アプローチが一つの方向に収斂していった。344特許が示した「解」は、技術の不確実性を削減しただけでなく、その革新性ゆえ、開発目標の実現可能性に関する主観的見積もりを飛躍的に高めたと考えられる。

　意図せざる半導体製造用途の出現は、逆浸透膜の持つ市場性の見積もりを大きくした。半導体用途自体が当面の収益事業となっただけでなく、それは、潜在市場の将来的な広がりに対する期待を高めたといえる。さらに、産業初期段階での政策的支援は、各社の開発活動の収益性を高めるとともに、政府のお墨付きを得た海水淡水化の技術と市場の将来性に対する期待を大きくしたといえる。これらはみな、企業の主観的な利益期待を高めることにつながり、技術開

---

[1] これはエルスバーグのパラドクスとして有名である（Ellsberg, 1961）。

発や事業開発の継続を可能にしてきたと考えられる。

　経済合理的な利益期待に影響を与えるこれらの要因とは独立してイノベーション活動を支えた、組織や社会の要因も存在していた。その一つは、イノベーション活動を正当化する企業特有の論理や理由であった。東レにとっては「世界一の技術の追求」であり、東洋紡にとっては「脱繊維の構造改革」、日東電工にとっては「メンブレン事業の構築」といった理念やミッションであった。これらは、必ずしも直近の利益期待と直結するものとはいえなかったが、技術・事業開発の継続を内側から支える論理を提供していた。

　もう一方の社会的要因は、逆浸透膜という事業がまとっていた社会性というラベルである。つまり、水不足という重要な社会課題を解決しうるのだというだけでも、企業が逆浸透膜開発を継続する理由の一部とはなりえた。もちろん営利を求める企業が、延々と赤字状態で事業を続けることなどできない。しかし、社会的責任を果たすことも企業の存続にとっては必要な活動である。この点から、逆浸透膜の持つ社会的性格は、部分的にせよ、企業が事業を継続する理由を提供していた。

1-2．基本モデルの提示

　合理的な企業であれば、技術開発への資源投入量を、それがもたらす利益に対する期待の大きさによって判断するであろう。そしてその資源投入量と利益期待との関係は、以下に示すように、さらに（1）資源投入量と技術水準、（2）技術水準と創出価値、（3）創出価値と利益水準という、3つの関係に分解することができる。これらの関係を図示したのが図表13-1である。

　図表13-1に従うと、企業は、まず第一に、技術開発への資源投入によって、技術的課題がどの程度克服され、その結果として、技術水準がどの程度向上するのかを見積もることになる。続いて第二に企業は、技術的課題が解決されることによって開拓される市場の大きさを予測する。つまり、技術水準の向上によって、どの程度の追加的価値を顧客に提供することが可能となり、結果としてどの程度の顧客基盤を獲得できるのかを見積もる。第三に、創出される価値からどの程度の利益を自社が獲得することができるかを見積もる。その見積もりは、産業における競争状態や企業の競争優位性に依存して変わってくるだろ

図表13-1　技術開発への資源投入と利益期待との関係

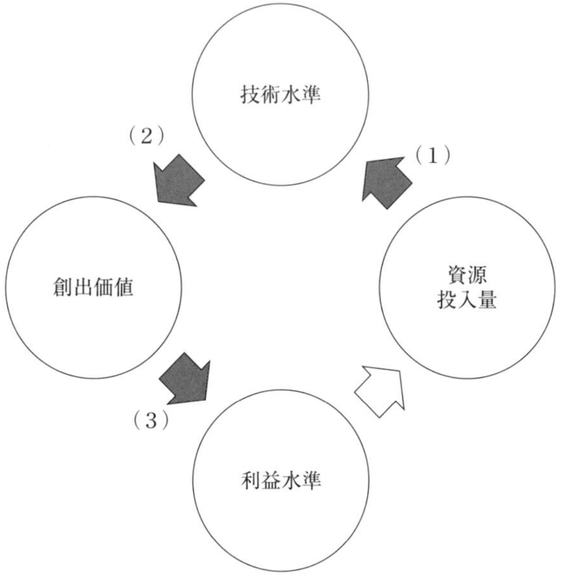

（図：技術水準→(1)→資源投入量→(3)→利益水準→創出価値→(2)→技術水準 の循環図）

出所：筆者作成。

う。そして最後に、見込まれる経済的期待の大きさに合わせて企業は技術開発への資源投入量を判断する。実際、開発の初期段階に得られる利益はマイナスであることがほとんどである。それでも企業は、将来的に得られる利益に対する期待から一定期間は赤字状態が続いても開発へと資源投入を行うだろう。

　このような、資源投入量と利益期待との関係性をグラフで示したのが、図表13-2である。

　原点から右に向かうグラフの横軸は「累積資源投入量」を示している。通常、研究開発段階から事業化段階に進むにつれて累積資源投入量は増えていくだろう。開発活動を前進させてイノベーションを実現し、目標とする事業の拡大を達成するには、この横軸に沿って右へ進むように、継続的な資源動員を可能にしなければならない。第二に、原点から上に向かう縦軸は「技術水準」である。通常は、累積資源投入量が増え開発者が努力を重ねれば、技術水準の向上が期待できるはずである。第三に、原点から左に向かう横軸は「創出価値」の大きさを示している。ここで創出価値とは、技術が顧客に対して創出する価値の大

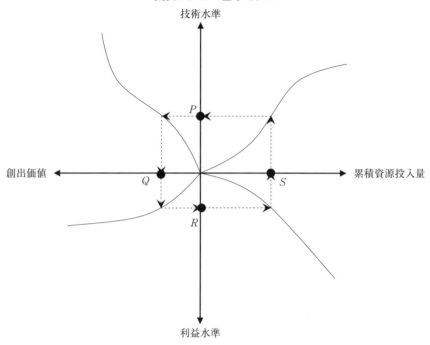

図表13-2 基本モデル

出所：筆者作成。

きさを示している。それはその技術に対する顧客の支払い意欲の総和と言い換えることができる。通常であれば、技術が適用される市場が大きければ創出される価値も大きくなると考えられる。第四に、原点から下に向かう縦軸は企業の「利益水準」である。技術によって創出された価値の自社への分配可能性と言い換えることができる。下に向かうほど期待される利益が高いことを示している。

図表13-2の各象限には、それぞれグラフの線が描かれており、対応する縦軸と横軸との間の仮説的な関係を表している。第1象限の曲線は、投下される累積資源量が増えて開発が進むほど、技術水準が向上することを示している。ここでは、累積資源量と技術水準との関係がS字を描くというフォスターのモデルに沿って、第1象限にはS字が描かれている（Foster, 1986）。フォスターによれば、技術開発の方向性が定まらず試行錯誤を続けている開発の初期段階

第13章　不確実性下における長期開発メカニズム　335

では、資源を投入する割にはなかなか技術水準が向上しない。しかし、こうした試行錯誤の期間を抜けて、一旦課題解決の方向性が合意されると、開発者たちの努力は特定方向に集中し、技術開発の効率化とともに技術水準は急速に向上するようになる。しかし、技術発展の後半になると、技術はそれが本来持つ物理限界の壁に近づき、開発資源の投入に対する技術水準の向上率は逓減していく。このような技術のS字カーブの存在はこれまでいくつかの産業において明らかにされてきた。もちろんS字カーブの形状は、企業の開発努力の結果として産業全体で事後的に描かれるものであり、それを個々の企業が事前に正確に特定することはできない（Christensen, 1992）。しかし、開発努力がどの程度技術水準の向上につながるのかを見積もる上で、S字カーブで示される技術の発展経路は重要な手がかりとなるはずである。

　第2象限の曲線は、縦軸の技術水準から横軸の創出価値に対してS字に描かれている。このS字は、需要サイドからイノベーションの発生を明らかにしてきた一連の研究成果を反映している（Adner, 2002；2011；Adner and Levinthal, 2001）。まず、技術水準が低く、顧客が必要とする最低限の性能さえも実現できていない間は、いくら技術水準が向上しても顧客に価値を創出することはできない。このような、顧客にとって最低限必要とされる性能水準をアドナーは機能的閾値（functional threshold）と呼んでいる（Ander, 2002）。海水淡水化向け逆浸透膜でいうなら、50％や70％の脱塩率にとどまって実用に耐えないような状態は機能的閾値に達していないといえる。しかし、技術水準が機能的閾値をひとたび超えれば、技術は顧客に対して価値を提供するようになり、その後は、技術水準の向上に合わせて創出される価値が急速に増大し、市場拡大の時期に突入することになる。

　他方、技術発展がさらに進むと、技術水準の向上に対する顧客の支払い意欲は徐々に逓減する（Meyer and Jonson, 1995）。つまり、価値の創出は技術水準の向上に比例しなくなる。そして、技術水準が一般的な顧客の要求水準を超えてしまう、いわゆる性能のオーバーシュート（Christensen, 1997）が起きると、さらなる技術水準の向上に対して顧客は追加的な支払い意欲を示さなくなる。こうした状況は一般にコモディティ化と呼ばれている。第2象限のS字はこのような技術に対する需要サイドの評価の変化を表している。

第3象限に描かれているグラフの曲線は、創出される価値が大きいほど企業が期待する利益も大きくなることを示している。しかし、その関係は直線的ではなく、創出価値の増大に対して利益が逓減するように描かれている。これは、産業発展とともに競争が激化することを反映している。市場が拡大して創出される価値が大きくなれば、企業が利益を獲得できる可能性も高くなる。しかし、市場が魅力的になればなるほど、新規企業の参入も増えることが予測される。その結果として、市場の拡大に比例しては利益が得られなくなるだろう。産業が成熟化して技術が汎用化すると、企業が熾烈な市場競争に晒され、結果、利益が得られなくなるという現象はしばしば観察されている。

　最後に、第4象限の曲線は、期待される利益水準が高まるほど、追加的な資源投入が進み、累積的な資源投入量が増えるという関係を示している。ただし、その関係は直線的ではなく、グラフが示すように、利益期待に対して動員される追加的資源量が徐々に逓減することが仮定されている。開発の初期段階では、市場が花開かず事業として赤字状態が続くことは珍しくない。そうした状況であっても、赤字が一定の範囲内であれば、将来を期待して先行的な開発投資を企業は認めるであろう。しかしそうした状況はずっと続くわけではない。いずれは追加的な資源動員を正当化するために相応の利益が求められるようになり、求められる利益水準も増大するだろう。その後、さらに産業発展が進み事業が成熟化してくると、たとえ「金のなる木」として利益を生み出したとしても、さらなる成長性を示すことは難しく、技術や事業へのさらなる開発投資は簡単には認められなくなるであろう。第4象限のグラフの曲線は、利益水準と資源動員とのこうした関係を表している。

　不確実性がない状況とは、各象限のグラフの曲線が示すような縦軸と横軸との関係性を、意思決定者が事前に完全に把握している状況のことを指す。例えば、図表13-2に示されるように、累積資源投入量がSになれば、技術水準がP、創出価値はQ、利益水準がRとなるとわかっているような状況である。そして、利益水準Rが企業目標に合致する限り、企業はSの水準まで技術開発への資源投入を行うことになる。

1-3．4つの不確実性

　しかし、技術開発の初期段階では、開発努力の増大がいかに収益につながるのかを事前に把握することは極めて難しい。特に、全く新しい技術の開発では、過去に前例がないため、縦軸と横軸との関係性を確率的にも把握できない場合が多い。つまり、開発活動が高い不確実性に晒されているといえる。

　イノベーション活動が直面するこうした不確実性は、その源泉によって、いくつかのタイプに分けられる。以下で説明するように、本書では、それを（1）技術の不確実性、（2）顧客の不確実性、（3）競争の不確実性、（4）社会と組織の不確実性、の4つに分類する。

　イノベーション・プロセスの不確実性を扱った101本の先行論文を分析したJalonen（2012）によれば、既存研究が最も多く取り上げた不確実性は、技術の不確実性と市場の不確実性であった。同様に、McGrath and MacMillan（2000）も、新規事業プロジェクトが対処すべき不確実性として技術と市場の不確実性を挙げている。既存研究は、技術の不確実性を、新技術の詳細に関する知識の欠如として扱う傾向がある。それは、自然法則に対する理解が不足している状態を意味している。また、新技術の使用に関する知識の欠如に起因する不確実性を技術の不確実性とする研究もある。一方、市場の不確実性とは、顧客との関係性の変化を予見できないこと、もしくは、競合企業との関係性を予見できないことに起因する不確実性として扱われてきた。前者は顧客の不確実性、後者は競争の不確実性と呼ぶことができるだろう。

　これら、技術の不確実性、顧客の不確実性、競争の不確実性の3つを、図表13-2の基本モデルに組み込むなら、それぞれ、第1象限、第2象限、第3象限の縦軸と横軸との関係を示すグラフとして表現することができる。それを示したのが図表13-3である。

　一つめの「技術の不確実性」は、第1象限の累積資源投入量と技術水準との関係が未知であることを示している。開発資源を投入しても計画通りに技術課題が解決できるかどうかがわからない状況、もしくは、そもそも想定していなかったような課題が生じる可能性がある状況を指している。

　第二の「顧客の不確実性」は、第2象限における技術水準と創出価値の関係が未知であることを意味している。つまり、技術課題が解決されても、その技

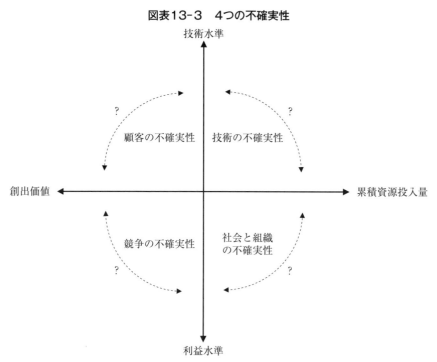

図表13-3　4つの不確実性

出所：筆者作成。

術を顧客が受け入れてくれるかわからないような状況を指している。既述したように、産業の初期段階においては、技術水準が向上しても、顧客が求める機能的閾値に届かず、全く価値を認められないということがありえる。一方、産業が発展するにつれて技術水準が顧客の要求水準を超越してしまい、さらなる性能向上が顧客に対して価値をもたらさなくなることもある（Adner, 2011；Adner and Levinthal, 2001；Christensen, 1997）。このような、技術と価値との関係が変化するタイミングを予測することが難しいことも市場の不確実性の一つの側面である。

　第三の「競争の不確実性」は、創出価値と利益水準との関係性についての事前知識の欠如に起因する。技術やそれを具現化した商品やサービスが、たとえ顧客に高く評価されても、他社との競争が激しければ、市場価格は下がり、企業の利益にはならない。逆に、創出される価値は小さくても独占状況を維持で

きれば自社の利益を確保することができる。競争の不確実性とは、このような将来の競争環境を事前に把握することができず、創出価値からの分配可能性が見えないような状況を指している[2]。

　これら3つの不確実性に加えて、本書は、第四に「社会と組織の不確実性」にも注目する。それは、図表13-3の第4象限に示される、利益水準と累積資源投入量との関係に関する不確実性である。企業組織の内外には、多様な制度環境や社会関係が存在しており、それらは、純粋な経済合理性とは異なる理由によってイノベーション活動への資源投入に影響を与える。

　例えば、資本市場からの圧力が強く、収益性に対して高いハードルが課せられる企業の場合は、相応の高収益が見込めなければ、新技術への投資を継続することはできない。しかし逆に、資本市場への依存度が低く、低収益性が許容されるような企業の場合には、利益期待の割には多くの資源投入が認められるかもしれない。こうした投資の自由度を保とうとするがゆえにあえて株式上場を控える企業もある。

　営利企業であっても必ずしも経済合理的な意思決定を行うとは限らない。組織内の政治的な対立から、たとえ収益性が見込めたとしても、資源投入が認められないような新規プロジェクトはあるし（Pettigrew, 1973；Thomas,

---

[2] 逆浸透膜のような材料イノベーションから収益を得ることを考える企業は、用途によって競争構造が異なることを理解しておく必要がある。例えば、日東電工も東レも、半導体産業向けでは小さい市場ながらも高収益を確保できたが、海水淡水化市場では収益獲得に苦慮していると推察される。収益性に差が出たのは両者の競争構造が異なるからである。具体的には、顧客側の業界における（1）企業間の対抗度、（2）購買数量規模、（3）性能寄与度、（4）支払い余力といった点での相違が挙げられる。海水淡水化市場の顧客である自治体がお互いに熾烈な競争をすることは考えにくく、顧客同士の競争を利用して逆浸透膜企業側が価格交渉で優位に立てるとは考えられない。また、購買数量規模は、海水淡水化プラントの方がはるかに大きく、その分、値引き圧力が強くなりがちである。性能寄与度の観点では、超純水は半導体の不良を左右する重要インプットであるため、顧客は値引き圧力をかけづらいだろう。さらに、1980年代の日系半導体企業は産業の成長に乗って大きな利益をあげており支払い余力も十分にあった。それに対し自治体の財政は厳しく、決して支払い能力は高くない。石油資源に恵まれ財政的に裕福な国もあるが、一般に水需要が高いのは支払い能力の低い発展途上国である。このように、同じ逆浸透膜でも、その用途によって価格圧力は異なっており、事業を展開する上で企業はその点を考慮する必要があるだろう。

1994)、逆に、独特の企業理念や社会的責任から高い収益性が見込めなくても継続的な開発が行われるようなプロジェクトもある（武石他、2012）。

　一方、利益期待が高いからといって全ての投資行動が社会に認められるわけでもない。例えば、遺伝子組み換え技術やクローン技術など、倫理的な観点から逆風を受ける技術がある。ディーゼルエンジンのように、環境問題の観点から、その開発継続に社会的圧力がかかるような場合もある。それとは逆に、利益性が高くなくても、社会的な追い風にのって、技術開発が促進される場合もある。近年のCSRやCSVの動きに見られるように、企業には、効率的な経済活動だけでなく社会課題の解決も期待されている。近年の研究の中には、社会的責任を果たす企業行動が資本市場における企業価値の向上につながることを明らかにしているものも多く（Becchetti, Ciciretti, Hasan, and Kobeissi, 2012；Van Beurden and Gössling, 2008；Peloza and Shang, 2011；Malik, 2015）、社会課題に取り組むことは経済性の観点からも重要になりつつある。このように、利益水準がどの程度の資源投入量をもたらすのかは、組織内外の制度的・社会的環境に依存している。それを事前に把握、予測できない分だけ不確実性は高まる。こうした不確実性をここでは社会と組織の不確実性と呼んでいる。

　以上の4つの不確実性のうち、技術、顧客、競争という3つの不確実性は、投入資源と利益水準との関係に関する不確実性といえる。実用可能な技術が開発できなかったり、想定した顧客が存在しなかったり、想定外の激しい競争が生じたりすれば、企業は十分な利益を獲得することができない。これらの状況がはっきりしなければ、企業は、追加的な資源投入の適切な判断ができない。つまり、3つの不確実性は、利潤動機を前提とした不確実性といえるだろう。

　これに対して、社会と組織の不確実性は、利潤動機の強さそのものに関する不確実性、もしくは、利潤動機を超えた要因に関する不確実性として整理することができるだろう。利潤動機そのものに関する不確実性とは、どの程度の利潤が見込めれば追加的な資源投入が組織内で容認されるのか、という点に関する不確実性を指し、もう一方の利潤動機を超えた要因に関する不確実性とは、利潤動機以外のどのような要因が資源投入に影響を与えるのか、という点に関する不確実性である。

もちろん、組織を、一枚岩で内部に矛盾の存在しない統一した一つの意思決定主体とみなすことができるのであれば、内部組織の不確実性はなんら存在しないことになる。しかし実際には、組織メンバーがみな同じ考え方を共有しているとは限らない。イノベーションを推進する開発者と資源動員を判断する管理者との間で考え方が異なることは希なことではない。それゆえ、イノベーションの推進主体にとって、組織の不確実性は、克服しなければならない深刻な課題となる。

1-4．イノベーションの好循環と悪循環

　これら多様な不確実性が存在する中で企業がいきなり大規模投資を決定することは難しいが、将来的に新規事業を創出するためには、新たな技術開発に取り組むことは必要である。そこで企業は、通常、いくつもの探索的な技術開発に対してそれぞれ小規模な投資を分散的に行うことになるだろう。

　そうした初期の開発投資の判断が功を奏して、開発者の技術開発努力が期待したような技術水準の向上をもたらし、その結果、顧客が購入意欲を示し、利益に対する期待が高まれば、その経験をもとにして企業は、さらなる追加投資を行うことができるようになる。つまり、「資源投入→技術水準→創出価値→利益水準」の好循環が継続すれば、企業のイノベーション活動は首尾良く進み、新事業開発は成功し、新規事業が育っていく。順風満帆のケースといえる。

　このような好循環をグラフとして示したのが図表13-4である。鍵となるのは、この図中内側の1サイクル目において S_1 という資源投入の結果として得られる R_1 という利益が投入資源量 S_1 に見合うかどうかである。1サイクル目に好循環が得られたという経験が2サイクル目の投資判断の根拠となり、さらに、2サイクル目の好循環の経験が3サイクル目の投資判断の根拠を提供するというように進み、それに伴って、徐々に大きな開発投資が正当化されていくことになる。つまり、前のサイクルから得られた経験が各象限の縦軸と横軸の関係に関する新たな仮説を提供し、それらの仮説をもとにして次のサイクルの資源投入量が判断されるわけである。それが順調に進めば、投入資源の漸進的増大を伴いながら新技術・事業開発は前進し、最終的に企業は目標とした新事業の確立を実現することができる。

図表13-4　イノベーションの好循環

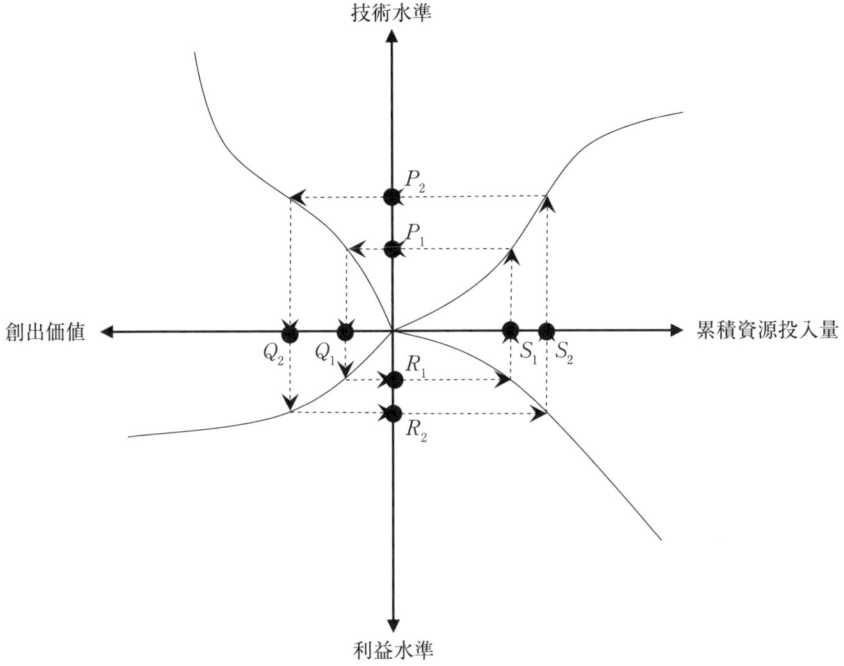

　出所：筆者作成。

　しかしながら、実際のイノベーション活動がこのように首尾良く進むことはむしろ希である。初期の技術開発が、計画した通りに進まず、技術課題の解決につながらないことは頻繁に生じる。技術水準が上がったのに期待した顧客が興味を持ってくれないということもよく観察されることである。さらに、市場が大きくなったのに予想外の競争に晒され、企業に利益が残らないという状況に陥ることも希なことではない。このように、不確実性下での資源投入が期待したような結果を生まないと、その経験が、次の投資意思決定に負の影響を与え、追加的な資源投入がままならなくなる。こうした状況を図示したのが図表13-5である。
　図表13-5では、S_nの累積資源投入によって、P_nへと技術水準が向上し、それがQ_nの価値を創出し、R_nの利益につながるという状況を示している。図表13-4のときと比べて、想定よりも技術水準が向上しなかった場合が描かれ

第13章　不確実性下における長期開発メカニズム　343

図表13-5 新技術・事業開発が直面する危機

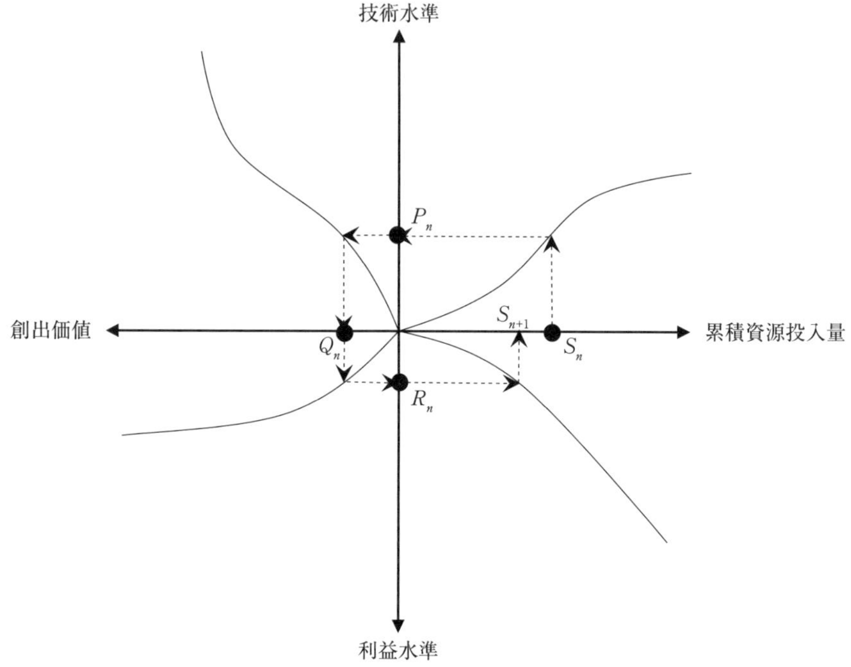

（図：第1象限に技術水準と累積資源投入量の関係を示すS字曲線、第2象限に技術水準と創出価値、第3象限に創出価値と利益水準、第4象限に利益水準と累積資源投入量の関係を示す。点 P_n、Q_n、R_n、S_n、S_{n+1} が各象限に配置されている）

出所：筆者作成。

ている。ここで、利益水準と累積資源投入量との関係が第4象限のグラフに線で示されるとすると、R_n の利益水準では S_{n+1} の累積資源投入量しか認めることができないことになる。これはつまり、技術開発を次の段階に進めるのに必要な S_n レベルまでの追加的な資源投入ができない状況を意味している。こうなると、企業は、新技術開発を縮小するか、場合によっては、この開発からの撤退を決定せざるを得なくなるかもしれない。

　新技術・事業開発は、往々にしてこのような状況に陥りがちであり、その結果、イノベーション活動が停止の危機に直面することが多々あり得る。では、このような状況において企業はいかにして開発を継続することができるのだろうか。

　それを可能にするメカニズムが、上記4つの不確実性の状況を変化させる力の作用である。それらの力の作用とは、「資源投入量と技術水準」、「技術水準

と創出価値」、「創出価値と利益水準」、「利益水準と資源投入量」という4つの関係性に対する企業の期待を好意的な方向にシフトさせることである。そしてこれらの関係性に主として作用する力が、これまで本書が議論してきた、「政府の支援」（第9章）、「初期市場の開拓」（第10章）、「ブレークスルーによる開発焦点化」（第11章）、「企業特有の論理」（第12章）であった。

以下で説明するように、初期の逆浸透膜産業においては、競争の不確実性と顧客の不確実性が存在する中で政府の政策的支援が作用することによって、利益に対する企業の主観的期待が高まり、新技術開発への継続的努力投入が支えられた。顧客の不確実性の下で出現した新たな応用市場は、技術が創出する価値の期待を大きくすることによって開発の継続を後押ししていた。また、技術の不確実性に晒される中で、344特許に反映されるブレイクスルー技術の登場は、困難な技術課題の解決可能性に対する企業の主観的期待を高めることによって、さらなる資源投入の継続を正当化した。さらに、第12章で議論した各企業に特有の論理は、社会と組織の不確実性の中で、利益水準と資源投入量との関係を、開発継続にとって好意的な方向にシフトさせた。企業には歴史的に培われた特有の理念があり、その理念に響くような開発活動である限り、利益が十分ではない中でも追加的な資源動員が可能となったのである。

1-5．不確実性下での期待の変化

冒頭で述べたように、不確実性とは、意思決定の結果として生じる事象の確率が未知である状態、もしくは、生じる事象そのものが未知である状態を指している。それは、言い換えるなら「因果関係に関する客観的知識または経験則」が欠如している状況である。

こうした状況でも、企業が技術開発に努力を投入し、技術要素間の因果関係や物理的法則が徐々に明らかになれば、技術の不確実性は削減されるだろう。また、技術が商品やサービスとして市場投入されて、顧客や競争企業との相互やりとりが進めば、市場の不確実性も低減されていく。こうして不確実性が削減されれば、企業は資源投入の是非に関する意思決定が可能となる。

ただし、先述したように、不確実性の削減が常に資源投入の継続につながるわけではない。不確実性の削減によって、追加的な開発資源の投入が企業の収

図表13-6 不確実性下における期待の役割

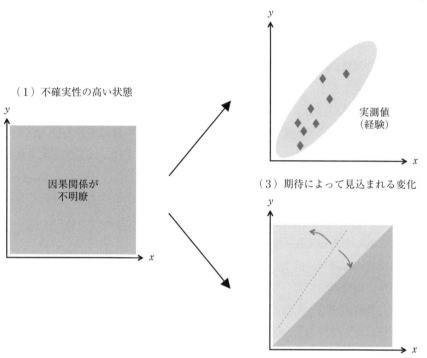

出所：筆者作成。

益目標を満たさないことが明らかになれば、そこで、イノベーション活動は縮小されるか、終息を迎えることになる。

逆に、たとえ不確実性が高く、これまでに蓄積された知識や経験則から生じうる結果を確率的に正確に予測できない状況であっても、その確率が「『結構高い』、『結構低い』、『まあまあ』というように言語で表現され」（竹村・吉川・藤井、2004、p. 17）、「おそらくこうなりそうだ」、「こう見込めそうだ」というように、結果に対する期待が以前より高まる事象が生じれば、開発に対する追加的な資源投入が正当化されうるだろう。

ここでいう不確実性下での期待形成の役割を明確にするために、それぞれの位置づけを概念的に描いたのが図表13-6（1）から（3）である。不確実性の高い状態とは、（1）のように変数 x（例えば、累積資源投入量）と変数 y（例

えば、技術水準）の関係性がわからず、グラフを描けない状況である。開発活動が進み、変数xに対応して得られる変数yの値が経験的に蓄積されていくと徐々にxとyの関係が明らかになり、(2)のように不確実性が低減した状態となる。

　これに対して、期待が果たす役割は（3）に示される破線のグラフの傾きの変化、つまり、結果の期待値の変化として描くことができる。xとyとの関係が明瞭になったわけではないが、なんらかのイベントが生じることによって、その関係性に変化が生じると主観的に見積もられるようなケースである。もし、グラフの傾きが反時計回りにシフトすると見積もられるのであれば、それは好意的な方向への変化であり、結果として、追加的な資源投入が正当化されやすくなることになるだろう。

1-6. 不確実性下での開発継続を可能にするメカニズム

　初期の技術開発投資が十分な成果を生まず、市場開拓もままならず、さらなる資源投入を正当化するだけの利益水準を得ることができないと、イノベーション活動は中止の危機に直面する。企業内でイノベーションを推進する人々がこの状況を打開するには、図表13-5の各象限の縦軸と横軸との関係性に対して資源動員の意思決定者が抱く期待が好意的な方向に変化することが必要となる。つまり、各象限で期待されるグラフの曲線を反時計回りに回転させるような力が必要となる。

　累積資源投入量と技術水準の関係に対する意思決定者の期待を表す第1象限のグラフの傾きは、第11章で議論したドミナントデザインの出現と技術アプローチの収斂によって、反時計回りに変化しうる。ドミナントデザインが出現するということは、有望な技術アプローチが明確になることを意味している。その結果、開発者は開発ターゲットを絞り込むことが可能となり、かつてより効率的に開発資源を活用できるようになると考えられる。さらに、技術アプローチが業界内で絞り込まれると、開発者たちは開発成果を互いに参照し合うことが可能となり、技術的なスピルオーバーを通じた相互学習が進むと考えられる。こうした外部効果が作用することによって、たとえ資源投入量は変化しなくても、以前より効率よく開発成果をあげることができると意思決定者は考えるよ

図表13-7　技術アプローチの収斂が与える影響

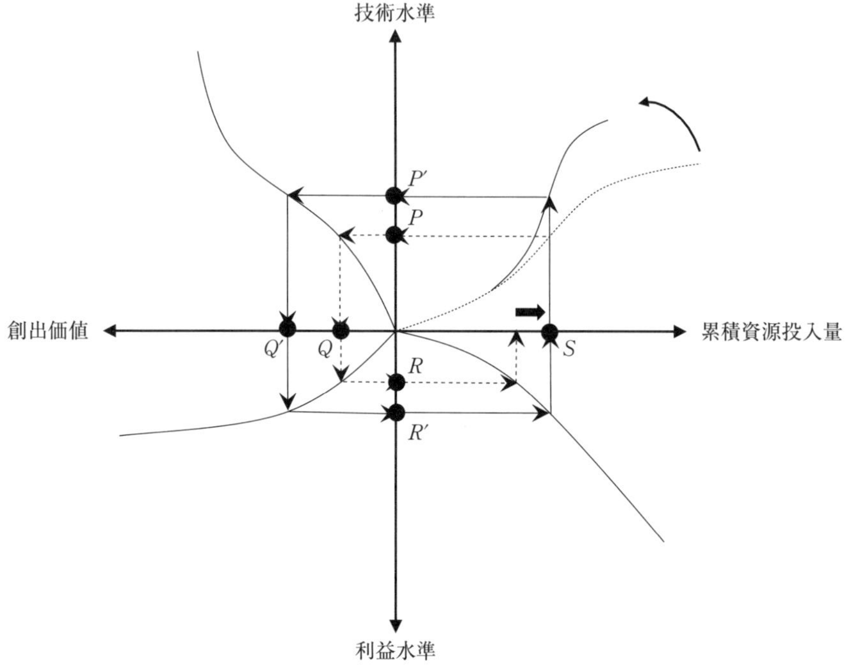

うになるだろう。そうした期待の変化によって、図表13-7の第1象限の破線から実線への変化に示されるようにグラフの傾きは反時計回りに回転し、期待される技術水準は P から P' へとシフトする。その結果、資源投入量 S に見合うだけの利益水準 R' が期待され、開発は次の段階に進むことができるようになる。

　次に、技術水準と創出価値の関係に対する意思決定者の期待を示す第2象限のグラフの傾きは、第10章で分析した初期市場の開拓によって反時計回りに変化しうる。開拓される初期市場は、それ自身の規模が小さくても、技術が適用される市場の将来的な広がりを示唆するがゆえに、技術が将来的に生み出すと期待される価値は大きくなる。それがたとえ当初目指した本命市場とは大きく異なっていたとしても、技術の新たな応用先の発見は、その技術の持つ潜在的可能性に対する評価を高め、その価値の見積もりを底上げする。図表13-8で

図表13-8　初期市場の開拓が与える影響

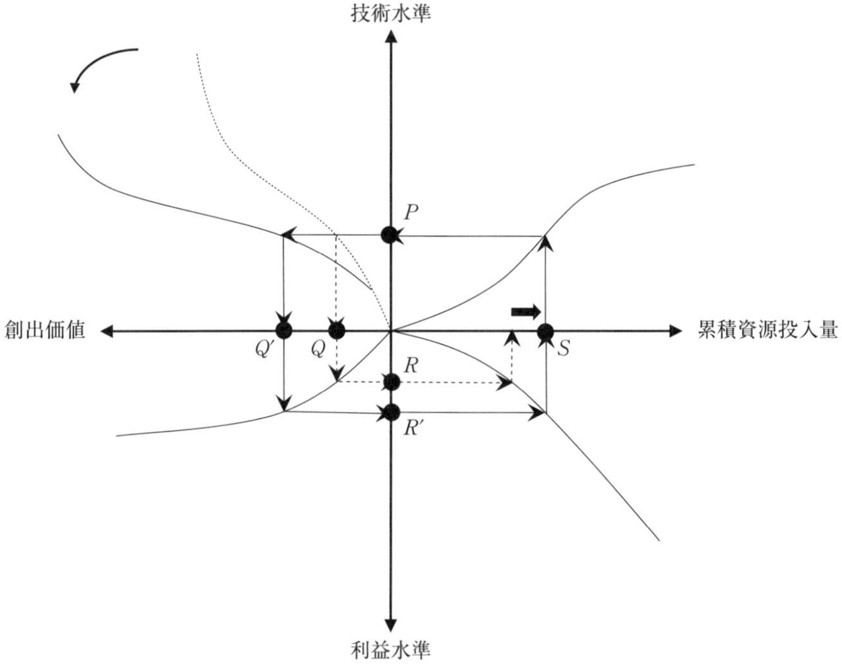

（図：縦軸「技術水準」／「利益水準」、横軸「創出価値」／「累積資源投入量」の4象限グラフ。点 P、Q'、Q、R、R'、S がプロットされている。）

出所：筆者作成。

は、こうした様子が創出価値の Q から Q' へのシフトとして描かれており、その結果、資源投入量 S に見合うだけの利益水準 R' が期待されることになる。

　創出価値と利益水準との関係に対する意思決定者の主観的期待を示す第3象限のグラフの傾きは、政策的支援によって反時計回りに変化しうるだろう。例えば、政府が参入規制につながるような政策をとれば、既存企業の利益期待は高まる。また、開発活動に対する補助金も、補助金を受けた企業の相対的競争優位を高めることにつながるため、部分的には競争を緩和する効果を持ち、グラフの傾きを反時計回りに変化させることになる。

　さらに公的資金の投入には企業の投資負担を軽減し、開発コストを低下させ、その分、企業の利益を増大させる効果がある。特に、公的補助を受けた研究開発成果の少なくとも一部は公になるため、企業は間接的に他社の技術知識を吸収することができる。そのことも、自社の開発コストの低減をもたらし、想定

第13章　不確実性下における長期開発メカニズム　349

図表13-9　政府の政策的支援が与える影響

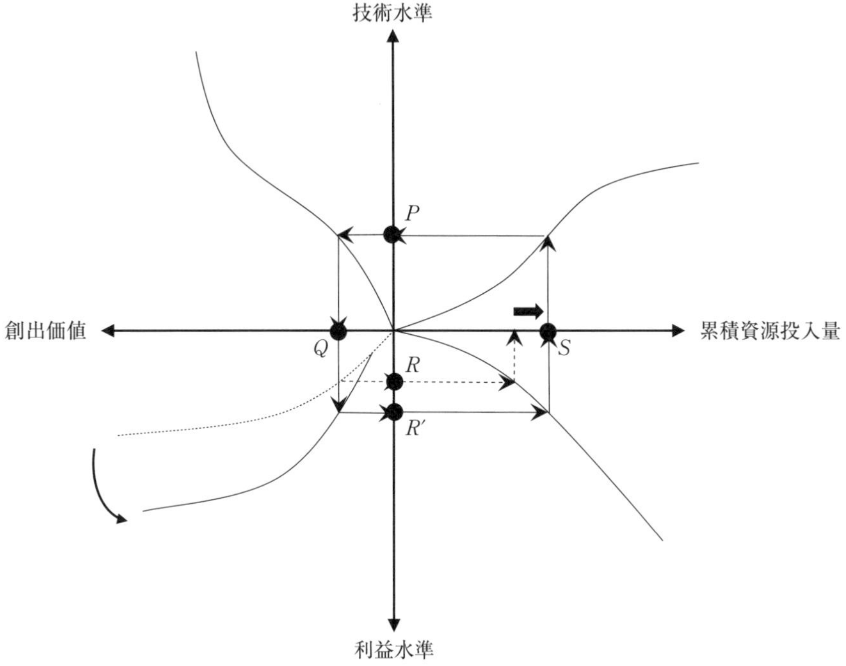

(技術水準／創出価値／累積資源投入量／利益水準の4象限図、点 P, Q, R, R', S を示す)

出所：筆者作成。

する利益水準を高めると考えられる。こうした状況を示したのが図表13-9である。そこでは、政府支援によって、企業が期待する利益水準が資源投入量 S に見合うだけの利益水準 R' へとシフトし、開発が次の段階へと前進できるようになる様子が描かれている。

ただし一方で、規制緩和などの競争政策によって市場で過当競争が進むような場合には、グラフは時計回りに逆回転することになり、たとえ技術の創出価値に変化がなくても、企業が見込む利益水準は低下してしまうだろう。この点に関しては次章であらためて触れることにする。

最後に、利益水準と累積資源投入量に対する意思決定者の期待を示すのが第4象限のグラフである。その傾きは、第12章で分析した企業特有の論理によって反時計回りに変化しうる。産業発展の初期段階では、技術から得られる利益がさらなる開発投資を正当化するには不十分であることが多い。しかしそのよ

図表13-10　社会と企業特有の論理が与える影響

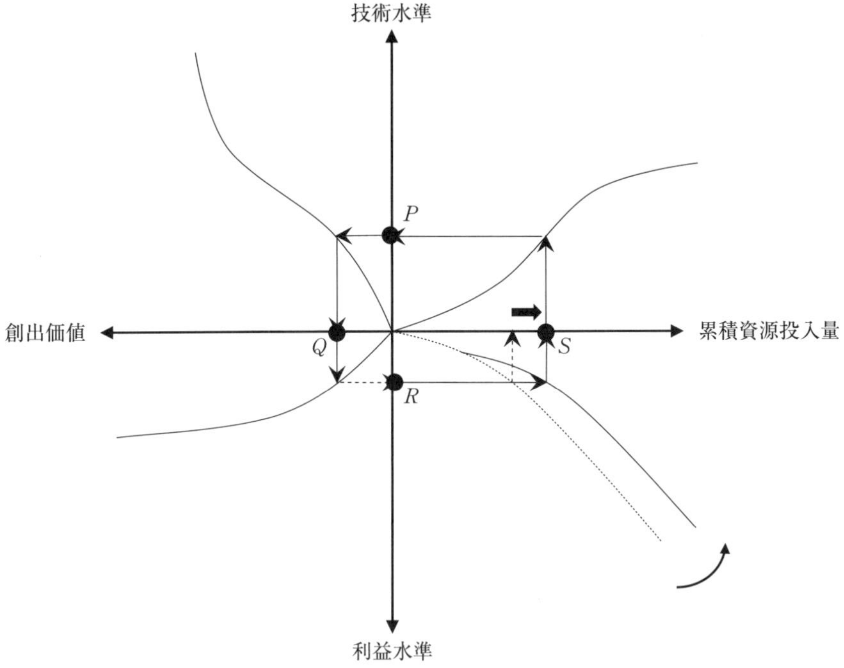

(技術水準／創出価値／累積資源投入量／利益水準の4象限グラフ。点 P, Q, R, S が示されている。)

出所：筆者作成。

うな場合であっても、単純な経済合理性を超えた企業特有の理由が開発を後押しすることがある。イノベーション活動がそうした企業特有の理由に合致する場合には、それが高い利益を生まないと思われても、さらなる開発投資を誘発する可能性がある。また、利益水準が同じであっても、逆浸透膜のように社会性を持つ技術には寛容な資源配分が実行される可能性がある。社会的責任を果たすこと自体に企業や従業員が価値を見出すからである。これらの様子を示したのが図表13-10である。そこでは、企業特有の論理への適合や社会性の存在によってグラフの傾きが反時計回りに変化し、その結果、利益水準 R が資源投入量 S に見合うようになり、開発の継続が可能になる様子が描かれている。

　企業が開発活動に継続的に資源を投入するか否かは、以上で示した4象限のグラフの傾きの掛け合わせに依存しているということになる。現実には各象限のグラフの傾きに変化を与える一つの要因だけで資源投入が十分に正当化され

図表13-11　4つの要因の補完効果

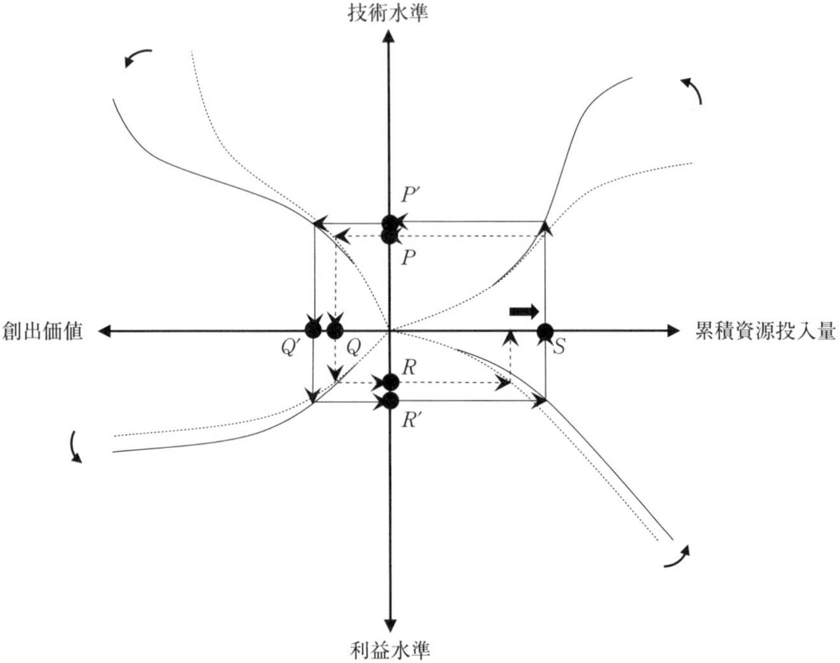
技術水準
P′
P
創出価値
Q′
Q
累積資源投入量
S
R
R′
利益水準

出所：筆者作成。

るわけではなく、図表13-11で示されるように４つの傾きの変化が補完的に作用して、次の追加的な資源投入を可能にすると考えられる。各象限の一つひとつの傾きの変化は小さくても、それらが組み合わさることによって、開発継続に必要となる資源の投入が可能になることをこの図は示している。

４つの象限のグラフの傾きの意味は、それぞれ、「技術開発の効率性」（第１象限)、「技術の限界市場価値」（第２象限)、「企業の利益獲得能力」（第３象限)、「非経済的要因への感度」（第４象限）として表現することができるだろう。したがって、以下の式に示されるように、これら４つの要因の合成の結果として、許容される資源投入量が規定されることになる。そして、その許容される資源投入量が、開発者が必要とする資源量に見合う限り、開発の継続が実現することになる。

許容される資源投入量
＝ f（技術開発の効率性、技術の限界市場価値、企業の利益獲得能力、非経済的要因への感度）

　これまで、グラフの各象限に対応する4つの要因に作用する力を、第1象限からそれぞれ、「技術アプローチの収斂」、「初期市場の探索」、「政府の政策的支援」、「社会と企業特有の論理」と対応させて説明してきた。ただし実際には、これら4つの力は、他の象限にもまたがって作用している。例えば、政策的支援は、企業の利益期待を高める効果だけでなく、将来の市場拡大の期待を増大させるし、他社からのスピルオーバー効果を通じて技術水準の効率的な向上に対する期待を高める可能性がある。技術アプローチの収斂は、技術水準を増大させるだけでなく、同時に、重複開発の削減による利益期待の増大にも貢献する。また、344特許の出現によって海水淡水化への実用可能性が見通せるようになったように、ブレイクスルー技術の出現は、将来市場への期待を高めるという効果もあるだろう。さらに、経済性向上の期待とは別に、ドミナントデザインが出現したという事実自体が資源動員の正当性を高める可能性もある。
　このように、ここまで説明してきた4つの力には多様な作用がありうるが、重要なことは、それらの力が、4つの象限のグラフの傾きに対する期待を変化させ、追加的な資源投入の正当性を確立するという点で、互いに補完的な役割を果たしているということである。
　次節では、以上で示したモデルに沿って、逆浸透膜企業の継続的な開発を可能にしたメカニズムを時間軸に沿って解釈していく[3]。

2．不確実性下での継続的な逆浸透膜開発の歴史的解釈

2-1．米国における初期の政策的支援の影響
　逆浸透膜開発は、人口増加が著しかったロサンゼルスにおける水不足という

3）そこでもまた、異なる象限にまたがった作用の説明が行われる。

社会問題に端を発してUCLAで始まった。その後、カリフォルニア以外でも開発は進められたものの、UCLAでL-S膜が発明されるまでは、実用に耐えうる脱塩性能を示すような膜材料は見つからなかった。市場を創出するだけの技術水準を実現できていなかったため、企業は、資源投入を正当化するだけの利益期待を持てず、開発投資に二の足を踏んでいた。このような状況を打開したのが、米国政府による積極的な開発支援であったと考えられる。

　米国では、1952年に塩水法が制定され、その後、塩水局による国家的な支援が進められた。特にケネディ政権下で公的支援が大幅に引き上げられた結果、脱塩技術の商業的な可能性がほとんど見えなかった1960年代初頭に多くのプレイヤーが脱塩研究に着手した。その後の産業発展を担うダウも早くから政府の支援を受けて開発を行っていた。内部開発を主としていたデュポンも1970年代になると塩水局の支援を受けるようになった。さらに、ケネディの跡を継いだジョンソン政権が原子力の平和利用先として脱塩に注目していたことが、エアロジェットやGAといった軍需企業による脱塩研究を促した。

　こうした政府の支援は、直接的には、図表13-9で示したように第3象限のグラフの傾きの変化として表現することができる。政府支援によって開発コストが低下すると、企業の見込む利益水準は高まる。また、原子力の平和利用という国家的な目的を背景にして支援を優先的に受けたと思われる軍需企業は、脱塩技術における先行者としての市場地位を確立できると考えたかもしれない。これらは、第3象限のグラフを反時計回りにシフトさせ、創出価値に対して見込まれる利益水準を高める効果を持つだろう。その結果、利益水準が投入資源量に見合うようになり、開発を次に進める力が得られたと解釈することができる。

　米国政府による大々的な支援は、海水淡水化に対する世の中の注目を集め、将来的な市場拡大に対する企業の期待を高める効果もあったと考えられる。これは、図表13-8に示されるように、第2象限のグラフの傾きの変化として表れるだろう。さらに、政府支援を受けた研究成果には一定の公開義務が課されるため、業界内でのスピルオーバーや相互学習が進むと考えられる。それらは企業の研究開発効率の向上につながるため、図表13-7で見られた第1象限のグラフの傾きの変化として表れると考えられる。このように、産業発展の初期

段階に見られた米国政府による大規模な支援は、複数の理由を介して、不確実性下での企業による資源投入を可能にして、初期の技術開発を支えたと解釈することができる。

2-2．日本企業による初期開発：米国の影響と企業特有の論理

　米国政府による巨額の脱塩支援は、米国企業や研究機関に対する直接的な影響だけでなく、間接的に日本企業の開発行動にも影響を与えた。デュポンやダウなど米国企業をお手本としていた日本企業にとっては、それら米国企業が熱心に開発をしているという事実だけでも、将来的な市場拡大の期待につながり、初期の開発投資を正当化するには十分であったのかもしれない。

　日本の公的機関も米国政府による支援の恩恵を間接的に受け、それが日本企業の開発行動にも影響を与えることになった。日本の脱塩研究を支えた工業技術院東京工業試験所の石坂は、米国の脱塩研究を現場で目の当たりにして、頓挫していた製塩研究との高い親和性を見出した。そして、製塩研究のいわば後継として、海水淡水化研究の大型プロジェクトのリーダーを務めることになった。こうした一連の流れを受けて造水促進センターが設置され、日本企業はそこで有益な実証試験を行うことができた。その試験を通じて、東レはPEC-1000の性能を、日東電工は管状型の限界を、そして東洋紡は新膜の実用性をそれぞれ学び取った。造水促進センターを活用することによって、日本企業は技術課題の解決可能性を見極め、その後の開発の方向性を定めたのである。

　これら米国での開発気運の高まりに端を発して始動した日本企業の初期の開発は、図表13-8や図表13-9のような、第2象限、第3象限のグラフの変化として理解することができるだろう。米国での開発動向の情報がもたらされることによる海水淡水化市場の将来性に対する期待の高まりは、第2象限のグラフの傾きの変化として理解することができる。また、造水促進センターを活用した実証試験は、資源投入と技術水準との関係についての不確実性を一部払拭するとともに、技術課題の解決に対する期待を高めることを通じて、資源投入を正当化したといえるだろう。同時に、東レ、日東電工、東洋紡の3社にとって、国家レベルでの実証試験への参加は、直接的な開発コストの削減効果とともに、実証試験に選ばれなかった他の企業に対する競争優位の確立を示唆し、

それが、将来得られる利益水準に対する期待を高めたとも考えられる。それは第3象限のグラフの傾きの変化として表されるものである。

このように米国の影響を受けて日本企業における初期段階の開発は進んでいったものの、当面は、有望な市場は立ち上がらず、事業基盤を確立できるほどの収益は見込めず、さらなる資源投入が容易く実現するような状況ではなかった。このような状況であっても途切れることなく開発を継続する上で重要な役割を果たしていたのが、各社特有の論理であった。東レであれば、それは、世界一の技術を世界初で実現するという技術重視の理念であった。日東電工では、メンブレンを事業の柱にするという事業ドメイン構想の実現であり、東洋紡では、技術関連多角化による脱繊維という全社戦略であった。各社に特有の正当化理由は、逆浸透膜各社が不確実性の高いイノベーション活動を進める上で、重要な意味を持っていたといえる。

各社特有の理由が付与されることによって、必ずしも利益水準が向上しなくても、開発に投入される資源量を増大させることが可能になる。そうした様子を描いたのが図表13-10である。企業に特有の論理の追加が、第4象限のグラフの傾きの変化として表現され、その結果として、開発継続に必要となる追加的資源投入が実現している。

利益水準と資源投入量との関係に好意的に作用していたもう一つの要因が逆浸透膜技術に付与されていた社会性のラベルである。公益性の高い技術の場合には、社会的ニーズや社会課題の解決という大義名分が、開発を正当化する理由となりえる。逆浸透膜の公益的性質は、当面の利益が見込めないような状況での技術開発を後押しする一つの要因になっていたと考えられる。社会性の持つこうした開発継続へのプラスの効果も、企業特有の論理と同じように、第4象限のグラフの傾きの変化として表現することができる。

2-3．応用市場の開拓

米国の影響と実証試験に対する公的支援、さらに、組織特有の理由づけと社会的な要請によって支えられて初期の開発は進んだものの、当初のターゲットである海水淡水化市場で求められる性能を実現するにはほど遠く、性能向上には想定を超える期間を要した。政府の支援はなくなり、米国からの間接的な影

響の効果も消失した。組織特有の論理は継続的に作用していたと考えられるが、営利企業として利益期待が乏しい状況で延々と資源を投入することは許されない。特に、開発が進み、必要な開発資源量が増えていくにつれ、企業特有の論理だけでは突破できなくなる。

　こうした先行き不透明な時期が続く状態の中、逆浸透膜企業各社の開発者たちは、当面の事業性を維持しようと、未成熟な技術でも適用できるような応用市場の開拓を熱心に行った。すぐには高い利益が期待できない公共的性格の高い事業を継続するには、市場の存在と発展可能性を確認できる用途を探索することが重要であった。事実、海水淡水化向けの技術的ハードルは高かったものの、他の用途であれば、未成熟な技術であっても活用することができた。そのため初期の逆浸透膜は工場から出る廃液や排水を対象に展開され、1970年代には食品濃縮や医療用途が開拓された。その後、日東電工と東レの事業拡大に大きく貢献したのが、半導体向けを中心とした電子工業用途であった。80年代に熾烈な微細化競争を繰り広げていた日本の半導体企業は、製品の高い性能と品質を確保するため高値であっても逆浸透膜装置を導入した。これが、海水淡水化市場が開花するまでの時間的猶予を各社に与えることになった。

　このような応用市場の展開がもたらした効果は、図表13-8に見られる第2象限のグラフの傾きの変化として示されている。新たな応用市場の出現は、その市場だけでなく、その他の多様な応用市場の発展可能性をも期待させた。その結果、技術が創出する価値に対する期待が大きくなり、それに対応して、想定される利益水準も高まり、技術開発への追加的資源投入の正当化につながったと考えられる。特に半導体向け需要の拡大は、東レと日東電工における追加的資源投入に多大な貢献をした。

2-4. 技術アプローチの収斂

　新たな応用市場の開拓は1970年代後半から1980年代を通じて、各社における開発の継続に重要な貢献をした。しかし、それらの市場規模は大企業の事業を支えるには小さく、それだけで、開発の継続が安泰というわけではなかった。70年代は、まだ、非対称膜と複合膜を含めて、様々な技術が試されている段階であり、海水淡水化の本格的な拡大に向けた性能向上を確信できるような決定

的な技術はなかった。このように、技術開発の方向性がはっきりしないままで長期にわたって開発資源の投入を行うことは、特に上場した大手企業にとっては簡単なことではない。

　そうした状況において業界で生じた出来事が、1981年に世に出た344特許であった。344特許は、両立させることの難しかった多様な性能を軒並み高い水準で実現することに成功した。それは、逆浸透膜技術の進歩の過程において、不連続なジャンプをもたらした、まさにブレイクスルーであった。

　344特許の出現によって、業界では界面重合によるポリアミド系平膜型複合膜の優位性が明らかとなり、各企業の開発は確固たる方向性を得た。酢酸セルロース系平膜型を並行開発をしていた東レは、1980年代に入るとポリアミド系の新材料を用いた平膜型逆浸透膜へと軸足を移した。ダウは、1985年、フィルムテックを買収して傘下に収め、ポリアミド系平膜型へと移行した。日東電工は、自社開発から得られた成果に加えて、ハイドロノーティクスを買収することによって、ポリアミド系平膜型に集中した。このように、ポリアミド系材料への転換は、膜形状として平膜型がドミナントになる動きを伴うものであった。そして、特許係争の末に344特許が米国政府の帰属であることが決まると、各社によるカドッテの技術の採用が一気に進み、業界内の技術アプローチは急速に収斂することになった。

　344特許の出現を契機とした技術アプローチの収斂は、開発資源の投入と技術水準の向上との関係に関する不確実性の削減につながり、企業は投入資源を特定領域に集中させることができるようになった。そのことは、開発効率の向上を意味しており、図表13－7に示した第1象限のグラフの傾きの変化をもたらしたと考えられる。

　さらに、ポリアミド系平膜型の複合膜がドミナントデザインだという信念が競合各社間で暗黙に合意されると、企業間での技術のスピルオーバーが生じやすくなる。各社が相互に開発状況を参照し合うことによって産業内での学習が加速化されることから、企業は、同じ資源投入量で、以前より高い技術水準に到達することを期待できるようになる。その結果、資源投入量と技術水準との関係の期待を示す第1象限のグラフはさらに反時計回りに傾き、ひいては、企業による追加的資源投入を正当化することにつながる。

ただし、ドミナントデザインの出現による技術アプローチの収斂は、将来的には、各社が開発する技術の同質化をもたらすことになる。それは、性能競争やコスト競争を刺激することを通じて産業発展を加速化させるという利点はあるものの、一方で、同質化に起因する競争の激化は、市場拡大から企業が獲得できる収益を削ぐ面もある。このことは、第3象限のグラフが時計回りに傾くことによって示される。その結果、同じ顧客ベースから企業が期待できる将来利潤が小さくなり、企業による追加的資源投入が難しくなる。競争とイノベーションとの関係に関する既存研究は、過度な競争が製品イノベーションを阻害することを指摘しており（Vives, 2008；Beneito, Coscollá-Girona, Rochina-Barrachina, and Sanchis, 2015）、その背後にある一つの論理がこの図によって示されている。
　以上が、図表13-2で示した基本モデルのフレームワークに沿って、逆浸透膜の開発が継続し、産業が創出され、発展していくまでの流れを解釈した内容である。

3．おわりに

　第9章から第12章では、逆浸透膜産業における継続的な新技術・事業開発活動を可能にしたメカニズムを、「政府の支援」、「初期市場の開拓」、「ブレイクスルーによる開発焦点化」、「企業特有の論理」という4つの視点から分析した。本章ではそれらを受けて、不確実性の下でイノベーション活動が継続可能となるメカニズムを記述するための統合的なモデルを提示した。そこでは、イノベーション活動が直面する不確実性を、「技術の不確実性」、「顧客の不確実性」、「競争の不確実性」、「社会と組織の不確実性」の4つに分類し、イノベーション活動の継続には、それぞれの不確実性への対処が必要となることを議論した。そしてこれらの不確実性へ対処する上で重要な役割を担っていたと考えられるのが、主観的な期待の形成に影響を与えた諸要因であった。それらの要因が第9章から第12章までに分析した4つの要因である。
　本章で提示したモデルが示唆していることは、イノベーション活動が継続す

るには、異なる不確実性への対応が必要であり、それらに影響を与える諸力の相互補完的な作用が鍵となるということである。この点を含め、本書の分析の持つ理論的、実務的、政策的含意について次章で議論する。

終章

本書の貢献と今後の展望

1．本書のまとめ

1-1．研究の問いと背景

　本書では、「高い不確実性の下で新技術や新事業の開発が長期にわたって継続されるのはなぜなのか」というリサーチクエスチョンに基づいて逆浸透膜の開発と事業化プロセスを分析してきた。

　当初からのターゲットである海水淡水化市場で逆浸透膜が本格的に使われるようになったのは2000年代に入ってからである。米国で開発が始まってから50年近く、日本企業が開発を始めてから数えても既に30年以上の年を経ていた。その間、逆浸透膜企業は、技術開発と市場開拓の双方において高い不確実性に直面した。生活水を供給するという目的からすれば、河川水や雨水の濾過並みの低コストとはいかなくても、蒸発法に匹敵するだけのコスト性能を実現しなければならない。技術的にそれは可能なのだろうか。また、たとえ技術的にそれが実現できたとして、十分な市場は確保できるのだろうか。蒸発法が主流であった富裕な中東諸国では一定の代替市場が見込めるかもしれない。しかし、水不足に悩む多くの地域は支払い能力が乏しい国々に存在している。それゆえ、逆浸透法プラントに対する需要は、中東諸国も含めて各国の政策に大きく依存することになり、そこには、事前には予測できないことが多く存在する。

　このような性質ゆえ、逆浸透膜産業の歴史では、買収、合併、撤退など様々な企業の統廃合の動きがあった。しかしその一方で、現在の市場開拓を先導し

てきたダウ、東レ、日東電工、東洋紡の4社は、産業の初期段階から一貫して技術開発と市場開拓を続けてきた。なぜそのような継続が可能となったのか。これが、本書が追求してきた問いであった。

逆浸透膜は、水不足という社会的課題に対する解決策として期待されてきたイノベーションである。逆浸透膜に限らず、こうした社会性を持つイノベーションは、世界経済の発展に伴う環境問題や人口増加に伴って、近年、特に注目を集めるようになっている。しかし、社会課題を解決するイノベーションは、公益的使命を抱えるがゆえに一般にビジネスとしては成立しにくく、顧客から高い対価が得られるとは限らない。

一方で営利を求める企業の技術開発活動はますます近視眼化しつつある。先を見通しづらい不確実性の高い環境下で事業性のはっきりした確実な道を選択することは自然であるかもしれない。しかしそれでは、将来の社会課題を解決するようなイノベーションを企業が推進することは難しい。社会課題解決型のイノベーションに対するニーズが高まる一方で、収益圧力に晒される民間企業がそれを担うことは難しいように思える。ではどうしたらよいのだろうか。こうした今日的な課題も、本書における分析の背後にある問題意識であった。

技術と市場の双方に高い不確実性が存在し、産業が花開くまでに数十年という長い年月を必要とするような技術開発や事業開発を営利企業が支え続けるという現象は、通常の利潤動機では十分に説明できそうにない。そこで、本書では、合理的な経済活動のみならず、それを超えた多面的な視点から、この現象を説明しようと試みた。

1-2．経済システムを超えた論理の作用

本書の分析から明らかになったことを一言で記せば、経済システムの枠を超えた様々なシステムの作動論理が持つ補完的な役割の重要性である。長期にわたるイノベーションは、企業の利潤目的だけでなく、その他の複数の非経済的なメカニズムの存在によっても駆動されてきたのである。

第13章で示したモデルによれば、不確実性の下での開発への長期的な資源投入は、企業の利潤動機と利潤動機以外の動機の双方によって可能になっていた。前者は、技術と市場の不確実性に対応しており、後者は社会と組織の不確実性

に対応していた。さらに、利潤動機に基づく追加的資源投入も、それを可能にした期待形成に影響を与えた要因は、以下であらためて整理するように、必ずしも合理的もしくは合目的な行動の結果として生じたものではなかった。そこでは、政治の論理、技術者の論理、技術と市場の適合の論理、組織と社会の論理が働いていたのである。

1-2-1. 政治の論理：政策的相乗り効果

　逆浸透膜のイノベーションを駆動したメカニズムの一つは、政府による政策的相乗りと、国境を越えた政策のスピルオーバーであった。もちろん、米国政府による支援は、一義的には、カリフォルニアにおける水不足を解消する技術と産業の発展を狙ったものであった。しかし、その理由だけでは、世の中の注目を集め、多くの企業や研究機関の活動を活性化し、海を越えて日本の企業や公的機関の開発活動を刺激するにまでいたらなかったであろう。

　アイゼンハワー大統領が掲げた「原子力の平和利用」という政治ミッションがあったからこそ、脱塩研究は、原子力の平和利用の一つとして位置づけられ、正当性を獲得できたのである。さらに、ケネディ大統領が「人類を月に送り、砂漠に花を咲かせる」というミッションを掲げたことによって、巨額の宇宙開発予算に引っ張られる形で、脱塩研究に対する政策的支援も巨額化した。

　それらの政策的支援を受けた企業がみな意図通りの成果をあげたわけではない。当時米国政府の支援を受けた軍需企業は、GAのROGA以外、ほとんど歴史に名を残していない。そのGAも、ROGAを売却し、企業としては逆浸透膜事業を継続できなかった。したがって、個別のプロジェクトに対する補助金供与が経済合理的であったかと問われれば、大いに疑問があると答えざるを得ない。しかし、政策的相乗りによって多くの資金が逆浸透膜開発に費やされたからこそ、既に自前で開発を行っていたデュポンやダウもその恩恵を受けて技術開発を前進させ、その結果が、海を渡って日本に伝わり、日本企業の開発行動にまで波及したのである。さらに、日本の公的研究機関において行き場を失っていた製塩研究の行き先として脱塩研究が選択されたのも、一種の相乗りであるが、その背後では米国政府の支援を受けて活発化していた開発活動が支えの一つとなっていた。

政策的な相乗りは、経済システム内での企業の合理的行動とは独立した、政治的な事情に起因したものであった。しかし、そうであるがゆえに、経済性の見えない産業の初期段階を支える大きな力となっていたのである。

1-2-2. 技術者の論理

技術開発と事業開発の継続を支えた第二のメカニズムは、技術システムの進化過程におけるドミナントデザインの出現であった。ドミナントデザインは、産業内で合意された支配的製品デザインもしくは技術アプローチであり、その出現は、産業内で分散していた技術開発を焦点化させ、工程イノベーションに基づいて価格性能比を急速に向上させる契機となることが指摘されてきた (Utterback and Abernathy, 1975；Abernathy, 1978)。本書が分析した逆浸透膜産業でも同様の現象が確認された。

逆浸透膜におけるドミナントデザインはカドッテによる344特許に含まれていた。これによって、産業内の開発は、界面重合によるポリアミド系平膜へと急速に収斂した。開発活動が一つの技術アプローチに集中することによって、膜の性能は急速に向上し、競争激化に伴って市場価格は大幅に下落した。それが、海水淡水化市場の開拓へとつながった。

ドミナントデザインが産業にもたらすこのような影響については、これまでの研究において既に強固な知見が得られている。一方で、ドミナントデザインの出現過程については必ずしも十分に明らかにされていない。企業による通常の技術開発活動と異なり、ドミナントデザインの出現は、必ずしも経済合理的な論理だけでは説明しきれない。

344特許がドミナントデザインとなったのは、それが技術的に卓越しており、懸念であった複数の技術課題を同時に解決する道筋を示したからである。この「技術的に卓越している」という言葉の中には価格性能比の高さも含意されているため、344特許の出現が技術と市場の不確実性を払拭し、企業の継続的事業化投資を誘発した、という説明には一定の合理性がある。そのことは、344特許の取得を目的としてダウがフィルムテックを買収したという事実からもうかがえるだろう。

しかし、カドッテの成果は、そうした経済性や事業性の観点とは別に、より

純粋に技術的な観点からも他社の開発者たちの注目を集めていた。カドッテの業績は344特許以前にも多くの関係者によって注目されていたが、344特許は、それらとは一線を画すブレイクスルーであった。逆浸透膜開発における主たる課題は、脱塩率や透水性能などトレードオフ関係にある基本性能を高次元で両立させることである。どれか一つの性能が飛び抜けても他の性能が劣れば海水淡水化向けには使えない。技術システム全体にわたるトレードオフ問題の解決が鍵であった。その状況の中で、344特許は、皆が苦労していたトレードオフ問題の解決の道筋を一気に示すものだった。その意味での飛び抜けた卓越性もしくは過去からの飛躍度が、多くの技術者を驚かせるとともに、ポリアミド系平膜型へのシフトを決定的なものにしたといえる。

　確かに344特許に基づいて膜性能が向上して価格も下落したのであるが、それは決してあらかじめ約束されたものではなかった。344特許の技術的な卓越性が、技術の追求を目的とする技術者の注意を集めたがゆえに、技術アプローチが急速に収斂して開発が集合的に進み、事後的に経済性が創り上げられたと考えることができるだろう。

1-2-3．技術と市場の適合の論理

　開発継続を可能にした第三のメカニズムは技術システムの発展に伴う戦略的ニッチ市場の活用であった（Kemp, Schot, and Hoogma, 1998；Schot and Geels, 2008；Hoogma, Kemp, Schot, and Truffer, 2002）。ニッチ市場の開拓による開発継続は、経済システム内での企業の合理的な活動の結果ではあるものの、必ずしも直接的に合目的的な経済行動とはいえなかった。むしろそれは、本来の目的を実現するのに必要な資源を動員するための理由づくりの手段といえるようなものであった。

　逆浸透膜にとっての海水淡水化がそうであったように、多くのイノベーション活動は最終的な着地点を想定して進められる。しかし、最終ゴールにたどり着くためには、多くの技術的ハードルが存在し、それらのハードルを全て越えるまで開発を継続できるとは限らない。ここにイノベーションを実現する上での壁が存在する。戦略的ニッチ市場はこの状況を救う重要な手段となる。逆浸透膜開発では、食品用途や排水用途、そして何よりも半導体向けの超純水用途

が、そうしたニッチ市場として開発の継続を正当化する機能を果たしていた。

　戦略的ニッチ市場の発見は、営利を求める企業や開発者たちの探索努力の賜なのであるが、その探索努力が実るのは、技術システムの発展過程で必然的に生じる不完全な状態が多様な用途と結びつく可能性を持っていることによっている。海水淡水化では、脱塩率と透水性の高い次元での両立が必要であり、その実現を目指して開発者たちは開発を進めていたが、その過程で、性能の両立を実現できない不完全な技術が様々に生まれた。それが例えば、日東電工のNTR-7250であった。これは、海水淡水化用途としては確かに不完全なのであるが、超純水製造の後工程のように脱塩がさほど求められない用途では十分に完全な技術でありえたのである。

　技術開発の過程で必然的に生まれるこうした不完全な技術は、様々な用途との結合の可能性を示唆しており、それが成功裏に探索されれば、たとえ当初の目的とは異なったとしても、当面の開発継続を正当化してくれる。そうして時間的猶予が生まれれば、技術開発はまた一歩先に進み、本来の目的の実現可能性を高めてくれるのである。

　技術は機能の束を提供するが、その機能の価値は一義的に決められるものではない。技術は顧客側のコンセプトを参照しながら様々な価値と結びつくことによって進化する（Clark, 1985）。技術の価値は顧客の価値ネットワーク内での位置づけに依存している（Christensen and Rosenbloom, 1995）。それゆえ、技術の多様な位置づけを発見することは、その潜在的価値を顕在化させることにつながり、それが、市場の不確実性の克服と結果としての開発継続を可能にするのである。

1-2-4. 組織と社会の論理

　企業による技術開発と事業開発の継続を可能にした第四のメカニズムは、企業特有の論理である。企業には、単なる営利目的を超えた独自の理念やミッションや価値観がある。東レでいえば世界一の技術という価値観、日東電工ではメンブレンを事業の柱にするというミッション、東洋紡であれば脱繊維というミッションであった。これらの価値観やミッションは、経済合理性だけでは正当化できないような新たな企てを推進する力を提供していた。もちろん、営利

を完全に無視してこれらの価値観やミッションの追求が許されるわけではない。しかし、固有の価値観やミッションと適合している限り、経済性だけで性急に判断されることは避けることができる。その分、イノベーションの推進者にとって少なくとも時間稼ぎにはなる。そうして、時間的猶予が与えられている間に、推進者たちは開発を進め、徐々に技術的不確実性を払拭していく。その間、上で記した、政治の論理、技術者の論理、技術と市場の適合の論理、あるいは以下で述べる社会の論理によって助けられることもある。

　営利企業である限り、最終的には経済合理性による取捨選択に晒されざるを得ない。しかし、逆浸透膜産業がそうであったように、イノベーション活動が当初の目的を達成して最終的に大きな産業を形成するまでは、多くの場合、時間が必要である。それゆえ、不確実性が高く、十分な経済合理性を示せない初期段階をいかに乗り切るのかがイノベーションの実現にとって鍵となる。組織固有の論理はこの部分の橋渡し的役割を果たしてくれるのである。

　また、本書で明示的には分析してこなかったが、米国における水不足という社会的課題の解決を目的として始まった逆浸透膜開発は、社会の論理によっても支えられてきた。人口増大に伴って、今でも、世界の多くの地域で水不足が問題となっている。2050年には深刻な水不足となる河川流域の人口が世界人口の40％に達するという予測もある（OECD, 2012）。水供給に起因した紛争も世界各地で発生している。水は、工業や農業などの産業発展に必須であるとともに、人々の生命の維持や安全性の確保といった根源的な社会的ニーズに対応している。それゆえ、水不足を解消する技術として期待される逆浸透膜の開発は、経済性の問題を超えて社会的な理由からも後押しされる。水には代替物が存在しないから、それが欠乏する状況においては、経済性を超えた判断が必要とされる。それゆえ、時に、政策的支援が開発の促進や需要の喚起をもたらしてきたのである。

　ただ、営利を求める企業が利益の出ない事業を延々と続けることは難しい。しかも、深刻な水不足に悩まされる人々は支払い能力に乏しいことが多く、確実な収益モデルを描くことは簡単ではない。ここに社会課題解決型事業の難しさがある。しかし、営利企業とて社会の中に存在しているのであり、社会からの要請を無視し続けて存在することはできない。社会との調和を前提にして、

企業は営利活動の追求が許されている。この観点からすれば、たとえ利益獲得を直接に実現できなくても、逆浸透膜開発に企業が取り組む理由はある。もちろん大きな赤字事業を続けることはできない。しかし、少なくとも、不確実性下での開発活動に対して、事業が発展するまでの一定の時間的猶予を社会の論理は提供してくれていたといえるだろう。

1-2-5. 相互補完

　以上で整理した4つの論理のうち、どれか一つの論理だけで長期にわたる逆浸透膜の開発が継続できたわけではない。歴史を振り返ると、これらの論理が組み合わさり、補完的に機能することによってはじめて不確実性下における長期開発が可能になったことがわかるだろう。

　相乗り政策による政府支援は確かに初期の開発を駆動する重要な役割を果たした。しかし、豊かな支援は一定期間で終了し、その後は民間による投資にゆだねられた。初期の政府支援は、民間投資の呼び水にはなったものの、それだけで将来の産業発展を見通せるような技術開発や市場開拓が十分に進んだわけではなかった。実際、米国政府が考えたより技術課題の克服は難しく、思ったようには市場形成が進まなかった。技術的にも市場的にも不確実性が残る中、その後の産業発展には、民間企業の開発継続を可能にする別のメカニズムが必要であった。

　日本企業における開発の継続は、開発者たちの強い思いを背景にしつつ、企業のミッションや理念に体現される固有の価値観や論理に訴える形で実現していた。しかし、企業特有の論理だけで、営利を無視してまで開発の継続が全面的に正当化されることはない。意思決定者が資源動員を判断するには、将来的な収益期待を好ましい方向にシフトさせる何らかの追加的な材料が必要であった。それが戦略的ニッチ市場の出現であった。日東電工では、技術者が直接市場に出向いて様々な用途開発を行ったことが初期の開発活動を支えていた。神風のように訪れた半導体産業向け市場の登場も、1980年代以降の事業継続を支えていた。東レでも同様に、先に開発が進んでいた汎用の酢酸セルロース系逆浸透膜によって、半導体向け用途で小さいながらも一定の収益基盤を確立したことが、市場化の失敗が続いていた複合膜の開発継続を正当化していた。ま

た、東レにおいて、PEC-1000、PEC-2000と二度にわたる市場化失敗にもかかわらず、次世代複合膜の開発に注力できた背景には、ドミナントデザインとして認識されつつあった344特許の存在があったと考えられる。各社の技術者はそれぞれ独自に技術開発を進めていたが、カドッテの功績によって技術的不確実性の「霧」が一部払拭され、技術者たちに開発の方向性と自信を与えたといえる。その結果、各社の開発が収斂し、性能向上とコスト低下が加速化し、産業発展の道筋が見えるようになった。

　こうした技術的収斂はダウによる日東電工に対する訴訟につながったが、訴訟に日東電工が勝利し、カドッテの技術が米国国家の所有であると認定されたことが、この産業の発展にとっては決定的な出来事であった。この制度的な後押しがなければ、我々が観察したようなスピードでの産業発展はかなわなかったかもしれない。

　ここまで議論してきたように、高い不確実性を伴う開発の継続は、営利を求める企業の合理的な意思決定にだけ還元して説明することには無理がある。だからといって、政策的誘導、社会的圧力、経営者のビジョンといった要因のいずれかだけで説明できるものでもない。不確実性下でイノベーション活動が継続する過程では、経済システムの範囲を超えた社会の様々なシステムの論理が多重に重なり合い、補完的に作用している。それが、逆浸透膜開発の歴史を通じて、本書が明らかにしたことである。

2．本書の貢献と分析の含意

2-1．深い事例分析によるイノベーション・プロセスの理解

　イノベーションとは、単なる発明とは異なり、革新的な技術が開発されて製品やサービスとなり、それが市場で広く受け入れられて大きな経済価値を生み出すまでの長いプロセスである。近年のイノベーション研究の主流は、特許出願や生産性指標などでイノベーションの結果や成果を測定し、その結果をもたらす様々な原因変数を定量的に明らかにするものである。もちろん、そうした変数間の普遍的な関係性を明らかにする研究の蓄積は重要である。しかし、長

期にわたって実現されるイノベーションの全体像は、単純な変数間の関係に還元しては把握しきれない面も多い。本書が明らかにしたように、一つのイノベーションのストーリーには、経済、政治、技術、組織、社会といった様々なシステムの論理が作用している。残念ながら本書は、それらの相互関係に関する一般的な言明を導き出すことに成功してはいないものの、それらが補完的に作用し、イノベーションへの資源動員の壁となる４つの不確実性を克服するという全体像を描き出すことはできた。本書のように、産業発展の初期から現在にいたるまでの歴史を、その歴史に直接関わってきた人々に対するインタビューから得られた情報をもとに詳細に明らかにした試みは少なく、イノベーションの創出プロセスを理解する上で採るべき多様な理論的視点を提示したという点で一定の貢献があると考えられる。

また、本書の分析から得られた知見は、イノベーションの実現を目指す推進者や企業経営者、さらに、政策担当者にとって、いくつかの重要な示唆を与えている。以下ではそれを整理する。

2-2．企業のイノベーション推進者に対する示唆

高い不確実性ゆえに壁に直面したイノベーション活動を長きにわたって前進させるためにイノベーションの推進者たちは何ができるだろうか。推進者たちは、研究開発に没頭し、外部の追い風が吹くのを待つだけでなく、イノベーション活動の前に立ちふさがる４つの不確実性に自らが主体的に対処していかなければならない。以下で記述するように、本書の分析は、そのためのいくつかの方法を示唆している。

2-2-1．初期市場の主体的探索

市場の不確実性への対応という点では、初期市場の出現が重要な役割を果たしていた。それは、開発者たちが当初描いた市場とは異なっていたものの、技術が生み出す経済価値の存在を明示することにつながった。

イノベーションの推進者は、多くの場合、固有の思いや目標を持って、イノベーション活動を始動し、推し進めていく。例えば逆浸透膜であれば、水不足を解消するという社会的課題の解決が多くの開発者にとって最終的な目標と

なっていた。しかし、思い通りに技術と市場が進歩して、最終的なゴールにたどり着けるのかはわからない。たとえたどり着けるとしても、それまでには長い年月が必要となることが多い。ゴールにたどり着くまでの長い期間、市場成果が全く見えないまま、開発者たちが営利企業内で資源配分を受け続けることは難しい。そこで、開発途中にある技術を応用することによって対応可能な初期のニッチ市場が、企業内の意思決定者を説得するための重要な手段となる。

　初期のニッチ市場は、累積の開発コストを十分まかなえるだけの収益を企業にもたらさないかもしれない。しかしそれでも、市場が存在することは示すことができるし、顧客がつく限り、即座に開発が中止されるという事態を避けることができる。

　そうして開発を進める時間を得ることができれば、技術的課題の解決が進み、さらなる市場が拓けて、最後には当初設定したゴールにたどり着くことができる。それゆえ、イノベーションの推進者の本来の目的や思いからは乖離していたとしても、ゴールまでの道のりに「橋」をかける意味で、積極的に初期の市場を開拓することが重要となると考えられる。

　例えば逆浸透膜産業では、半導体向けの超純水製造用途での収益が、東レと日東電工における開発継続を正当化する上で重要な役割を果たしていた。今日の海水淡水化市場に比べればはるかに小さかったが、東レの植村が述べているように、「超純水で使われるようになって、あんまりたくさんは売れませんけれども、研究者数十人の飯を食わせていくっていうのはそこでできましたね。事業もつながったし、研究開発もつながった」[1]のである。一方、東洋紡では、小型船舶向け用途が初期の膜開発を下支えしていた。これらの用途がなければ、各社の開発は1990年代終盤に途絶えていた可能性すらあったのである。

　また、初期のニッチ市場の開拓は、顧客との直接的な接触による多様な学習機会を得るという効果もあった。この効果は、不確実性の高い新事業開発において推奨される飛石オプション（stepping-stone options）として指摘されている（McGrath and MacMillan, 2000）。

　用途によって求められる性能が異なる場合、多様な用途への展開は、多様な

1）本書 p. 135。

側面からの技術向上につながる。例えば、超純水製造用途の拡大は、低圧下での高い透水性能の向上につながった。大矢・丹羽（1988）は、「逆浸透膜の需要の半分以上が半導体工業向けであることを考えると、1Mpa以下の操作圧で運転できる低圧逆浸透膜が開発されるのは当然のなりゆきといえる」[2]と記している。また中尾（1990）も「かん水淡水化や排水処理、超純水製造においては、原液の浸透圧が低いことから低圧力で使用できる膜の開発が課題」[3]と記しており、かん水淡水化や排水処理、超純水製造用途に向けて低圧膜が普及したことを示している[4]。一方、排水用途のように汚れた水を原水として扱う場合には、膜の汚れにくさが鍵となる。また、食品濃縮用途では、汚れにくさだけでなく、サニタリー性や耐塩素性なども重視されるだろう。これら、用途開拓を通じて獲得した技術は、その後の海水淡水化用途においても活かされていた。

　逆浸透膜産業におけるこれらの初期市場は、必ずしも開発者たちの主体的な探索だけで出現したわけではなかった。しかし、初期市場のもたらした効果の大きさは、開発者自らが主体的に用途市場を開拓することの重要性の高さを示唆している。

2-2-2．政策の戦略的活用

　イノベーションの推進者は、不確実性の中で開発を継続するために、補完資源の獲得と追い風利用という2つの側面から、政府の政策的支援を戦略的に活用することもできる。

　不確実性の高いイノベーション活動の継続が難しい理由の一つは、開発コストに見合った収益性が簡単には見込めないことにある。そこで、推進者が開発の継続を説得するために採る方法の一つが、外部から補完資源を獲得して開発コストの企業負担を軽減することである。特に人件費を含めて開発費を100％

2）大矢・丹羽（1988）p. 53。
3）中尾（1990）p. 235。
4）日東電工の逆浸透膜事業の展開プロセスを調査した藤山（2015）は、同社が低圧膜の開発に先行したと判定した上で、それは半導体向け超純水製造用途に傾斜したからだと論じている。

補助してくれるような政府の補助金を獲得できれば、意思決定者も当面の開発継続の提案を拒否することは難しくなる。ただし、政策的支援を受けるために、推進者は、政策的意図に沿うように、開発プロジェクトを戦略的に位置づける必要があるかもしれない。

例えば、逆浸透膜産業の初期段階において、米国の軍需系企業は、「原子力の平和利用」という政治目標に合わせて脱塩研究プログラムへの参加を申請し、塩水局から公的支援を受けていた。塩水局からの支援が途絶えると、次は、米国原子力委員会を前身に持つエネルギー省からの支援を活用しながら膜開発を続ける企業もあった。このように、政策目標の達成に利する形で自社の開発活動を位置づけることによって、たとえそれが建前であったとしても、外部からの支援獲得に成功して開発を継続することができるようになる。

ただし、政府からの支援はいずれ途絶える。その時に、企業内で開発中止の危険に晒されないように、推進者は注意しなければならない。実際、米国政府の支援を受けた企業の多くが、その後、開発を中止している。推進者は、政府支援を受けている間に、企業内で事業化に向けた協力を得られるように働きかける必要があるし、そのためには、政府支援に完全に依存するような開発は避けた方がいいかもしれない（Aoshima, Matsushima, and Eto, 2013）[5]。

イノベーションの推進者は、国の政策的スタンスを開発継続の追い風として活用することもできるだろう。例えば、日本の工業技術院で造水研究を先導した石坂は、将来的な水不足を懸念した建設省の見解を引き合いに出すことによって通産省の大型プロジェクトを勝ち取り、自らの研究活動を推し進めた。建設省の見解はダム建設を正当化するためだったと推測されるが、石坂は、それを造水の必要性へと結びつけることによって自らの開発活動を正当化して通産省から資金を得たのである。

東洋紡の開発者たちが社内での生き残りのために活用したのは、政策的な介入の下で建設された福岡の海水淡水化センターでの採用実績であった。人員を極限まで絞り込んで細々と進められていた開発が社内で脚光を浴び始めたの

---

[5] タテマエを用いた資源獲得方略が後の足かせになる恐れもあることには十分に留意する必要がある（坪山、2011；谷口、2016；2017）。

は、この海淡センターに採用されたからであった。世界的に見れば、規模の大きなプラントではなかったが、政策的後押しのある新プラントにおける採用という事実が持つ社内に対するインパクトは絶大だった。このように、社会的インパクトの大きな事象を戦略的に活用することによって、推進者は自らの開発活動を下支えすることが可能となるのである。

2-2-3．他社の参照と目立たない開発活動

　技術の不確実性に対処する直接的な方法は、技術的課題を解決して技術レベルを向上させることであるが、特に開発の初期段階では、期待したようには技術課題の解決が進まないことが多い。そして、投入資源の割に技術レベルが向上しないという期待が意思決定者の中で形成されてしまうと、イノベーション活動は中止の危機に晒される。本書の事例分析は、推進者がこうした状況を克服する2つの方法を示唆していた。

　一つは、他社の開発動向の参照である。自社の開発が計画通り進まない中、他社による開発成功の情報は、資源が継続的に動員されれば技術課題の解決が可能であるという意思決定者の楽観的な期待形成につながる可能性がある。もちろん、既に激しい市場競争が進展している場合には、他社の成功は競争劣位に直結するため、それは、好ましい情報ではない。しかし、産業の初期段階における他社の成功は、自社の失敗を決定づけるよりも、技術の可能性を示唆する情報として機能する可能性が高い。実際、カドッテによる一連の開発の成功は、ポリアミド系複合膜に対する期待を高め、各社における開発継続を支える理由を提供していたと考えられる。

　ここで、他社の技術を参照する意義は、他社のアイデアを参考にするとか模倣するといったことではない。他社による開発成功のニュースは開発者にとってうれしいものではないが、一方で、他社が成功したということは、自社も成功できる可能性、さらに他社を凌駕する可能性を示唆する。技術競争の勝敗が市場成果を決定づけるような発展した市場でなければ、広く他社技術を参照することが、むしろ開発継続の正当化を形成しうるだろう。

　東洋紡の事例は、推進者がとりうるもう一つの方策を示唆していた。大規模な資源動員を必要とするのであれば、意思決定者は、その成果を厳しく求める

に違いない。しかし、小さな規模の資源動員であれば、目に見えるような大きな成果がなくても、開発の継続が認められるかもしれない。東洋紡の開発推進者は、1990年代の苦しい事業環境の中で、開発部隊を大幅に絞り込むことによって、事業継続の承認を得ていた。さらに、好調な医療用メンブレン事業の傘の下に入ることによって、非公式的に開発人員の融通を受け、個別の事業成果を厳しく問われることを免れていた。このように、開発推進者は、資源動員の厳しい意思決定の俎上に乗ることを避けることによって、不確実性の問題を克服することが可能となると考えられる。

以上が、イノベーションの推進者たちが4つの不確実性に対してなし得る具体的な対処策である。

2-3．企業戦略上の示唆：産業発展と収益獲得のジレンマ

本書の目的は、高い不確実性の下で新技術や新事業の開発が継続するメカニズムを解明することであったため、企業収益に関する分析はほとんどなかった。しかし、企業がイノベーションの創出に注意を傾けるのは、それが将来的な利益をもたらしてくれると期待するからである。イノベーション活動が即座に利益を生むとは考えていないかもしれないが、少なくとも、イノベーションが実現した結果として産業が十分に発展した暁には、企業はそれまでの投資に見合った利益を得られると期待しているはずである。

しかし、以下で説明するように、本書の分析は、イノベーションの実現と企業利益の獲得は必ずしも両立しない可能性を示唆している。企業の意思決定者は、そのことを理解して、適切な戦略を考える必要があるだろう。

イノベーションを実現すべく技術進歩を加速するには、産業内のプレイヤーが同じ軌道上で技術開発に切磋琢磨することが望ましい（沼上・淺羽・新宅・網倉、1992）。技術が太く育つかどうかは、開発の集中に依存しているのであり（清水、2016）、開発者たちが技術トラジェクトリを共有して互いに激しい技術開発競争を展開することによって技術レベルは急速に向上する。

逆浸透膜産業の歴史では、膜の技術方式と膜エレメント形状の収斂が産業発展に寄与していた。膜の技術方式については、ポリアミド系平膜型の複合膜に

収斂し、業界のドミナントデザインとなった。それには、カドッテの344特許の出現と、その特許が米国政府に帰属することになったことが大きく関係している。この出来事が同じ技術方式での企業間競争を激化させ、結果として市場の拡大と産業の発展をもたらした。

　競争の促進による市場拡大という点では、エレメント形状の標準化も重要な役割を果たしていた。第2章で言及したように、ポリアミド系平膜型の逆浸透膜エレメントは、直径4インチまたは8インチ、長さは40インチという形状に標準化されている。エレメント形状の収斂は1970年代に始まり、80年代には、ほぼデファクト・スタンダード化されていた（第11章補論参照）。つまり、海水淡水化市場が本格的に拡大し始めた2000年代には、エレメント形状は既に標準化されており、プラントエンジニアリング企業側は、標準形状を前提にトレインを設計していた。

　逆浸透膜企業からすれば、初期納入時に顧客を囲い込み、更新需要を長期安定的に享受したいところであるが、ポリアミド陣営ではエレメント形状が標準化され、膜材料も同じであるため、更新需要のたびに競争が生じ、それが収益性を押し下げる要因となってきた。技術アプローチの収斂とエレメントの標準化は、膜モジュール価格の下落につながり、逆浸透法の普及には貢献した。しかしそれは、一方で、膜企業の利益を削いできた。そこに、産業発展と企業収益との間のジレンマがある。

　一方、ただ一社、酢酸セルロース系の中空糸膜に特化している東洋紡は、売上規模は小さいながらも、高い収益性を実現していると推察される。東洋紡のエレメント形状はポリアミド系平膜型のそれより大きく、それがスイッチング・コストとなって、更新需要を独占できるからである。

　通常、顧客は複数社から購買できない製品を敬遠する。売り手側に囲い込まれて価格交渉力を失うからである。にもかかわらず東洋紡の膜が中東地域で売れる理由は、膜の耐塩素性の高さによっている。高い耐塩素性ゆえ塩素殺菌が可能となり、それが、プラントの稼働率を高め、造水コストが低下する。微生物が繁茂して目詰まりしやすい中東の海域では、東洋紡の膜のこうした特性がまさにニーズと適合していた。東洋紡の膜の価格は高いけれども、ランニングコストも含めた総保有コスト（TCO：Total Cost of Ownership）では、むし

ろポリアミド系陣営に対して有利となる場合もあったのである[6]。

このように、産業や市場の拡大と企業の収益は矛盾する危険性があり、そこでは適切なバランスを考える戦略が必要となる。

2-4．政策的示唆

2-4-1．長期的イノベーションのグランドデザイン

逆浸透膜に限らず、萌芽的で未知な新技術の開発に対しては、政府による政策的支援が求められることが多い。イノベーションの重要性が叫ばれる中、近年では、事業化に直結するような開発活動に対してまで政策的補助が投入されることも少なくない。その一方で、厳しい財政状況の下、公的資金の効率的な活用がますます求められていることも現実である。そこで、政策担当者には、政策的手段がどのようにイノベーションの創出につながるのかを描く構想力が求められている。そうした構想力を発揮する上で、第13章で提示した包括的な記述モデルは有益な情報を与えてくれるだろう。

第13章のモデルが示したのは、企業でイノベーション活動を継続するには、4つの不確実性への対処が必要になるということであった。逆浸透膜産業の分析では、主に、競争の不確実性に作用する力として政策的支援を位置づけていたが、実際には、それに限らず、政策手段は様々な不確実性へ働きかけることが可能である。

「技術的見通しが立たず先に進めない」、「市場が見えなくて先に進めない」、「儲かりそうになくて先に進めない」、「社会の事情によって先に進めない」など、イノベーション活動を阻害する壁は様々に存在している。そして、どの壁が問題になっているのかは、産業の状況によって異なってくるであろう。であれば、政策担当者は、その状況を理解した上で、必要とされる不確実性への対応を目的とした適切な政策手段を選択することが求められる。

---

[6] ニッチ市場に特化した東洋紡の生存戦略は、社内の資源制約がもたらした一つの効能かもしれない。1990年代終盤、東洋紡の逆浸透膜事業は大幅に人員を絞ってなんとか黒字を確保していた。この状況で手広い事業展開が許されるはずはなく、自社の技術の特徴が活きる中東の大規模海水淡水化プラントに絞らざるを得なかったというのが実情であろう。

例えば、技術的見通しが立たないことが問題となっているのであれば、基礎的な研究開発投資に政策的重点を置くことが考えられるだろう。また、多様な技術が乱立していることが研究開発投資効率の悪化をもたらし、投資インセンティブを下げているのであれば、技術アプローチを標準化するような政策的対応が効果的となるかもしれない。

市場が見えないことが壁となっているのであれば、政府調達で初期市場を作ることも考えられる。環境規制のように規制強化によって市場を作り出すこともあるだろうし、逆に、規制を緩和して市場を広げるといった政策も考えられるだろう。さらに、熾烈な競争が、むしろ企業による長期投資を阻害しているとするならば、競争を緩和する政策が望まれるかもしれない。

組織的事情によってイノベーション活動が停滞している場合は、政策が直接的に影響を与えるのは難しいかもしれない。しかし、例えば、資本市場からの圧力に晒される大企業が不確実性の高い開発に躊躇しているのであれば、大企業からの技術移転や人材移動を含めて素早い投資意思決定のできる中小企業をターゲットにした政策が功を奏するかもしれない。また社会課題解決型のイノベーションの場合には、社会的風潮に影響を与えることを通じて、その進展を促すことが可能であるかもしれない。このように、組織的・社会的事情にも間接的に影響を与えることはできるだろう。

重要なことは、長期にわたるイノベーション・プロセスには、種類の異なる不確実性が伴っていて壁となる不確実性が産業や時期によって異なることを理解すること、そして、それらの不確実性に対処する力としては、経済合理的な力とそれ以外の力があり、それらが補完的に作用しているという全体像を把握することである。政策がもたらす効果の因果関係を事前に詳細に予測することは困難であるが、大きな枠組みを持つことは必要であり、本書の枠組みはその一助となると考えられる。

2-4-2. 政府による介入の意義とリスク

第9章で明らかにしたように、逆浸透膜開発の歴史が始動する上で政府の果たした役割は大きかったといえる。特に、逆浸透膜のように社会課題の解決を一義的な目的とするような技術の場合には、営利を軸とする民間企業の自由な

活動にゆだねているだけでは、社会的に十分な開発資源が投入されにくい (Jaffe, Newell, and Stavins, 2005)。そこで、政府の支援が引き金となり、技術、市場、競争の状況に対する好意的な期待を形成することによって、民間の投資を誘発することが必要であった。

ROGAで活躍した開発者たちが、所属企業を移動しながらも、この産業の発展において重要な役割を果たしていることから、初期の政府支援は産業における人材開発という面でも効果があったように思える。また、カドッテの344特許が、政府支援のプロジェクトで開発されたという事実からも、重要技術の開発という点で、政策的支援の持つ効果は否定できない。

ただし歴史を振り返ると、米国政府の補助金に大きく依存していた企業の多くが、市場から姿を消し、必ずしも後の産業発展に貢献しなかったことも事実である。事業化段階で産業の発展に大きく寄与したのは、ダウやデュポンなど、政府の支援プログラムが始まる前から自社で既に開発投資を行っていた企業である。それらの企業にとって政府の補助は、実証試験や追加的な事業化投資を加速化する上で有益であったと思われる。一方、政府支援をきっかけに市場参入を意図した企業は、政府補助で開発を行ったものの、産業を牽引する立場にはなれなかった。原子力の平和利用という大義の下で、政府支援を受けた軍需企業も、ROGAを除けば、歴史に名を残していない。そのROGAでさえ、度重なる事業売却を通じて人材が流出し、それ自体が事業として成長することはかなわなかった。このように考えると、産業発展の初期段階における政府による大規模な政策的支援の役割は認識しつつも、事業化の費用対効果という点から十分な正当性があったかは疑問である。

このように、政策の影響は多岐にわたるため、その是非を一概に判断することはできない。しかし、だからといって事前の予見を放棄することが推奨されるわけではない。政策的支援が直接的または間接的にどのような効果をもたらすのかということを政策担当者ができる限り事前に描くことは必要である。

また、新技術や新産業の創出を目途とした政策的支援では、その正当性を確保するために、多様な政策的目的を相乗りさせることがしばしば起きる（谷口、2016）[7]。逆浸透膜の歴史においてもそうであった。しかし、多様な目的が相乗りすればするほど、手段と目的との関係が曖昧となり、本来意図した政策的

目的の達成がかなわなくなる危険性がある。したがって、政策担当者は政策目的と政策手段との関係を意識することが必要である。例えば、事業化の加速を目的とするのであれば、ダウやデュポンのように自社の戦略として事業化にコミットしている企業に対する支援がおそらく効果的である（松嶋・青島・高田、2016）。他方で、産業全体の発展の根幹を形成するような汎用的な基盤技術の開発が目的であれば、公的機関を中心とした支援が適切であろう。

2-4-3．国外への政策的スピルオーバー

本書の第9章では、産業初期における米国政府の政策的支援が、海を渡って日本企業へと波及したことを示した。この事実は、政策効果を考える上での重要な視点を提供している。

通常、国の政策的支援は当該国の国益を実現するために行われるものである。しかし、時に、その政策効果の一部は国境を越えて他国のプレイヤーにまで波及し、当初の政策意図とは異なる結果を生み出す可能性がある。特に、深刻な社会課題を解決するために公的支援の重要性が高まり、支援額が大きくなるような場合には、政策効果が他国の企業や研究機関にまで波及することがありえる。

これまで、ナショナルイノベーションシステムの研究は、主として国内のイノベーション活動に焦点をあてて政策の影響を議論する傾向にあった。企業活動がグローバル化する中、国内外の政策の関係性に目を向ける必要性が言及されているものの（Binz and Truffer, 2017；Corona-Treviño, 2016；Sharif, 2006）、その分析はまだ始まったばかりである。この状況に対して本書は、自国のイノベーション政策が他国のイノベーション活動に影響を与える具体的なプロセスの一つを明らかにした。特に経済活動の国際化が進む前の1960年代において、既に国境を越えた政策のスピルオーバー効果が存在していたことは重要な発見である。

このような政策のスピルオーバー効果は、近年も多く観察される。例えば、

---

7) 社会運動研究の領域では、抽象的なマスターフレームの下で複数の異なるフレームが相乗りすることによって運動が拡大することが指摘されている（Gerhards and Rucht, 1992；Benford and Snow, 2000）。

ドイツを中心とした欧州の環境政策、特に太陽光や風力などの再生可能エネルギーに対する固定価格買取制度は、中国企業の急速な台頭を促す一方で、自国企業の凋落を誘発することになった。日本でも、電機企業各社を支援することを一つの目的として導入されたエコポイント制度は、需要の先食い競争をもたらし、海外のODM企業を潤す一方で、日本企業の凋落につながった（Aoshima and Shimizu, 2012）。企業活動がグローバル化すると、特定国の政策が他国に資するという現象が頻発しやすくなると考えられる。しかしそれは同時に、産業全体の発展を加速させることになる。本章の分析は、逆浸透膜産業の初期の発展が、米国政府による公的支援の国内外への波及を通じて実現したことを示唆している。

また、こうした国境を越える政策的スピルオーバーがありうるならば、それを逆手にとって、他国の政策へタダ乗りする戦略も考えうるだろう。技術が複雑化しその開発投資が巨額になる中、全てを自前で支えるのではなく、他国の政策をどれだけ活用できるのかということも重要な点となるだろう。

3．さらなる研究テーマ

3-1．実験場としての用途

最後に、本書では十分に扱えなかった今後進めるべき研究課題として、(1) 実験場としての用途の分析、(2) 開発理由が開発活動に与える影響の分析、(3) イノベーション政策が引き起こすマイクロメカニズムの解明という3点を指摘したい。

第一は、実験場としての用途の分析である。市場の不確実性を克服して開発の継続を可能にするには初期市場の探索と創造が重要となる。初期市場の探索は同時に、要求性能の異なる用途における多様な学習につながる可能性がある。それでは、そうした多様な学習は、産業全体の技術進歩の方向にどのような影響を与えるのであろうか。

もし、開拓される用途市場が開発者たちに異なる技術課題を提示することになるのであれば、産業技術の進歩は、意図的探索であるか偶然の発見であるか

を問わず、出現した用途市場の影響を受けることが考えられる。そのことが実証されれば、技術進化のモデルに新たな要素が付加される可能性がある。

　用途ごとに突出して求められる特徴的な性能要件があるとするなら、特定用途市場の出現によって、その用途に特徴的な性能要件に開発の焦点があてられることになるだろう。その場合、お互いトレードオフ関係になりがちな全ての性能要件を同時に高次元で満たす必要はなく、特定の性能に焦点をあてた技術課題の克服が進められる。そして、再び新たな用途が出現すると、別の特徴的な性能要因に焦点を絞った課題の克服が進められるだろう。

　こうした、産業発展の流れの中で順次生じる問題解決のプロセスは、科学の実験プロセスのようなものかもしれない。科学的研究が、様々な実験条件をコントロールしつつ、特定の要因に焦点をあてて、一つ一つ研究成果を蓄積していくように、産業発展の過程で生まれる様々な用途への対応は、まさに特定の性能に焦点をあてた実験的な側面があるといえるのかもしれない。特定用途が出現すると、それが求める性能要件に開発が焦点化し、そこで得られた知見が、次の開発に生かされる。こうして様々な用途対応が蓄積されていく結果として、最終的に全ての性能要件を高次に両立させるような技術が見出されていくのではないだろうか。

　用途ごとに開発の焦点が異なることによって漸進的な技術進歩が生じることは他の事例でも観察されている。例えば藤原（2004）は、セイコーエプソンのウォッチ事業で蓄積されてきた精密プレス加工技術がインクジェットプリンタ事業へと転用されていく過程を分析し、中継的な用途で起きる学習の重要性を指摘している。インクを吐出するノズル穴には極めて高い打ち抜き精度と硬度などが求められたため、ウォッチ事業の精密プレス加工技術をそのまま転用することは困難であると考えられた。それでもウォッチ技術者たちが最終的に技術をうまく転用できたのは、それ以前に精密プレス加工技術を別方式のプリンタ（ドットマトリクスプリンタ）向けに転用していた経験があったからであった。インクジェットプリンタのノズル生産に求められる性能のうちいくつかについて、ドットマトリクスという別用途への転用経験を通じてあらかじめ学習しておいたことが、より問題の少ない技術転用につながっていたのである。

　本書でも、半導体向け用途の登場による低圧化技術の進展など、特定用途か

らくる要求が技術進歩の方向性に影響を与えたことを示唆する例を紹介したが、それらの深い分析にはいたっていない。また、企業によって注力する用途が異なれば、技術開発の方向性やその結果としての技術成果も影響されると考えられるが、そうした仮説に対する研究は今後追究すべき課題として認識している[8]。

3-2．開発理由が開発活動に与える影響

第12章で論じたように、イノベーション活動への継続的な資源動員を正当化する上では組織に固有の価値観や志向性に見合った理由を作り上げることが一つの有効な手段となる。そうして作られた理由は、イノベーションの推進者が本来目指していたものとは異なることもある。しかし、資源獲得のために、ある場合には建前として創造された理由がいずれ実体を持ち、その後の開発活動の方向性に影響を与えるかもしれない[9]。つまり、組織の価値観や志向性が特定の開発理由を誘発し、それが開発活動の内容までも規定することも考えられるのではないだろうか。

この問いに関連して、近年、組織の持つ志向性（Kohli and Jaworski, 1990；Narver and Slater, 1990）がイノベーション活動に与える影響を明らかにする研究が蓄積されてきた（Lukas and Ferrell, 2000；Narver, Slater, and MacLachlan, 2004；De Luca, Verona, and Vicari, 2010）[10]。このような先行研究を踏まえると、組織の価値観や志向性の違いが、開発行動の違いを生み出し、その後の技術進歩の方向性や技術成果に影響を与えるという因果経路を明らかにすることが、イノベーション研究における今後の重要な研究テーマの一つとなるだろう。

8）需要プルと技術プッシュの相互作用を通じたイノベーション活動の重要性については、Di Stefano, Gambardella, and Verona（2012）でも指摘されている。
9）開発が短期のうちに終わる見込みであれば、当座の資源動員だけ実現できれば良いので、理由と行動の不整合はさほど問題にならず、二枚舌も使えるかもしれない。しかし、開発が長引く場合、二枚舌戦略は開発者個人ないしプロジェクトの信用を毀損し、長期継続的な資源動員を難しくするだろう。したがって、開発の長期化が予想される場合には、理由と行動とを整合させることが強く求められるようになる。

このテーマに関しては、第12章補論の中で、同じポリアミド陣営の中で異なる理由で開発継続が正当化されていた東レと日東電工を取り上げ、両者の技術開発領域が異なっていったことを出願特許によって確認している。そこでの分析は、まだ初期的な試みに過ぎず、十分な厳密性をもって結論を導き出すことはできないものの、今後の研究に向けた方向は指し示している。

3-3．産業発展と収益獲得のダイナミズム

　企業のイノベーション活動と新産業の発展プロセスの背後で働くメカニズムを明らかにすることは、国の経済発展を考える上でも重要な意味を持つ。多くの場合、国が持続的に経済成長を遂げるには、その牽引役となる新産業の創造が必要となるからである。事実、戦後日本の経済成長を見ても、その牽引役となる産業は、造船や鉄鋼からエレクトロニクスや自動車へというように多様に入れ替わってきた歴史がある（伊丹、1998）。

　しかし、今日の日本においては、次を担う新産業がなかなか生み出されない。その一つの理由は、研究開発活動から得られる収益性の低さ（榊原、2005；米倉・延岡・青島、2010）にあるかもしれない。企業が収益を得ることができて初めてさらなるイノベーション投資ができ、次の産業が新たに生み出されうるからである。収益を得られなければ、次なるイノベーション投資は進まない。したがって、イノベーションを起点とした経済成長を国が政策的に目指すならば、イノベーションを通じた新産業の発展と企業の収益獲得メカニズムを明らかにすることが特に重要な意味を持つ。

　本書で扱った逆浸透膜は、日系企業の市場シェアが高いことから材料ビジネスの雄として注目され、今後日本産業が目指す模範的な事例として紹介される

---

10) Market orientation は市場指向性と訳されることが多い。しかし、どちらも原語は orientation であるため、ここでは志向性で表記を統一している。なお、加藤（2013）が扱っているように、戦略志向性はもともと経営成果との関係性において論じられていた概念である。また、Kohli and Jaworski（1990）は、市場志向性を構成する3つの次元（顧客志向性・競争志向性・機能間調整）のうち機能間調整に代わり技術志向性を加えて Venkatraman（1989）とは異なる「戦略志向性」概念を構築し、これら3つの志向性次元とイノベーションとの関係性を論じている（Gatignon and Xuereb, 1997；Spanjol, Qualls, and Rosa, 2011；Spanjol, Mühlmeier, and Tomczak, 2012）。

ことが多かった。しかし残念ながら、少なくとも現時点において、多くの逆浸透膜企業が潤沢かつ安定的に収益を確保しているようには見えない。その理由の一つが、前節の「企業戦略上の示唆」において議論したような、産業発展と収益獲得のジレンマにある。産業が発展しなければ企業に収益機会はもたらされない。しかし、産業の発展スピードを上げるために、技術の共通化や標準化、モジュール化といった手法が拡がると、企業による利益獲得は難しくなる。このジレンマの中で、いかにして企業は利益を獲得できるのか。これは近年のプラットフォーム論など戦略論の領域で研究されてきたテーマである（例えば、立本、2017）が、まだ解明されるべき点はあり、イノベーションを通じた産業発展と収益獲得メカニズムは今後も重要な研究テーマといえるだろう。

4．さいごに

「経済価値をもたらす革新」として定義されるイノベーションは矛盾を孕む現象である（武石他、2012）。それは、過去からの断絶となる革新であるから、そこには多くの不確実性が付随する。一方、経済価値を生み出すには、社会に存在するヒト、モノ、カネ、情報などの資源が継続的に注ぎ込まれなければならない。それは、なかなか芽がでない新種の植物に、辛抱強く水や肥料をやり続けるようなものである。

イノベーションには経済価値を生み出すことが期待されているがゆえ、その実現に向けた活動は、多くの場合、利潤動機に導かれる営利企業によって推進される。しかし本書の分析は、経済システムにおける内生的な企業活動だけでは、必ずしもイノベーションは実現しないことを示唆していた。イノベーションが生まれるには、社会にある余剰資源が革新的なアイデアと結合することが必要である。しかし、イノベーションの実現過程に不可避な存在である不確実性はしばしばその結合を阻む。経済システムの発展を方向づける経済合理性の基準がその結合を正当化できないからである。

この問題を克服してイノベーションの実現に向けた活動を前進させるためには、経済システムの外側にある力や論理を借りて来なければならない。本書の

事例では、それが、政治、技術、組織、社会といったシステムを駆動させる力や論理であった。イノベーション活動は、経済システムを含めた、これら異なるシステムがもたらす多様な正当化論理が、時間や場所を越えて補完的に作用することによって、一歩一歩前進し、最終ゴールへと近づいていく。それが、本書から導かれた、イノベーションの実現過程の姿である。

　もちろん、ただ一つの事例分析から、このような結論が一般化できると思っているわけではない。逆浸透膜のイノベーションは、主として大企業内での新規事業開発の一貫として進められてきたものである。その点からしてもイノベーション一般を代表しているとはいえないだろう。本書が問題としたのは、あくまでも、企業内に蓄積された余剰資源がなぜ革新的活動に継続的に注ぎ込まれるのかということである。それは、オープンイノベーションの動きに見られる組織内外のアイデアや資源の結合によるイノベーションの推進や、エンジェルファンドやベンチャーキャピタルを主な資源供給元として進められるイノベーション活動とは異なるものである。

　しかし、高い不確実性がイノベーションを実現する過程に共通する不可避な存在であるとするならば、革新的アイデアと余剰資源のどのような結合のケースであっても、経済システムの枠を超えた力の助けが必要となるのではないだろうか。この問いに対する答えのさらなる探求は今後の研究課題としたい。

補論
特許データの整理について

　この補論では、本書で行った特許分析の基礎的なデータベース構築手順および、各章に関する補足的な説明を行う。

1．特許データの構築手順

1-1．Fタームについて
　本書の第10章から12章までの分析では、特許データベースULTRA Patentに基づいて東レ、東洋紡、日東電工の3社に関する特許分析を行った。分析では主としてFタームに基づいた特許の検索と抽出を行った。その理由は、Fタームには各特許の想定用途に基づいた分類があるからである。特許を分類する際には、国際特許分類（IPC：International Patent Classification）を活用するという方法もある。しかしIPCはもっぱら技術領域に関する分類にとどまっており、その分類からは特許の想定用途を判別することが難しい。逆浸透膜のように多様な用途を開拓しながら発展してきた歴史を辿ろうとする本書の目的からすると、用途分類も備えるFタームの方が適合的であると考えた。

　ただし、Fタームについては、分類コードの付与作業過程の粗さから、その信頼性に対する疑問が呈されることがある。そこで本書では、Fターム分類に基づく特許の出願動向と独自の取材に基づく事例記述の間に整合性があることを確認した。結果として、両者は整合的であり、Fターム分類を採用することには問題がないと判断した。

　Fタームは、テーマコードと呼ばれる大きな技術分類の下に、一種の樹形構造を備えている。例えば、本書の分析で依拠したテーマコードは4D006「半透膜を用いた分離」であり、これがMA、MB、MC、NA……というようにい

図表補−1　観点およびFタームの例

観点	Fターム			
MA	MA00 膜の形状、構造	MA01 中空糸膜		
		MA02 管状膜		
		MA03 平膜		
		MA04 その他の形状		
		MA06 多層構造のもの（複合膜）	MA07 選択層が超薄膜のもの	
			MA08 複数の選択層	
			MA09 支持層に特徴	
			MA10 被覆層を有するもの	
		MA11 荷電膜	MA12 イオン交換膜	MA13 陽イオン交換膜
				MA14 陰イオン交換膜
				MA15 両性イオン交換膜
		MA16 ダイナミック膜		
		MA17 分子膜、LB膜		
		MA18 液体膜	MA19 乳化型液体膜（エマルジョン）	
		MA21 孔に特徴	MA22 孔径（数値限定）	
			MA23 表面の開口率	
			MA24 空隙率（数値限定）	
			MA25 異方性、非対称（単一層中）	
			MA26 孔の分布（MA25優先）	
			MA27 孔の形状（MA25優先）	MA28 網目状
			MA30 非多孔性膜	
		MA31 膜厚に特徴		
		MA33 中空糸、管状膜の径に特徴		
		MA34 中空糸、管状膜の断面形状に特徴		
		MA40 その他の特徴		

出所：筆者作成。

くつかの「観点」に分かれる。これらの各観点に対してMA00（膜の形状、構造）、MB00（膜の性質）、MC00（膜の材質）、NA00（膜の製造方法）というように大分類のFタームが付与され、そこにさらに細かいFタームがそれぞれぶら下がっている。ある大分類のFタームが抱える下位タームの数は千差万別である。たとえば、MA00の下には3つの階層に渡って合計31件のFタームがぶら下がっている一方で、MB00の下には3階層で合計19件のFタームがぶら下がっている。図表補−1には、一例として、観点MAに関するFタームの構造を示している。

　本書では、Fタームに基づいて2種類の特許データベースを構築した。両データベースの差は、データベースAが日系3社のみを抽出対象としたのに対し、データベースBは産業全体を抽出対象としている点にある。

1−2．日系3社に関するデータ構築手順：データベースA

　日系3社（東レ、東洋紡、日東電工）の特許の抽出は2段階で行われた。

まず、分離膜を対象とするＦタームのテーマコード4D006（下位含むFTERMH）のみを検索語として、広く分離膜に関する各企業の特許を抽出した。最初から逆浸透膜に関するＦタームだけに絞り込んで抽出した場合に漏れが生じる恐れがあることを懸念したためである[1]。検索日は2014年6月24日である。開発の歴史的経路を辿るため、検索対象期間は、ULTRA Patentで検索可能な1971年から2014年6月19日（公開日）までの43年弱の全期間である。各企業の開発開始年は、東レで1968年、日東電工で1973年、東洋紡で1971年であるので、このデータで、3社の開発動向を初期からほぼ網羅できていることになる。検索の結果、抽出された特許は、東レ1768件、日東電工1508件、東洋紡553件であった。

　ここでいう企業とは、厳密には各企業グループを指している。具体的には、検索実施日時点において、各社がウェブサイトにグループ会社として掲載している企業も含めて「自社」と本調査では定義している[2]。グループ会社も含めたのは、同一発明者がグループ会社に出向し、特許出願するケースを想定したからである。

　この処理で懸念されることは、グループ会社による単独出願特許までも「自社」に含めることによって、見方によっては不当にサンプルサイズが拡大することである。しかし、実際には、単独出願したグループ会社は、東レで3件（全て水道機工）、日東電工で0件、東洋紡で9件（うち、東洋クロス1件、日本エクスラン工業8件）に過ぎず、問題がないことが確認された。

　こうして抽出したデータをもとに、次に、4D006のテーマコード内のAA01（逆浸透膜）、GA03（逆浸透膜）、GA04（ルーズRO）、GA05（低圧RO）のいずれかのＦタームを持つ特許に絞り込んだ。その際、抽出対象外となった特許データについて抽出漏れがないかどうかを確認した。この結果、絞り込まれた特許件数は、東レ786件、日東電工808件、東洋紡225件となった。図表補－2は、各社の特許出願数の推移を示したグラフである。その後、出願人名や発明者名について名寄せ作業を行い、本書で扱った日系3社に関するデータ

---

[1] この作業によって漏れの心配がないことが確認されたため、次項で行った新たなデータベース構築時には、最初から4D006GA03（下位分類を含む）を検索対象として特許を抽出した。

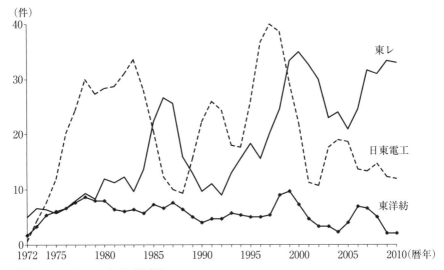

図表補-2　日系3社の出願動向

出所：ULTRA Patent に基づき筆者算出。
注：3年中央移動平均値。

2) 検索対象となった具体的なグループ会社一覧は、以下の通りである。
【日東電工グループ】日東シンコー株式会社／株式会社ニトムズ／日昌株式会社／日東ライフテック株式会社／株式会社エル日昌／マテックス加工株式会社／日東メディカル株式会社／日東精機株式会社／福島日東シンコー株式会社／日東ビジネスエキスパート株式会社／日東ロジコム株式会社／株式会社日東分析センター／株式会社オプトメイト（注：日立は除いた。）
【東レグループ】一村産業株式会社／大垣扶桑紡績株式会社／創和テキスタイル株式会社／丸一繊維株式会社／丸佐株式会社／曽田香料株式会社／水道機工株式会社／パナソニック プラズマディスプレイ株式会社／サンリッチモード株式会社／株式会社日本アパレルシステムサイエンス／エイトピア株式会社／株式会社鎌倉テクノサイエンス／東洋実業株式会社／東洋ビジネスサポート株式会社／蝶理株式会社／石川殖産株式会社／岡崎殖産株式会社／岐阜殖産株式会社／滋賀殖産株式会社／千葉殖産株式会社／土浦殖産株式会社／東洋サービス株式会社／東洋殖産株式会社／三島殖産株式会社／名南サービス株式会社
【東洋紡グループ】金江商事（株）／木津化成工業（株）／クレハエラストマー（株）／呉羽テック（株）／合同商事（株）／コスモ電子（株）／敦賀フイルム（株）／ティー・エヌ・シー／東洋クロス（株）／トーヨーニット（株）／豊科フイルム（株）／日本エクスラン工業（株）／日本ダイニーマ（株）／日本ユニペット（株）／日本ユピカ（株）／日本硫炭工業（株）／水島アロマ（株）／三元化成（株）／御幸毛織（株）／（株）ユウホウ

セットを構築した。

　AA01とGA03が同じ「逆浸透膜」に関する分類となっているのは、AA〜FAのFタームが1988年までの出願特許に対して付与された旧タームであるのに対し、GA〜PCのFタームは1989年以降に新たに設けられた新タームだからである。この新Fタームは、過去に遡って、1988年までの出願特許にも付与されている。したがって、1989年以降の出願特許にはGA03しか付与されていないのに対し、1988年までの出願特許にはAA01に加えてGA03も原則として付与されている[3]。ただし、ごく少数ながら、AA01が付与されていながらGA03が付与されていない特許、AA01は付与されていないがGA03が付与されている特許があった。これらについては、上述した「いずれかのFタームを持つ特許」という抽出ルールを適用しているため、データセットの中には遺漏なく組み込まれている。

1-3．産業全体に関するデータベース構築手順：データベースB

　日系3社に関する特許データを整備した後、2017年8月24日にあらためて産業全体を対象として特許データを抽出した。第10章と第11章で産業分析を行うためである。この際には、最初から4D006のGA03を選択して出願特許を抽出した。下位分類を含む形で抽出したので、GA03の下位分類となっているGA04（ルーズRO）とGA05（低圧RO）を持つ特許も含まれている。結果として得られた特許件数は9296件である。

　前項のデータベースAとは、（1）検索対象が日系3社に限られていないこと、（2）旧タームであるAA01を検索対象に入れていないこと、そして、（3）ごく数年ながらより直近のデータを追加していること、といった3点で相違がある。この9296件を対象にして日系3社の特許情報を整備し直すことも考えられたが、分析目的からして、膨大な名寄せ作業を再度行うほどの必要性はないと判断し、日系3社の分析では前項のデータベースAを使い、産業レベルでの分析では本項のデータベースBに依拠した。念のため、データベースAと共通

---

[3] 旧Fタームのみで見たときの各社特許数は、東レ351件、日東電工576件、東洋紡186件である。

図表補-3　対象特許数の推移（出願年別）

(件)　　　　　　　　　　　　　　　　　　　　　N：9232

出所：ULTRA Patentに基づき筆者作成。

する期間の特許情報を比較したところ何ら相違がないことが確認された。

　図表補-3は、日本で取得された全ての逆浸透膜特許9296件[4]のうち、2015年までに出願された9232件について出願年別推移を示したグラフである。1970年代後半、1980年代半ば、2000年代前後、そして2010年以降にそれぞれピークを迎えて波打ちながら長期的には増加傾向にあるというのが、産業レベルにおける逆浸透膜の開発動向である。

2．第10章に関する補足

2-1．原水と生産水のFタームについて

本節では、第10章で分析した用途開拓活動に関して補足する。

---

[4] このうち2016年と2017年に出願された特許として64件が公開されているものの、他にも審査中で公開されていないものも多いと考えられる。

逆浸透膜の用途開拓には大きく2つがある。ひとつはインプットに相当する原水側での用途開拓であり、もうひとつはアウトプットに相当する生産水の使用先に関する用途開拓である。原水側での用途開拓とは「どのような水を処理するのか」を指し、生産水側での用途開拓とは「どこに使うのか」を指す。第10章で記したように、海水淡水化は原水に関する話であり、半導体向け超純水製造用途は生産水の使用先に関する話だという違いがある。

　原水・生産水ともにその用途には多様な広がりがある。原水では、海水の淡水化以外にも、工場廃液や血液の処理といった用途がある。生産水の使用先でも、超純水を半導体製造用途に供給するだけでなく、純水を病院向けに展開したり、飲料水を広く社会に供給するといったように様々な道が考えられる。

　図表補-4は、テーマコード4D006内で、こうした原水と生産水に関する各用途に与えられているFタームの一覧表である。本書の分析目的からして残念なことは、飲料用途に相当するFタームが存在しないことである。

　第10章では、このFタームを手がかりとして、主として飲料用途を想定していた海水淡水化が本格的に実用レベルに達するまでの間、東レ、日東電工、東洋紡の3社が原水と生産水それぞれについてどのような探索活動を行ってきたのかを分析した。分析目的が3社比較であることからデータベースAを使用した。

2-2．日系3社の注力領域（原水）

　原水に関する日系3社の注力領域を分析するにあたり、図表補-4のうちPB01「被処理流体」とその下位タームに注目して各社の用途探索活動を確認した。便宜上、これらのFタームを総称してPB01群Fタームと呼ぶ。第10章ではこのうち各社が特に注力していた領域だけを抽出し、全ての領域は示していなかった。そこで本節では、東レ、日東電工、東洋紡の3社が取得した特許を、このFターム群の分類に則って整理し、原水に関して各社が想定していた用途領域の俯瞰図を示す。

　PB01群Fタームを持つ特許数は、東レ239件、日東電工493件、そして東洋紡177件であった。これらの特許に関するFターム分析を行う際に注目すべき点は、各特許に対してPB01群Fタームが1つだけ付与されている場合もあれ

図表補-4　原水および生産水に関する用途別Fターム

原水に関するFターム一覧

PB01 被処理流体	PB02 用水	PB03 海水
		PB04 表流水（河川水、湖沼水）
		PB05 地下水、井戸水
		PB06 水道水
	PB07 循環水	
	PB08 廃液、排水	
	PB09 血液	
	PB12 水溶液	
	PB13 非水液体	
	PB14 油—水系、有機液体—水系	
	PB15 懸濁液、エマルジョン	
	PB17 空気	
	PB18 燃料ガス、天然ガス	
	PB19 排ガス、廃ガス	
	PB20 その他の被処理流体	

生産水に関するFターム一覧

PC00 利用分野、用途	PC01 電子工業、半導体工業	PC02 超純水の製造	PC03 一次純水の製造
			PC04 二次純水の製造
		PC05 クリーンルーム	
	PC11 食品工業	PC12 発酵工業	
		PC13 大豆処理	
		PC14 乳業	
		PC15 卵白	
		PC16 水産加工、食肉	
		PC17 果汁、野菜ジュース	
		PC18 製糖、デンプン	
	PC21 電着塗装		
	PC22 メッキ工業		
	PC23 含油廃水		
	PC24 脱脂廃水		
	PC25 紙パルプ		
	PC31 ボイラ用水（火力発電所）		
	PC32 原子力発電所の復水処理		
	PC33 原子力発電所の廃水処理		
	PC36 同位体分離、ウランの回収、精製		
	PC38 分析		
	PC41 医療	PC42 薬品製造用水	
		PC43 病院用水	
		PC44 透析用水、透析液	
		PC45 輸液、注射用水、その処理用フィルタ	
		PC46 腹膜透析用透析液	
		PC47 人工腎臓	
		PC48 人工肺	
		PC49 コンタクトレンズ洗浄液	
	PC51 浄水器	PC52 家庭用浄水器	
		PC53 非常時、海難用	
	PC54 中水道、雑用水		
	PC55 プール		
	PC56 風呂		
	PC61 し尿、蓄尿処理		
	PC62 活性汚泥処理	PC63 上澄水の分離（PC65優先）	
		PC64 活性汚泥の濃縮	
		PC65 家庭用浄化槽	
	PC67 バイオリアクタ		
	PC69 メンブレンリアクタ		
	PC71 酸素富化		
	PC72 除湿		
	PC73 空気清浄器		
	PC77 ガソリンペーパー		
	PC80 その他の利用分野、用途		

出所：特許庁ウェブサイトに基づき筆者作成。
注：テーマコード4D006内のFターム分類。

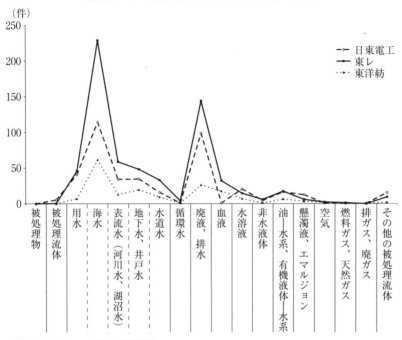

図表補-5 想定用途に関する3社比較（原水）

出所：ULTRA Patentに基づき筆者算出。

ば、複数付与されている場合もあることである。Ｆタームは、社外の第三者が割り振っているので、複数のPB01群Ｆタームを持つ特許よりも、特定の１つのＦタームしか持たない特許の方が、第三者の目から見て、より絞りこまれた用途向けに開発された技術であると考えられる。

　そこで、付与されているPB01群Ｆターム数の逆数で重み付けを行い、各特許の用途関連度を定量化した。具体的には、ある特許に付与されているPB01群Ｆターム数をｎとした場合、それぞれのPB01群Ｆタームに１／ｎを与えている。例えば、PB01群Ｆタームを１つしか持たない特許の場合には、そのＦタームには１／１＝１が付与される。一方で、PB01群Ｆタームを３つ持つ特許の場合には、その３つのＦタームにそれぞれ１／３が付与される。

　このような処理方法に基づいて、各社の出願特許（東レ239件、日東電工493件、東洋紡177件）にどのPB01群Ｆタームがどの程度付与されているかを

算出した結果が図表補-5である。図からは、3社とも「海水」を原水とした開発に最も力を入れていることがわかる。「廃液、排水」の処理が「海水」の処理に続いているのも3社同様である。ここからは、3社とも「海水」および「廃液、排水」を原水として強く意識しながら膜開発を進めてきたことがあらためて確認できる[5]。

企業間の違いに注目すると、東レの「海水」への特化ぶりが鮮明にあらわれている。一方、日東電工については、「海水」と「廃液、排水」とが拮抗している。これは、膜のデパートを標榜していた同社が、海水以外の水処理も視野に入れて開発していたことを部分的に裏付けている。ただし、「血液」について日東電工の値は低く、病院向け開発には同社があまり注力していなかったことを示唆しているのかもしれない。

2-3. 日系3社の注力領域（生産水）

次に、生産水に関するPC00群Fタームに注目し、原水の場合と同じ要領で、日系3社による生産水の用途探索活動の全体像を示す。ただ、原水のPB01群とは異なり、生産水のPC00群にはPC00自体を含めて51件ものFタームが含まれる。その全てを同時にグラフ化すると視認性が悪くなるので、以下の大区分ごとに束ねて確認する。

PC00群の大区分は、「電子工業、半導体工業（PC01）」、「食品工業（PC11）」、「電着塗装（PC21）」、「メッキ工業（PC22）」、「含油廃水（PC23）」、「脱脂廃水（PC24）」、「紙パルプ（PC25）」、「ボイラ用水（火力発電所）（PC31）」、「原子力発電所の復水処理（PC32）」、「原子力発電所の廃水処理（PC33）」、「同位体分離、ウランの回収、精製（PC36）」、「分析（PC38）」、「医療（PC41）」、「浄水器（PC51）」、「中水道、雑用水（PC54）」、「プール（PC55）」、「風呂（PC56）」、「し尿、蓄尿処理（PC61）」、「活性汚泥処理（PC62）」、「バイオリアクタ（PC67）」、

---

[5] グラフにおいて、海水や表流水に対して多くの値が与えられているにもかかわらず、その上位階層にあたる用水（PB02）に与えられている値が低いことを疑問視する読者もいるかもしれない。これは、元々のFタームの付与ルールに基づき、海水や表流水、地下水、水道水に当てはまらないその他の用水を扱う特許に対して、この上位階層のFタームが付与されているからである。

「メンブレンリアクタ（PC69）」、「酸素富化（PC71）」、「除湿（PC72）」、「空気清浄機（PC73）」、「ガソリンベーパー（PC77）」、「その他の利用分野、用途（PC80）」の26件である。なお先述したように、この中に飲料用途は含まれておらず、「その他の利用分野、用途」の中に入っている可能性が高い。

　これらのタームの中には、さらに細かな下位タームを持つものがある。例えば、「電子工業、半導体工業（PC01）」には「超純水の製造（PC02）」と「クリーンルーム（PC05）」の2つがぶら下がっており、さらに「超純水の製造（PC02）」には「一次純水の製造（PC03）」と「二次純水の製造（PC04）」がぶら下がっている。このように、あるタームが下位タームを持つとき、どの階層の下位タームが与えられていようと、それは大区分の中でFタームが与えられているので、大区分のFタームに値を付与することにした。例えば、ある特許に「二次純水の製造（PC04）」が割り振られている場合には「電子工業、半導体工業（PC01）」群に割り振られたと考えてPC01に$1/n$の値を付与した。ここでnは、その特許に対して割り振られている大区分PC群Fタームの数である。

　図表補-6は、以上の処理手続きを経た上で、生産水の用途に関する3社比較を行った結果を示している。3社とも上位5用途は、「電子工業、半導体工業」、「食品工業」、「医療」、「浄水器」、「その他の利用分野、用途」で共通している。上位3用途に絞ると、東レは「電子工業、半導体工業」、「その他の利用分野、用途」、「医療」、日東電工は「電子工業、半導体工業」、「食品工業」、「医療」、そして東洋紡は「医療」、「食品工業」、「電子工業、半導体工業」という順となっている。「その他の利用分野、用途」が東レで多いことからして、やはり飲料用途がこの分類の多くを占めていると推測される。

3．第11章に関する補足

3-1．開発材料の分布

　第11章で明らかにしたように、逆浸透膜の材料は酢酸セルロース系からポリアミド系へと転換し、膜形状は平膜型に収斂していった。図表11-1に示した使用材料の転換プロセスを描く際にとった手順は、以下の通りである。産業全

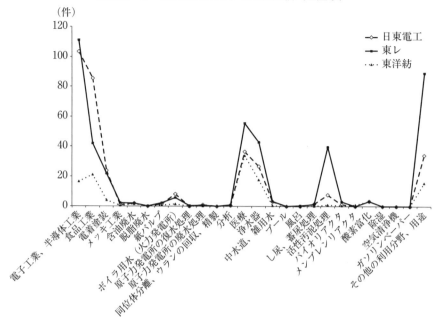

図表補-6　想定用途に関する3社比較（生産水）

出所：ULTRA Patent に基づき筆者算出。

体の分析であるため、ここで使用したのはデータベースBである。

　まず、全特許9296件のうち、テーマコード4D006「半透膜を用いた分離」の中の「膜の性質」に関するFタームであるMB群を持つ特許3527件を抽出した。次に、その3527件を対象として、「膜の材質」を示すMC00群に含まれるMC09群「高分子有機材料」のFタームを持つ特許を、その下位分類も含めて抜き出した[6]。さらに、MC09群の2つ下の階層にセルロースやポリアミドなどの具体的な膜材料名があらわれることから、その階層のFタームで整理可能な特許2797件を抜き出して、使用材料別に分類した[7]。こうして整理した特許データを便宜的にMB×MC09特許データと呼ぶ。図表11-1は、各年代に出願されたMB×MC09特許データ全体に占める、MC11群「セルロース」、MC54群「ポリアミド」、MC62群「ポリスルホン」が付与された特許数の比率

6）すなわち、MC69までが対象である。

を算出して図示したものである。

　セルロース、ポリアミド、ポリスルホン以外の材料も含めて材料の推移を網羅的に示したのが図表補－7である。各Fターム群の比率の合計が100％を大きく超えているのは、1つの特許に対して複数のFターム群が付与されている場合が多いからである。

　この表を見ると、特許数が多いのは、ポリアミド（1621件）、ポリスルホン（1515件）、そしてセルロース（1291件）である。使用材料としてポリスルホンの数が多いのは、第4部で記したように、逆浸透膜が複合化していくにつれて支持層の開発が進んだからである。

　時系列に辿ると、1970年代に出願されたMB×MC09特許データの62.8％がセルロースのFタームを有していたことがわかる。しかしその比率は1990年代に36.51％まで下がっている。一方で上昇しているのがポリアミドである。1970年代には38.82％にしか付与されていなかったが、その後増加し、2010年代に72.94％となっている。2010年代に出願されたMB×MC09特許データの7割以上にポリアミドのFタームが付与されているということである。支持層を担うポリスルホンも1970年代は27.85％に過ぎなかったが、2010年代には66.67％にまで上昇している。

3-2．酢酸セルロース系からポリアミド系平膜型へ

　続いて、膜材料に膜形状の情報を加え、開発対象となった技術領域が収斂していった様子を示す。

　図表補－8Aは、日本で出願された特許9296件のうち、膜の材料と形状が特定できた805件の技術領域別推移を年代別に表している[8]。ここでは、膜の材料と形状を組み合わせて技術領域を示している。図表補－8Bは、805件のうち複合構造に関するFタームを合わせ持つ特許351件（複合膜に関すると考え

7）この分類に際して、各群にのみ属する特許（696件）に分析対象を限定しなかったのは、膜の複合化が進んだ結果として、分離層を担う膜開発を行った場合でも支持層を司る膜のFタームが同時に付与されている場合が少なくないからである。4層目で各群にのみ属する特許を分析対象とすると、複合膜に関わる特許が不当に少なく抽出されてしまうのである。

図表補-7　各年代別のFターム群別特許数の推移

第4層目	Fターム名		総計	年代別内訳 1970年代	1980年代	1990年代	2000年代	2010年代
MC11群	セルロース	件数 %	1,291 46.16	309 62.80	294 42.12	207 36.51	227 42.83	254 49.80
MC22群	ポリオレフィン	件数 %	845 30.21	94 19.11	203 29.08	178 31.39	151 28.49	219 42.94
MC24群	ポリビニル芳香族 （ポリスチレン等）	件数 %	331 11.83	94 19.11	109 15.62	60 10.58	27 5.09	41 8.04
MC25群	ポリアルケニルハロゲン	件数 %	1,029 36.79	125 25.41	240 34.38	166 29.28	204 38.49	294 57.65
MC32群	ポリアルケニルアルコール、その誘導体	件数 %	655 23.42	112 22.76	191 27.36	131 23.10	102 19.25	119 23.33
MC35群	不飽和酸重合体、その誘導体	件数 %	959 34.29	182 36.99	259 37.11	176 31.04	147 27.74	195 38.24
MC40群	側鎖に窒素複素環を有するもの	件数 %	245 8.76	62 12.60	66 9.46	35 6.17	35 6.60	47 9.22
MC42群	ポリアセチレン系	件数 %	22 0.79	1 0.20	13 1.86	5 0.88	1 0.19	2 0.39
MC45群	ポリエーテル	件数 %	546 19.52	95 19.31	136 19.48	99 17.46	88 16.60	128 25.10
MC48群	ポリエステル	件数 %	636 22.74	107 21.75	159 22.78	90 15.87	103 19.43	177 34.71
MC49群	ポリカーボネート	件数 %	252 9.01	39 7.93	87 12.46	27 4.76	31 5.85	68 13.33
MC50群	エポキシ樹脂	件数 %	73 2.61	9 1.83	16 2.29	6 1.06	6 1.13	36 7.06
MC52群	ポリ尿素	件数 %	106 3.79	19 3.86	36 5.16	26 4.59	13 2.45	12 2.35
MC53群	ポリウレタン	件数 %	120 4.29	20 4.07	26 3.72	21 3.70	18 3.40	35 6.86
MC54群	ポリアミド	件数 %	1,621 57.95	191 38.82	333 47.71	359 63.32	366 69.06	372 72.94
MC57群	窒素複素環を有するもの	件数 %	774 27.67	98 19.92	219 31.38	159 28.04	118 22.26	180 35.29
MC60群	ポリアミン	件数 %	184 6.58	49 9.96	67 9.60	37 6.53	12 2.26	19 3.73
MC62群	ポリスルホン	件数 %	1,515 54.17	137 27.85	425 60.89	338 59.61	275 51.89	340 66.67
MC66群	主鎖に窒素、硫黄を有するもの	件数 %	18 0.64	2 0.41	7 1.00	3 0.53	1 0.19	5 0.98
	合計件数		2,797	492	698	567	530	510

出所：ULTRA Patentに基づき筆者作成。
注：各Fタームごとの件数については重複があるため、合計件数とは合致しない。

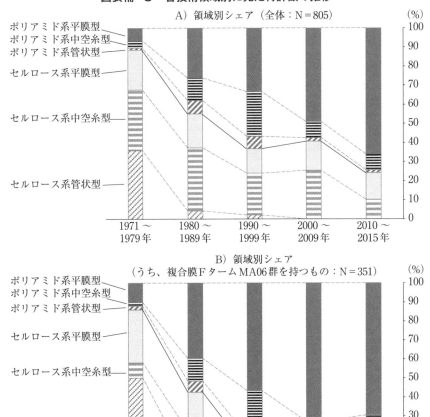

図表補-8　各技術領域別に見た特許数の推移

A) 領域別シェア（全体：N = 805）

B) 領域別シェア（うち、複合膜FタームMA06群を持つもの：N = 351）

出所：ULTRA Patentに基づき筆者算出。

---

8) このうち、技術領域間でのFタームの重複を集計対象から外し、ある特定の技術領域のみを示すFタームの組み合わせを持つ特許だけを抽出すると835件となった。この835件のうち、膜形状が「その他」ではなく管状型、中空糸型、平膜型のいずれかに関するFタームを持つ特許は805件であった。この805件を、材料と形状の6つの組み合わせ（技術領域と呼ぶ）に分類して推移を示した。

られる特許）に絞り込み、同様に技術領域別の推移を示している。

　図表補-8Aからは、1970年代には、セルロース系を材料として、管状型、中空糸型、平膜型が比較的分散して開発されていたことがわかる。当初主流であった管状型の開発は70年代でほぼ終わり、80年代に入るとセルロース系では中空糸型が主流となった。その一方で80年代以降急速に増大したのがポリアミド系材料を用いた開発である。ポリアミド系では平膜型の開発が主流であることがわかる。

　複合膜に関する特許を示した図表補-8Bからは、1970年代には管状型の開発が目立ったものの、早々に平膜型の開発に移行したことが確認できる。セルロース系でも平膜型が多いという事実は、材料を問わず複合膜には平膜型が適していることを示唆している。

3-3．バリューチェーン上の各領域への分類手続きについて

　図表11-10および11-11では、バリューチェーンに沿って、膜系、膜モジュール系、オペレーション系という3つの領域に特許を分類して分析を行った。同じ分類は、図表12補-1を描く際にも行われた。これらの際にとった手続きは、以下の通りである。

　テーマコード4D006内のGAから始まる観点を見ると、膜領域（MA・MB・MC・NA）、膜モジュール領域（HA・JA・JB）、オペレーション領域（KA・KB・KC・KD・KE・LA）の順に並んでいる。これらの観点に属するFタームを用いて、各特許がバリューチェーンのどの領域に関連するのかを分類した。ただし、これまでも記してきているように、1つの特許に対して複数のFタームが付与されている場合が多いため、各領域への特許の分類に際して以下のルールに沿うこととした。

　分類ルールの基本的な考え方は、ある特許に対して3つの領域のFタームが割り振られている程度の最も大きい領域をその特許の対象領域とするというものである。先述したように、膜領域には4つ、膜モジュール領域には3つ、オペレーション領域には6つのFタームが大区分として第一階層にある。ここではそれを「親ターム」と便宜的に呼んだ上で、以下の5つの手続きを踏むこととした。

1）3つの領域に関するFタームが一つも付与されていない特許は分析から除外する。

　＊データベースAの日東電工と東レの場合で見ると、日東電工の2つの特許（特願2008-245372：特願平08-113407）がこのケースに当てはまったため、分析から除外した。データベースBでは41件がこのケースに当てはまっている。

2）ある特許に、ある領域の親タームの下位階層にあるFタームが1つ以上付与されている場合、該当する親タームが付与されたものとする。

　＊例：ある特許に対して第二階層のMA06が付与されていれば、MAが割り振られたものと考え、MA関連特許として認識する。また、第三階層のMA08が割り振られていたとしても同様にMA関連特許として認識する。このとき、当該特許に対してMAに属するFタームがいくつ振られているかは区別しない。

3）膜領域、膜モジュール領域、オペレーション領域別に、割り振られている親タームの割合を計算し、これを便宜上、それぞれの領域における「領域充足率」と呼ぶ。

　＊例：膜領域には、MA、MB、MC、NAという4つの親Fタームがある。このうち、MAとMCに関するFタームがその特許に付与されている場合、膜に関する領域充足率は2／4で50％となる。同様に、膜モジュール領域に属するHA、JA、JBという3つのうち、HAだけがその特許に付与されているなら、膜モジュールに関する領域充足率は1／3で33.3％となる。

4）膜領域、膜モジュール領域、オペレーション領域別に計算された領域充足率を比較し、最も高い比率を示す領域を、その特許の対象領域と認定する。

　＊例：ある特許に対し、膜領域の親タームが2つ、膜モジュール領域の親タームが1つ、オペレーション領域の親タームが2つ割り振られていた場合、それぞれの領域充足率は50％、33％、33％となり、この特許の対象領域は膜領域であると認定される。

5）領域充足率が複数の領域で同じ値となり、それが最高値である場合には、

その特許は複合領域であると認定し、それぞれの領域に0.5の値を与える。
　＊例：領域充足率が膜領域で50％、膜モジュール領域で33.3％、オペレーション領域で50％となった場合は、膜領域とオペレーション領域の複合領域特許と認定し、両方の領域に0.5ずつを与える。

　特許の出願数は単年ごとの波が大きいことから、第12章補論における企業別比較では、短期変動の影響を緩和させるために10年単位で区切って特許をまとめた上で、各年代における出願特許全体に占める膜関連特許、膜モジュール関連特許、そしてオペレーション関連特許の比率を算出した。

参考文献

　逆浸透膜に関する個別の技術開発史を扱っている第1部～第3部については章別に整理し、理論的な問題を扱っている序章、第4部、終章については、一括して掲載している。複数箇所で引用されている文献については、原則として初出章に掲載した。

【第1章】

Akgul, D., M. Çakmakcı, N. Kayaalp, and I. Koyuncu（2008）"Cost Analysis of Seawater Desalination with Reverse Osmosis in Turkey," *Desalination*, Vol. 220, pp. 123-131.

中国国家発展改革委員会（2016）「全国海水利用第13次5カ年計画」。
　http://www.ndrc.gov.cn/zcfb/zcfbghwb/201612/W020161230519130996138.pdf
　（2018年4月9日確認）

富士経済（2010）『高機能分離膜／フィルター関連技術・市場の全貌と将来予測2010』富士経済。

富士経済（2014）『高機能分離膜／フィルター関連技術・市場の全貌と将来予測2014』富士経済。

富士経済（2016a）『高機能分離膜／フィルター関連技術・市場の全貌と将来予測2016』富士経済。

富士経済（2016b）『2016年版 水資源関連市場の現状と将来展望』富士経済。

房岡良成（2004）「トリニダードトバゴの例」『日本海水学会誌』第58巻第3号、pp. 264-267。

IDA（2014）*IDA Desalination Yearbook 2014-2015*, Global Water Intelligence.

IDA（2016）*IDA Desalination Yearbook 2016-2017*, Global Water Intelligence.

海水淡水化技術評価委員会（1998）『海水淡水化技術開発（逆浸透法海水淡水化技術開発調査）中間報告書』。

国家海洋局（2016）『2016年 全国海水利用報告』中華人民共和国自然資源部。
　http://www.soa.gov.cn/zwgk/hygb/hykjnb_2186/201707/t20170719_57029.html
　（2018年4月9日確認）

久保田昌治（1992）「超純水の製造法とその応用」『繊維と工業』第48巻第2号、pp. 20-27。

國吉長和（2007）「沖縄県企業局海水淡水化施設の運転状況」『造水技術』第31巻第4号、

pp. 35-39。

栗田工業監修、吉村二三隆（2002）『これでわかる水処理技術』工業調査会。

膜分離技術振興協会・膜浄水委員会監修、浄水膜（第2版）編集委員会編（2008）『浄水膜（第2版）』技報堂出版。

森田博志（1999）「超純水技術（製造・分析技術と機能水）」『表面技術』第50巻第10号、pp. 873-878。

守田幸雄（2011）「福岡地区における海水淡水化プラントの運転事例」『EICA』第15巻第4号、pp. 48-51。

永井正彦（2010）「第2編 技術編：第4章 膜を用いる海水淡水化システムの現状と今後の展開」中尾真一・渡辺義公編『膜を用いた水処理技術：普及版』シーエムシー出版、pp. 119-138。

National Water Supply Improvement Association（1981）*Desalination Plants Inventory Report*, No. 7.

『日本経済新聞』（2013年9月27日、p. 9；2014年2月19日、p. 3；2014年7月10日、p. 13；2015年1月21日、p. 12；2017年3月14日、p. 15）。

『日経産業新聞』（2014年2月20日、p. 15；2014年5月26日、p. 19；2015年8月31日、p. 19）。

日経産業新聞編（2010）『日経市場占有率2011年版』日本経済新聞出版社。

日経産業新聞編（2011）『日経シェア調査2012年版』日本経済新聞出版社。

日経産業新聞編（2012）『日経シェア調査2013年版』日本経済新聞出版社。

日経速報ニュースアーカイブ（2012年5月24日；2015年1月21日；2017年5月2日）。

『日経ヴェリタス』（2012年8月12日、p. 49）。

岡崎稔・谷口良雄・鈴木宏明（2006）『図解よくわかる水処理膜』日刊工業新聞社。

岡崎素弘・木村尚史（1983）「最近の逆浸透法による海水淡水化について」『日本海水学会誌』第37巻第3号、pp. 149-158。

沖大幹（2016）『水の未来：グローバルリスクと日本』岩波書店。

RobecoSAM Study（2015）*Water: The Market of the Future*, RebecoSAM AG. http://www.robecosam.com/images/Water_Study_en.pdf（2018年4月9日確認）

社団法人日本水道協会（2004）『WHO飲料水水質ガイドライン 第3版（日本語版）』国立保健医療科学院。

社団法人日本水道協会（2011）『WHO飲料水水質ガイドライン 第4版（日本語版）』国立保健医療科学院。

社団法人日本水道協会編（2009）『水道施設におけるエネルギー対策の実際 2009』日本水道協会。

綜合包装出版株式会社（1980）『高分子多孔質膜の開発動向と市場実態：逆浸透膜、

限外濾過膜、精密濾過膜、イオン交換膜（市場調査レポート〈'80 - 4〉）』綜合包装出版.

Wilf, M., and C. Bartels（2005）"Optimization of Seawater RO Systems Design," *Desalination*, Vol. 173, pp. 1-12.

Wittholz, M., B. O'Neill, C. Colby, and B. Lewis（2008）"Estimating the Cost of Desalination Plants Using a Cost Database," *Desalination*, Vol. 229, pp. 10-20.

山村弘之（2010）「第3編 応用編：第3章 海水淡水化施設 1.世界の海水淡水化施設」中尾真一・渡辺義公編『膜を用いた水処理技術：普及版』シーエムシー出版、pp. 256-259.

http://www.env.go.jp/earth/ondanka/gel/ghg-guideline/water/measures/view/012.pdf（2017年12月26日確認）

https://www.foreverpureplace.com/（2018年4月14日確認）

【第2章】

Chung, T-S., S. Zhang, K. Yu Wang, J. Su, and M. Ming Ling（2011）"Forward Osmosis Processes: Yesterday, Today and Tomorrow," *Desalination*, Vol. 287, pp. 78-81.

Lewis, W. M.（ed.）（1980）*Developments in Water Treatment-2*, Applied Science Publishers.

大矢晴彦（1985）「逆浸透膜：最近の進歩」『膜』第10巻第2号、pp. 101-106.

新谷卓司（2011）「逆浸透膜法による大規模海水淡水化および都市下水再生処理」『膜』第36巻第5号、pp. 227-232.

高橋智輝・松山秀人（2016）「海水を利用した正浸透膜法による都市下水の濾過濃縮」『日本海水学会誌』第70巻第6号、pp. 340-346.

田中賢次・松井克憲・堀孝義・岩橋英夫・竹内和久・伊藤嘉晃（2009）「世界初大型3段直列逆浸透（RO）法海水淡水化設備」『三菱重工技報』第46巻第1号、pp. 13-15.

谷口雅英（2009）「RO膜を使った海水淡水化技術の現状と今後の展望」『日本海水学会誌』第63巻第4号、pp. 214-220.

和田洋六（2004）『造水の技術（増補版）』地人書館.

財団法人造水促進センター（各年）『海水淡水化技術開発調査報告書』.

造水技術編集企画委員会編（1983）『造水技術』財団法人造水促進センター.

http://www.f-suiki.or.jp/facility/kaitan-center/kaitan-facility/about-maku/（2018年5月27日確認）

【第３章】

American Water Works Association (2007), *Reverse Osmosis and Nanofiltration* (*2nd ed.*), American Water Works Association.

青木正裕・武山高之 (1970)「(2) 産業資材」『繊維工学』第23巻第2号、pp. 21-26。

Baker, R. (2004), *Membrane Technology and Applications* (*2nd ed.*), John Wiley & Sons.

Boehlert, C. (各年) *Legislative History: Saline Water Conversion Act*, Office of Saline Water, U.S. Dept. of the Interior.

Bogart, E. (1934) *The Water Problem of Southern California*, Illinois Studies in the Social Sciences, Vol. 19, No. 4, University of Illinois.

Cadotte, J. (1985a) "Evolution of Composite Reverse Osmosis Membranes," D. R. Lloyd (ed.) *Materials Science of Synthetic Membranes*, American Chemical Society, pp. 273-294.

Cadotte, J., and R. Petersen (1981) "Thin-Film Composite Reverse-Osmosis Membranes: Origin, Development, and Recent Advances," A. Turbak (ed.) *Synthetic Membranes: Based on the 20th Anniversary Symposium Honoring Drs. Loeb and Sourirajan, Vol. 1 Desalination*, American Chemical Society, pp. 305-326.

Cadotte, J., R. Petersen, R. Larson, and E. Erickson (1980) "New Thin-Film Composite Seawater Reverse Osmosis Membrane," *Desalination*, Vol. 32, pp. 25-31.

長高連 (1967)「『平和のための水利用』国際会議報告」『鋳鉄管』第4号、pp. 12-13。

Cohen, Y., and J. Glater (2009) "A Tribute to Sidney Loeb: The Pioneer of Reverse Osmosis Desalination Research."
http://gwri-ic.technion.ac.il/pdf/IDS/378.pdf（2019年1月17日確認）

Francis, P. (1966) *Fabrication and Evaluation of New Ultrathin Reverse Osmosis Membranes*, Office of Saline Water, Research and Development Progress Report, No. 177, U.S. Dept. of the Interior.

General Accounting Office (1979), *Desalting Water Probably Will Not Solve the Nation's Water Problems, But Can Help: Report to the Congress*, U.S. General Accounting Office.

Glater, J. (1998) "The Early History of Reverse Osmosis Membrane Development." *Desalination*, Vol. 117, pp. 297-309.

Hassler, G., and J. McCutchan (1960), *Saline Water Conversion*, Advances in Chemistry Series, Vol. 27, American Chemistry Society, p. 192.

Hightower, S., K. Price, and L. Henthorne (1994) "The US Bureau of Reclamation's Research Programs in Water Treatment and Desalting Technologies," *Desalination*, Vol. 99, pp. 201-210.

Lee, K., T. Arnot, and D. Mattia (2011) "A Review of Reverse Osmosis Membrane Materials for Desalination—Development to Date and Future Potential," *Journal of Membrane Science*, Vol. 370, Issues 1-2, pp. 1-22.

Loeb, S. (1981) "The Loeb-Sourirajan Membrane: How It Came About," *ACS Symposium Series* (USA), pp. 1-9.

Loeb, S., and E. Selover (1967) "Sixteen Months of Field Experience on the Coalinga Pilot Plant," *Desalination*, Vol. 2, pp. 75-80.

Loeb S., and S. Sourirajan (1962) "Sea Water Demineralization by Means of an Osmotic Membrane," *Advances in Chemistry Series*, Vol. 38, American Chemistry Society, pp. 117-132.

Lonsdale, H. (1982) "The Growth of Membrane Technology," *Journal of Membrane Science*, Vol. 10, Issues 2-3, pp. 81-181.

MacGoawn, C. (1963) "History, Function and Program of the Office of Saline Water," *Proceedings of the Eighth Annual New Mexico Water Conference*, pp. 24-32.

Office of Saline Water (1972) *Saline Water Conversion Summary Report*, Office of Saline Water, U. S. Dept. of the Interior.

Office of Saline Water (1974) *Saline Water Conversion Summary Report*, Office of Saline Water, U. S. Dept. of the Interior.

小塩和人 (2003) 『水の環境史:南カリフォルニアの二〇世紀』玉川大学出版部。

Reid, C., and E. Breton (1959) "Water and Ion Flow across Cellulosic Membranes," *Journal of Applied Polymer Science*, Vol. 1, No. 2, pp. 133-143.

Rozelle, L., J. Cadotte, R. Corneliussen, and E. Erickson (1968) *Development of New Reverse Osmosis Membranes for Desalination*, Office of Saline Water, Research and Development Progress Report, No. 359, U.S. Dept. of the Interior.

Sourirajan, S. (1981) "Reverse Osmosis: A New Field of Applied Chemistry and Chemical Engineering," Turbak, A. (ed.) *Synthetic Membranes: Based on the 20th Anniversary Symposium Honoring Drs. Loeb and Sourirajan, Vol. 1 Desalination*, American Chemical Society, pp. 11-62.

Stevens, D., and S. Loeb (1967) "Reverse Osmosis Desalination Costs Derived from the Coalinga Pilot Plant Operation," *Desalination*, Vol. 2, pp. 56-74.

Tomaschke, J. (2000) "III/Membrane Preparation: Interfacial Composite

Membranes," I. Wilson, E. Adlard, M. Cooke, and C. Poole (eds.), *Encyclodepia of Separation*, Academic Press, pp. 3319-3331.

Udall, S. (1970) Recorded Interview by W. W. Moss, John F. Kennedy Library Oral History Program.

U.S. Congress, Office of Technology Assessment (1988) *Using Desalination Technologies for Water Treatment*, OTA-BP-O-46.

https://www.archives.gov/research/guide-fed-records/groups/380.html（2018年2月21日確認）

http://www.dof.ca.gov（2018年5月6日確認）

【第4章】

Al-Mutaz, I. (1996) "A Comparative Study of RO and MSF Desalination Plants," *Desalination*, Vol. 106, pp. 99-106.

青木正裕・武山高之（1970）「産業資材」『繊維工学』第23巻第2号、pp. 21-26。

Applegate, L. (1981) "Effect of Seven Years RO Service on Aramid Hollow Fiber Permeators, Technical Proceedings," *9th Annual Conference and International Trade Fair of the National Water Supply Improvement Association*, Vol. 2.

Bickell, L. (1999) Colorado River Basin Salinity Control Project.

Breton, E. (1957a) *Water and Ion Flow through Imperfect Osmotic Membranes*, Ph. D. dissertation at the University of Florida.

http://ufdc.ufl.edu/AA00003986/00001/

Breton, E. (1957b) *Water and Ion Flow through Imperfect Osmotic Membranes*, Office of Saline Water, Research and Development Progress Report, No. 16, U.S. Dept. of the Interior.

http://babel.hathitrust.org/cgi/pt?id=mdp.39015078499574;view=1up;seq=3

Cadotte, J. (1985b) "Development of Composite Reverse Osmosis Membranes in Retrospect," *Membrane*, Vol. 10, No. 2, pp. 117-118.

Capone, P. (2008) "Living in Interesting Times: Donald T. Bray," *Water Conditioning & Purification*, Vol. 50, No. 3.

http://www.fivecitieswater.com/Well_Water_Treatment/0803Executive_Insight.pdf（2018年6月3日確認）

Dow Jones & Co. (1995) *The Dow Jones Guide to the World Stock Market*, Prentice Hall.

Drioli, E., and L. Giorno (eds.) (2010) *Comprehensive Membrane Science and Engineering*, Vol. 1, Elsevier.

Environmental Protection Agency, Office of Research and Development, Industrial Environmental Research Laboratory (1978) "Assessment of Best Available Technology Economically Achievable for Synthetic Rubber Manufacturing Wastewater," Vol. 1.

Glover, R. (1972)「ホロウファイバーによる逆浸透法」『日本海水学会誌』第25巻第5号、pp. 363-365。

Hoehn, H. (1985) "Aromatic Polyamide Membranes," D. R. Lloyd (ed.) *Materials Science of Synthetic Membranes*, American Chemical Society, pp. 81-98.

科学技術庁資源調査会 (1967)「海水淡水化の技術開発に関する報告」科学技術庁資源調査会報告第41号。

神沢千代志 (1980)「最近の膜法淡水化技術と新しい脱塩用膜」『膜』第5巻第6号、pp. 348-356。

熊野淳夫 (1992)「逆浸透法を用いた造水技術の最近の動向」『繊維と工業』第48巻第2号、pp. 28-34。

国定勇一・平井光芳 (1978)「省エネルギー型海水淡水化技術開発 その1」『造水技術』第4巻第1号、pp. 39-49。

Mattson, M. (1979) "Significant Development in Membrane Desalination: 1979," *Desalination*, Vol. 28, pp. 207-223.

Merten, U. (1970)「膜法による脱塩」『日本海水学会誌』第23巻第5号、pp. 206-209。

Moch, I., Jr. (1989) "A Twenty Year Case History: B-9 Hollow Fiber Permeator," *Desalination*, Vol. 74, pp. 171-181.

永澤満・滝澤章監修、高分子学会編 (1975)『水処理の高分子科学と技術 (上):高分子膜』地人書館。

Petersen, R. (1986) "Membranes for Desalination," M. B. Chenoweth (ed.), *Synthetic Membranes: MMI Press Symposium Series*, Vol. 5, MMI Press, pp. 129-154.

Ranson, W., and W. Godfrey, Jr. (1974)「高濃度塩水に用いる逆浸透用新中空糸膜」『日本海水学会誌』第28巻第1号、pp. 52-56。

Riley, R., R. Fox, C. Lyons, C. Milstead, M. Seroy, and M. Tagami (1976) "Spiral-wound Poly (ether/amide) Thin Film Composite Membrane Systems," *Desalination*, Vol. 19, pp. 113-126.

Rovel, J., and L. Daniel (1987) "Start-up of R.O. Modules after a Very Long Storage Time: A Case History," *Desalination*, Vol. 65, pp. 373-379.

妹尾学・木村尚史 (1983)『新機能材料"膜"』工業調査会。

Shields, C. (1979) "Five Year's Experience with Reverse Osmosis Systems Using Du Pont "Permasep" Permeators," *Desalination*, Vol. 28, pp. 157-179.

Spiegler, K., and A. Liard, (eds.) (1980) *Principles of Desalination* (*Part A and Part B*) (*2nd ed.*), Academic Press.

谷口良雄 (1981)「用水処理における分離技術」『繊維と工業』第37巻第11号、pp. 23-30。

Water Desalination Report (1994) Vol. 30, Iss. 19.

http://id.loc.gov/authorities/names/n50057680 (2015年2月23日確認)

http://www.fivecitieswater.com/Well_Water_Treatment/0803Executive_Insight.pdf (2018年6月3日確認)

http://main.spsj.or.jp/nenpyo/1966-1967.htm (2015年2月18日確認)

https://www.nap.edu/read/12473/chapter/36#208 (2018年6月7日確認)

https://www.sandiego.gov/sites/default/files/legacy/water/pdf/purewater/060501.pdf (2017年2月10日確認)

https://www.uop.com/about-us/uop-history/a-friendly-acquisition/ (2018年6月6日確認)

【第5章】

後藤藤太郎 (1979)「海水淡水化の技術開発はいかに行われたか」『電気学会雑誌』99巻1号、pp. 40-44。

『化学工業日報』(1995年8月18日、p. 1)。

工業技術院東京工業試験所 (1971)『東京工業試験所七十年史:最近10年間の歩み』東京工業試験所。

工業技術院東京工業試験所 (1975)『東京工業試験所七十五周年記念誌:最近5年間の歩み』東京工業試験所。

国定勇一 (1981)「茅ヶ崎における逆浸透法海水淡水化の技術開発」『日本海水学会誌』第35巻第2号、pp. 82-92。

『日本経済新聞』(1974年9月4日、p. 7;1978年5月9日、p. 8;1984年6月23日、p. 6)。

『日経産業新聞』(1977年11月25日、p. 8;1980年4月5日、p. 8;1982年7月10日、p. 1;1984年3月10日、p. 9;1985年8月10日、p. 9;1986年8月26日、p. 18)。

鈴木彰 (1972)「日本における逆浸透法の研究および応用の現状について」『日本海水学会誌』第25巻第5号、pp. 357-363。

通商産業省工業技術院 (1969)「立地ニュース:海水淡水化と副産物利用(大型プロジェクト制度新規テーマ)の研究開発計画および研究開発担当実施機関の決定について」『工業立地』第8巻第9号、pp. 68-70。

通商産業省工業技術院 (1970)「海水淡水化と副産物利用の研究開発状況」『大型プロジェクトニュース』pp. 20-23。

通商産業省工業技術院編（各年度）『工業技術院試験研究所研究計画』日本産業技術振興協会。

遣沢哲夫（1970a）「海水淡水化と副産物利用の研究開発について」『学術月報』第22巻第10号、pp. 27-35。

遣沢哲夫（1970b）「神奈川県茅ヶ崎海岸に建設された海水淡水化臨海研究施設について」『動力』第20巻第115号、pp. 81-86。

【第6章】

藤原雅俊・青島矢一・三木朋乃（2011）「東レ：逆浸透膜事業の創造プロセス」『一橋ビジネスレビュー』59巻1号、pp. 150-167。

船木春仁（2009a）「水の世界をリードする日本の『膜』技術①：高脱塩・高透過を実現した日東電工の『逆浸透膜』」『フォーサイト』2月号、pp. 68-71。

船木春仁（2009b）「水の世界をリードする日本の『膜』技術②：急成長の『汚水再利用』で競う東レと三菱レイヨン」『フォーサイト』3月号、pp. 60-62。

Water Desalination Report（2008）Vol. 44, Iss. 5.
http://www.nmbworks.com/other_pdf/WDR-5.pdf

IDA（2009）*IDA Desalination Year Book 2009-2010*, Global Water Intelligence.

井上岳治（2004）「逆浸透膜」『繊維と工業』第60巻第6号、pp. 163-165。

井上岳治・杉田和弥・伊坂弘明・房岡良成（2002）「下水用低ファウリング逆浸透膜」『膜』第27巻第4号、pp. 209-212。

経済産業省（2008）「第3章第4節 水問題と我が国の取り組み」『通商白書2008』p. 351。

栗原優（1983）「講演録：合成複合逆浸透膜による水溶性有価物の濃縮回収」『膜』第8巻第2号、pp. 97-112。

栗原優・竹内弘（2008）「水問題！日本の貢献は？」『経営センサー』東レ経営研究所、pp. 31-41。

栗原優・植村忠廣・姫島義夫・上野賢司・梅林寺良一（1994）「橋かけ芳香族ポリアミド複合逆浸透膜の開発」『日本化学学会誌』No. 2、pp. 97-107。

Kurihara, M., N. Harumiya, N. Kanamaru, T. Tonomura, and M. Nakasatomi（1981）"Development of the Pec-1000 Composite Membrane for Single-Stage Seawater Desalination and the Concentration of Dilute Aqueous Solutions Containing Valuable Materials," *Desalination*, Vol. 38, pp. 449-460.

Kurihara, M., N. Kanamaru, N. Harumiya, K. Yoshimura, and S. Hagiwara（1980）"Spiral-wound New Thin Film Composite Membrane for a Single-Stage Seawater Desalination by Reverse Osmosis," *Desalination*, Vol. 32, pp. 13-23.

Kurihara, M., H. Yamamura, and T. Nakanishi (1999) "High Recovery/High Pressure Membranes for Brine Conversion SWRO Process Development and Its Performance Data," *Desalination*, Vol. 125, pp. 9-15.

Kurihara, M., H. Yamamura, T. Nakanishi, and S. Jinno (2001) "Operation and Reliability of Very High-Recovery Seawater Desalination Technologies by Brine Conversion Two-Stage RO Desalination System," *Desalination*, Vol. 138, pp. 191-199.

日本経営史研究所編（1997）『東レ70年史　1926～96年』東レ株式会社。

『日本経済新聞』（2010年7月31日、p. 12；2013年9月28日、p. 9）。

『日経ビジネス』（2007年3月19日号、p. 134）。

『日経産業新聞』（1983年7月29日、p. 18；1984年3月3日、p. 9；1984年4月12日、p. 12）。

大河内賞受賞業績報告書第49回（2003）「ポリアミド複合逆浸透膜および逆浸透膜システムの開発」大河内記念会。

Petersen, R., and J. Cadotte (1988) "Thin Film Composite Reverse Osmosis Membranes," M. C. Porter (ed.), *Handbook of Industrial Membrane Technology*, Noyes Publications, pp. 307-348.

澤田大祐（2010）「2：水資源問題の解決に取り組む日本の膜技術」『持続可能な社会の構築：総合調査報告書』国立国会図書館調査及び立法考査局、pp. 135-144。

世界水ビジョン 川と水委員会編（2001）『世界水ビジョン』山海堂。

『週刊ダイヤモンド』（2007年1月27日号、p. 82）。

Strathmann, H., L. Giorno, and E. Drioli (2006) *An Introduction to Membrane Science and Technology*, Consiglio Nazionale delle Ricerche.

Taylor, J., Shiao-Shing Chen, Luke A. Mulford, and Charles D. Norris (2000) *Flat Sheet, Bench and Pilot Testing for Pesticide Removal Using Reverse Osmosis*, AWWA Research Foundation and the American Water Works Association.

東レ株式会社 日覺昭廣・佐藤英夫（2008）「〈第5回 IT -2010 IR セミナー〉水処理事業の拡大戦略」説明資料。
http://www.toray.co.jp/ir/pdf/lib/lib_a270.pdf （2015年11月28日確認）

東レリサーチセンター（2008）「第2章　逆浸透（RO）法」『液体の膜分離』株式会社東レリサーチセンター調査研究部。

街風隆雄（2013）「経営者たちの40代：日覺昭廣」『プレジデント』2013年8月12日号、pp. 80-81。
http://president.jp/articles/-/10670?page=3 （2015年11月28日確認）

通商産業省・財団法人造水促進センター（1987）『海水淡水化技術開発について：茅ヶ

崎研究施設における技術開発の概要』。

Uemura, T., and M. Henmi (2008) "Thin-Film Composite Membranes for Reverse Osmosis," Li, N., A. Fane, W. Winston Ho, and T. Matsuura (eds.) *Advanced Membrane Technology and Applications*, John Wiley & Sons.

http://www.nikkei.com/article/DGXNASDD270ON_X20C13A9TJ0000/（2016年3月10日確認）

http://www.toray.co.jp/ir/pdf/lib/lib_a385.pdf（2015年12月1日確認）

【第7章】

藤原雅俊・青島矢一（2014）「東洋紡：逆浸透膜の開発と事業展開」『一橋ビジネスレビュー』62巻1号、pp. 102-119。

藤原雅俊・青島矢一（2016）「東洋紡：抜本的企業改革の推進」『一橋ビジネスレビュー』64巻3号、pp. 124-141。

岩橋英夫（1996）「海水淡水化技術の実際」『日本海水学会誌』第50巻第4号、pp. 250-256。

岩橋英夫・永井正彦（1990）「世界最大の逆浸透法海水淡水化プラントの運転」『日本海水学会誌』第44巻第2号、pp. 146-151。

熊野淳夫（2000）「中空糸型逆浸透膜による海水淡水化技術」『繊維学会誌』第56巻第2号、pp. 7-11。

熊野淳夫（2007）「中東地域での海水淡水化ROプラントの運転状況」ニューメンブレンテクノロジーシンポジウム2007、発表資料。

熊野淳夫・田中利孝（2013）「中空糸型海水淡水化用逆浸透膜の開発事例と実プラントの運転事例」『日本海水学会誌』第67巻第5号、pp. 264-272。

松井宏仁（1980）「中空繊維型逆浸透モジュールについて」『膜』第5巻第1号、pp. 33-49。

Nada, N., H. Iwahashi, and F. Umemori, (1994) "Test Result of the Intermittent Chlorine Injection Method in Jeddah 1 Plant," *Desalination*, Vol. 96, pp. 283-290.

『日本経済新聞』（1984年3月2日、p. 10；1993年6月7日、p. 11；2005年11月29日、p. 13）。

『日経産業新聞』（1979年10月9日、p. 9；1982年6月10日、p. 7；1982年10月1日、p. 15；1983年6月6日、p. 11；1987年1月20日、p. 17；1991年6月5日、p. 22；1991年10月9日、p. 1；1993年6月21日、p. 21）。

仁田和秀（1993）「耐塩素性に優れる芳香族系コポリアミド中空糸型RO膜」『膜』第18巻第6号、pp. 371-374。

関野政昭（1996）「海水淡水化技術の実際：中空糸型逆浸透モジュール」『日本海水学

会誌』第50巻第4号、pp. 231-239。
関野政昭・藤原信也（1999）「中空糸型逆浸透モジュールによる高圧高回収率海水淡水化技術」『日本海水学会誌』第53巻第6号、pp. 439-444。
関野政昭・熊野淳夫・藤原信也（2006）「拡大する海水淡水化膜技術」『日本海水学会誌』第60巻第6号、pp. 408-414。
東洋紡株式会社社史編集室編（2015）『東洋紡百三十年史』東洋紡。
東洋紡績株式会社社史編集室編（1986）『百年史：東洋紡 上・下』東洋紡績。
鵜飼哲雄・二村保雄・松井宏仁（1980）「逆浸透法の最近の動向」『燃料乃燃焼』第47巻第11号、pp. 1-16。
鵜飼哲雄・矢永洋一郎（1994）「逆浸透膜法による海水淡水化技術」『化学工学』第58巻第1号、pp. 20-23。
http://www.toyobo.co.jp/news/2014/release_4747.html（2019年1月17日確認）

【第8章】

藤原雅俊・青島矢一（2014）「日東電工株式会社：逆浸透膜の開発と用途開拓」『IIR ケース・スタディ』CASE#14-02。
藤山圭（2015a）「日東電工：逆浸透膜市場におけるシェア逆転のプロセス」『一橋ビジネスレビュー』62巻4号、pp. 126-141。
廣瀬雅彦・伊東弘喜（1996）「超低圧 RO 膜『ES シリーズ』の開発」『日東技報』第34巻第2号（通巻第72号）、pp. 38-47。
池田健一（1991）「低圧 RO 膜の開発と実用化」『膜』Vol. 16, No. 4、pp. 223-232。
Ikeda, K, and J. Tomaschke (1994) "Noble Reverse Osmosis Composite Membrane," *Desalination*, Vol. 96, pp. 113-118.
岩堀博・船山健一郎（2004）「第3編第3章2. 膜前処理2段システム」『膜を用いた水処理技術』シーエムシー出版、pp. 260-276。
神山義康（1990）「RO 膜」『繊維機械学会誌』第43巻第9号、pp. 523-532。
Kamiyama, Y., N. Yoshioka, K. Matsui, and K. Nanakgome (1984) "New Thin-Film Composite Reverse Osmosis Membranes and Spiral Wound Modules," *Desalination*, Vol. 51, pp. 79-92.
中込敬祐（1984）「超純水製造のための膜モジュール」『化学装置』12月号、pp. 1-8。
『日本経済新聞』（2003年2月15日、p. 13；2007年5月18日、p. 11）。
『日経産業新聞』（1982年10月1日、p. 15；1984年8月7日、p. 7；2003年2月24日、p. 6；2005年10月19日、p. 3；2006年9月14日、p. 12）。
日東電工（1986）「滋賀工場案内パンフレット」。
日東電工（各年）『Nitto グループレポート』各年版、日東電工株式会社 CSR 推進部。

日東電工（各年）『日東技報』各巻号、日東電工；第41巻第1号より『日東電工技報』日東電工技術企画部。

沖縄県環境生活部生活衛生課（2012）『沖縄県の水道概要 平成23年度版』沖縄県保健医療部生活衛生課。

『琉球新報』（1997年4月10日）。
　　https://ryukyushimpo.jp/news/prentry-85921.html（2012年6月26日確認）

食品産業膜利用技術研究組合（1987）「最近の膜モジュール開発と食品工業への応用例」。

鈴木文夫（2004）「世界に『安全で安価な水』を提供するメンブレン事業」『日東技報』第42巻（通号第85号）、pp. 11-15。

http://caselaw.findlaw.com/us-federal-circuit/1287586.html

http://ftp.resource.org/courts.gov/c/F2/982/982.F2d.1546.92-1091.html

http://www.carlsbad-desal.com/news.aspx?id=99

http://www.waterworld.com/index/display/article-display/340334/articles/water-wastewater-international/volume-23/issue-4/features/the-reverse-osmosis-membrane-evolution.html

http://www.workingwithwater.net/view/3230/water-purification-ultrafiltration-for-portable-water-purification/

【序章・第4部・終章】

Abell, D.（1980）*Defining the Business: The Starting Point of Strategic Planning*, Prentice Hall.

Abernathy, W.（1978）*The Productivity Dilemma: Roadblock to Innovation in the Automobile Industry*, Johns Hopkins University Press.

Adner, R.（2002）"When Are Technologies Disruptive? A Demand-Based View of the Emergence of Competition," *Strategic Management Journal*, Vol. 23, No. 8, pp. 667-688.

Adner, R.（2011）*The Wide Lens: What Successful Innovators See That Others Miss*, Portfolio/Penguin（清水勝彦訳『ワイドレンズ：イノベーションを成功に導くエコシステム戦略』東洋経済新報社、2013年）.

Adner, R., and D. Levinthal（2001）"Demand Heterogeneity and Technology Evolution: Implications for Product and Process Innovation," *Management Science*, Vol. 47, No. 5, pp. 611-628.

Anderson, C.（1944）"The Development of the Pump-priming Theory," *Journal of Political Economy*, Vol. 52, No. 2, pp. 144-159.

Anteby, M., H. Lifshitz, and M. Tushman (2014) "Using Qualitative Research for 'How' Questions," p. 3. https://www.strategicmanagement.net/pdfs/qualitative-research-in-strategic-management.pdf（2018年5月25日確認）

青島矢一・河西壮夫（2005）「東レ：炭素繊維の技術開発と事業戦略」『一橋ビジネスレビュー』52巻4号、pp. 120-145。

Aoshima, Y., and H. Shimizu (2012) "A Pitfall of Environmental Policy: An Analysis of 'Eco-point Program' in Japan and Its Application to the Renewable Energy Policy," *International Journal of Global Business and Competitiveness*, Vol. 7, Iss. 1, pp. 1-13.

Aoshima, Y., K. Matsushima, and M. Eto (2013) "Effects of Government Funding on R&D Performance Leading to Commercialisation," *International Journal of Environment and Sustainable Development*, Vol. 12, No. 1, pp. 22-43.

梅林寺良一（1984）「セルロースアセテート分離膜」『紙パ技協誌』第38巻第3号、pp. 265-275。

Becchetti, L., R. Ciciretti, I. Hasan, and N. Kobeissi (2012) "Corporate Social Responsibility and Shareholder's Value," *Journal of Business Research*, Vol. 65, No. 11, pp. 1628-1635.

Beneito, P., P. Coscollá-Girona, M. Rochina-Barrachina, and A. Sanchis (2015) "Competitive Pressure and Innovation at the Firm Level," *Journal of Industrial Economics*, Vol. 63, No. 3, pp. 422-457.

Benford, R., and D. Snow (2000) "Framing Processes and Social Movements: An Overview and Assessment," *Annual Review of Sociology*, Vol. 26, pp. 611-639.

Binz, C., and B. Truffer (2017) "Global Innovation Systems: A Conceptual Framework for Innovation Dynamics in Transnational Contexts," *Research Policy*, Vol. 46, Iss. 7, pp. 1284-1298.

Camerer, C., and D. Lovallo (1999) "Overconfidence and Excess Entry：An Experimental Approach," *American Economic Review*, Vol. 89, pp. 306-318.

Christensen, C. (1992) "Exploring the Limits of the Technology S-curve, Part 1: Component Technologies," *Production and Operations Management*, Vol. 1, No. 4, pp. 334-357.

Christensen, C. (1997) *The Innovator's Dilemma: When New Technologies Cause Great Firms to Fail*, Harvard Business School Press（玉田俊平太監修、伊豆原弓訳『イノベーションのジレンマ：技術革新が巨大企業を滅ぼすとき』翔泳社、2000年）.

Christensen, C., and R. Rosenbloom (1995) "Explaining the Attacker's Advantage: Technological Paradigms, Organizational Dynamics, and the Value Network," *Research Policy*, Vol. 24, Iss. 2, pp. 233-257.

Clark, K. (1985) "The Interaction of Design Hierarchies and Market Concepts in Technological Evolution," *Research Policy*, Vol. 14, Iss. 5, pp. 235-251.

Cooper, R. (2011) *Winning at New Products: Creating Value Through Innovation*, Basic Books（浪江一公訳『ステージゲート法：製造業のためのイノベーション・マネジメント』英治出版、2012年).

Corona-Treviño, L. (2016) "Entrepreneurship In an Open National Innovation System (ONIS): A Proposal for Mexico," *Journal of Innovation and Entrepreneurship*, Vol. 5, Iss. 22, pp. 1-13.

Cushnie, G. C., Jr. (2009) *Pollution Prevention and Control Technologies for Plating Operations* (2nd ed.), National Center for Manufacturing Sciences (NCMS).

David, P., and B. Hall (2000) "Heart of Darkness: Modeling Public-Private Funding Interactions Inside the R&D Black Box," *Research Policy*, Vol. 29, Iss. 9, pp. 1165-1183.

David, P., B. Hall, and A. Toole (2000) "Is Public R&D a Complement or Substitute for Private R&D? A Review of the Econometric Evidence," *Research Policy*, Vol. 29, Issues 4-5, pp. 497-529.

De Luca, L., G. Verona, and S. Vicari (2010) "Market Orientation and R&D Effectiveness in High-Technology Firms: An Empirical Investigation in the Biotechnology Industry," *Journal of Product Innovation Management*, Vol. 27, No. 3, pp. 299-320.

電力中央研究所大手町研究所（1968）『研究報告（第 III 輯）』内 pp. 152-167（科学技術庁資料調査会（1967）「海水淡水化の技術開発に関する報告：要旨」)。

Di Stefano, G., A. Gambardella, and G. Verona (2012) "Technology Push and Demand Pull Perspectives in Innovation Studies: Current Findings and Future Research Directions," *Research Policy*, Vol. 41, Iss. 8, pp. 1283-1295.

Domitriev, I. (1970)「講演：2重目的原子力発電所の技術的・経済的評価」『日本原子力学会誌』第12巻第8号、pp. 38-40。

Dosi, G. (1982) "Technological Paradigms and Technological Trajectories: A Suggested Interpretation of the Determinants and Directions of Technical Change," *Research Policy*, Vol. 11, Iss. 3, pp. 147-162.

Ellsberg, D. (1961) "Risk, Ambiguity, and the Savage Axioms," *Quarterly Journal of Economics*, Vol. 75, No. 4, pp. 643-669.

Engau, C., and V. Hoffmann (2011) "Corporate Response Strategies to Regulatory Uncertainty: Evidence from Uncertainty about Post-Kyoto Regulation," *Policy Sciences*, Vol. 44, No. 1, pp. 53-80.

Flyvbjerg, B., and C. Sunstein (2016) "The Principle of the Malevolent Hiding Hand: Or, the Planning Fallacy Writ Large," *Social Research*, Vol. 83, No. 4, pp. 979-1004.

Foster, R. (1986) *The S-Curve: A New Forecasting Tool*, Macmillan.

Freeman, C. (1987) *Technology Policy and Economic Performance: Lessons from Japan*, Pinter Publishers.

藤原雅俊 (2004)「生産技術の事業間転用による事業内技術転換:セイコーエプソンにおけるプリンター事業の技術転換プロセス」『日本経営学会誌』第12巻、pp. 32-44。

藤山圭 (2015)「事業開発スタンスが経営成果に与える影響:逆浸透膜産業を事例に」『日本経営学会誌』第35巻、pp. 28-40。

Gatignon, H., and J. Xuereb (1997) "Strategic Orientation of the Firm and New Product Performance," *Journal of Marketing Research*, Vol. 34, No. 1, pp. 77-90.

Gerhards, J., and D. Rucht (1992) "Mesomobilization: Organizing and Framing in Two Protest Campaigns in West Germany," *American Journal of Sociology*, Vol. 98, No. 3, pp. 555-596.

Gerring, J. (2006) *Case Study Research: Principles and Practices*, Cambridge University Press.

Guan, J., and K. Chen (2012) "Modeling the Relative Efficiency of National Innovation Systems," *Research Policy*, Vol. 41, Iss. 1, pp. 102-115.

Hall, B., and J. Van Reenen (2000) "How Effective Are Fiscal Incentives for R&D? A Review of the Evidence," *Research Policy*, Vol. 29, Issues 4-5, pp. 449-469.

Hirschman, A. (1967) *Development Projects Observed*, Brookings Institution.

Hoffmann, V., T. Trautmann, and J. Hamprecht (2009) "Regulatory Uncertainty: A Reason to Postpone Investments? Not Necessarily," *Journal of Management Studies*, Vol. 46, Iss. 7, pp. 1227-1253.

Holum, K. (1970) Recorded interview by W. W. Moss, May 5, 1970, John F. Kennedy Library Oral History Program.

本間尚雄 (1968)「海水揚水発電所を利用する逆浸透法海水淡水化について」電力中央研究所大手町研究所『研究報告(第Ⅲ輯)』pp. 169-184。

Hoogma, R., R. Kemp, J, Schot, and B. Truffer (2002) *Experimenting for Sustainable Transport:The Approach of Strategic Niche Management*, Routledge.

Intarakumnerd, P., and A. Goto (2018) "Role of Public Research Institutes in National Innovation Systems in Industrialized Countries: The Cases of Fraunhofer, NIST, CSIRO, AIST, and ITRI," *Research Policy*, Vol. 47, Iss. 7, pp. 1309-1320, Available online 11 April 2018.

International Atomic Energy Agency (1964) *Desalination of Water Using Conventional and Nuclear Energy: A Report on the Present Status of Desalination and the Possible Role Nuclear Energy May Play In This Field*, Technical Reports Series, No. 24.

石坂誠一 (1970)「逆浸透圧法の開発と応用」『化学工学』第34巻第1号、pp. 28-32。

石坂誠一 (1968)「逆浸透圧法による脱塩」『高分子』17巻4号、pp. 300-305。

石坂誠一〔述〕(2009)「化学語り部第8回：石坂誠一先生インタビュー」日本化学会化学遺産委員会。

伊丹敬之 (1998)『日本産業三つの波』NTT 出版。

出雲路敬博・松原武徳 (1970)「海水淡水化の海外の状況」『水処理技術』第11巻第5号、pp. 1-8。

Jaffe, A., R. Newell, and R. Stavins (2005) "A Tale of Two Market Failures: Technology and Environmental Policy," *Ecological Economics*, Vol. 54, Issues 2-3, pp. 164-174.

Jalonen, H. (2012) "The Uncertainty of Innovation: A Systematic Review of the Literature," *Journal of Management Research*, Vol. 4, No. 1, pp. 1-47.

科学技術庁資料調査会 (1967)『海水淡水化の技術開発に関する報告』科学技術庁資料調査会。

神山義康 (1986)「超純水用フィルター：RO 膜」『繊維と工業』第42巻第10号、pp. 9-13。

加藤俊彦 (2013)「日本企業における戦略志向性：測定尺度の検討と成果変数との関係」『一橋商学論叢』第8巻第1号、pp. 2-15。

経済産業省 (2011)「平成22年度産業技術調査：我が国企業の研究開発投資効率に係るオープン・イノベーションの定量的評価等に関する調査報告書（資料編）」テクノリサーチ研究所。

経済産業省（各年）『工業統計表』（各年版）、経済産業調査会。

Kellogg, R. (2014) "The Effect of Uncertainty on Investment: Evidence from Texas Oil Drilling," *American Economic Review*, Vol. 104, No. 6, pp. 1698-1734.

Kemp, R., J. Schot, and R. Hoogma (1998) "Regime Shifts to Sustainability Through Processes of Niche Formation: The Approach of Strategic Niche Management," *Technology Analysis and Strategic Management*, Vol. 10, No. 2, pp. 175-196.

建設省河川局（1968）「全国水需給の展望について：広域利水計画調査中間報告（昭和43年9月）」『水利科学』第12巻第5号、pp. 117-123。

木島二郎（1976）「海水およびかん水の淡水化」『環境技術』第5巻第11号、pp. 30-37。

北日本新聞社編（2010）「石坂誠一」『わが半生の記：越中人の系譜（第13巻）』北日本新聞社、pp. 221-251。

Knight, F. (1921) *Risk, Uncertainty and Profit*, Houghton Mifflin.

工業技術院編（1962）『工業技術院試験研究所研究計画（昭和37年度版）』日本産業技術振興協会、p. 37。

工業技術院東京工業試験所編（1960）『東京工業試験所六十年史』東京工業試験所。

Kohli, A., and B. Jaworski (1990) "Market Orientation: The Construct, Research Propositions, and Managerial Implications," *Journal of Marketing*, Vol. 54, No. 2, pp. 1-18.

小池勝美（1989）「電子工業用超純水の製造」『応用物理』第58巻第6号、pp. 945-946。

国土技術政策総合研究所編（2006）『住宅・社会資本の管理運営技術の開発（国土技術政策総合研究所プロジェクト研究報告）』第4号、国土交通省国土技術政策総合研究所。
http://www.nilim.go.jp/lab/bcg/siryou/kpr/prn0004.htm（2018年4月8日確認）

国土交通省（2018）『平成30年版 日本の水資源の現況』国土交通省水管理・国土保全局水資源部。
http://www.mlit.go.jp/mizukokudo/mizsei/mizukokudo_mizsei_fr2_000020.html（2019年1月17日確認）

国土交通省・水資源政策の政策評価に関する検討委員会（2004）「水資源に関する世界の現状、日本の現状」。
http://www.mlit.go.jp/common/001020285.pdf（2018年2月12日確認）

国際連合食糧農業機関（FAO）AQUASTAT database ウェブサイト。
http://www.fao.org/nr/water/aquastat/data/query/index.htm|?|ang=en（2018年4月8日確認）

小西俊雄・湊章男（1999）「海水淡水化への原子力エネルギーの利用とIAEAの活動」『日本原子力学会誌』第41巻第1号、pp.15-20。

栗田工業創立50周年記念事業委員会編（2000）『水を究めて50年：栗田工業50年史』栗田工業。

Larson, R., J. Cadotte, and R. Petersen (1981) "The FT-30 Seawater Reverse Osmosis Membrane: Element Test Results," *Desalination*, Vol. 38, pp. 473-483.

Leahy, J., and T. Whited (1996) "The Effect of Uncertainty on Investment: Some Stylized Facts," *Journal of Money, Credit and Banking*, Vol. 28, No. 1, pp. 64-83.

Levy, J. (2008) "Case Studies: Types, Designs, and Logics of Inference," *Conflict Management and Peace Science*, Vol. 25, No. 1, pp. 1-18.

Leyden, D., and A. Link (1991) "Why Are Governmental R&D and Private R&D Complements?" *Applied Economics*, Vol. 23, No. 10, pp. 1673-1681.

Lonsdale, H., D. Friesen, and R. Ray (1988)「逆浸透及び共役輸送のための新しい中空繊維」『繊維と工業』第44巻第1号、pp. 27-35。

Lukas, B., and O. Ferrell (2000) "The Effect of Market Orientation on Product Innovation," *Journal of the Academy of Marketing Science*, Vol. 28, No. 2, pp. 239-247.

Lundvall, B-Å. (1992) *National Systems of Innovation: Towards a Theory of Innovation and Interactive Learning*, Pinter Publishers.

Malik, M. (2015) "Value-Enhancing Capabilities of CSR: A Brief Review of Contemporary Literature," *Journal of Business Ethics*, Vol. 127, No. 2, pp. 419-438.

Marcus, A. (1981) "Policy Uncertainty and Technological Innovation," *Academy of Management Review*, Vol. 6, No. 3, pp. 443-448.

松田俊彦 (1970)「世界各国における海水淡水化の現況」『水処理技術』第11巻第4号、pp. 7-19。

松嶋一成・青島矢一・髙田直樹 (2016)「民間R&Dに対する公的支援の効果」『第31回 研究・イノベーション学会 年次学術大会講演要旨集』研究・イノベーション学会、pp. 326-331。

McGrath, R., and I. McMillian (2000) *The Entrepreneurial Mindset: Strategies for Continuously Creating Opportunities In an Age of Uncertainty*, Harvard Business School Press(大江建監訳、社内起業研究会訳『アントレプレナーの戦略思考技術：不確実性をビジネスチャンスに変える』ダイヤモンド社、2002年).

McWilliams A., and D. Siegel (2001) "Corporate Social Responsibility: A Theory of the Firm Perspective," *Academy of Management Review*, Vol. 26, No. 1, pp. 117-127.

McWilliams A., D. Siegel, and P. Wright (2006) "Corporate Social Responsibility: Strategic Implications," *Journal of Management Studies*, Vol. 43, Iss. 1, pp. 1-18.

Meyer, R., and E. Johnson (1995) "Empirical Generalizations in the Modeling of Consumer Choice," *Marketing Science*, Vol. 14, No. 3, G180-G189.

Moore, D., and M. Cain (2007) "Overconfidence and underconfidence：When and why people underestimate (and overestimate) the competition," *Organizational Behavior and Human Decision Processes*, Vol. 103, No. 2, pp. 197-213.

森田博志（1999）「超純水技術（製造・分析技術と機能水）」『表面技術』第50巻第10号、pp. 873-878。

本村敬人（1984）「超純水技術の現状」『水質汚濁研究』第7巻第8号、pp. 476-479。

Mowery, D. (1998) "The Changing Structure of the US National Innovation System: Implications for International Conflict and Cooperation in R&D Policy," *Research Policy*, Vol. 27, Iss. 6, pp. 639-654.

中根堯（1974a）「日本における逆浸透法の研究と開発の現状」『日本海水学会誌』第28巻第1号、pp. 46-51。

中根堯（1974b）「逆浸透法の応用」『日本海水学会誌』第28巻第2号、pp. 110-124。

中尾真一（1990）「逆浸透膜」『日本海水学会誌』第44巻第4号、pp. 235-247。

Narver, J., and S. Slater (1990) "The Effect of a Market Orientation on Business Profitability," *Journal of Marketing*, Vol. 54, No. 4, pp. 20-34.

Narver J., S. Slater, and D. MacLachlan (2004) "Responsive and Proactive Market Orientation and New-Product Success," *Journal of Product Innovation Management*, Vol. 21, No. 5, pp. 334-347.

Nelson, R. (1992) "National Innovation Systems: A Retrospective on a Study," *Industrial and Corporate Change*, Vol. 1, No. 2, pp. 347-374.

Nelson, R. (ed.) (1993) *National Innovation Systems: A Comparative Analysis*, Oxford University Press.

Nidumolu, R., C. Prahalad, and M. Rangaswami (2009) "Why Sustainability Is Now the Key Driver of Innovation," *Harvard Business Review*, Vol. 87, No. 9, pp. 56-64.

『日経産業新聞』（1983年11月12日、p. 6；1984年7月24日、p. 8）。

沼上幹（1999）『液晶ディスプレイの技術革新史：行為連鎖システムとしての技術』白桃書房。

沼上幹（2000）『行為の経営学：経営学における意図せざる結果の探究』白桃書房。

沼上幹・浅羽茂・新宅純二郎・網倉久永（1992）「対話としての競争：電卓産業における競争行動の再解釈」『組織科学』第26巻第2号、pp. 64-79。

OECD（2012）『OECD 環境アウトルック 2050：行動を起こさないことの代償』OECD。
https://www.oecd.org/env/indicators-modelling-outlooks/49884270.pdf（2019年1月17日確認）

大矢晴彦（1988）「超純水」『日本海水学会誌』第42巻第3号、pp. 97-108。

大矢晴彦・丹羽雅裕（1988）『高機能分離膜』共立出版。

オルガノ株式会社編（1981）『オルガノ35年のあゆみ：1946-1981』オルガノ。

Parnell, J., D. Lester, and M. Menefee（2000）"Strategy as a Response to Organizational Uncertainty: An Alternative Perspective on the Strategy-Performance Relationship," *Management Decision*, Vol. 38, Iss. 8, pp. 520-530.

Peloza, J., and J. Shang（2011）"How Can Corporate Social Responsibility Activities Create Value for Stakeholders? A Systematic Review," *Journal of the Academy of Marketing Science*, Vol. 39, No. 1, pp. 117-135.

Pettigrew, A.（1973）*The Politics of Organizational Decision-Making*, Tavistock.

Porter, M., and M. Kramer（2011）"Creating Shared Value," *Harvard Business Review*, Vol. 89, Nos. 1-2, pp. 62-77.

Porter, M., and C. van der Linde（1995）"Toward a New Conception of the Environment-Competitiveness Relationship," *Journal of Economic Perspectives*, Vol. 9, No. 4, pp. 97-118.

Raphael, K.（1987）"Recall Bias: A Proposal for Assessment and Control. International," *Journal of Epidemiology*, Vol. 16, No. 2, pp. 167-170.

Redd, H.（1974）「逆浸透法の工業および都市排水処理技術への応用」『日本海水学会誌』第28巻第1号、pp. 57-62。

榊原清則（2005）『イノベーションの収益化：技術経営の課題と分析』有斐閣。

佐藤久雄（1976）「超純水・無菌純水の製造」『環境技術』第5巻第11号、pp. 38-44。

佐藤眞士・神澤千代志（2016）「海水淡水化技術の開発」《AIST 研究秘話》ウェブサイト。https://sankoukai.org/secure/wp-content/uploads/untold_stories/masahito-sato&chiyoshi-kamizawa_final.pdf（2018年1月13日確認）

Schein, E.（1990）"Organizational Culture," *American Psychologist*, Vol. 45, No. 2, pp. 109-119.

Schot, J., and F. Geels（2008）"Strategic Niche Management and Sustainable Innovation Journeys: Theory, Findings, Research Agenda, and Policy," *Technology Analysis & Strategic Management*, Vol. 20, No. 5, pp. 537-554.

Semiat, R.（2000）"Desalination: Present and Future," *Water International*, Vol. 25, No. 1, pp. 54-65.

Sharif, N.（2006）"Emergence and Development of the National Innovation Systems concept," *Research Policy*, Vol. 35, Iss. 5, pp. 745-766.

島本実（2014）『計画の創発：サンシャイン計画と太陽光発電』有斐閣。

清水博（1972）「イオン交換体の展望」『有機合成化学』第30巻第11号、pp. 973-977。

清水洋（2016）『ジェネラル・パーパス・テクノロジーのイノベーション：半導体レー

ザーの技術進化の日米比較』有斐閣。
Spanjol, J., S. Mühlmeier, and T. Tomczak (2012) "Strategic Orientation and Product Innovation: Exploring a Decompositional Approach," *Journal of Product Innovation Management*, Vol. 29, No. 6, pp. 967-985.
Spanjol, J., W. Qualls, and J. Rosa (2011) "How Many and What Kind? The Role of Strategic Orientation in New Product Ideation," *Journal of Product Innovation Management*, Vol. 28, No. 2, pp. 236-250.
Suarez, F. (2004) "Battles for Technological Dominance: An Integrative Framework," *Research Policy*, Vol. 33, Iss. 2, pp. 271-286.
高島昭三（1985）「水処理メーカーの超純水製造技術」『環境技術』第14巻第4号、pp. 58-64。
武石彰・青島矢一・軽部大（2012）『イノベーションの理由：資源動員の創造的正当化』有斐閣。
竹村和久・吉川肇子・藤井聡（2004）「不確実性の分類とリスク評価：理論枠組の提案」『社会技術研究論文集』第2巻、社会技術研究会、pp. 12-20。
田村鉄男（1974）「原子炉による海水脱塩」『日本原子力学会誌』第16巻第4号、pp.165-172。
谷口諒（2016）「シンボルを用いた資源獲得の成功による資源配分の失敗：『バイオマス・ニッポン総合戦略』の事例」『組織科学』第50巻第4号、p. 66-81。
谷口諒（2017）「『同床異夢』によるプロジェクトの成立と暴走：『バイオマス・ニッポン総合戦略』の事例」博士学位論文（一橋大学）。
谷口良雄・S. Kremen（1973）「用水および廃水処理におけるスパイラル型逆浸透装置の性能と実用例」『日本海水学会誌』第26巻第5号、pp. 282-289。
立本博文（2008）「半導体産業における共同研究開発の歴史」『赤門マネジメント・レビュー』7巻5号、pp. 263-274。
立本博文（2017）『プラットフォーム企業のグローバル戦略：オープン標準の戦略的活用とビジネス・エコシステム』有斐閣。
Thomas, R. (1994) *What Machines Can't Do: Politics and Technology in the Industrial Enterprise*, University of California Press.
坪山雄樹（2011）「組織ファサードをめぐる組織内政治と誤解：国鉄財政再建計画を事例として」『組織科学』第44巻第3号、p. 87-106。
通商産業省工業技術院編（1958）『昭和33年度 工業技術院試験研究所研究計画』日本産業技術振興協会。
通商産業省工業技術院編（1961）『昭和36年度 工業技術院試験研究所研究計画』日本産業技術振興協会。

通商産業省工業技術院編 (1970)『大型プロジェクトニュース』通商産業省工業技術院。
United States, Congress, Joint Committee on Atomic Energy (1964) *Hearings on Use of Nuclear Power for the Production of Fresh Water from Salt Water*, 88th Congress, 2nd Session.
United States Department of the Interior (各年) *Saline Water Conversion Report*, U. S. Office of Saline Water.
Urrows, G. (1966) *Nuclear Energy for Desalting*, U.S. Atomic Energy Commission/ Division of Technical Information.
Utterback, J. (1994) *Mastering the Dynamics of Innovation: How Companies can Seize Opportunities in the Face of Technological Change*, Harvard Business School Press (大津正和・小川進監訳『イノベーション・ダイナミクス：事例から学ぶ技術戦略』有斐閣、1998）.
Utterback, J., and W. Abernathy (1975) "A Dynamic Model of Process and Product Innovation," *Omega*, Vol. 3, No. 6, pp. 639-656.
van Beurden, P., and T. Gössling (2008) "The Worth of Values: A Literature Review on the Relation Between Corporate Social and Financial Performance," *Journal of Business Ethics*, Vol. 82, No. 2, pp. 407-424.
Venkatraman, N. (1989) "Strategic Orientation of Business Enterprises: The Construct, Dimensionality, and Measurement," *Management Science*, Vol. 35, No. 8, pp. 942-962.
Vives, X. (2008) "Innovation and Competitive Pressure," *Journal of Industrial Economics*, Vol. 56, No. 3, pp. 419-469.
Waddock, S., and S. Graves (1997) "The Corporate Social Performance-Financial Performance Link," *Strategic Management Journal*, Vol. 18, No. 4, pp. 303-319.
渡辺敦夫 (1985)「食品産業における膜利用技術の現状」『油化学』第34巻第10号、pp. 847-851。
Weber, M., R. Hoogma, B. Lane, and J. Schot (1999) *Experimenting with Sustainable Transport Innovations: A Workbook for Strategic Niche Management*, Universiteit Twente.
山根章 (1982)「半導体製造プロセスにおける洗浄及び評価技術」『実務表面技術』第34巻第2号、pp. 44-50。
Yin, R. K. (1984) *Case Study Research: Design and Methods*, Sage Publications.
米倉誠一郎・延岡健太郎・青島矢一 (2010)「失われない10年に向けて」『一橋ビジネスレビュー』58巻2号、pp. 12-31。
吉田矩雄 (1986)「座談会 ニーズから見た繊維工業への注文：半導体工業と繊維技術

の今後の課題」『繊維と工業』第42巻第10号、pp. 391-396。
吉留浩（1985）「分離用高分子膜の開発」『油化学』第34巻第10号、pp. 829-833。

各社有価証券報告書

取材協力者一覧および謝辞

本書の執筆にあたり、以下の業界関係者の皆様から取材のご協力をいただいた。大変お忙しいところご協力くださった皆様のご厚意に、心より感謝申し上げたい。

なお、所属については取材時点の情報を記載しているものの、本書執筆時点で所属が変わっている方については、全員ではないものの直近時点での情報も併記している場合がある。

◆アメリカ企業関係者◆

氏名(敬称略)	機関名　所属部署・職位　／　取材年月日　時間　場所
Baker, Richard	Membrane Technology & Research　Principal Scientist 2015年3月3日　10:00～12:30　Newark（カリフォルニア州） 2018年6月21～24日　電子メール
Riley, Robert（Bob）	Separation Systems Technology, Inc.　President 2015年3月5日　15:00～17:00　San Diego（カリフォルニア州） 2018年6月21～25日　電子メール
Truby, Randy	RL TRUBY & Associates　President 2015年3月4日　10:00～12:00　Carlsbad（カリフォルニア州）
Eriksson, Peter	GE Power & Water, GE Water & Process Technologies Global Technical Manager, Crossflow Separations 2015年3月6日　12:00～14:00　Vista（カリフォルニア州） 現・Suez, Water Technologies & Solutions　Global Technical Manager, Commercial Engineering & Operations
前田恭志	ダウ・ケミカル日本株式会社　ダウ日本開発センター　イオン交換樹脂・膜技術事業部　テクニカルリーダー 2014年11月13日　10:00～11:40　天王洲（東京）
Peery, Martin H.	Dow Water & Process Solutions　The Dow Chemical Company Associate R&D Director 2015年3月2日　13:00～15:00　Edina（ミネソタ州）
Rosenberg, Steve	Dow Water & Process Solutions　The Dow Chemical Company Fellow, R&D 2015年3月2日　13:00～15:00　Edina（ミネソタ州）

◆研究機関関係者◆

氏名（敬称略）	機関名　所属部署・職位　／　取材年月日　時間　場所
大矢晴彦	国立大学法人横浜国立大学　名誉教授
	2014年10月15日　15:00～17:00　高田馬場（東京）
	2018年5月19～21日　往復書簡
平井光芳	一般財団法人造水促進センター　常務理事
	2015年3月16日　10:00～11:45　馬喰横山（東京）
谷口良雄	一般財団法人造水促進センター　特別技術アドバイザー　工学博士
	2015年3月16日　10:00～11:45　馬喰横山（東京）

◆海水淡水化プラント関係者◆

氏名（敬称略）	機関名　所属部署・職位　／　取材年月日　時間　場所
比嘉義雄	沖縄県企業局　北谷浄水管理事務所　海水淡水化センター長
	2012年6月22日　14:30～17:00　北谷（沖縄）
仲宗根朝則	沖縄県企業局　北谷浄水管理事務所　主任
	2012年6月22日　14:30～17:00　北谷（沖縄）
伊佐智明	沖縄県企業局　水質管理事務所　主幹
	2012年6月22日　14:30～17:00　北谷（沖縄）
又吉貴之	株式会社沖縄水道管理センター
	2012年6月22日　14:30～17:00　北谷（沖縄）
守田幸雄	福岡地区水道企業団　施設部　海水淡水化センター　所長
	2013年8月28日　13:30～16:30　福岡
Abdulhadi Al Sheikh	元・Saline Water Conversion Corporation　元・副総裁
	2016年2月2日　18:00～20:00　Jeddah（サウジアラビア）
Mohammed Al Thubaiti	Saline Water Conversion Corporation　西部局長
	2016年2月2日　18:00～20:00　Jeddah（サウジアラビア）
Yaser Zaki Al-Jehani	Saline Water Conversion Corporation　Jeddah Governorate Desalination Plants / Operation Sec. Chief（RO）
	2016年2月3日　10:00～10:40　Jeddah（サウジアラビア）

◆日系企業関係者◆（社名五十音順）

【東洋紡株式会社関係者】

氏名（敬称略）	会社名　所属部署・職位　／　取材年月日　時間　場所
有地章浩	東洋紡株式会社　アクア膜事業部　主幹
	2016年2月1日　13:00～14:00　Jeddah（サウジアラビア）
	2016年2月2日　11:00～14:00　Rabigh（サウジアラビア）
池田和仁	東洋紡株式会社　岩国機能膜工場　工場長
	2015年6月16日　12:45～15:30　岩国（山口）
鵜飼哲雄	元・東洋紡株式会社　常任理事

		2013年12月13日　15:30〜17:30　本社（大阪）
		2014年1月24日　10:00〜12:30　堅田（滋賀）
内村　剛		Arabian Japanese Membrane Company　Chief Operating Officer
		2016年2月1日　13:00〜14:00　Jeddah（サウジアラビア）
		2016年2月2日　11:00〜14:00　Rabigh（サウジアラビア）
種田祐士		東洋紡株式会社　取締役 常務執行役員
		2016年8月4日　13:00〜14:00　本社（大阪）
小長谷重次		名古屋大学大学院 工学研究科 化学・生物工学専攻 応用化学分野 教授　元・東洋紡株式会社　総合研究所
		2015年1月15日　14:00〜15:30　名古屋（愛知）
勝部幹夫		東洋紡株式会社　岩国機能膜工場　アクア膜製造部長
		2015年6月16日　12:45〜15:30　岩国（山口）
熊野淳夫		東洋紡株式会社　アクア膜事業部　主幹
		2013年10月11日　16:00〜18:00　本社（大阪）
		2013年11月16日　16:00〜18:00　本社（大阪）
		2013年12月13日　15:30〜17:30　本社（大阪）
		2014年1月24日　10:00〜12:30　堅田（滋賀）
		2014年1月24日　電子メール
		2014年3月26日　電子メール
		2014年3月27日　電子メール
		2014年12月17日　18:00〜21:00　神田（東京）
		2015年6月16日　10:30〜15:30　岩国（山口）
		2016年4月8日　15:30〜18:00　大阪
		2018年4月3〜4日　電子メール
		2018年5月3〜4日　電子メール
		2018年6月23〜25日　電子メール
坂元龍三		東洋紡株式会社　代表取締役会長
		2016年4月8日　15:30〜16:00　本社（大阪）
		2016年6月16日　14:00〜16:00　本社（大阪）
		2016年8月4日　13:00〜14:00　本社（大阪）
		2016年10月31日　13:00〜14:30　本社（大阪）
佐藤博之		東洋紡株式会社　常務執行役員 機能膜本部長
		2016年4月8日　15:30〜20:00　本社（大阪）
重清雅彦		東洋紡株式会社　岩国機能膜工場 アクア膜技術センター　部長
		2015年6月16日　12:45〜15:30　岩国（山口）
田中　聡		Arabian Japanese Membrane Company　Chief Technical Officer
		2016年2月1日　13:00〜14:00　Jeddah（サウジアラビア）
		2016年2月2日　11:00〜14:00　Rabigh（サウジアラビア）
竹内郁夫		東洋紡株式会社　参与 経営企画部長

	2017年1月27日　18:30～20:30　神田（東京）
津村準二	東洋紡株式会社　相談役
	2016年10月31日　14:45～16:00　本社（大阪）
楢原誠慈	東洋紡株式会社　代表取締役社長
	2016年4月8日　16:00～20:00　本社（大阪）
	2016年8月4日　14:00～15:00　本社（大阪）
藤原信也	東洋紡株式会社　アクア膜事業部　事業部長
	2013年10月11日　16:00～18:00　本社（大阪）
	2013年11月15日　16:00～18:00　本社（大阪）
	2014年12月17日　18:00～21:00　神田（東京）
	2015年6月16日　12:00～15:30　岩国（山口）
	2016年2月2日　11:00～14:00　Rabigh（サウジアラビア）
	参与　機能膜事業統括部長　兼　アクア膜事業部長
	2016年4月8日　15:30～20:00　本社（大阪）
	2016年6月16日　14:00～16:00　本社（大阪）
布施友紀	東洋紡株式会社　岩国機能膜工場　アクア膜製造部 RO グループ　課長
	2015年6月16日　12:45～15:30　岩国（山口）
Saeed Saad AlHarthi	Arabian Japanese Membrane Company　CEO
	2016年2月2日　21:00～23:00　Jeddah（サウジアラビア）
鈴木利武	東洋紡株式会社　執行役員　工業フイルム事業総括部長
	2016年9月12日　10:00～11:15　敦賀（福井）

【東レ株式会社関係者】

氏名（敬称略）	会社名　所属　／　取材年月日　時間　場所
井上岳治	東レ株式会社　水処理技術部　メンブレン技術課長
	2010年8月26日　13:00～17:40　愛媛工場（愛媛）
上田富士男	東レ株式会社　メンブレン生産部長
	2010年8月26日　13:00～17:40　愛媛工場（愛媛）
上野賢司	東レ株式会社　参事 水処理・環境事業本部 水処理部門（技術・生産）担当
	2010年7月15日　14:00～16:40　国立（東京）
	2010年8月26日　13:00～17:40　愛媛工場（愛媛）
植村忠廣	東レ株式会社　理事（技術）水処理事業部門 東レシンガポール水研究センター　工学博士
	2010年7月15日　14:00～16:40　国立（東京）
	2010年8月30日　15:30～17:45　滋賀事業場（滋賀）
	水処理・環境事業本部　海外大型プロジェクト・技術リーダー　工学博士　日本化学会フェロー
	2015年7月14日　10:00～11:30　本社（東京）
	2015年11月18日　18:00～21:00　竹橋（東京）

		水処理事業部門
		2018年4月6日　電子メール
		2018年5月3日　電子メール
川端達夫		元・東レ株式会社（現・民進党）
		2014年4月25日　14:00〜16:00　膳所（滋賀）
		衆議院議員　衆議院副議長
		2016年3月15日　10:30〜11:05　永田町（東京）
栗原　優		東レ株式会社　フェロー　工学博士／最先端研究開発支援プログラム："Mega-ton Water System"中心研究者／アジア・太平洋脱塩協会（APDA）会長／日本脱塩協会（JDA）会長
		2010年8月30日　15:30〜17:45　滋賀事業場（滋賀）
		フェロー　工学博士
		2018年2月6日　10:45〜12:00　滋賀事業場（滋賀）
冨山元行		東レ株式会社　工場長
		2010年8月26日　13:00〜14:00　愛媛工場（愛媛）
西岡英二		東レ株式会社　メンブレン生産部
		2010年8月26日　13:00〜17:40　愛媛工場（愛媛）
姫島義夫		東レ株式会社　研究本部　担当部長
		2010年8月19日　15:00〜16:30　東レ本社（東京）
福井文明		東レ株式会社　メンブレン生産部　メンブレン第2生産課長
		2010年8月26日　13:00〜17:40　愛媛工場（愛媛）
房岡良成		東レ株式会社　参事　水処理・環境事業本部　水処理事業部門長
		2010年7月15日　14:00〜16:40　国立（東京）
		2010年8月30日　15:30〜17:45　滋賀事業場（滋賀）
三入誠司		東レ株式会社　事務部長
		2010年8月26日　13:00〜17:40　愛媛工場（愛媛）
宮田和博		東レ株式会社　水処理事業部門　マルチコミュニケーション担当課長（広報・宣伝・渉外）
		2015年11月18日　18:00〜21:00　竹橋（東京）
山本正典		東レ株式会社　メンブレン生産部　メンブレン第1生産課長
		2010年8月26日　13:00〜17:40　愛媛工場（愛媛）

【日東電工株式会社関係者】

氏名（敬称略）	会社名　所属部署・職位　／　取材年月日　時間　場所
池田健一	公益財団法人地球環境産業技術研究機構　化学研究グループ　主任研究員　工学博士　元・日東電工株式会社　基幹技術センター　部長
	2013年11月11日　10:00〜12:00　木津川（京都）
	2013年12月27日　15:30〜17:30　木津川（京都）
	2014年1月24日　19:00〜21:00　千代田キャンパス（東京）
	2014年2月7日　13:40〜15:20　一橋講堂（東京）

	2014年2月8日　一橋講堂（東京） 元・公益財団法人地球環境産業技術研究機構 化学研究グループ　主任研究員　工学博士　元・日東電工株式会社　基幹技術センター　部長 2018年5月3～10日　電子メール
神山義康	元・日東電工株式会社　取締役兼専務執行役員　経営統括部門長 2014年8月25日　13:00～15:40　岡山大学（岡山）
新谷卓司	日東電工株式会社　メンブレン事業部開発部　部長 2014年12月12日　13:00～15:00　草津（滋賀） 現・神戸大学大学院　科学技術イノベーション研究科　特命教授
中込敬祐	元・日東電工株式会社　滋賀事業所長 2014年4月11日　13:30～16:00　国立（東京） 2014年4月13日　電子メール 2014年7月23日　10:00～13:00　国立（東京） 2014年9月23日　電子メール
蜂須賀久雄	Hydranautics　Global Business Development　Vice President 2015年3月4日　15:00～17:00　Oceanside（カリフォルニア州） 現・Memstar USA Inc.　Chief Technical Officer
山本英樹	元・日東電工株式会社　相談役（元・社長・会長） 2014年8月29日　15:00～17:10　本社（大阪） 2014年12月12日　18:00～20:30　豊中（大阪）
吉岡範明	日東電工株式会社　経営統括部門経営戦略統括部 経営企画部 2014年8月29日　15:00～17:10　本社（大阪） 2014年12月12日　18:00～20:30　豊中（大阪）

◆施設・学会等訪問◆
沖縄海水淡水化センター　2012年6月22日　北谷（沖縄）
福岡海水淡水化センター　2013年8月28日　福岡
化学工学会 第45回秋季大会（膜産業技術セッション）　2013年9月17日　岡山大学（岡山）
革新的膜工学を核とした水ビジネスにおけるグリーンイノベーションの創出　H26年度活動
　報告会　2014年8月22日　神戸（兵庫）
Saline Water Conversion Corporation　2016年2月3日　Jeddah（サウジアラビア）
NEWater Visiting Centre　2018年5月4日　シンガポール

逆浸透膜の開発・

米国				東レ	
公的機関	年	民間企業	年		
ハスラー（UCLA）、「淡水源としての海」レポートを発表（65）	1949				
塩水法 制定（63）	1952				
塩水局 設置（16）	1955				
リード（フロリダ大学）、酢酸セルロース膜による脱塩を実演（66）	1959				
ローブとスリラージャン（UCLA）、酢酸セルロース系非対称膜開発を発表（46）	1960				
	1961	GA、逆浸透膜の開発開始（78）			
	1962	デュポン、膜開発開始（93）			
フランシス（ノーススター研究所）、酢酸セルロース系複合膜を開発（74）	1964				
カドッテ（ノーススター研究所）、支持層の非セルロース化に成功（75）	1967	デュポン、B-5を発表（95）	1967	調査開始（109）	
			1968	開発正式開始（CATプロジェクト、3組織並行）（109）	
	1969	デュポン、B-9を発売（95）			
カドッテ（ノーススター研究所）、支持層と分離層の非セルロース化に成功（75） NS-100を開発（75）	1970		1970	応用研究室で開発開始（126）	
			1971	エンジニアリング研究所環境技術研究室に集約（126）	
ノーススター、NS-200開発（75）	1972		1972	PECグループ発足（130）	
	1973	デュポン、B-10を発表（96）			
	1974	UOP、GA（GES）を買収してフルイドシステムズ設立（84）			
	1975	フルイド（UOP）、PA-300を開発（83）	1975	開発チーム、開発部に異動（130）	

436

事業展開史（年表）

年	東洋紡	年	日東電工
1971	調査開始（5名）(110)		
1972	調査から探索へ（4名）(153)		
1973	開発人員8名に増員 (154)	1973	開発正式開始 (111)
		1974	土方社長、電子・医療・膜事業の育成方針を表明 (111)
1975	酢酸セルロース系材料を選択 (154)		

逆浸透膜の開発・

米国				東レ	
公的機関	年	民間企業		年	
				1976	逆浸透膜の事業化を発表 IBM 野洲工場から初受注（110）
	1977	フィルムテック設立（89）			
	1978	フィルムテック、FT-30を発表（89）			
	1980	ダウ、低圧の三酢酸セルロース系中空糸膜DOWEXを開発		1980	PECグループ、開発部に異動（132）
	1981	カドッテ（フィルムテック）、4277344特許取得（89）			
				1982	PEC-2000開発部隊、開発部に異動（135）
				1983	売上高約20億円（136）
				1984	メンブレン事業部発足 （3年間で売上高を100億円まで引き上げる計画）（117）
	1985	ダウ、フィルムテックを買収（91）		1985	RO生産部発足 生産が滋賀工場から愛媛工場へ移管（136）
				1987	前田、社長就任（142） UTC-70、RO生産部に技術移管（140）
				1991	UTC-80、SU-800として製品化（118）
	1994	カドッテ、ダウ退社（92）		1994	前田、効率的な海水淡水化システムの構築を厳命（120）
				1997	高効率2段法海水淡水化システム確立（120）

事業展開史（年表）(つづき)

年	東洋紡	年	日東電工
		1976	デンプン廃液処理用（北海道）に納入 (111) 造水促進センターでの実証実験に参加 (111)
1978	造水促進センターの実証試験に三酢酸セルロース逆浸透膜を導入 (111) RO事業開発部設置 (111)	1978	土方、山本に事業育成指示（20億円/月）(183) 複合膜開発開始
1979	逆浸透膜工場（岩国）の建設発表、事業化 (111)	1979	開発組織統合 (112)、7名体制 (185)
1980	岩国工場操業開始 (111)	1980	膜モジュール開発部設置 (112) NTR-7197、NTR-7199開発 (112)
1981	サウジアラビアでキャラバン隊結成、実演開始 (161)	1981	膜モジュール開発部、膜モジュール事業推進部（約60名）として独立 (112)
1982	三カ年計画発表（膜売上高を5億円（1981年度）から20億円（1984年度）まで引き上げ）(162)	1982	売上高6億円 (162)
1983	機能膜事業部設置 (111) 機能膜工場（岩国）開設 (162)	1983	売上高10億円 (192) NTR-7250納入 (192)
1984	サウジアラビア（ハックル・デュバ）から海水淡水化プラント向け膜モジュールを受注 (163)	1984	膜事業の売上高を60億円（1987年度）に引き上げる計画発表 (118) 滋賀工場建設プロジェクト発足 (192)
1986	ジッダⅠフェーズ1向け受注 （東洋紡の受注分 約15億円）(163)	1986	メンブレン事業部発足 (118) 滋賀工場操業開始 (118)
		1987	ハイドロノーティクス買収 (87)
		1988	NTR-759納入 (119)
1989	ジッダⅠフェーズ1運転開始 (164)		
		1990	ダウとハイドロノーティクスの間で特許係争が始まる (92)
1991	フェーズ2受注 (164) ジッダⅠフェーズ1トラブル緊急対応開始 (164)	1991	特許係争を受け、緊急プロジェクト開始 (198)
1992	ジッダⅠフェーズ1トラブル解決 (165)		
1993	岩国工場の生産能力引き上げ（投資額5億円）(166) ポリアミド系中空糸膜を半導体向けに発売(119)	1993	勝訴 (199) 344特許が米国政府に帰属することが確定 (199)
1994	フェーズ2運転開始 (165)	1994	単年黒字化達成 (199)
		1995	ES10開発 (121)
		1996	山本、社長就任 (209)
		1997	LF-10開発 (204)

逆浸透膜の開発・

	米国				東レ
公的機関	年	民間企業		年	
	1998	コーク、フルイド・システムズを買収（85）			
	1999	デュポン、パーマセップグループ解散、撤退表明（100）			
				2002	榊原、社長就任（144） 水処理事業、New TORAY 21で重点事業指定（144）
				2004	水道機工、子会社化 水処理事業、プロジェクトNT-IIで重点事業指定（144）
				2005	グローバル・セールス・チームを編成（145）
				2006	水処理事業、Innovation Toray 2010で重点事業指定（145）
				2014	水処理事業、AP-G 2016で重点事業指定（149）

出所：筆者取材、新聞雑誌記事より作成。
注1：括弧数字は、本文初出頁。
注2：開発年については、特許出願年、公開年、論文発表年、ニュースリリース年、製品化年、上市年など区切り方によって様々な揺らぎがある。そのため、他論文等とのズレはありうる。実際のところ、開発者本人も論文によって違う開発年を記している場合がある。
注3：売上等業績データについては年度ベースになっている場合もあるが、見やすさを重視して特に場合分けはしていない。

事業展開史（年表）（つづき）

年	東洋紡	年	日東電工
1998	単年黒字化（171）		
1999	津村、社長就任（119）		
2000	福岡の海水淡水化プラント向け受注（172） FROPグループ発足（172）		
2002	HB9155発売（174）	2002	膜事業売上高79億円（205）
2004	累積赤字解消（174）	2004	膜事業売上高130億円超（205）
2005	坂元、社長就任（175） HJ9155発売（174）	2005	膜事業売上高140億円（205）
2006	岩国工場生産能力1.5倍に引き上げ（175）	2006	膜事業売上高177億円（205） 滋賀工場第一期拡張工事開始（205）
2012	サウジアラビア工場稼働（総工費7億円）（175）		

索　引

A～Z

AMTA　　18, 20
B-9　　96
FT-30　　75, 89, 294
Fターム　　20, 387
GA（General Atomics）　　72, 77, 233
GE（General Electric）　　38, 90
L-S膜　　46, 67
NASA　　239
NEWater　　36
NS-100　　75
NTR-759　　195
NTR-7250　　190
PEC-1000　　117, 132
ROGA　　72, 78, 79
S字カーブ　　336
TI（Texas Instrument）　　82
TOC（全有機体炭素）除去　　57, 253
UCLA　　64, 67
ULTRA Patent　　20, 387
UOP（Universal Oil Products）　　84, 98, 233

ア　行

圧密化　　48
圧力容器　　36, 54, 309
イオン交換樹脂　　191, 259
委託研究　　87, 235
イノベーション
　　——の悪循環　　342
　　——の好循環　　342
　　川下領域における——　　304
　　工程——　　306
　　製品——　　306
　　漸進的——　　302
岩国工場　　158, 172
飲料水　　28
ヴェオリア（Veolia）　　36, 38
宇宙開発　　239
エアロジェット　　87, 232
エネルギー回収装置　　32
エンジニアリング企業　　272
塩水局　　63, 68, 73, 235
塩水法　　63, 68, 242
塩素殺菌　　165
応用市場
　　——の創出　　249
　　——の探索　　256
　　初期の——　　14
　　潜在的——　　251
オスモニクス（Osmonics）　　38, 90
オペレーション　　277, 304
オルガノ　　37, 278

カ　行

海水　　263, 395
海水淡水化　　17, 270
　　——市場　　204
　　——プラント　　27, 173, 176
　　——用途　　120
　　沖縄の——　　31, 54
　　福岡の——　　28, 32, 55
海水淡水化公団（SWCC）　　58, 84, 99, 165

443

開発焦点化　283
界面重合　75, 83, 291
価格
　——競争　41
　——下落　300
架橋芳香族ポリアミド　49, 75
学習の場　227
金のなる木　337
管状型　50, 52
かん水　28
　——淡水化　28, 146
企業特有
　——の開発理由　311
　——の理由　351
　——の論理　14, 351
企業の利益獲得能力　353
技術アプローチの収斂　9, 291, 348
技術開発の効率性　353
技術者の論理　364
技術水準　334
技術と市場の適合の論理　365
技術トラジェクトリ　375
技術の限界市場価値　353
技術優位の考え方　313
期待
　——形成　8, 346
　——の重要性　332
　——の変化　345
　主観的——　345
　利益——　333
機能的閾値　336
逆浸透法　27, 45
逆浸透膜（RO 膜）　16, 29, 45
　——エレメント　43, 50
　——特許数　108
　——モジュール　50
共有価値　323

共有ミッション　323
巨額の支援　237
漁船用　160, 317
緊急対策チーム　165
緊急プロジェクト　199
栗田工業　37, 117, 157, 191, 273
軍需企業　232
経済合理性　340
経済合理性を越えた論理　12
経済システムを超えた論理　362
限外濾過膜（UF 膜）　29, 254
原子力委員会　240, 242
原子力脱塩　243
原子力の平和利用　87, 240
原水　262, 394
高圧ポンプ　32
交換需要　40
工業用水　28, 258
構造改革　318
後方引用特許数　302, 303
コモディティ化　336

　　　　　　サ　行

材料の多様性　286
サウジアラビア　99, 100, 160
酢酸セルロース系　40, 46, 52, 66
　——中空糸　40, 153
殺菌　47
　塩素——　57
産学連携　229
産業集積　233
産業発展と収益獲得のジレンマ　375
三酢酸セルロース　40, 157
三新活動　189, 323
サンディエゴ　233
344特許　23, 89, 198, 293

支援
　公的—— 219, 238
　政策的—— 10, 14, 219
　政府—— 217
滋賀工場 192
資源動員 332
　——の正当性 353
資源投入量 334
支持層 48
市場シェア 39, 98
実験場としての用途 381
ジッダⅠフェーズ1 163
支払い意欲 336
社会課題
　——解決型 5, 217, 367
　——の解決 3
社会的
　——圧力 341
　——環境 341
　——責任 341
収益圧力 180
出願特許 391
純水 28
　——製造 42
　——製造装置 37
上下水処理 28
蒸発法 29
情報伝播 237
初期市場 247
　——の開拓 349
　——の出現 10, 370
食品 34
　——濃縮 42, 253
　——用途 35, 188, 257
新規需要 40
人工腎臓
　——用 35, 162

　——用中空糸膜 171
　——用膜事業 119
浸透圧 45
スイッチング・コスト 41, 54
スエズ(Suez Environment) 36, 38
スパイラル型 51, 80
スピルオーバー 215
　政策の—— 219, 380
スピンアウト 238
製塩技術 216
政策的相乗り 243, 363
政策的刺激 215
政策の戦略的活用 372
生産水 262, 394
政治の論理 363
正浸透膜(Forward Osmosis 膜) 58
正当化 313, 325
性能の束 247, 251, 256
政府による介入の意義とリスク 378
製膜特許 290
精密濾過膜(MF 膜) 29
ゼネラル・ダイナミクス 72
全社構造改革 170
全社戦略上の位置づけ 317
全社方針 181
全社膜プロジェクト 184
創出価値 334
造水コスト 33, 174, 301
造水促進センター 114, 227
造水量 31
創造的正当化プロセス 13
組織と社会の論理 366

タ 行

耐圧性 56, 253
耐塩素性 47, 57, 174, 253
ダイセル 106

耐熱性　47, 57, 253
耐薬品性　57
ダウ・ケミカル　90, 211, 230
他社の参照　374
脱塩　30
　　――性能　47, 56
　　――率　66
　　1段――　59, 90, 97
　　かん水――　48
　　2段――　59
脱繊維　153, 317
単一事例研究　15
中空糸
　　――型　50, 52
　　――膜　156
長期開発メカニズム　331
超純水　28
　　――製造
　　――製造装置　38, 276
低圧　118, 200
帝人　107
低溶出性　253
適用pH範囲　47
デファクト・スタンダード　41, 53
デュポン　93, 173, 230
電気代　31
等規模換算開発材料数　287
東京工業試験所　112, 222
透水性能　47, 56
東洋紡　110, 153
東レ　109, 125
特許係争　92, 198, 211
特許データ　327, 387
ドミナントデザイン　9, 306, 376
トリアミノベンゼン　139
トレイン　53
トレードオフ　56, 250, 365

ナ行

ナノ濾過膜（NF膜）　29
2段法海水淡水化システム　120, 270
ニッチ市場　10
　　戦略的――　365
日東電工　111, 181
ノーススター研究所　63, 74, 88
野村マイクロ・サイエンス　37

ハ行

廃液　263, 395
　　――処理　182
排水　28, 263
　　――再利用　36
ハイドロノーティクス（Hydranautics）
　　86, 194, 211
ハイフラックス（Hyflux）　37
波及効果　218
パーマセップ（Permasep）　78, 94
バリューチェーン　36, 402
半導体向け　35
　　――超純水　37, 116, 134, 191
　　――用途　259
非経済的要因への感度　353
非セルロース化　49, 285
非対称膜　48, 52, 67
ひだ構造　202
標準化
　　膜エレメントの――　309
平膜型　50, 52
ファウリング　58
　　バイオ――　47, 57
フィルムテック　22, 75, 88, 198, 211
不確実性　6, 331, 338
　　技術の――　7, 14, 339
　　競争の――　7, 14, 339

顧客の――　　　7, 14, 339
　　市場の――　　　7, 338
　　社会と組織の――　　　8, 14, 339
不完全な技術　　255
不均衡発展　　247, 256
複合膜　　48, 52, 74
プラントエンジニアリング　　272
フルイド（Fluid Systems）　　84
ブレイクスルー　　9, 14, 283
　　――の革新性　　307
フロリダ大学　　66
分離
　　――性能　　57
　　――特性　　253
分離層　　48
米国企業の変遷　　101
平和のための
　　――原子力　　77
　　――水　　73, 94
ベンドリサーチ（Bend Research）　　85, 184
ホウ素除去　　58, 203, 253
補完
　　――効果　　352
　　相互――　　368
補完技術　　127
ポリアミド系　　40, 46, 52, 285
　　――中空糸　　52, 94
　　――平膜　　40
ポリスルホン　　49, 285
ホロセップ　　111, 157

マ 行

膜
　　――エレメント　　36, 53, 81
　　――形状の収斂　　288
　　――材料の収斂　　287
　　――製法の収斂　　289
　　――法　　36
　　――モジュール　　36, 42, 53
膜のデパート　　181, 323
水処理業者　　272
水処理需要　　27
ミッドウェスト研究所（Midwest Research Institute）　　88, 211
民需転換　　232
目立たない
　　――開発活動　　374
　　――ことによる存続　　318
メンテナンス　　277

ヤ 行

有価物回収　　153, 182
ユマ・プロジェクト　　86
用途の探索　　266, 322
呼び水　　218

ラ 行

利益水準　　334
利益率　　148, 177, 207
利潤動機　　341
ルーズRO膜　　190

人 名

アイゼンハワー（Dwight D. Eisenhower）　　69, 77, 238
アドナー（R. Adner）　　336
池田健一　　188
石坂誠一　　222
ウェストモーランド（Julius Westmoreland）　　80
植村忠廣　　134, 137
鵜飼哲雄　　153
大矢晴彦　　229

岡崎素弘　　90

カドッテ（John E. Cadotte）　22, 74, 88, 92, 292
神山義康　　185, 201, 204
川端達夫　　126, 131
木村尚史　　90
熊野敦夫　　170
栗原優　　129, 137
ケネディ（John F. Kennedy）　70, 239

坂元龍三　　175, 320
ジョンソン（Lyndon B. Johnson）　71, 240
スリラージャン（Srinivasa Sourirajan）　46, 67

津村準二　　119, 171
トゥルービー（Randy Truby）　82, 145, 310
トルーマン（Harry S. Truman）　68

中込敬祐　　184, 190
日覺昭廣　　145

ハスラー（Gerald Hassler）　65
土方三郎　　111, 181
フォスター（R. Foster）　335
藤原信也　　162, 169
ブレイ（Donald Bray）　80, 85
ブレトン（Ernest Breton）　66
ベイカー（Richard Baker）　85, 184, 236, 292
前田勝之助　　117, 120, 142

山本英樹　　183, 195
ユスター（Samuel Yuster）　67
吉岡範明　　185, 191

ライリー（Robert Riley）　79, 81
リード（Charles Reid）　66
ローブ（Sidney Loeb）　46, 67
ロンスデイル（Harold Lonsdale）　79, 85

【著者紹介】

藤原雅俊（ふじわら　まさとし）
1978年広島県生まれ。2005年一橋大学大学院商学研究科博士後期課程修了（商学博士）。京都産業大学経営学部専任講師、准教授を経て、13年より一橋大学大学院商学研究科准教授。18年4月より同大学院経営管理研究科准教授。10年から11年にかけてコペンハーゲン・ビジネス・スクール客員研究員。主な著作：『ICTイノベーションの変革分析――産業・企業・消費者行動との相互展開』（共編著、ミネルヴァ書房）、"Ambidextrous Capability: The Case of Japanese Enterprises." (Peter Ping Li, ed., *Disruptive Innovation in Chinese and Indian Businesses: The Strategic Implications for Local Entrepreneurs and Global Incumbents*. Routledge 所収)。

青島矢一（あおしま　やいち）
1965年静岡県生まれ。87年一橋大学商学部卒業。89年同大学大学院商学研究科修士課程修了。96年マサチューセッツ工科大学スローン経営大学院博士課程修了（Ph.D.）。一橋大学産業経営研究所専任講師、一橋大学イノベーション研究センター准教授等を経て、2012年より同教授。18年4月より同センター長。主な著作：『イノベーションの理由』（共著、有斐閣）、『メイド・イン・ジャパンは終わるのか』（共編著）、『競争戦略論（第2版）』（共著、いずれも東洋経済新報社）。

イノベーションの長期メカニズム
逆浸透膜の技術開発史

2019年9月12日発行

著　者──藤原雅俊／青島矢一
発行者──駒橋憲一
発行所──東洋経済新報社
　　　　〒103-8345　東京都中央区日本橋本石町1-2-1
　　　　電話＝東洋経済コールセンター　03(5605)7021
　　　　https://toyokeizai.net/

装丁・本文デザイン……竹内雄二
印刷・製本………………丸井工文社
編集担当…………………中山英貴

©2019 Fujiwara Masatoshi / Aoshima Yaichi　　Printed in Japan　　ISBN 978-4-492-53411-3

本書のコピー、スキャン、デジタル化等の無断複製は、著作権法上での例外である私的利用を除き禁じられています。本書を代行業者等の第三者に依頼してコピー、スキャンやデジタル化することは、たとえ個人や家庭内での利用であっても一切認められておりません。

落丁・乱丁本はお取替えいたします。